KB102217

알기쉽고 빨리 푸는 법

전기회로 공식
계산과 이해

위형복 엮음

Electrical
Network

일진사

머 리 말

　현대 사회에서 전기는 일반 생활뿐 아니라 모든 산업 분야에 걸쳐 광범위하게 이용되고 있으며, 전기의 편리성 때문에 그 중요성이 더욱 증대되고 있다. 특히 고도의 산업화와 정보화에 따른 전기 이용에 관한 기술의 발전은 전기 관련 분야뿐만 아니라, 다른 분야에도 전기라는 학문을 관심 있게 다루어야 할 만큼 비중이 커지고 있다.

　전기 학문을 배우면서 가장 많이 대하는 것이 전기 관련 공식과 계산법이다. 특히 무작정 공식을 외워서 계산을 해서 조금이라도 다른 상황에 부딪혔을 때 더 이상 진전하지 못하는 일을 많이 볼 수 있다.

　이 책은 '딱딱한' 전기 회로 계산에 대해서 많은 그림과 쉬운 해설로서 여러분이 재미 있고 빨리 적응하도록 집필되었다. 정석적인 풀이법과 함께 또다른 풀이법을 제시해 줌으로써 여러분을 지름길로 이끌고자 하였으며, 중간중간에 연습 문제를 다룸으로써 차근차근 익혀 나가도록 하였다.

　이 책은 '전기'를 처음 배우는 분은 물론 현장에서 일하는 실무자에게도 도움이 될 것이며, 각종 기술 자격 시험을 준비하는 분에게도 커다란 도움이 될 것이다. 특히 수학적 준비가 약한 분들을 위하여 책 뒤쪽에 '수학 계산법'을 실어 놓았으니 좋은 활용서가 되기 바란다.

　완벽한 책이 되도록 노력했지만 부족한 섬이 소금이나마 있다면 여러분들의 조언을 받고싶다. 이 책이 나오기까지 애써 주신 주위분들께 감사드리고 양서만을 출판하시는 일진사 사장님께도 감사드린다.

엮은이 씀

차 례 ...

제1장　회로 계산의 기초

제2장　직류 회로의 계산

제3장 사인파 교류 전압·전류 계산

제4장 교류 전력의 계산

제5장 교류 계산의 여러 방법

제6장   평형 3상 회로

제7장   불평형 3상 회로

제11장 대칭 좌표법

제12장 과도 현상

제13장 진행파 (분포 상수 회로의 과도 현상)

제14장 회로 계산에 필요한 수학 계산법

□□□□□□□□□ 제 **1** 장 □□□□□□□□

회로 계산의 기초

1·1 수학을 어떻게 사용할까

$\boxed{\text{회로 계산과 수학}}$ 회로 계산은 수학을 사용하여 처리한다. 그러나 **전기와 수학은 본래 다른 것**이다. 전류는 'V/R로 계산한다'라는 경우에 V/R라는 식은 수학식이지만, 정말로 전류를 V/R로 계산할 수 있을까라는 것은 전기 문제이다. 이와 같은 전기와 수학 관계를 회로 계산 문제를 풀 때의 순서에 따라 해보면 다음과 같다.

① **식을 세운다** : 전기의 원리를 수식으로 표현하는 셈이다. 이 작업은 머리 속의 전기 지식과 수학 지식이 어우러져 처리된다.

② **식을 계산한다** : 이 작업은 수학 지식만으로 한다. 수학에서는 음(−)의 수라든가 허수, 변수를 사용하지만, 어디에도 관계없이 수학 지식으로 계산한다.

③ **답을 음미한다** : 본래, 전기와 수학은 다른 것이므로 식을 수학으로 계산한 결과가 반드시 전기의 실제 현상에 맞는 것은 아니다. 예를 들어 저항값을 계산한 결과, ±5[Ω]이라는 답이 나왔다면, −5[Ω]이라는 것은 없으므로 −5[Ω]은 버리고, 답을 5[Ω]으로 해야 된다. 즉 전기 지식으로 답을 음미하는 것이다.

수의 종류 회로 계산에는, 수값을 R, i, V 등과 문자로 나타내는데, 이들 문자가 나타내는 수값은 다음 세 가지 중 하나라고 할 수 있다.

① 양(+)의 실수

② 양 및 음의 실수

③ j(수학에서는 i)를 포함한 복소수

R, i, V 등이라는 문자가, 이 ①~③의 어떤 수를 나타내고 있을까, 또 예를 들어 음의 값이라면 무엇을 나타내고 있을까, 음의 값이라는 것은 의미가 있는 것일까 없는 것일까 등을 생각하는 것이 중요하다. 이것들은 앞에서 설명한 '식을 세운다'고 할 때와 같다고 말할 수 있다.

+, −와 j 수학에서는 −나 j를 당연한 것으로 사용하지만 실제 생활, 예를 들어 팥을 뺀 팥빵이라는 것이 없는 것과 마찬가지로 −3 개라든가 $j5$ 개라는 물건의 양은 실제로 없다. 회로 계산에서 −나 j를 사용하는 것은 '이러이러한 것을 − (j)로 나타낸다'고 약속했던 것이다. 어떠한 약속으로 −나 j를 사

−1개의 팥빵?

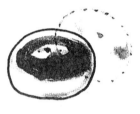

용할지 바르게 알고, 이 −나 j를 충분히 소화시키는 것이 중요하다.

방정식 회로 계산에는, 방정식 특히 연립 1차 방정식을 사용하는 일이 많다. 예를 들어 $x+y=3$, $x-y=1$이라는 연립 방정식을 풀려면

$$① \begin{cases} x+y=3 \\ 이고 \\ x-y=1 \end{cases} \Leftrightarrow ② \begin{cases} x+y=3 \\ 이고 \\ 2x=4 \end{cases} \Leftrightarrow ③ \begin{cases} x+y=3 \\ 이고 \\ x=2 \end{cases} \Leftrightarrow ④ \begin{cases} x=2 \\ \\ y=1 \end{cases}$$

처럼 등식을 변형하여 푼다. 여기서, ① ⇔ ②의 ⇔ 기호는 ①이 성립되면 ②가 성립되고, 반대로 ②가 성립되면 ①이 성립된다는 뜻이다. 즉 ①과 ②는 같은 내용이라는 것이다. 이것을 ①과 ②는 **동치(同値)이다**라고 한다. 연립 방정식을 푼다는 것은, 두 개로 한 쌍인 ①식을 이것과 동치(同値) 관계

를 유지하면서, 두 개의 식으로 한 쌍인 ②, ③, ④로 변형하는 것이다. 따라서 ④→③→②→①로 거슬러 올라가 보면, **n 개의 미지수를 구하려면, n 개의 방정식이 필요**한 것을 알 수 있다.

또, 조건을 구하는 문제에서도, 예를 들어 'I_1, I_2의 절대값이 같고 위상이 90°인 조건을 구하시오.'와 같이 두 조건을 만족하는 조건은 답으로서 두 개 필요하다. 일반적으로 n 개의 조건과 동치인 조건은, 어떻게 정리·변형하여도 n **개의 조건이 된다.** 여기에서 'n 개의 조건'이라는 것을 'n 개의 등식'이라고 고쳐 말해도 좋을 것이다. 평범하게 말하면 조건이 n 개라는 것은 =의 수가 n 개라는 것이다.

연립 방정식을 푸는 데는, **행렬식**을 자주 사용한다. 행렬식 값을 구하는 경우에 주의할 것은, **4차 이상인 행렬식** 값은 경사로 곱하는 방법으로는 계산되지 않고, 다음과 같은 **전개식으로 전개**해야 한다.

$$\begin{vmatrix} a_1 & a_2 & a_3 & a_4 \\ b_1 & b_2 & b_3 & b_4 \\ c_1 & c_2 & c_3 & c_4 \\ d_1 & d_2 & d_3 & d_4 \end{vmatrix} = a_1 \times \begin{vmatrix} b_2 & b_3 & b_4 \\ c_2 & c_3 & c_4 \\ d_2 & d_3 & d_4 \end{vmatrix} - b_1 \begin{vmatrix} a_2 & a_3 & a_4 \\ c_2 & c_3 & c_4 \\ d_2 & d_3 & d_4 \end{vmatrix} + c_1 \begin{vmatrix} a_2 & a_3 & a_4 \\ b_2 & b_3 & b_4 \\ d_2 & d_3 & d_4 \end{vmatrix} - d_1 \begin{vmatrix} a_2 & a_3 & a_4 \\ b_2 & b_3 & b_4 \\ c_2 & c_3 & c_4 \end{vmatrix}$$

또, **분수 방정식** 풀이에서 분모가 0이 되는 풀이는 무의미하고, **무리 방정식** 풀이에서는 아주 터무니없는 풀이(관계없는 해답)가 나오는 것도 주의해야 할 것이다.

또, n차 방정식 풀이는 일반적으로 복소수 풀이를 포함시켜 n 개이다는 것 등도 알아두기 바란다.

$\boxed{\text{수식 정리}}$ 계산 도중에는 항상 수식을 정리하고, 되도록 간결하게 한다. 그럼으로써 계산이 틀리는 일을 막을 수 있다.

① **약분할 것은 약분한다** : 등식의 양변이나 분수식의 분모, 분자로 약분시킬 항이 나오면 끝까지 그대로 하지 말고 곧바로 약분해야 한다.

② **한데 묶을 것은 묶는다** : 동류항은 묶는다. 미분이나 적분 계산에서 상수는 바로 미분·적분 기호 앞에 나온다.

③ **정수·상수·미지수 순서로 나열한다** : 예를 들어, $2Ex\pi fC$ 등은 아무렇게나 나열하지 않고 $2\pi fCEx$ 처럼 나열한다.

④ **내림 차순이나 올림 차순으로 나열한다** : 예를 들어 $ax + bx^2 + c$ 로 하지 않고, $bx^2 + ax + c$ 로 한다.

⑤ **첨자는 순환적으로 나열한다** : 예를 들어 $R_{ab} + R_{bc} + R_{ca}$ 처럼 한다.

⑥ **+, −를 중요하게** : 실제로 계산하면 +와 − 잘못이 대단히 많다. +, − 잘못은 회로 계산에서 생명이다. 복소수 계산에서는 특히 주의하기 바란다.

1·2 차원(단위)은 강력한 무기이다

거리 L[m]와 넓이 S[m²]의 합계 $L + S$ 라는 계산을 할 수 없다. 차원(dimension)이 다르기 때문이다. 길이의 차원을 [L]로 나타내면 거리의 차원은 [L], 넓이의 차원은 [L²]이다.

$E + RI$ 라는 식은 전압, 전류, 임피던스(impedance)의 차원을 각각 [V], [I], [Z]로 나타내서 [V] + [Z] [I] → [V] + [V]이므로 차원으로서는 맞다. 그리고 $E + RI$ 는 전체로서 [V]의 차원을 갖고 있다.

계산 도중 중간중간에 덧셈·뺄셈의 각 항이나, 등식 양변의 각 항 차원이 맞는지 체크하는 것은 계산 착오를 방지하는 데 효과가 있다. 어리석게 $\dot{Z} = \dfrac{1}{j\omega C}$ 을 잘못 생각하여 $\dot{Z} = \dfrac{1}{jx_c}$ 이라 할 수 있다.

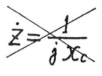

차원이 틀리다

차원을 주의하면 계산 도중 어디에서 잘못되었는지 알게 된다. 아무렇게나 수값을 넣어버리면 차원을 알 수 없게 된다. 그런 뜻에서 되도록 문자식으로 계산하는 것이 좋다.

문제 1·1 ▶ 다음 식에서 차원의 옳고 그름을 체크하시오. (답은 다음 페이지)

(1) $P = \dfrac{E^2 r}{(r+R)^2 + (x+X)^2}$

(2) $C = \dfrac{r \pm \sqrt{r^2 - \omega^2 CL}}{\omega^2 r L}$

(3) $t = \dfrac{L(r+R)}{R}$

1·3 회로 계산의 뿌리는 순시값 계산이다

회로 계산에는 직류 회로, 사인파(sine wave) 교류, 일그러짐파 교류, 과도 현상 계산 등이 있는데, 다음에 열거하는 **순시값 관계식이나 키르히호프(kirchhoff)의 법칙은 직류, 교류, 과도 상태의 어느 경우에도 성립된다.** 이들 각종 회로 계산의 근원은 순시값 계산이다라고 말해도 좋다. 따라서 회로 계산을 바르게 이해하려면 순시값 계산으로 거슬러 올라갈 필요가 있다.

또 계산 방법에 의문이 있거나 특히 일그러짐파 교류에서 계산 방법을 알지 못할 때 순시값에 대해 생각하면 좋다고 말해도, 순시값에 따른 계산은 상당히 복잡하다. 교류 계산은 벡터(vector) 계산으로 하면 번거로운 시간에 따른 변화를 생각할 것 없이 순시값 계산이 되므로 벡터 계산을 바르게 이해하고 활용하는 것이 중요하다.

(1) 순시값 관계식

표 1·1에서 q, i, v 등의 소문자는 순시값이다. 순시값은·어느 순간의 전압이나 전류값을 나타낼 뿐만 아니고, 순간적으로 변하는 값 전체, 즉 수학 함수의 표현으로 하면 $q(t)$, $i(t)$, $v(t)$로 한 것을 나타내고 있다.

표 1·1

양	단 위	관 계 식
전 하	[C]	$q = \int i\,dt$
전 류	[A]	$i = \dfrac{dq}{dt}$
전 압	[V]	$v = Ri, \quad v = L\dfrac{di}{dt}, \quad v = \dfrac{q}{C}$
전 력	[W]	$p = vi = i^2 R$

이러한 순시값에는 그림 1·1 같은 여러 가지 파형의 순시값이 있는데, **어떠한 파형의 순시값에서도** 표 1·1 관계식이 성립된다.

그림 1·1에서 알 수 있듯이 q, i, v 등의 순시값을 나타내는 문자는 −의 값도 나타내고 있는 것에 주의하기 바란다. 순시값의 값이 −가 되어도 표 1·1의 관계식은 성립된다.

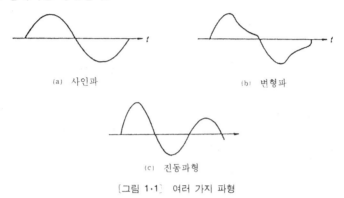

(a) 사인파   (b) 변형파

(c) 진동파형

[그림 1·1] 여러 가지 파형

문제 1·1의 답 ▶ (1) 맞음, (2) 틀림, √ 속이 [Z]²−[0], 그 밖에는 좋다. 양쪽변에 ω를 곱하면 알기쉽다.

(3) 틀림, 시간은 [L]/[R]

---

(2) 키르히호프의 법칙(kirchhoff's law)

키르히호프의 법칙은 잘 아는 바와 같이 다음과 같은 법칙이다. 이 법칙도 **어떠한 파형의 순시값에서도 성립**되는 법칙이다.

〔전류 법칙〕 어느 한 점에서 다음 관계가 있다.

흘러들어가는 전류의 합=흘러나가는 전류의 합

흘러들어가는 전류를 i_{i1}, i_{i2}, ……, 흘러나가는 전류를 i_{o1}, i_{o2}, ……로 하면,

$$i_{i1}+i_{i2}+i_{i3}+\cdots\cdots=i_{o1}+i_{o2}+i_{o3}+\cdots\cdots$$

즉

$$\sum i_i = \sum i_o \tag{1·1}$$

이다.

전압 법칙 회로의 임의의 폐회로에서 다음 관계가 있다.

기전력의 합=각 요소 역기전력(전압)의 합

즉

$$\sum e = \sum v \tag{1·2}$$

여기에서 보통은 '법칙'이라 하지 않지만, 굳이 다음은 법칙이라 말하고 싶다. 앞에서와 마찬가지이지만 전류 법칙과 똑같이 중요하다고 생각한다.

전위 법칙 a점의 b점에 대한 전위(전위차라 해도 좋다) v_{ab}는 b점부터 a 점에 이르는 경로의 각 전위차의 합이다.

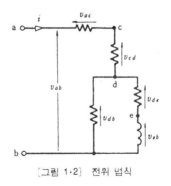

[그림 1·2] 전위 법칙

그림 1·2로 말하면

$$v_{ab} = v_{ac} + v_{cd} + v_{db} = v_{ac} + v_{cd} + v_{de} + v_{eb} \tag{1·3}$$

이다. 이와 같이 **어떠한 경로로 계산하여도** 같은 v_{ab}가 구해진다. v_{ab}는 한 개의 값밖에 없기 때문이다. 여기에서 a점의 b점에 대한 전위는 v_{ab}로 나타내고, v_{ba}로 하지 않는 것을 기억해 두기 바란다.

그림 1·3에서 a점에서 흘러나오는 전류의 합은 $4+3=7$[A]처럼 보이지만, 보통 이와 같이 표현하면 4[A], 3[A]라는 것은 실효값이고 벡터적으로 $\sqrt{4^2+3^2}=5$[A]로 계산해야 한다.

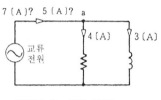

그림 1·3 전류 법칙?

이와 같이 **실효값만으로는 키르히호프의 전류 법칙은 성립되지 않는다.**

$|4+j3|=\sqrt{4^2+3^2}=5$[A]로 계산하면 맞다는 것은 **벡터적인 계산은 순시값 계산의 역할을 하고 있기 때문**이다.

(3) 중첩 원리

중첩 원리는 그림 1·4와 같이 e_1, e_2, ……라는 기전력이 있을 때, 회로에 흐르는 전류는 e_1, e_2, ……를 각각 따로 생각해서 계산한 전류를 중첩시킨 것이라는 정리이다.

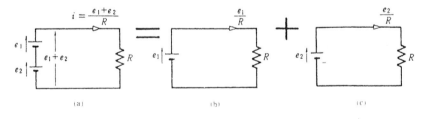

그림 1·4 중첩 원리

이·정리가 성립되는 이유는 그림 (a)에서,

$$i=\frac{e_1+e_2}{R} \text{ 이고, 이것은 } i=\frac{e_1}{R}+\frac{e_2}{R} \qquad (1\cdot4)$$

로 변형되고, (1·4)식의 오른쪽변은 그림 (b), 그림 (c)의 전류가 중복된 (더해진) 것이기 때문이다,

그런데 (1·4)식이 성립하려면 저항에 $e_1 + e_2$의 전압을 더했을 때나 e_1 혹은 e_2라는 전압을 더했을 때도 저항값은 일정하고 $R[\Omega]$이라는 조건이 필요하다.

예를 들어 백열 전구인 경우에는 e_1 혹은 e_2만을 더했을 때의 저항이 $e_1 + e_2$ 전압을 더했을 때보다 크게 된다. 즉 저항값은 일정하지 않다. 이와 같은 때는 중첩 원리는 성립되지 않는다.

R가 항상 일정하고, (1·4)식과 같이 계산 가능한 회로를 **선형 회로**, 백열 전구같이 그렇지 않은 회로를 **비선형 회로**라 한다. 즉 **비선형 회로에는 중첩 원리가 성립되지 않는다.**

또 그림 1·4에서 전력을 계산해 보면

그림 (a)에서는 $p_{12} = i^2 R = \dfrac{(e_1 + e_2)^2}{R}$

그림 (b), (c)에서는 $p_1 = i^2 R = \dfrac{e_1{}^2}{R}$, $\quad p_2 = \dfrac{e_2{}^2}{R}$, $\quad$ 합은 $p_1 + p_2 = \dfrac{e_1{}^2 + e_2{}^2}{R}$

이고, $p_1 + p_2$는 p_{12}와 같지 않다. 즉 선형 회로에서도 **전력에 대한 중첩 원리는 성립되지 않는다.** 이것은 $p = i^2 R$와 같이 i^2항이 있기 때문이다. 전압과 전류에 대한 중첩 원리가 성립되는 것은 $i = e/R$와 같이 제곱항이 없기 때문이다.

또, **실효값만의 계산에서는**, 앞의 키르히호프의 법칙에 대하여 설명한 것과 마찬가지로 **중첩 원리는 성립되지 않는다.** 그것은 전력에서 성립되지 않는 것과 마찬가지 이유이다.

1·4 양방향을 정하지 않으면 회로 계산을 할 수 없다

그림 1·5와 같이 e_1, e_2라는 기전력이 있다고 하자. e_1, e_2는 순시값으로, 어떠한 기전력이라도 좋지만 알기 쉽게 e_1은 $\sqrt{2}E_1 \sin 2\pi f t[V]$, e_2는 $\sqrt{2}E_2 \sin 2\pi f t[V]$라 생각한다. 그런데 그림 1·5의 ab 사이에 전압 e는 얼마일까?

그림 1·5에서는 결코 e 값을 알 수 없다.

그림 1·6과 같이 e_1, e_2에 화살표를 붙이면

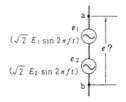

$$그림 \ (a) \ 경우에는 \quad e=e_1+e_2$$
$$그림 \ (b) \ 경우에는 \quad e=e_1-e_2$$

로 계산할 수 있다.

[그림 1·5] e는 얼마인가?

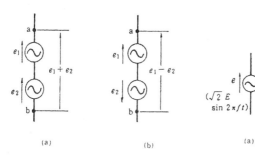

[그림 1·6] 이것으로 계산할 수 있다. 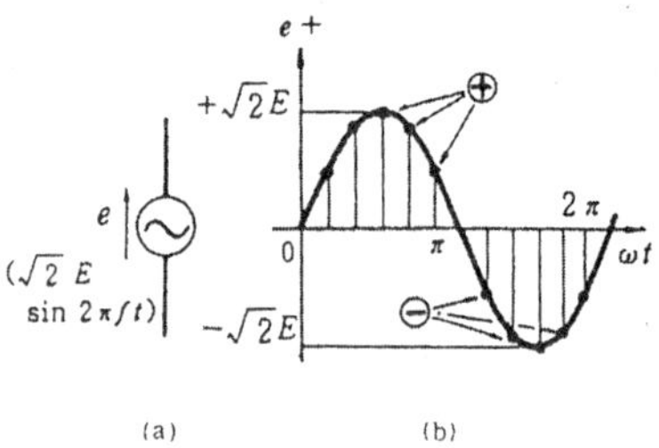   [그림 1·7] e를 +-로 나타낸다.

그림 1·6의 e_1, e_2 혹은 e_1+e_2 등의 **화살표를 양(+)방향이라 한다.** 양(+) 방향이라는 것은 다음에 설명하겠지만, 어느쪽을 양으로 할까의 기준 방향 이라는 뜻이다.

그림 1·7(a)와 같이 기전력 e가 있다고 하자.

e는 순시값으로, 어떠한 기전력이어도 좋지만, 반대로 $\sqrt{2}E \sin 2\pi ft$[V]로 나타낸 사인파 기전력이라고 하면 그 그래프는 그림 (b)와 같이 된다.

e의 값은 그림 (b)와 같이 +값과 -값으로 나타낸다. 이것은 기전력이 그림 (a)의 화살표 방향으로 전류가 흐르고 있을 때는 +, 화살표와 반대 방 향으로 흐르고 있을 때는 -로 나타낸다는 약속에 따라 그렇게 된 것이다. 따라서 그림 (a)의 화살표는 어느쪽 방향을 +로 할까라는 양(+)방향의 **기 준 방향**이다. 이것을 간단하게 **양방향**이라고 부르기로 한다.

이와 같은 양방향은 기전력 뿐만 아니고, 전류·전압(전위·전위차)·전하 등 에 대해서도 말하는 것으로, 다음과 같이 정의할 수 있다.

정리 [1·1] **양방향의 정의**

그림 1·8(a), (b), (c), (d)에 따라 다음과 같이 정의한다.

① **기전력** : 기전력 e값에 대하여, 기전력이 그림 (a)의 화살표 방향으로 향하고 있을 때는 +, 반대로 향하고 있을 때는 −로 나타낸다.

② **전류** : 전류 i값에 대하여 전류가 그림 (b)의 화살표 방향으로 흐르고 있을 때는 +, 반대로 흐르고 있을 때는 −로 나타낸다.

③ **전압 (전위·전위차)** : 전압 v값에 대하여, 그림 (c)의 화살표에 붙어있는 점쪽의 전위가 높을 때 +, 낮을 때는 −로 나타낸다.

④ **전하** : 전하 q에 대하여, 그림 (d)의 + 기호가 있는 쪽 전하가 양전하일 때는 +, 음전하일 때는 −로 나타낸다.

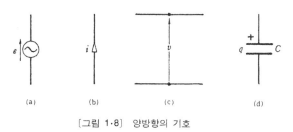

| (a) | (b) | (c) | (d) |

[그림 1·8] 양방향의 기호

어떠한 것이라도 기전력이나 전류의 화살표는 그림 1·8(a), (b)와 같이 나타내지만 전압의 화살표는 막연한 일이 자주 있다. **전압의 화살표를 선의 양쪽에 붙이면 안 된다.**

그림 1·9(a)의 기전력 e가 그림 (b)의 실선 그래프로 나타내신다. 여기에서 e의 양방향과 반대인 방향으로 양방향을 취한 기전력을 e'라 하면, e가 +일 때는 e'는 −이고, e가 −일 때는 e'는 +이다. 따라서 $e' = e \times (-1)$, 즉

$$e' = -e$$

라는 관계이다.

이 관계는 기전력 뿐만 아니고 다른 양(量)에 대하여서도 말할 수 있다.

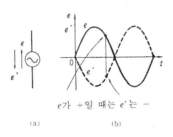

e가 +일 때는 e'는 −

(a)   (b)

[그림 1·9] 양방향을 반대로 하면

정리 〔1·2〕 **양방향을 반대로 했을 때의 값**

①어느 방향을 양방향으로 정한 기전력 e, 전류 i, 전압 v, 전하 q에 대해서 양방향을 반대로 정한 그것들을 e', i', v', q'라 하면 다음 관계가 있다.

$$e' = -e, \quad i' = -i \quad v' = -v \quad q' = -q$$

②이 때문에 양방향은 어느 방향으로 정해져 있는 것은 아니고 어떠한 방향으로 정해져도 좋은 것을 알 수 있다.

1·5 $-L\dfrac{di}{dt}$ 인가 $L\dfrac{di}{dt}$ 인가(역기전력의 양방향)

먼저 역기전력이라는 말을 설명해 보자.

그림 1·10(a)와 같이 저항 R에 전류 i가 흐르면 R의 단자 전압은 $v = Ri$로 된다. 이러한 것은 그림 (b)와 같이 저항만을 생각해도 마찬가지이다.

이 전압 v는 R 양끝에 전위차가 생긴다는 점에서 기전력과 같고, 흐르는 전류에 반대쪽으로 생기므로 **역기전력**이라 부른다. 간단하게 말하면 역기전력이라는 것은 저항 등의 단자 전압이다.

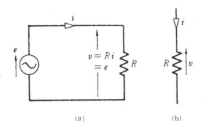

[그림 1·10] 역기전력 v

패러데이(Faraday) 및 노이만(Neumann)의 법칙에 따르면 어느 하나의 회로에 전자기 유도로써 생긴 기전력은 쇄교 자속수 Φ의 시간에 대하여 변화 비율이 같다. 즉 $e=\dfrac{d\Phi}{dt}$이지만 $\Phi=Li$라 하면 위의 식은 $e=L\dfrac{di}{dt}$로 된다. 또, 렌츠(Lenz)의 법칙에 따르면, 전자기 유도로써 생긴 기전력은, 자속 변화를 막는 방향으로 전류를 흐르게 하는 경향이 생긴다.

그림 1·11로 말하자면 전류 i가 화살표쪽으로 흐르고, 즉 i가 +이고, 증가할 때는 자속 Φ도 +로(그림 Φ의 화살표를 양방향으로 하고) 증가한다. 그때 기전력은 그림의 e의 화살표를 양방향으로 하고 +로 되는 것이다

이것을 간단하게 말하면 그림 1·11과 같이 **e의 양방향을 i의 양방향에 반대되는 쪽으로 정한다**고 하면, i가 증가할 때 e는 +로 되는 것이다. 따라서 이것을 식으로 말하면, $e=L\dfrac{di}{dt}$이고, $e=-L\dfrac{di}{dt}$는 아니다.

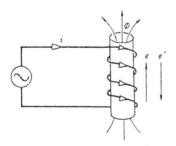

[그림 1·11] 전자기 유도 기전력

양방향을 반대쪽으로 정하면 −가 붙으므로, 그림 1·11의 e'와 같이 양방향을 정하면 e'는 $e' = -e = -L\dfrac{di}{dt}$로 된다. 대부분 전자기 유도 기전력은 $-\dfrac{d\Phi}{dt}$라고 말하지만, 이것은 그림 1·11의 e'와 같이 기전력 방향을 전류의 그것과 같은 방향으로 정한 경우이다.

전자기 유도에 따른 기전력도 인덕턴스 L에 대하여 생각해 보면 역기전력이다.

또, 저항의 역기전력에도 +, −를 생각하면, 그림 1·12(a)와 같이 i와 v의 양방향을 정하면 i가 +일 때 v도 +이다. 따라서 $v = Ri$이고, $v = -Ri$는 아니다.

또, 그림 (b)와 같이 정전 용량 C에 대하여 생각해 보면, 그림과 같이 i, q, v의 양방향을 정하면 $v = \dfrac{q}{C} = \dfrac{1}{C}\displaystyle\int i\,dt$로 되고, −가 붙지 않는다.

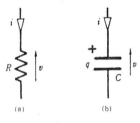

(a)   (b)

[그림 1·12] 역기전력 v

정리 〔1·3〕 **역기전력의 양방향**

R, L 및 C에 생긴 역기전력의 양방향을 전류 i의 양방향의 반대 방향으로 정하면 그것들에 생긴 역기전력은 Ri, $L\dfrac{di}{dt}$, $\dfrac{1}{C}\displaystyle\int i\,dt$로 되고 − 부호는 붙지 않는다. 이에 대하여 역기전력의 양방향을 전류 방향과 같은 방향으로 정하면 − 부호가 붙는다. 따라서 원칙으로 **역기전력의 양방향은, 전류의 양방향에 반대되는 방향으로 정하는 것이 좋다.**

1·6 더할까 뺄까는 양방향으로 정한다

키르히호프의 전류 법칙이나 전압 법칙, 우리들이 말하는 전위 법칙도 계산은 결국 전압·전류의 덧셈 혹은 뺄셈이다.

전류 법칙에 대하여 생각해 보자.

그림 1·13과 같은 회로 부분에서 그림 (a)와 같이 어느 순간에 $i_1=5[A]$, $i_2=3[A]$ 흘렀다고 하면 당연히 $i_3=3+5=8[A]$이다.

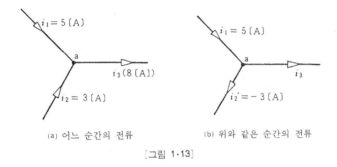

(a) 어느 순간의 전류   (b) 위와 같은 순간의 전류

[그림 1·13]

똑같은 순간에 대하여 그림 (b)와 같이 양방향을 반대로 하여 i_2'로 하면 $i_2'=-i_2=-3[A]$이다. 이 경우에 i_3를 구하려면

$$i_3=i_1-i_2'=5-(-3)=8[A]$$

로 해야 한다.

즉 전류의 순시값을 i_1, i_2, i_3 등으로 나타내고 있을 때 i_1, i_2, i_3의 **실제 방향**이 어떻게 되어 있어도 **더할까 뺄까는 양방향만으로 판단하면 좋다**는 것이다.

바꿔 말하면 키르히호프의 전류 법칙에서 어느 점에 전류가 **유입한다**라든가 **유출한다**라는 구별은 **양방향으로 구별**하면 좋다.

더할까 뺄까는 양방향으로 판단한다는 것은 전압인 경우에도 마찬가지이다.

키르히호프의 전압 법칙은 어느 하나의 폐회로에서 '기전력의 총합은 역기전력의 총합과 같다'는 법칙이지만, 그림1·14와 같이 회로의 어느 일부분에 대하여 이 법칙을 이용하면 그림과 같이 임의 방향으로 회로 방향을 정하고, 이것과 전압의 양방향 관계에서 다음 식을 세워 보면 좋다.

$$e_1 - e_2 = v_1 - v_2 - v_3 + v_4$$

역시, +, -는 양방향에 따라 정하면 좋을 것이다.

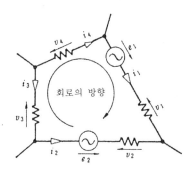

[그림 1·14] 전압 법칙

문제 1·2 ▶ 그림 1·15와 같이 기전력 e_a, e_b, e_c가 있는 회로에서, a-G-n-a의 폐회로가 생겨서 전류 i가 흘렀다. b와 G 사이의 전압 v_b는 얼마인가?
(답은 다음 페이지)

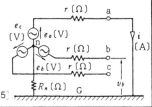

[그림 1·15]

1·7 등가란 무엇인가

(1) 기전력이 없는 회로

그림 1·16과 같이 A, B라는 두 개의 회로를 생각한다. A와 B는 어떻게 R, L 및 C가 접속되어 있어도 좋다. 다만 기전력은 포함되지 않은 것이다.

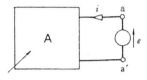 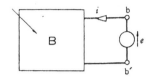

[그림 1·16] 블랙 박스

A, B로부터 각각 두 줄의 선을 그어서 aa′, bb′로 한다. 여기에서 aa′ 및 bb′에 **같은 전압 _e_를 가했을 때** 각각 **같은 전류 _i_가 흐른다면** A, B 회로는 aa′, bb′ 단자에서 보면 **등가**라고 한다.

예를 들어 그림 1·17의 A, B, C 각 회로는 각 단자에 같은 전압을 가하면 같은 전류가 흐르므로 단자에서 보면 **등가**이다.

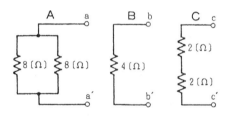

[그림 1·17] 등가인 회로

그림 1·17과 같은 회로도, 그림 1·16과 같이 상자 속에 넣고, 밖으로 나온 것(여기에서는 단자)만 볼 수 있다. 그림 1·16의 상자를 **블랙 박스**(black box)라고 한다. 블랙 박스로 보는 방법이 편리한 경우가 있다.

문제 1·2의 답 ▶ b n 사이의 _r_에는 전류가 흐르지 않으므로 역기전력 0, R_n의 역기전력은 n→G 방향을 양방향으로 해서 $R_n i$,

$$\therefore \quad v_b = e_b - R_n i \, [\text{V}] \quad \boxed{\text{답}}$$

간단한 것을 생각하여 보자. 그림 1·18에서 A와 같은 RL 직렬 회로를 생각한다. 가한 전류가 **직류**라면, L의 역기전력은 0이고, L은 없는 것과 마찬가지이므로 B의 회로는 A와 등가이다.

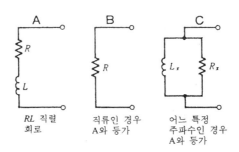

[그림 1·18] 주파수 주의

그러나 **교류**의 경우는 A와 B는 등가는 아니다. C 회로에서 R_r와 L_r를 알맞은 값으로 하면 C를 A와 등가로 할 수 있다.

그러나 C 회로에서도 주파수가 틀리면, A와 등가로 하려면 R_r, L_r의 값을 바꾸어야 한다. 즉 **C는 어느 정해진 주파수의 교류인 경우에 대하여 단자에서 본 임피던스가 A와 같다면 A와 등가**이다.

과도 현상을 다루는 경우 뒤에서 알 수 있듯이, 그림 1·18의 A와 C는 결코 등가가 되지 않는다. 그러나 그림 1·17의 A, B, C 회로는 과도 현상인 경우에도 등가이다.

바꿔 말하면, R라면 R만, L이라면 L만이라듯이 **한 종류 요소만의 회로**라면 어느 단자에서 보아 직병렬의 합성값이 같을 때, 어떠한 주파수에 대하여서도, 또 과도 현상에서도 그 단자에서 보면 등가이다.

(2) 3단자의 등가성

그림 1·19와 같이 세 단자를 생각했을 때, 세 단자에서 보아 등가인 조건을 생각해 보자.

그림 1·20의 A, B 회로가 등가가 되기 위해서는 예를 들어 직류인 경우로서 ab에서 본 저항을 R_{ab} 등이라 나타내면,

$$R_{ab}=R_{a'b'}, \quad R_{bc}=R_{b'c'}, \quad R_{ca}=R_{c'a'} \tag{1·5}$$

의 세 조건을 만족하면 좋다.

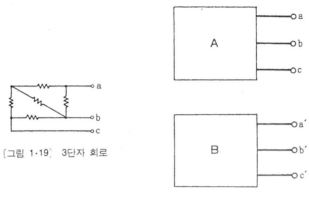

[그림 1·19] 3단자 회로

[그림 1·20] 두 개의 3단자 회로

그림 1·20의 회로는 직류인 경우에 A, B가 어떠한 회로여도 그림 1·21과 같은 Y 혹은 △의 어느쪽 회로에도 등가적으로 바꿔놓을 수 있다.

이것은 R_a, R_b, R_c 혹은 R_A, R_B, R_C 의 세 저항으로 반드시 (1·5)식의 세 가지 조건을 만족시키기 때문이다.

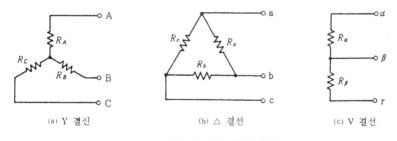

(a) Y 결선   (b) △ 결선   (c) V 결선

[그림 1·21] 대표적인 3단자 회로

이것에 대하여 그림 (c)의 V 결선은 R_a, R_β 두 개의 저항밖에 없으므로 일반적으로

$$R_{ab}=R_{a\beta}, \quad R_{bc}=R_{\beta\gamma}, \quad R_{ca}=R_{\gamma a}$$

와 같이 세 가지 조건을 만족시킬 수는 없다. 즉 일반적으로 3단자 회로를 V 결선으로 나타내지 못한다.

바꿔 말하면 V 결선인 경우에는 V 결선쪽에 $R_{\alpha\beta} + R_{\beta\gamma} = R_{\gamma\alpha}$라는 하나의 조건이 정해져 있기 때문에 일반적으로 위 설명의 세 가지 조건을 만족시키지 못한다. 반대로 그림 1·20의 회로 A에 $R_{ab} + R_{bc} = R_{ca}$라는 조건이 있으면, 등가적인 V 결선으로 바꿔 놓을 수 있다.

이상 설명한 것은 교류인 경우에도 어떤 정해진 주파수인 경우라면, 임피던스에 대하여 말하는 것과 같다.

(1·5)식의 세 가지 조건은 **다른 세 가지 조건**을 만족시킴으로써 만족될 수도 있다. 예를 들어 그림 1·22와 같이 두 단자를 단락하여 그 단자에서 본 저항을 $R_{a(bc)}$ 등이라 하면 $R_{a(bc)}$, $R_{b(ca)}$, $R_{c(ab)}$를 비교함으로써 등가적인 회로를 얻을 수 있다.

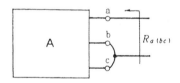

[그림 1·22] 2단자 단락

(3) 기전력이 있는 회로

그림 1·23(a)의 회로 A 안에 기전력을 포함한 경우는 어떠한 회로와 등가일까? 먼저 결과만을 말하면 다음과 같다.

그림 (a)와 같이 단자 ab를 개방하였을 때 ab에 나타난 전압이 e이고 A 안의 기전력을 없애고 그곳을 단락하였을 때 ab에서 본 저항이 R이라면 그림 (b)의 회로는 그림 (a)의 A와 등가이다.

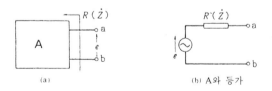

(a)   (b) A와 등가

[그림 1·23] 기전력이 있는 회로

교류인 경우라면, R 대신에 임피던스 $\dot{Z}$로 하면 된다.

1·8 전압원과 전류원을 알자

우리가 그냥 기전력이라고 말할 때는 어떤 **정해진** e라는 전압을 내는 전원이다.

그림 1·24와 같이 $e[V]$의 기전력에 부하 R(또는 $\dot{Z}$)를 붙여서 전류 i가 흘러도 기전력의 단자 전압은 $e[V]$에서 변화하지 않는다고 생각하고 있다.

실제 전원에는 반드시 약간의 저항(임피던스)이 있겠지만, 회로 계산에 사용하는 기전력 안에는 저항이 없다고 생각한다. 그래서 기전력의 단자 전압은 전류가 흘러도 변화하지 않는 것이다.

[그림 1·24] 전압원

이와 같은 기전력에 대하여 어느 정해진 i라는 전류를 내는 전원을 생각한다. 이와 같은 전원을 **전류원**이라고 하고, 전압을 내는 전원을 **전압원**이라고 한다.

이제 그림 1·25(a)와 같은 회로를 생각한다. R_0는 R에 비하여 아주 크다고 하자. 여기에 흐르는 전류는,

$$I = \frac{E}{R_0 + R}$$

이지만, $R_0 \gg R$라면

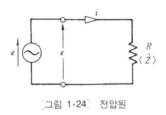

$$I \fallingdotseq \frac{E}{R_0}$$

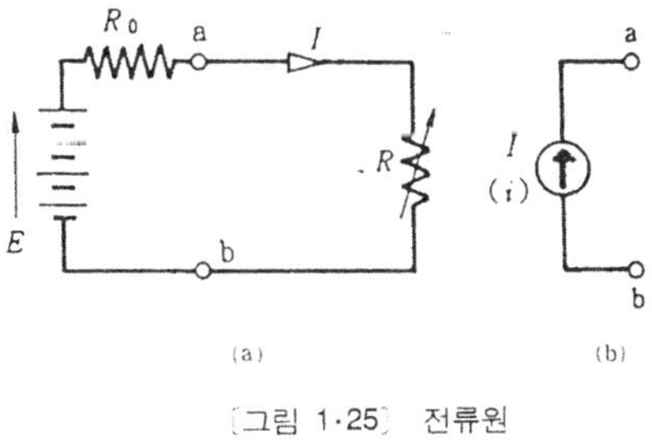

(a)   (b)

[그림 1·25] 전류원

이고, 그림 (a)의 R가 변화하여도 거의 일정한 전류가 흐르게 된다. 이와

같이 하여 이상적으로 생각하면, ab로부터 전원쪽은 일정한 전류가 흐르는 전원, 즉 정전류원이라고 생각할 수 있다. 교류인 경우에도 마찬가지로 어느 정해진 전류 i가 흐르는 전류원을 생각할 수가 있다.

이러한 전류원을 그림 (b)와 같이 나타낸다. 전압원의 내부 저항(임피던스)은 0이지만 위 설명처럼 생각해 보면 **전류원의 내부 저항**은 ∞라는 것이다.

이로써 전압원과 전류원은 전압↔전류, 0↔∞처럼 반대의 성질을 가졌다고 말할 수 있다.

1·9 쌍대성이란 무엇인가

위에서 설명하였듯이 전압↔전류, 전압원↔전류원은 서로 **반대 성질**을 갖고 있지만, 전기 회로에서 서로 반대 성질을 갖는 것은 이 밖에 다음과 같이 여러 가지이다.

저항↔컨덕턴스(conductance)

임피던스(impedance)↔어드미턴스(admittance)

직렬↔병렬, 개방↔단락, 인덕턴스(inductance)↔정전 용량

이와 같이 **반대 성질을 가진 것을 쌍이라 생각하고, 쌍의 양쪽에서 같은 형태의 법칙이 성립될 때 쌍대성이 있다고** 한다. (쌍 : 두 개가 모여서 한 조가 되는 것.)

알기 어려우므로 구체적인 예를 들어 보자. 그림 1·26과 같이 직렬 접속인 회로 A와 병렬 접속인 회로 B를 생각한다. A는 회로 소자를 저항으로 나타내고 있지만, B는 컨덕턴스로 나타내고 있을 뿐만 아니라 저항 $R[\Omega]$을 컨덕턴스 $G[S]$(simens, $[\mho]$와 같음)로 나타내면 $G=1/R$인 관계가 있다.

그런데 A 회로에서 전류 I를 알고 있는 것으로 해서 단자 전압 V를 구하면

$$V = V_1 + V_2 = R_1 I + R_2 I \qquad (1·6)$$

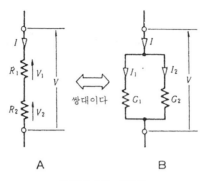

[그림 1·26] 쌍대성

또 B 회로에서 전압 V를 알고 있는 것으로 해서 모든 전류 I를 구하면 다음과 같다.

$$I = I_1 + I_2 = G_1 V + G_2 V \tag{1·7}$$

여기에서 (1·6)식과 (1·7)식에 대하여 서로

전압 ↔ 전류

저항 ↔ 컨덕턴스

로 교체하면 같은 식이 되는 것을 알 수 있다. 이와 같을 때 회로 A와 B는 **쌍대**라고 한다.

또 (1·6), (1·7)식으로부터 합성 저항과 합성 컨덕턴스를 구하면 다음과 같이 역시 같은 형태의 식으로 되는 것을 알 수 있다.

(1·6)식에서,

$$R_0 = \frac{V}{I} = \frac{R_1 I + R_2 I}{I} = R_1 + R_2 \quad \therefore \ R_0 = R_1 + R_2 \tag{1·8}$$

(1·7)식에서,

$$G_0 = \frac{I}{V} = \frac{G_1 V + G_2 V}{V} = G_1 + G_2 \quad \therefore G_0 = G_1 + G_2 \tag{1·9}$$

1·10 전력과 교류의 평균값과 실효값은

(1) 전력의 순시값

전력의 순시값 p는 전압이나 전류가 어떠한 파형이어도 다음 식의 어느쪽
으로도 계산된다.

$$p = i^2 R \qquad\qquad (1 \cdot 10)$$

$$p = vi \qquad\qquad (1 \cdot 11)$$

그림 1·27(a)에서 i의 실제 방향이 어느쪽이라도 저항 R는 전력을 소비한
다. 이것은 (1·10)식에서 i가 +이거나 −라도 p가 +로 되는 것에 대응하
고 있다. 수식과 물리 현상이 어우러져 있는 셈이다.

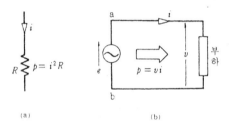

(a)　　　　　(b)

[그림 1·27] 순시 전력

(1·11)식인 경우에, 예를 들어 v가 +이고 i가 −일 때, p는 −가 된다.
이때는 그림 (b)로 말하면 그림의 $p = vi$식 위의 화살표를 p의 **양방향**으로
해서 양방향과 반대쪽으로 전력이 흐르고 있는 것을 뜻한다. 즉 부하로부터
전원으로 전력이 되돌려진 것이다.

여기에서, 전력의 양방향을 정하는 방법을 정리해·두자.

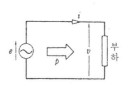

정리 〔1·4〕 **전력의 순시값과 양(+)방향**

전압·전류의 파형이 어떠하든

$$p = i^2 R \quad (1), \qquad p = vi \quad (2)$$

로 계산할 수 있다.

(2)식에 따를 때는 p의 양방향을 다음과

〔그림 1·28〕

같이 정한다. 기전력 e 혹은 전압 v와 전류 i의 양방향에 따라 e 혹은 v와 i가 +일 때 전력이 흐르는 방향을 p의 양방향으로 한다. (그렇지 않을 때는 (2)식에 −가 붙는다)

(2) 교류의 전력과 실효값

교류의 전력이 몇 〔W〕라는 것은 사인파나 일그러짐파에서도 평균 전력으로 말하고 있다.

순시 전력을 위의 식(1), (2)로 계산하여, 그림 1·29의 p와 같이 되었다고 하자. 평균 전력이라는 것은 이 p의 산과 골짜기를 평균해서 얻어지는 P이다.

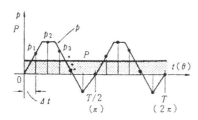

〔그림 1·29〕 전력의 순시값과 평균값

T〔s〕를 1주기(1사이클)로 해서 0부터 T 사이를 n등분한 것을 $\varDelta t$로 한다.

각 순시의 전력을 p_1, p_2, p_3……로 하면 평균 전력 P는 다음 식으로 얻어진다.

$$P = \frac{1}{n\Delta t} (p_1\Delta t + p_2\Delta t + p_3\Delta t + \cdots\cdots + p_n\Delta t) = \frac{1}{T}\Sigma p\Delta t$$

이것을 좀더 바르게 계산하려면, 다음 적분식을 사용한다.

$$P = \frac{1}{T}\int_0^T p\,dt \tag{1·12}$$

위의 식은 그림 1·29의 가로축을 시간으로 생각하여 평균한 것이지만, 가로축을 각도로 생각하여 평균하여도 같은 평균 전력이 얻어질 것이다. 각도에 대하여 평균하려면 위 식의 t를 θ로 하고, p 안의 $2\pi ft$를 θ와 바꾸어 놓고, 1주기 T를 2π로 하면 된다. 즉,

$$P = \frac{1}{2\pi}\int_0^{2\pi} p(\theta)\,d\theta \tag{1·13}$$

로 된다. (수학적으로는 $2\pi ft$를 θ로 치환한다)

다음에 **실효값**의 식을 구해 보자. (1·12)식의 p에, $P = i^2 R$를 대입하면,

$$P = \frac{1}{T}\int_0^T i^2 R\,dt = \frac{R}{T}\int_0^T i^2\,dt$$

여기에서, $\sqrt{\dfrac{1}{T}\int_0^T i^2\,dt} = I \tag{1·14}$

로 두면 위 식은

$$P = I^2 R \tag{1·15}$$

로 되고, 사용하기 좋은 식이 된다. 이 (1·14)식이 실효값의 식이다.

(1·13)식으로도 같은 형태의 식이 얻어진다. 이상의 것을 정리하면 다음과 같이 된다.

정리 〔1·5〕 **임의 파형의 교류 실효값**

어떠한 파형의 교류라도 다음과 같이 말할 수 있다.

① 실효값은 다음 식으로 계산한다.

$$I = \sqrt{\frac{1}{T}\int_0^T i^2 dt} \ \text{또는} \ \sqrt{\frac{1}{2\pi}\int_0^{2\pi} i^2 d\theta} \ (\text{단}, \ \theta = 2\pi f t)$$

② 위 식을 말로 나타내면 다음과 같다.

   실효값은 **제곱의 평균의 제곱근**(r. m. s:root−mean−square)

③ 어떠한 파형이라도 $P = I^2 R$가 성립된다.

④ 전압의 실효값도 ①의 식과 같은 식으로 계산한다.

---

①의 처음 식보다 뒤의 θ식 쪽이 사용하기 쉽다고 생각된다. 이 식들을 식 자체로 기억하는 것은 중요하지만, 말로 가볍게 '제곱의 평균의 제곱근'이라고 외우면 기억하기 쉬울 것이다.

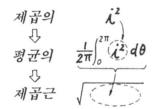

[그림 1·30] 실효값

$P = I^2 R$의 식은 어떠한 파형에서도 성립된다. 그러나 $P = V I$의 **식은 사인파 교류의 저항인 경우에는 성립되지만 일그러짐파형인 경우에는 성립하지 않는다**. 여기서 $P = I^2 R$ 식의 어려움이 있다.

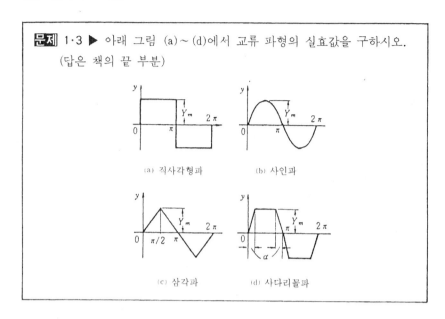

문제 1·3 ▶ 아래 그림 (a)~(d)에서 교류 파형의 실효값을 구하시오.
(답은 책의 끝 부분)

(a) 직사각형파   (b) 사인파

(c) 삼각파   (d) 사다리꼴파

(3) 교류의 평균값

교류 전압·전류의 평균값을 구할 때는 위 문제의 파형과 같이 +, - 대칭 파형의 경우는 1주기에 거쳐 평균을 구하면 0이 되어 무의미하다. 그래서 일반적으로 반주기의 평균을 교류 전압·전류의 평균값으로 하고 있다. 평균 값에 관련하여 다음 정의가 있다.

정리 [1·6] 평균값·파고율·파형률

① 평균값 $=\dfrac{1}{\pi}\displaystyle\int_0^{\pi} y\,d\theta$, ($y$는 전압 또는 전류의 순시값)

$=\dfrac{1}{\pi}\times(y$ 그래프의 $0\sim\pi$ 사이의 넓이)

② 파고율 $=\dfrac{최대값}{실효값}$, $\left(\dfrac{파고값}{실효값}\right)$, 파형률 $=\dfrac{실효값}{평균값}$

직사각형파에서는 최대값＝실효값＝평균값이지만, 문제 1·3의 그림과 같은 파형에는 일반적으로 최대값〉실효값〉평균값이다. 이것은 실효값과 평균값의 정의로부터 대략 상상할 수 있다. 이 경향은 파형이 뾰족한 정도를 나타낸다. 따라서 파고율과 파형률은 파형이 뾰족할수록 크게 된다.

파고율·파형률은 직사각형파인 경우에 1이므로, 파형이 뾰족할수록 1보다 큰 값이 된다.

문제 1·4 ▶ 문제 1·3의 각 파형의 평균값·파고율·파형률을 구하시오.

문제 1·5 ▶ 가동 코일형 계기를 이용하여 실효값으로 눈금을 새긴 정류형 전류계가 있다. 실효값 10〔A〕인 직사각형파 전류를 이 계기로 측정하였을 때 가리키는 것은 얼마일까?

(가동 코일형 계기는 평균값에 비례하여 흔들린다. 또 가동 코일형을 이용한 정류형 계기는 사인파 교류에 대하여 올바르게 실효값을 가리키도록 눈금을 새긴 것이다.)

1·11 답은 이렇게 맛본다

계산 문제를 풀어서 답이 나오면 맞는 답인지 확인하는 것이 중요하다. 아래에 어떻게 확인하는가 열거하여 보자.

① **답은 상식적인가** : 답이 너무 크거나 작으면 숫자의 위치나 그 밖의 것을 체크해 본다. 눈짐작으로라도 수값을 검산해 보는 것도 좋을 것이다. 문제에 따라서는 어림수를 알고 있으면 도움이 된다.

　예를 들어 파형률을 구하는 경우에 파형률은 1보다 크다는 **상식**이 있으면 도움이 된다.

② **차원은 어떠한가** : 문자식의 답은 차원을 체크한다. 이것은 첫머리에서 설명하였다. 답 뿐만 아니라 이곳저곳을 체크해야 할 것도 있다.

③ **답의 기호 문자는 문제에서 주어져 있는가** : 문자식의 답은 문제에서 주어져 있는 기호 문자로 나타내야 한다. 예를 들어 문제에서 미지수

로 되어 있는 것 등이 들어 있는 것은 풀기가 나쁘다. 다만 문제에는 주어져 있지 않지만 무슨 일이 있어도 자신이 설정하지 않으면 풀 수 없는 것이나, 관례적으로 알아 왔던 기호, 예를 들어 주파수 f라든가 ωt라는 것은 예외이다.

④ **– 부호는 물리적으로 맞는 것인가** : 저항 R나 C, L은 양의 실수(實數)로 해야 하므로 – 부호가 나오면 이상하다. 또 다음과 같은 주의가 필요하다.

지금 예를 들어 C를 구하여 $C = \dfrac{r \pm \sqrt{r^2 - 4\omega^2 L^2}}{2\omega^2 L r}$라는 답이 얻어졌다고 하자. C는 실수이어야 하므로 $r^2 - 4\omega^2 L^2 \geqq 0$, $\therefore r \geqq 2\omega L$로 해야 한다. 또 $r \geqq 2\omega L$이면 $r \geqq \sqrt{r^2 - 4\omega^2 L^2}$이므로 분모의 $\pm$가 –인 경우에도 C는 양수이다. 따라서 $r \geqq 2\omega L$의 조건이면 위 C의 답은 맞다. 이 경우에 함부로 $\pm$의 –를 버리면 안 된다.

또 시간을 구하는 문제에서 $t = -\log_e \dfrac{B}{A}$라는 답이 나왔다고 하자. 이 대로는 이상하지만 이것을 변형하여 $t = \log_e \dfrac{A}{B}$로 하면 이상하지 않다. 단, $\dfrac{A}{B} > 1$로 해야 한다.

⑤ **답의 단위는 맞는가** : 문제에서 단위가 주어져 있을 때는 답에도 단위를 붙여야 한다. 반대로 문제에 단위가 없는데도 답에 단위가 붙는 것도 이상하다.

⑥ **검산한다** : 방정식을 풀어서 답이 나왔을 때, 그 반대로 방정식에 답을 대입하여 검산하는 일은 많이 한다. 조금 특수하지만 4단자 상수 사이에는 반드시 $\dot{A}\dot{D} - \dot{B}\dot{C} = 1$이라는 성질이 있다. $\dot{A}$, $\dot{B}$, $\dot{C}$, $\dot{D}$를 구하였을 때 이 식으로 검산하는 것은 효과가 좋다.

⑦ **다른 풀이법으로 풀어 본다** : 문제에 따라서는 의외로 여러 가지 풀이법이 있다. 처음 풀었던 것과 전혀 다른 방법으로 풀어 보는 것은 상당히 좋은 방법이다. 시험의 경우에는 시간이 없을지도 모르지만 업무상 중요한 계산의 경우 등은 특히 부탁하고 싶다. 또 여러 가지 풀이법으로 풀어 보는 것은 실력이 늘어나는 뜻에서도 효과적이다.

문제 1·6 ▶ 0[℃]에서 저항 $R_0[\Omega]$인 반도체가 있고, 그 온도 계수는 α_0이다. $T[℃]$를 기준으로 한 온도 계수 α_T를 구하시오'라는 문제에 대하여 그 답으로서 $\alpha_T = \dfrac{R_t - R_T}{R_T(t-T)}$ 혹은 $\alpha_T = \dfrac{\alpha_0 R_0}{R_T}$라는 답은 적당한가? 적당하지 않다면 어떠한 답으로 하면 좋을까?

문제 1·7 ▶ 그림의 회로에서 부하의 소비 전력은 $P[W]$이다. 부하의 단자 전압 V를 구하시오.

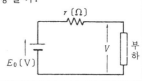

□□□□□□□□□□ 제 **2** 장 □□□□□□□□□□

직류 회로의 계산

2·1 옴의 법칙으로도 틀리는 것이 있다

그림 2·1의 전류 I_2를 $I_2 = \dfrac{E}{R_1 + R_2}$로 계산한 사람이 있다. 물론 이것은 틀렸지만 왜 틀렸을까 하고 문장으로 설명하는 것은 번거로운 일이다. "$\dfrac{E}{R_1 + R_2}$라는 것은 R_1과 R_2가 직렬 회로인 경우의 전류로, 그림의 회로는 그렇지 않기 때문"이라 하지만 더 자세히 말하면 "옴의 법칙의 $I = \dfrac{E}{R}$라는 것은 **하나의 저항**(혹은 합성한 등가적인 하나의 저항 R)에 전압 E가 가해진 경우의 식"이다. 그림 2·1의 I_2를 구하려면 적합하지 않다.

그런데 그림 2·2의 ab 단자에서 본 등가 저항은 $R_0 = \dfrac{E}{I} = \dfrac{10}{2} = 5 [\Omega]$이다.

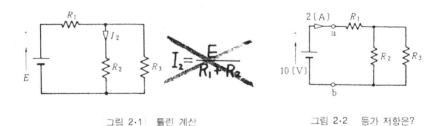

그림 2·1 틀린 계산 　　　　　　 그림 2·2 등가 저항은?

이와 같은 계산은 옴의 법칙의 중요한 사용 방법이다.

위에서 설명한 **하나의 저항**이라는 것에 **구애된다면** 그림 2·2에는 R_1, R_2, R_3 세 저항이 있으므로 이와 같은 옴의 법칙의 중요한 사용 방법이 불가능하게 된다. $R = \dfrac{E}{I}$ 라든가 $V = RI$ 라는 사용 방법을 자유롭게 하고 싶다.

2·2 병렬 합성 저항을 착각한다

R_1과 R_2의 병렬 합성 저항은 $R_0 = \dfrac{R_1 R_2}{R_1 + R_2}$ 이다. 그래서 신이 나서 그림 2·3과 같은 세 저항의 합성 저항을 $R_0 = \dfrac{R_1 R_2 R_3}{R_1 + R_2 + R_3}$ 로 하는 수가 있다.

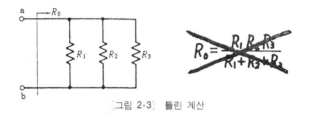

[그림 2·3] 틀린 계산

이것이 틀리다는 것은 **차원**을 보면 바로 안다.

오른쪽변의 차원은,

$$\frac{[R]\,[R]\,[R]}{[R]+[R]+[R]} = \frac{[R]^3}{[R]} = [R]^2$$

이므로 맞는 계산은,

$$\frac{1}{R_0} = \frac{1}{R_1} + \frac{1}{R_2} + \frac{1}{R_3} \tag{2·1}$$

에서,

$$R_0 = \frac{R_1 R_2 R_3}{R_1 R_2 + R_2 R_3 + R_3 R_1} \tag{2·2}$$

이다. (2·2)식이라면 차원은 맞다.

(2·2)식은 맞지만, 이와 같은 식을 기억하고 있는 것도 번거롭다. 세 개 이상 저항의 병렬 합성을 구할 필요가 있다면 우선 '두 개의 병렬 합성의 식과는 상당히 다르구나'라고 생각하고 (2·1)식을 생각해야 한다.

또 (2·1)식을 생각하려면

직렬↔병렬, 저항 R↔컨덕턴스 G의 **쌍대성**으로부터

직렬 저항 $R_0 = R_1 + R_2 + R_3 + \cdots\cdots$↔병렬 컨덕턴스 $G_0 = G_1 + G_2 + G_3 \cdots\cdots$

를 머리에 떠올리고 $G_0 = \dfrac{1}{R_0}$, $G_1 = \dfrac{1}{R_1}$, $G_2 + \dfrac{1}{R_2}$, $\cdots\cdots$로 바꾸어 놓고 (2·1)식을 떠올리면 좋다. 이와 같이 말하면 상당히 번거로울 것같지만, (2·1)식을 떠올릴 경우에 누구라도 머리 속에는 보통 이것과 비슷한 것을 무의식적으로 생각해내지 않겠는가?

또 '쌍대성'이라는 알기 어려운 것을 일부러 제기하지 않고라도 생각할지 모르지만, 이와 같은 추상적인, 이른바 '원리'는 직렬과 병렬에 한정되지 않고 여러 곳에 사용할 수 있으므로 효과적이다.

2·3 분압·분류 계산을 활용하자

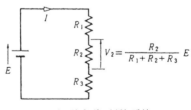

[그림 2·4] 분압 계산

그림 2·4에서 V_2는 다음과 같이 구해진다.

$$V_2 = R_2 I = R_2 \times \frac{E}{R_1 + R_2 + R_3} = \frac{R_2}{R_1 + R_2 + R_3} E$$

그러나 이와 같이 생각하는 것은 번거로운 방법으로, **'직렬 회로에서는,**

분압(역기전력)**은 저항에 비례**하기 때문'에

$$V_2 = \frac{R_2}{R_1 + R_2 + R_3} E \qquad (2 \cdot 3)$$

로 생각하는 편이 빠르다. 수식에서 생각하는 것보다 말로써 '저항에 비례
한다'고 생각하는 편이 편리한 예이다.

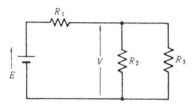

[그림 2·5] 이것도 분압 계산

그림 2·5의 V도 이러한 원리로,

$$V = \frac{1}{R_1 + \dfrac{R_2 R_3}{R_2 + R_3}} \times \frac{R_2 R_3}{R_2 + R_3} E \qquad (2 \cdot 4)$$

로 식을 세우면 좋다. 이것을 수식으로 세운다면 상당히 번거로움이 많다.
그림 2·6(a)의 I_1은 '**병렬 회로의 분류는 저항에 반비례**한다'고 생각해서

$$\therefore \quad I_1 = \frac{R_2}{R_1 + R_2} I \qquad (2 \cdot 5)$$

로 식을 세운다. 그림 2·6(b)의 경우는 그 생각보다 '**병렬 회로의 분류는**

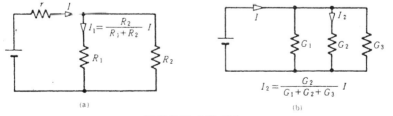

(a)

$$I_2 = \frac{G_2}{G_1 + G_2 + G_3} I$$

(b)

[그림 2·6] 분류 계산

컨덕턴스에 비례한다'고 생각하여

$$I_2 = \frac{G_2}{G_1 + G_2 + G_3} I \qquad (2 \cdot 6)$$

로 하는 편이 좋을 것이다. 그림 2·4와 비교하면, 직렬↔병렬, 전압↔전류, $R↔G$와 대조적이며, 쌍대인 것을 알 수 있다.

2·4 △-Y 변환을 생각해내는 방법

그림 2·7(a)의 브리지(bridge) 회로의 AB 단자에서 본 합성 저항은 얼마일까? 이와 같을 때 그림의 점선처럼 △ → 등가인 Y 변환을 하면 그림 (b)와 같이 되고, 이 회로라면 직·병렬 계산으로 간단하게 AB 단자에서 본 합성 저항을 구할 수 있다.

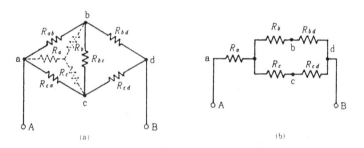

그림 2·7 △→Y 변환의 응용

이와 같이 △-Y 등가 변환이 편리한 것이 있고 3상 회로에도 사용할 수 있지만, 변환식은 약간 너저분한 모양을 하고 있다. 그 식을 생각해내는 방법을 생각하여 보자.

(1) 세 변의 저항이 같을 경우

모든 것은 단순한 것부터 생각하는 편이 좋다. 그래서 우선 세 변의 저항이 같을 경우의 식을 생각해내는 방법이다. 그림 2·7을 자세히 보면 곧바로 나오는 방법도 있겠지만 필자가 생각한 것은 다음 방법이다.

정리 [2·1] **세 변이 등저항인 경우** △－Y **변환**(등가적인 회로로 변한다)

그림 2·8(a), (b)에 임시로 $R_\triangle$나 R_Y가 같다고 하면 ab 단자에서 본 저항은 Y 결선인 쪽이 크게 된다. 따라서 △와 Y의 회로가 등가이기 때문에 R_Y는 $R_\triangle$보다 적게 되어야 한다. 즉,

$$R_Y = \frac{R_\triangle}{3} \tag{2·7}$$

또 위의 식으로부터,

$$R_\triangle = 3R_Y \tag{2·8}$$

이다. (등가에 대하여서는 1·7항 참조)

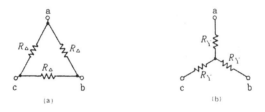

[그림 2·8] 3변 등저항인 △와 Y

이것을 식으로 계산하면 그림 2·8(a), (b)의 ab 단자에서 본 저항이 같으므로

$$2R_Y = \frac{R_\triangle \times (R_\triangle + R_\triangle)}{R_\triangle + (R_\triangle + R_\triangle)}, \quad 2R_Y = \frac{2R_\triangle{}^2}{3R_\triangle}, \quad \therefore \ R_Y = \frac{R_\triangle}{3}$$

라는 것이지만, 생각해내려면 정리[2·1]의 원리가 빠르다.

또 저항을 컨덕턴스로 나타낼 때에는, 저항 ↔ 컨덕턴스, △ ↔ Y의 쌍대성에서 (2·7)식에 따라 $G_\triangle = \dfrac{G_Y}{3}$로 되고, 각 변이 정전 용량인 경우에도 $C_\triangle = \dfrac{C_Y}{3}$로 된다.

문제 2·1 ▶ 3상 유도 전동기에서 1차 코일이 △ 접속되어 있다. 2단자에서 측정한 저항이 1·2[Ω]이다. Y로 계산한 하나의 코일 저항은 얼마인가? (답은 다음 페이지)

---

(2) 일반적인 △ → Y 변환

그림 2·9의 △를 Y로 등가 변환하는 식은 다음과 같이 구한다. 그림 (a), (b)에서 ab 단자에서 본 저항이 같아야 하므로,

$$R_a + R_b = \frac{R_{ab} \times (R_{bc} + R_{ca})}{R_{ab} + (R_{bc} + R_{ca})}$$

$$\therefore R_a + R_b = \frac{R_{ab}R_{bc} + R_{ca}R_{ab}}{R_{ab} + R_{bc} + R_{ca}} \quad ①$$

마찬가지로 $R_b + R_c = \dfrac{R_{bc}R_{ca} + R_{ab}R_{bc}}{R_{ab} + R_{bc} + R_{ca}} \quad ②$

$$R_c + R_a = \frac{R_{ca}R_{ab} + R_{bc}R_{ca}}{R_{ab} + R_{bc} + R_{ca}} \quad ③$$

(2·9)

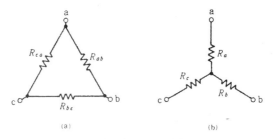

[그림 2·9] △→Y 변환

$(① + ② + ③) \times \dfrac{1}{2} - ②$의 계산을 하면

$$R_a = \frac{R_{ab}R_{ca}}{R_{ab} + R_{bc} + R_{ca}}$$

(2·10)

이와 같이 하여 △→Y 변환을 할 수 있지만 일일히 계산하는 것은 너무나 시간이 걸린다.

그래서 △→Y 변환의 식을 생각해내는 방법을 생각하는 것인데, 이 경우에 △ 회로나 Y 회로도 **a, b, c에 대하여 대칭인 회로**라는 것이 하나의 해결 방법이 될 것이다.

그림 2·10(a)의 Y 회로에 대하여 a 대신 b, b 대신 c, c 대신 a로 바꿔넣어 보자. 그러면 그림 (c)의 회로로 된다. 이 그림 (c)는 그림 (a)의 회로와 완전히 같게 된다.

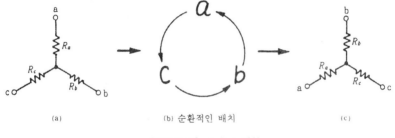

(a)　　　　　　　(b) 순환적인 배치　　　　　　　(c)

[그림 2·10]　a, b, c 대칭

이것은 수식으로도, a←b, b←c, c←a로 바꿔넣은 식이 성립된다는 것을 뜻한다. 이것은 △ 회로에서도 완전히 같은 모양이다.

바로 앞에서 △→Y 변환식은,

$$R_a = \frac{R_{ab}R_{ca}}{R_{ab}+R_{bc}+R_{ca}}$$
((2·10))

이었지만, 이와 같은 순환적인 교체를 하면, R_b, R_c는 다음과 같이 구할 수 있다.

문제 2·1의 답 ▶ 실제는 △ 접속이지만 이것을 Y 접속이라고 생각하면 2단자에서 본 저항은 $2R_Y = 1.2$, ∴ $R_Y = 0.6 [\Omega]$. ($R_\triangle = 1.8$, $R_Y = R_\triangle/3 = 0.6$이라 하지 않아도 좋다)

$$R_b = \frac{R_{bc}R_{ab}}{R_{ab} + R_{bc} + R_{ca}} \tag{2·11}$$

$$R_c = \frac{R_{ca}R_{bc}}{R_{ab} + R_{bc} + R_{ca}} \tag{2·12}$$

역시 바로 앞에서 ②, ③식은 ①식에서 순환적인 교체에 따라서 얻어졌던 식이다.

그런데, (2·10)~(2·12)식의 분모 $R_{ab}+R_{bc}+R_{ca}$는 a, b, c에 대하여 **대칭 인 식**이다. 순환적으로 교체를 하여도 식이 변하지 않기 때문이다.

대칭인 식은, $R_aR_b + R_bR_c + R_cR_a$나 $R_aR_bR_c$ 등이 있다.

(2·10)식의 구조를 보면, 다음과 같이 말할 수 있다.

$$R_a = \frac{R_{ab}R_{ca}}{R_{ab} + R_{bc} + R_{ca}}$$

← R_b, R_c와는 다른 R_a 특유의 식, 차원은 $[R]^2$

← 대칭인 식으로, 차원은 $[R]$

분자의 식은 R_a 특유의 식이지만 순환적인 교체를 하면, R_b, R_c의 분자로 해야 한다.

그리고 차원은 $[R]^2$이다. 또 회로는 대칭이므로 그림 2·11에서 R_a식의 분 자는 R_a를 넣은 **저항의 곱**, $R_{ab}R_{ca}$일까, R_{bc}^2일까 생각하게 된다.

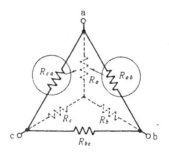

[그림 2·11] R_a를 포함하는 저항

그래서 △→Y 변환식의 원리는 다음과 같이 하면 좋을 것이다.

[정리] [2·2] △→Y 변환식(△와 등가인 Y 회로로 바꾸어 놓는다.)

△→Y 변환식을 생각해 내려면 다음 조건을 생각한다.

① 분자의 차원은 $[R]^2$, 분모의 차원은 $[R]$이다.

② 각 변이 등저항이라고 하면, $R_Y = R_\triangle/3$로 되어야 한다.

③ R_a식은 a, b, c 대칭인 식($R_{ab} + R_{bc} + R_{ca}$나 $R_{ab}R_{bc}R_{ca}$등)과 R_a 특유의 식으로부터 성립되어 있다. R_a 특유의 식은 그림 2·11로 생각한다.

이와 같이 생각하면, 다음 식을 생각해낼 수 있다.

$$R_a = \frac{R_{ab}R_{ca}}{R_{ab} + R_{bc} + R_{ca}} \qquad\qquad ((2\cdot10))$$

R_b, R_c의 식은 위 식의 a, b, c를 순환적으로 바꾸어 넣는다.

또 그림 2·12와 같은 △ 회로를 Y로 변환 할 때 앞에서 설명한 (2·10)식에 따라 $R_{ab} = 1[\Omega]$, $R_{ca} = \cdots\cdots$등으로 식에 맞춰넣는 것이 지름길이다.

$$\left(R_a = \frac{R_a를\ 넣은\ 저항의\ 곱}{\triangle의\ 각변\ 저항의\ 합}\right)$$

$$\therefore \quad R_a = \frac{1\times3}{1+2+3} = \frac{1}{2}\ [\Omega]$$

로 생각하면 간단하다. 역시 수식보다 말로 하는 편이 편리한 일이 있다.

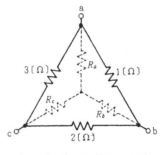

그림 2·12 △→Y 변환의 예

(3) 일반적인 Y→△ 변환

Y-△ 등가 변환도 그림 2·13의 Y와 △의 회로에 대하여 ab, bc, ca 각 단자에서 본 저항이 같은 것이 조건이므로 (2·9)식으로부터 계산하면 다음 식이 얻어진다.

$$R_{ab} = \frac{R_a R_b + R_b R_c + R_c R_a}{R_c}$$

$$R_{bc} = \frac{R_a R_b + R_b R_c + R_c R_a}{R_a} \Biggr\} \quad (2 \cdot 13)$$

$$R_{ca} = \frac{R_a R_b + R_b R_c + R_c R_a}{R_b}$$

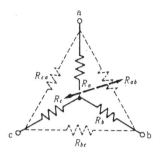

[그림 2·13] 방향이 맞는 저항

이 식을 생각해내는 방법도, △-Y인 경우
와 마찬가지이다.

정리 [2·3] Y→△ 변환식(Y와 등가인 △ 회로로 바꾸어 놓는다)

Y→△ 변환식을 생각해내려면 다음 조건을 생각한다.

① 분자의 차원은 $[R]^2$, 분모의 차원은 $[R]$이다.

② 각 변이 등저항이라면 $R_\triangle = 3R_Y$로 해야 된다.

③ R_{ab}식은 a, b, c 대칭인 식($R_a + R_b + R_c$ 혹은 $R_a R_b + R_b R_c + R_c R_a$ 등)
과 R_{ab} 특유의 식으로 되어 있다. $R_\triangle = 3R_Y$로 되기 위해서 분자는
세 개의 항으로 되는 대칭식이고, 분모는 회로의 대칭성으로부터
그림 2·13과 같은 **방향이 맞는 저항**이라고 생각한다.

이와 같이 생각하면 다음 식을 생각해낼 수 있다.

$$R_{ab} = \frac{R_a R_b + R_b R_c + R_c R_a}{R_c} \qquad ((2 \cdot 13))$$

R_{bc}, R_{ca}식은 위 식의 a, b, c를 순환적으로 바꾸어 넣는다.

위 식에서 $R_c \to 0$일 때는 $R_{ab} \to \infty$로 되고, 그림 2·13으로 생각하면
이치에 맞다.

그리고 그다지 많이 사용하지는 않지만 (2·13)식의 유도 방법에 대하여
설명해 보자. 그 방법으로는 다음 두 가지 방법이 생각된다.

① 앞에서 설명하였듯이 (2·9)식으로부터 (2·13)식을 구하거나 (2·10)~
(2·12)식으로부터 구한다. 이것은 상당히 번거로운 방법이다. 대칭식 풀이
방법의 정석으로, $R_{ab}+R_{bc}+R_{ca}=S$, $R_{ab}R_{bc}R_{ca}=M$으로 두고 계산하면 비교적
재미있게 계산할 수 있는데, 그 과정은 생략한다.

② 쌍대성을 이용하여 풀어본다.

$\triangle\leftrightarrow$Y, R$\leftrightarrow$G, 3단자 개방$\leftrightarrow$2단자 단락의 쌍대성에서 그림 2·14(a)와 (b)
를 생각한다. 두 회로가 등가인 조건은 AB 단자에서 본 컨덕턴스가 같은 것
으로, 다음과 같이 된다.

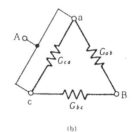

$$G_{ab}+G_{bc}=\cfrac{1}{\cfrac{1}{G_a+G_c}+\cfrac{1}{G_b}}$$

$$\therefore \quad G_{ab}+G_{bc}=\frac{G_bG_c+G_aG_b}{G_a+G_b+G_c} \qquad (2\cdot14)$$

(a)

이 식과 (2·9)식의 ①을 비교하면

$$R_a\to G_{ab}, \quad R_b\to G_{bc}$$

$$R_{ab}\to G_b, \quad R_{bc}\to G_c, \quad R_{ca}\to G_a$$

로 바꾸어 놓으면 완전히 같은 식이 되는 것을
알 수 있다.

(b)

[그림 2·14] 2단자 단락

따라서 (2·14)식과 마찬가지로 다른 두 단자를 단락해서 두 개의 식을 세
우고, G_{ab}를 구하는 것은 쉽다. 또 일부러 계산하지 않아도 (2·10)식을 위의
교체를 해서 다음의 답을 얻는다.

$$R_a=\frac{R_{ab}R_{ca}}{R_{ab}+R_{bc}+R_{ca}}(\triangle\to Y) \qquad\qquad ((2\cdot10))$$

$$\Rightarrow \quad G_{ab}=\frac{G_bG_a}{G_a+G_b+G_c}(Y\to\triangle) \qquad\qquad (2\cdot15)$$

즉, △→Y 변환과 Y→△ 변환은 완전히 같은 형태의 식으로 나타나는 것
으로, 쌍대성 원리대로이다. 시험삼아 (2·15)식을 저항으로 나타내 보면

$$\frac{1}{R_{ab}} = \frac{\dfrac{1}{R_a R_b}}{\dfrac{1}{R_a} + \dfrac{1}{R_b} + \dfrac{1}{R_c}} = \frac{R_c}{R_a R_b + R_b R_c + R_c R_a}$$

$$\therefore \quad R_{ab} = \frac{R_a R_b + R_b R_c + R_c R_a}{R_c}$$

로 되어 앞의 (2·13)식과 일치한다.

2·5 키르히호프의 법칙 식은 몇 개 필요한가
(법칙 사용 방법)

그림 2·15에서 I_1, I_2, I_3를 구할 경우에 키르히호프의 법칙(Kirchhoff's law)
에 다음 식이 성립된다.

$$\begin{array}{ll}
I_1 = I_2 + I_3 & \text{①} \\
R_1 I_1 + R_3 I_3 = E_1 & \text{②} \\
R_2 I_2 - R_3 I_3 = E_2 & \text{③} \\
R_1 I_1 + R_2 I_2 = E_1 + E_2 & \text{④}
\end{array} \right\} \qquad (2\cdot16)$$

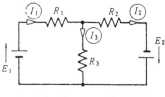

[그림 2·15] I_1, I_2, I_3를 구한다

이와 같은 식이 몇 개 필요할까? 회로가 복잡하게 되면, 생각하는 법이 확
고하지 않으면 어떠한 실수를 일으킬지도 모른다.

(1) 연립 방정식은 독립된 n 개(미지수의 수)의 식이 필요하다

연립 방정식으로 n 개의 미지수를 구하려면 n 개의 방정식이 필요하다. 위 (2·16)식을 보면, 식은 네 개이므로 I_1, I_2, I_3 세 개의 미지수를 구하려면 하나 남는다. ①~④식 중 어떠한 세 개를 잡으면 좋을까?

만약 가상적으로 ②~④식에 따라 I_1을 구하면,

$$I_1 = \frac{\begin{vmatrix} E_1 & 0 & R_3 \\ E_2 & R_2 & -R_3 \\ E_1+E_2 & R_2 & 0 \end{vmatrix}}{\begin{vmatrix} R_1 & 0 & R_3 \\ 0 & R_2 & -R_3 \\ R_1 & R_2 & 0 \end{vmatrix}} = \frac{R_2 R_3 E_2 - R_2 R_3 (E_1+E_2) - (-R_2 R_3 E_1)}{-R_1 R_2 R_3 - (-R_1 R_2 R_3)} = \frac{0}{0}$$

로 되어 I_1은 구할 수 없다. I_2, I_3도 같은 형태이다.

이것은 ②~④의 세 식이 **서로 독립되지 않기 때문**이다. ②+③식의 계산을 하면 ④식이 된다. 따라서 ②③식이 있으면 ④식은 ②③식 안에 포함되어 있다고 본다. 즉 ②~④의 세 식이 있어도 실질적으로는 ②③의 두 식 뿐이라는 것이 되고, 두 식으로는 세 개의 미지수를 구할 수 없는 것은 당연하다. 이와 같을 때 ④식은 ②③식과 **독립되지 않는다**고 한다.

또 ④-③의 계산을 하면 ②식이 되고, ④-②의 계산을 하면 ③식이 된다. 따라서 ②~④의 세 식은 서로 독립되지 않는다는 것이다.

바르게 계산하려면 ①식과 ②~④식 안의 두 식과 세 식을 잡으면 좋다. 이 세 식은 서로 독립되지 않으므로 이것을 연립하여 풀면 I_1, I_2, I_3를 구할 수 있다.

이상으로, **연립 방정식을 풀려면 독립한 n 개(미지수의 수)의 식이 필요하다**는 것이다.

(2) 키르히호프의 법칙 사용 방법(전류의 양(+)방향과 폐회로의 방향)

여기에서 먼저 키르히호프의 법칙을 사용하는 방법에 대하여 설명한다.

그림 2·15에서, I_3의 실제로 흐르는 방향은 계산해 보지 않으면 알 수 없

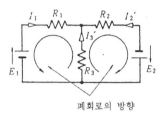

[그림 2·16] 양방향·폐회로의 방향은 임의로 한다

다. (− 얼마) [A]라는 답이 나왔다면, 실제로 전류가 흐르는 방향은 그림
의 화살표 방향과 반대라는 것이다. 이것으로부터 그림 I_3의 화살표는 양방
향이라고 한다. 또 그림 2·15의 I_1, I_2, I_3의 화살표는 전부 양방향이라고 생
각할 수도 있다. 양방향으로 하면 화살표 방향은 어느쪽으로 정해도 좋을
것이다.

따라서, 그림 2·15의 I_2, I_3 대신 그림 2·16의 I_2', I_3'와 같은 방향을 양방
향으로 해도 좋다.

전압 법칙으로 식을 세우려면 그림 2·16과 같이 폐회로의 방향을 정하고
기전력 및 전류의 양방향이 그 방향과 합쳐져 있으면 기전력 및 역기전력을
+로 한다. 그림에서 식을 세우면 다음과 같이 된다.

$$\left.\begin{array}{l} -R_1 I_1 + R_3 I_3' = -E_1 \quad ② \\ -R_2 I_2' + R_3 I_3' = E_2 \quad ③' \end{array}\right\} \qquad (2·17)$$

(2·16)식의 ③식과 ③′를 비교하여 $I_2' = -I_2$, $I_3' = -I_3$를 ③′식에 넣으면
③식과 똑같이 된다. 또 ②′에 $I_3' = -I_3$를 넣어 양쪽변에 −1을 곱하면 ②식
과 똑같이 된다. 즉 (2·17)식에서도 내용은 (2·16)식과 마찬가지이다.

이상을 다음과 같이 말할 수 있다.

정리 [2·4] **키르히호프의 법칙을 사용할 때의 전류·폐회로의 방향**

① 전류의 양방향 및 폐회로의 방향은 임의로 정해도 좋다.

② 실제의 기전력·전류의 방향이 어떻든 기전력·전류의 양방향 및 회
로의 방향에 따라 식의 ±를 정하면 좋다.

위 설명은 교류 회로에서도 그대로 적용되고, **교류 회로에서는 특히 중요**하다.

(3) 전압 법칙에서 독립된 식은 몇 개 세울까

이제 이야기를 주제로 돌아가자. 연립 방정식의 식은 서로 독립되어야 한다.

그림 2·17의 회로에서 일단 그림과 같은 세 개의 폐회로를 생각한다. 따라서 각각에 대한 전압 법칙의 식이 세 개 가능하다, 이 세 개의 식은 서로 독립될까? 답은 독립된다. 그 이유는 다음과 같다.

우선 ①의 폐회로를 생각하고 다음으로 ②를 생각한다. ② 회로에 포함된 R_2, R_5는 **①의 회로에 포함되지 않으므로** ②의 회로 식은 ①의 회로 식에 대하여 독립된다. 마찬가지로 ③의 회로 R_6는 ①②의 어느 회로에도 포함되지 않으므로 ③의 회로 식도 독립된다.

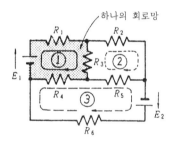

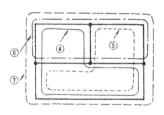

[그림 2·17] 알기 쉬운 폐회로   [그림 2·18] 회로망 이외의 폐회로
(회로망)

그런데 폐회로에는 그림 2·17의 회로 뿐만 아니고, 그림 2·18 같은 회로도 있다. 이것들도 폐회로이므로 어느 폐회로에서도 키르히호프의 전압 법칙이 성립된다. 그러나 ④~⑦의 폐회로에 따른 식은 어느 것도 위 그림의 ①~③에 따른 식과 독립되지 않는다. 왜일까? 예를 들어 ④의 회로 식은 위 그림의 ①③의 회로 식에서 유도할 수 있기 때문이다.

그러나 두 그림의 ①②와 ④의 회로 세 개의 식은 서로 독립된다. ④의 회로에는 ①②의 회로에 포함되지 않는 R_6를 포함하기 때문이다.

①~③의 회로에는 각각 하나씩 회로망을 갖고 있지만 ④~⑦의 회로는 두 개 혹은 세 개의 회로망을 갖고 있다고 말한다. 그래서 다음과 같이 정리할 수 있다.

정리 〔2·5〕 **전압 법칙에 따른 독립된 식의 수**

① 전압 법칙에 따른 독립된 식의 수는 회로의 회로망 수와 같다.

② 회로망이 없는 폐회로를 이용할 때는 다른 폐회로에 포함되지 않은 지로(枝路)를 지나는 폐회로를 선택하면, 그 폐회로는 다른 폐회로에 대하여 독립된다.

---

(4) 전류 법칙의 독립된 식

전류 법칙에 따라 식을 세우는 경우에도 식은 서로 독립되어야 한다.

그림 2·19에는 **절점**(접속점)이 네 개 있다. 따라서 전류 법칙에 따라 다음 네 개의 식이 성립된다. 이것들의 식은 서로 독립된 것인가?

$$\left.\begin{array}{l} I_1 \qquad + I_4 \quad - I_6 = 0 \quad ① \\ I_1 - I_2 - I_3 \qquad\qquad = 0 \quad ② \\ \qquad\quad I_3 + I_4 - I_5 \quad = 0 \quad ③ \\ I_2 \qquad\qquad + I_5 - I_6 = 0 \quad ④ \end{array}\right\} \quad (2 \cdot 18)$$

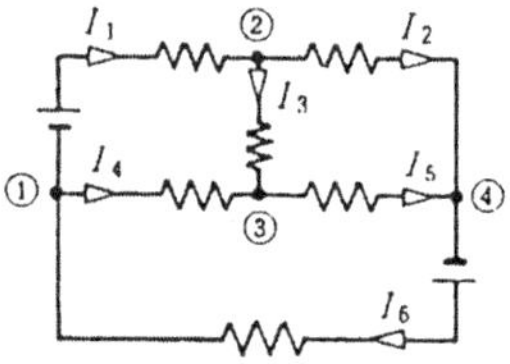

[그림 2·19] 전류와 절점

위 식을 위로부터 순서대로 보면 ②식의 I_2, I_3는 ①식에 포함되지 않으므로 ①②식은 서로 독립된다. ③식의 I_5는 ①②식에 포함되지 않으므로 ①②③식은 서로 독립된다. 그런데 ④식의 I_2, I_5, I_6는 모두 ①~③식에 포함되고, ①~③식에서 I_2, I_5, I_6를 미지수라고 생각하면 구할 수 있다. 즉 I_2, I_5, I_6의 관계는 ①~③식안에 포함되어 있으므로 ④식은 ①~③식에 대하여 독립되지 않는다.

(①-②-③의 계산을 하면 ④식이 얻어진다)

이와 같이 생각하면 **전류 법칙으로 얻어지는 독립된 식의 수는 절점의 수 −**
1이라는 것이다.

그림 2·20과 같은 전류 표시 방법을 하는 경우가 있다. 이 경우에는 어떨
까? $I_1 - I_3$라는 것은 절점 ②에서 전류 법칙을 사용한 결과이다. $I_3 + I_4$도 전
류 법칙을 사용한 결과이다. 이에 따라 두 개의 식을 세웠던 것에 해당한다.
따라서 그림 2·20에서 전류 법칙으로 얻어지는 독립된 식의 수는 다음과 같
이 된다.

$$\{(\text{절점의 수}) - 1\} - 2 = \{4 - 1\} - 2 = 1$$

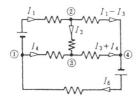

[그림 2·20] 전류 법칙을 사용한 표시

시험삼아 절점 ①과 ④에서 전류 법칙을 사용하면 어느 쪽이나 $I_1 + I_4 = I_6$
로 되는 것을 알 수 있다. 즉 이 경우에는 다음과 같이 된다.

(전류 법칙으로 얻어진 독립된 식의 수)

$$= \{(\text{절점의 수}) - 1\} - \left(\begin{array}{l}\text{회로도에서 전류} \\ \text{법칙을 사용한 횟수}\end{array}\right)$$

(5) 회로망 (mesh) 전류법

그림 2·21에서 R_3에 흐르는 전류 (I_3)는 R_1, R_2로 흐르는 (I_1), (I_2)에 따라

$$(I_3) = (I_1) - (I_2) \tag{2·19}$$

로 나타낸다.

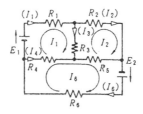

[그림 2·21] 회로망 전류

한편 회로망 안에 쓰여진 I_1과 I_2를 생각하고, 각 지로의 전류는 이 전류가 겹쳐졌다고 생각하고 양방향을 고려하여,

$$(I_3) = I_1 - I_2 = (I_1) - (I_2) \qquad (2\cdot20)$$

로 되고 (2·19)식과 같은 결과가 얻어진다. 따라서 각 지로의 전류로 계산하는 대신 이와 같은 회로망을 흐르는 전류로 계산된다. 이 전류를 **회로망** (mesh) **전류**라 한다.

그림 2·21과 같이 회로망 전류 I_1, I_2, I_6를 정하면 전류 법칙에 따른 관계, 즉 전류는 연속해서 있다는 관계는 이 속에 포함되므로 **전류 법칙에 따라 식을 세울 필요는 없다**. 그리고 회로망 수 만큼의 전압 법칙의 식(그것은 서로 독립적이다)에 따라 각 회로망 전류를 구할 수 있다.

그림 2·21의 제1 회로망에서 전압 법칙의 식을 세워 본다.

$$(I_1) = I_1, \quad (I_3) = I_1 - I_2, \quad (I_4) = I_6 - I_1 \text{이고,}$$

$$R_1(I_1) + R_3(I_3) - R_4(I_4) = E_1 \text{이므로}$$

$$R_1 I_1 + R_3(I_1 - I_2) - R_4(I_6 - I_1) = E_1 \qquad (2\cdot21)$$

으로 된다. 또 다른 생각 방식으로는 I_1은 R_1, R_3, R_4에 **흐르는** 것이므로,

$$(R_1 + R_3 + R_4)I_1 - R_3 I_2 - R_4 I_6 = E_1 \qquad (2\cdot22)$$

로 식을 세울 수 있다. (2·21)식과 (2·22)식을 비교하면 완전히 같은 내용인 것을 알 수 있다. (2·21)식으로 계산할 때도 결국 (2·22)식으로 정리해

야 하므로 **직접 (2·22)식을 쓰는 편이 유리**하다.

마찬가지로 제2, 제3의 회로망으로 식을 세우면 다음과 같이 된다.

$$\left.\begin{array}{l} - R_3 I_1 + (R_2 + R_3 + R_5) I_2 - R_5 I_6 = 0 \\ - R_4 I_1 - R_5 I_2 + (R_4 + R_5 + R_6) I_6 = E_2 \end{array}\right\} \qquad (2\cdot 23)$$

(2·22)식과 (2·23)식으로부터 I_1, I_2, I_6를 구하고, 필요하다면 각 지로의 전류를 구하면 좋다. 만약 각 지로마다에 전류를 정했다고 하면 6개의 미지수가 되고, 6원 연립 방정식을 풀게 되며 번거롭게 된다. **회로망 전류법이라면 방정식의 수가 최소일 것이다.**

또 회로망 전류법에 따른 경우에 그림 2·21과 같이 순수한 회로망 전류를 정하지 않아도 좋다. 예를 들어 I_1 대신 그림 2·18의 회로망 이외의 폐회로를 흐르는 전류를 정해도 좋다. 다만 ④⑥⑦의 폐회로는 좋지만 ⑤의 폐회로는 그림 2·21의 I_1만이 흐르는 지로(R_1이 있는 지로)를 지나지 않기 때문이다. 즉, 독립된 폐회로의 전류를 정하면 좋을 것이다.

(6) 키르히호프의 법칙 사용 방법(정리)

(1)~(5) 부분에서 설명한 것을 정리하면 다음과 같이 된다.

정리 [2·6] **키르히호프의 법칙 사용 방법**

대강 줄거리로서 다음 순서로 생각하면 좋다.

① 회로도에 전류의 양방향을 정한다. 양방향은 어느쪽으로 해도 좋다.

② 미지수가 몇 개 있는지 확인하고 미지수 수 만큼 **독립**된 식을 세운다.

③ 전압 법칙에 따라서 회로망 수 마큼의 독립된 식이 일어선다.

④ 전류 법칙에 따른 식만으로는 식의 수가 부족할 때는, 전류 법칙에 따른 식을 세운다.

⑤ 전류 법칙에 따라서 얻어진 독립된 식의 수는 다음과 같다.

{(절점의 수) -1} - (회로도에서 전류 법칙을 사용한 횟수)

⑥ 회로망 전류법에 따르면, 전류 법칙으로 식을 세울 필요는 없다.

문제 2·2 ▶ 그림 2·22의 전류 I를 키르히호프의 법칙 및 △-Y 변환의 두 방법으로 구하시오.

문제 2·3 ▶ 그림 2·23의 전류 I를 키르히호프의 법칙에 따라 구하시오.

문제 2·4 ▶ 그림 2·24에서 E, R_1, R_2, R_3, R_4 및 R_1, R_3에 흐르는 전류의 값은 그림에 나타난 그대로이다. R는 몇 〔Ω〕인가?

문제 2·5 ▶ 그림 2·25의 회로에서 그림과 같이 폐회로의 전류 I_1과 I_2를 정했다. 이것으로 모든 지로의 전류는 I_1과 I_2로 나타내고 있다.

(1) I_1과 I_2로 키르히호프의 전압 법칙에 따른 식을 세워 I_1과 I_2를 구하시오.

(2) 위에서 설명한 방법에 따른 I_1과 I_2는 맞는지 검토하시오.

(3) 맞지 않으면 I_1과 I_2 외에 어떠한 폐회로의 전류를 정하면 좋을까? 또 맞는 각 지로의 전류를 구하시오.　　　(답은 책 끝부분)

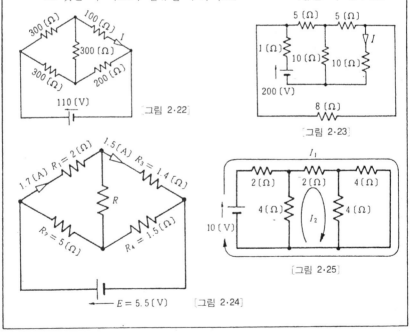

□□□□□□□□□□ 제 **3** 장 □□□□□□□□□□

사인파 교류 전압·전류 계산

3·1 벡터는 사인파 교류의 순시값으로 나타내고 있다

그림 3·1과 같이 어느 부하에 사인파 전압 e를 가하면 사인파 전류 i가 흐르지만 일반적으로 i는 e에 대하여 위상이 어긋나 있다. 예를 들어 i가 e 보다 (ϕ도[°]나 라디안[rad]) 만큼 뒤질 때의 파형은 그림 3·3(b)와 같이 된 다.

이와 같은 사인파 전압 e와 전류 i는 그림 3·2의 벡터(vector)로 나타낼 수 있다.

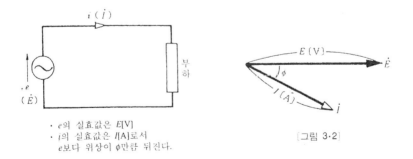

· e의 실효값은 E[V]
· i의 실효값은 I[A]로서
 e보다 위상이 ϕ만큼 뒤진다.

[그림 3·1]

[그림 3·2]

왜냐하면, 그림 3·3과 같이 벡터의 크기를 √2배로 하고, 시계 반대 방향으로 f[회전/s] 속도로 회전하며, t[s] 사이에 회전한 각도 $\theta = 2\pi f t$[rad]를 가로축으로 해서, 가로축부터 벡터의 앞끝까지의 높이를 플로트(plot)하면 그림 (b)의 파형이 얻어지기 때문이다.

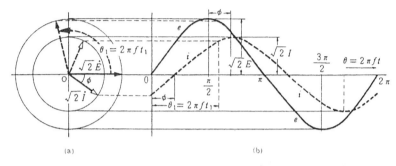

[그림 3·3]

그림 3·2의 벡터는 정지한 것으로 그려져 있지만 "시계 반대 방향으로 회전, 즉 가로축부터 벡터 앞끝의 높이를 플로트"라고 하는 **일정한 순서**에 따라서 사인파형을 알 수 있으므로 **벡터는 전압·전류의 순시값을 나타내고 있다**는 것이다.

실효값 E[V]의 전압을 기준으로 위상이 ϕ 뒤진 실효값 I[A]의 전류 $\dot{i}$는 수식의 형태로 다음과 같이 적고 있다.

$$\dot{E} = E[\text{V}] \angle 0 \text{에 대해서} \quad \dot{i} = I[\text{A}] \angle -\phi \qquad (3\cdot1)$$

이 식도 벡터를 나타내고 있으므로 나아가서는 순시값을 나타내고 있는 것이다.

또 $\dot{E}$와 $\dot{i}$의 벡터를 **복소수의 평면** 위에 그리면 그림 3·4와 같이 되고, 이 그림으로부터 $\dot{E}$와 $\dot{i}$는 복소수로 다음 식과 같이 나타낼 수 있다.

$$\left.\begin{array}{l} \dot{E} = E + j0 \\ \dot{i} = I_r - jI_i \end{array}\right\} \qquad (3\cdot2)$$

또는

$$\dot{I} = I\cos\phi - jI\sin\phi \quad (3\cdot3)$$

또 지수 함수를 사용하면 다음과 같이
나타낸다. (지수 함수는 3·3항의 (4)에
서 설명한다.)

$$\dot{E} = E\varepsilon^{j0}, \quad \dot{I} = I\varepsilon^{-j\phi} \quad (3\cdot4)$$

이상의 벡터 표시 방법은 일반적으로 다음과 같다.

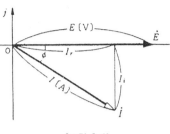

[그림 3·4]

[정리] 〔3·1〕 **벡터 표시 방법**

① 벡터는 **벡터 그림**으로 나타낸다. **벡터량**은 크기, 방향을 가진 양이다. 이것에 대하여 크기만의 양을 **스칼라량**이라고 한다.

② 벡터는 수식으로 다음과 같이 표시된다. (명칭은 책에 따라 차이가 있다).

극좌표 표시	$\dot{I} = I \angle \phi$
복소수 표시	$\dot{I} = a + jb$
극형식(삼각 함수) **표시**	$\dot{I} = I(\cos\phi + j\sin\phi)$
지수 함수 표시	$\dot{I} = I\varepsilon^{j\phi}$

또 전압·전류의 벡터를 책에 따라 **위상**(phaser)이라고도 부른다.

위상이라고 부르는 것이 맞을지도 모르지만, 이 책에서는 예전대로 벡터라고 부르기로 한다.

L만의 회로에서, 그림 3·5와 같이 역기전력 v의 양방향을 정하면 $v = L\dfrac{di}{dt}$ 이다(정리 1·3 참조). 지금

$$i = \sqrt{2}I\sin 2\pi ft$$

로 하면,

$$v = L\frac{d}{dt}\sqrt{2}\,I\sin 2\pi ft$$

$$= \sqrt{2}\cdot 2\pi fLI\cos 2\pi ft$$

$$= \sqrt{2}\cdot \omega LI\sin(\omega t + \pi/2)$$

$$(단, \ \omega = 2\pi f[\text{rad}])$$

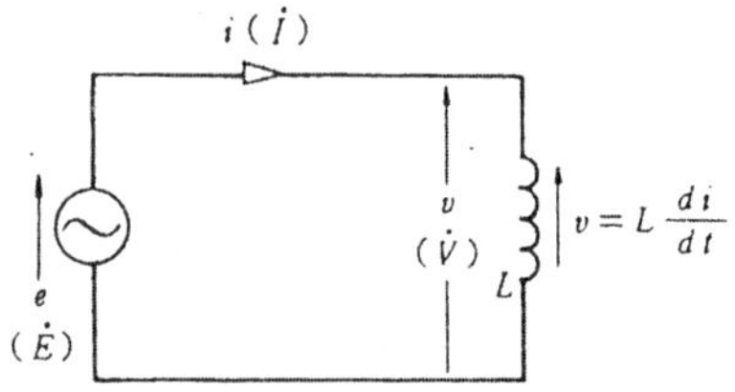

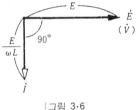

[그림 3·5]

이고, 또 v와 e는 같으므로,

$$e = \sqrt{2}\cdot \omega LI\sin(\omega t + \pi/2)$$

이고, 실효값의 관계는 $E = \omega LI$, $\therefore \ I = \dfrac{E}{\omega L}$이다. 또, 위상은, e는 i보다 $\pi/2$ (90°) 앞서므로, i는 e보다 90° 뒤지고, $\dot{E}$를 **기준 벡터**로 하면, $\dot{I}$는 다음과 같이 나타낸다.

$$\dot{E} = E\angle 0° 로 \ 해서 \quad \dot{I} = \frac{E}{\omega L}\angle -90° \qquad (3\cdot5)$$

이것을 벡터 그림으로 나타내면 그림 3·6과 같이 된다.

[그림 3·6]

이상으로 다음 내용을 알 수 있다.

벡터를 수식으로 나타내거나 벡터 그림으로 나타낼 때 어느 것이나 그림 3·5와 같이 전압·전류의 양방향을 정함으로써 (3·5)식이나 그림 3·6으로 나타내는 것이다. 양방향을 정하는 방법에 따라서는 벡터가 틀리고 만다. 전압·전류를 벡터로 나타내려면, 우선 전압·전류의 양방향을 정해야 한다.

이렇게 하여 얻어진 벡터는 전압·전류의 순시값을 나타낸다. **위상의 관계를 포함하지 않는 실효값이나 최대값만의 스칼라량으로는 순시값의 관계를 나타낼 수 없다.**

3·2 벡터의 가감산은 순시값 계산이다

그림 3·7에서 $e = \sqrt{2}E \sin \omega t$ [V]라고 한다. 저항 R에 흐르는 전류는 순시값의 관계식(표 1·1)이므로

$$i_R = \frac{v_R}{R} = \frac{e}{R} = \sqrt{2} \cdot \frac{E}{R} \sin \omega t \text{[A]}$$

이고, 크기 E/R[A], e와 같은 동상(同相)이다.

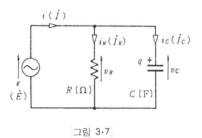

그림 3·7

또 C[F]의 전하 및 전류는 그림의 양방향(q의 양(+)의 기준 및 i_c의 양방향)인 경우에 역시 순시값의 관계식에 따라서 다음과 같이 구한다.

$$q = C v_c = C e = \sqrt{2} CE \sin \omega t \text{[C]}$$
$$i_c = \frac{dq}{dt} = \sqrt{2}\, \omega\, CE \sin \left(\omega t + \frac{\pi}{2} \right) \text{[A]}$$

즉 크기 ωCE[A]에서, 위상은 e보다 90° 앞선다.

이 i_R과 i_c를 극좌표 표시로 나타내면

$$\dot{E} = E \angle 0° \text{로 해서,} \quad \dot{I}_R = \frac{E}{R} \angle 0°, \quad \dot{I}_c = \omega CE \angle 90°$$

이고, 벡터 그림은 그림 3·8과 같이 된다.

그런데 그림 3·7의 전원에서 흘러나온 전류는, 그림의 i, i_R, i_C의 양방향으로부터 있어, 더할까, 뺄까는 양방향으로 정하기 때문에,

$$i = i_R + i_C \qquad\qquad (3 \cdot 6)$$

이다. 이 순시값의 계산은 이 식과 완전히 대응한 다음 벡터의 덧셈으로 계산할 수 있다.

$$\dot{i} = \dot{i}_R + \dot{i}_C \qquad\qquad (3 \cdot 7)$$

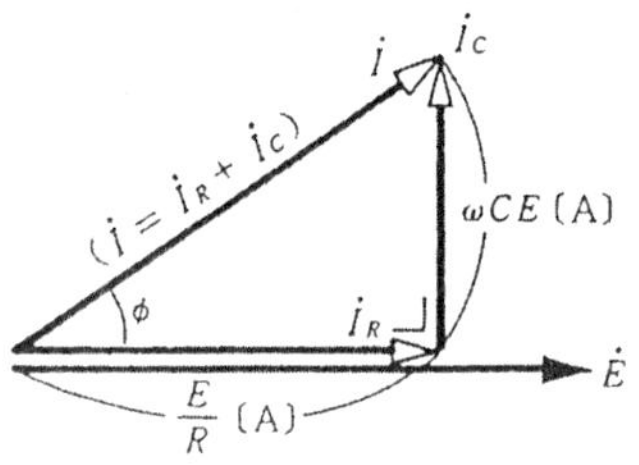

그림에서 $\quad \dot{i} = \sqrt{\left(\dfrac{1}{R}\right)^2 + (\omega C)^2}\; E \angle \phi$

[그림 3·8]

이 계산을 벡터 그림으로 처리하면, 그림 3·8의 $\dot{i}$와 같이 된다. 이 $\dot{i}$는 순시값 i를 나타내고 있다. 왜 순시값 i를 나타내고 있을까 하는 설명은 다음과 같다.

그림 3·8의 벡터를 "$\sqrt{2}$배 하고, 시계 반대 방향 식으로 $\theta = \omega t$[rad] 회전하고, 각 벡터 앞끝의 가로축으로부터의 높이를 측정한다"고 한 **일정 순서**로 t[s] 후의 그림을 그리면 그림 3·9와 같이 된다. 여기에서 $\sqrt{2}\dot{i}_c$ 앞끝의 가로축으로부터의 높이는 그림 (b)와 같이 벡터 사작점을 원점으로 옮겨 생각한다.

그림 (a)에서 $\sqrt{2}\dot{i}$의 벡터 앞끝의 가로축으로부터의 높이 Oa는,

$$\sqrt{2}\frac{E}{R}\sin \omega t + \sqrt{2}\,\omega C \sin\left(\omega t + \frac{\pi}{2}\right) = i_R + i_C$$

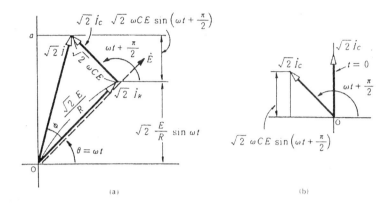

[그림 3·9]

따라서 그림 3·8의 $\dot{i}$ 벡터는 $i(=i_R+i_C)$의 순시값을 나타내고, (3·6)식의 **순시값의 덧셈은 완전히 같은 형태인** (3·7)식의 **벡터의 덧셈으로 계산이 가능**하게 된다.

또 (3·6)식에서 항을 옮기면,

$$i_C = i - i_R \tag{3·8}$$

로 된다. 이 식은, 그림 3·7의 전류의 양방향으로부터 생각하여도 이렇게 되는 것을 알 수 있다. 이 식에 대응한 벡터의 식은,

$$\dot{i}_C = \dot{i} - \dot{i}_R \tag{3·9}$$

이지만, 그림 3·8은 (3·9)식의 계산을 벡터 그림으로 처리한 것이라고 볼 수 있다. 즉 그림 3·8에서 벡터를 그리는 순서를 ①$\dot{i}_R$, ②$\dot{i}$(벡터의 시작점이 중복된다). ③$\dot{i}_C(\dot{i}_R$과 $\dot{i}$의 앞끝을 잇고, $\dot{i}$쪽에 화살표를 붙인다)로 해서 그린 벡터 $\dot{i}_C$는 $\dot{i} - \dot{i}_R$의 벡터를 나타내기 때문이다.

여기서 그림 3·9(a)를 보면, $\dot{i}_C$의 벡터는 $i-i_R$의 순시값을 나타내고 있다고 볼 수 있다.

이상의 내용을 다음과 같이 말할 수 있다.

'회로도의 양방향에 기초를 두고 사인파 전압·전류의 순시값 덧셈이나 뺄셈의 식이 얻어졌을 때는, 그 식과 완전히 같은 형태의 벡터 가감산으로써 순시값을 나타내는 벡터가 얻어진다.

3·3 복소수의 중요 공식

여기에서는 복소수의 정의·정리와 비슷한 것을 모아서 열거해 보자.

(1) 복소수

a. $\sqrt{-1}$을 j로 나타내고, **허수 단위**라고 한다. 바꿔 말하면 $j=\sqrt{-1}$이고, 이 때문에 $j^2=-1$, $\dfrac{1}{j}=-j$의 식이 얻어진다.

b. a, b를 실수로 해서 $a+jb$를 **복소수**라고 한다. a를 **실수부**, b를 **허수부**라고 한다.

c. 복소수 Z의 절대값을 $|\dot{Z}|$로 나타내고, 다음과 같이 정의한다.

$$|a+jb| = \sqrt{a^2+b^2}$$
$$|a-jb| = \sqrt{a^2+b^2}$$

d. 복소수는 **복소 평면** 위의 점으로 나타낼 수 있다. 그 점과 원점의 거리는 절대값과 같다. 그림의 θ를 **편각**이라고 한다.

$$\theta = \tan^{-1}(b/a)$$

e. 두 개의 복소수 $a+jb$와 $x+jy$는,

$$a=x, \ \text{또한} \ b=y$$

일 때만 **같다**고 정의하고,

$$a+jb=x+jy$$

라고 쓴다.

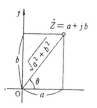

$$\left(\begin{array}{l} \text{절대값} \quad \sqrt{a^2+b^2} \\ \text{편각} \quad \theta = \tan^{-1}\dfrac{b}{a} \end{array}\right)$$

[그림 3·10] 복소 평면

(2) 복소수의 네 가지 법칙

j를 실수의 계산에 대한 하나의 문자와 마찬가지로 다루어서 계산하고, j^2이 나오면 그것을 -1과 바꾸어 놓아 $A+jB$형으로 한다.

그 계산 결과는 다음과 같이 된다.

합 $(a+jb)+(c+jd)=(a+c)+j(b+d)$ (3·10)

차 $(a+jb)-(c+jd)=(a-c)+j(b-d)$ (3·11)

곱 $(a+jb)(c+jd)=(ac-bd)+j(ad+bc)$ (3·12)

몫 $\dfrac{a+jb}{c+jd}=\dfrac{ac+bd}{c^2+d^2}+j\dfrac{bc-ad}{c^2+d^2}$ (3·13)

$$\left(\begin{array}{l}\text{오른쪽변의 분모에 } c-jd\text{를}\\ \text{곱해서 분모를 유리화한다.}\end{array}\right)$$

(3·12), (3·13)식의 계산 결과를 검토하면 $a+jb=Z_1\angle\theta_1$, $c+jb=Z_2\angle\theta_2$로 둘 때 (3·12)식은,

$$Z_1\angle\theta_1\cdot Z_2\angle\theta_2=Z_1Z_2\angle(\theta_1+\theta_2) \qquad (3\cdot14)$$

(3·13) 식은,

$$\frac{Z_1\angle\theta_1}{Z_2\angle\theta_2}=\frac{Z_1}{Z_2}\angle(\theta_1-\theta_2) \qquad (3\cdot15)$$

라는 중요한 관계가 있는 것을 알 수 있다. 이에 대해서는 다음 항에서 이해하기 바란다.

(3) 극형식(삼각 함수) 표시에 따른 복소수

a. 그림 3·10에서 $\sqrt{a^2+b^2}=Z$ (절대값)로 두면,

$$\dot{Z}=a+jb=Z(\cos\theta+j\sin\theta) \qquad (3\cdot16)$$

라는 삼각 함수로 표시된다.

b. 이 표시 방법으로, 두 개의 복소수 $\dot{Z}_1$과 $\dot{Z}_2$의 곱셈을 하면 다음과 같이 된다.

$$\dot{Z}_1\dot{Z}_2 = Z_1(\cos\theta_1 + j\sin\theta_1) \cdot Z_2(\cos\theta_2 + j\sin\theta_2)$$
$$= Z_1 Z_2 \{\cos(\theta_1+\theta_2) + j\sin(\theta_1+\theta_2)\} \qquad (3\cdot17)$$

이 식은 $\dot{Z}_1\dot{Z}_2$라는 **복소수의 곱의 절대값**은 $Z_1 Z_2$로 되는 것을 나타낸다. 즉

$$|\dot{Z}_1\dot{Z}_2| = |\dot{Z}_1| \ |\dot{Z}_2| \qquad (3\cdot18)$$

이다. 또

$$(\dot{Z}_1\dot{Z}_2의\ 편각) = (\dot{Z}_1의\ 편각) + (\dot{Z}_2의\ 편각) \qquad (3\cdot19)$$

으로 되는 것을 나타내고 있다.

따라서 (3·18), (3·19)식에 따라 (3·14)식이 성립되는 것을 알 수 있다.

c. 다음으로, $\dot{Z}_1$과 $\dot{Z}_2$의 나눗셈을 하면 다음과 같이 된다.

$$\frac{\dot{Z}_1}{\dot{Z}_2} = \frac{Z_1(\cos\theta_1 + j\sin\theta_1)}{Z_2(\cos\theta_2 + j\sin\theta_2)}$$

$$= \frac{Z_1}{Z_2}\left\{\cos(\theta_1-\theta_2) + j\sin(\theta_1-\theta_2)\right\} \qquad (3\cdot20)$$

위 식에서 다음의 관계가 있는 것을 알 수 있다.

$$\left|\frac{\dot{Z}_1}{\dot{Z}_2}\right| = \frac{|\dot{Z}_1|}{|\dot{Z}_2|} \qquad (3\cdot21)$$

$$\left(\frac{\dot{Z}_1}{\dot{Z}_2}의\ 편각\right) = (\dot{Z}_1의\ 편각) - (\dot{Z}_2의\ 편각) \qquad (3\cdot22)$$

이 두 식이 나타내는 내용은 (3·15)식과 완전히 같은 것이다.

(4) 지수 함수 표시에 따른 복소수

수학의 **정의**라는 것은 새롭게 정의할 경우에 그 이전에 정의된 것과 모순되지 않으면 어떻게 정의해도 좋다는 것이다. 여기에서 새롭게 복소수를 지수로 하는 지수 함수를 다음과 같이 정의한다.

이 지수 함수가 생겨난 경위 같은 것은, 무한 급수를 사용하여 설명할 수 있다. 즉 다음과 같은 정의라 생각하면 좋을 것이다. 여기에서 ε은, **자연 대수의 밑**(2.71828……)이고, 수학에서는 e로 나타낸다.

a. 복소수를 지수로 하는 지수 함수(**복소수의 지수 함수**)를 다음과 같이 **정의**한다.

$$\varepsilon^{x+jy} = \varepsilon^x (\cos y + j \sin y) \qquad (3\cdot23)$$

또는 $\varepsilon^x = Z$, $y = \theta$ 로 하면,

$$Z\varepsilon^{j\theta} = Z (\cos \theta + j \sin \theta) \qquad (3\cdot24)$$

특히, $Z = 1$로 하면,

$$\varepsilon^{j\theta} = \cos \theta + j \sin \theta \text{ (**오일러의 식**)} \qquad (3\cdot25)$$

역시 이 식의 θ는 본래 [rad]이지만, 편의상 [°]로 나타내도 좋다.

b. 복소수의 지수 함수의 **곱셈과 나눗셈**은 실수의 지수 함수의 지수 법칙 ($a^n \times a^m = a^{n+m}$ 등)에서 j를 하나의 문자와 마찬가지로 다루어서 계산한다.

c. $(\varepsilon^{j\theta})^n = \varepsilon^{jn\theta}$이므로, 다음 식이 성립된다.

$$(\cos \theta + j \sin \theta)^n = \cos n\theta + j \sin n\theta \text{ (**드 모아브르의 정리**)}$$
$$(3\cdot26)$$

d. **곱셈, 나눗셈의 결과**는 다음과 같다.

$$Z_1 \varepsilon^{j\theta_1} \cdot Z_2 \varepsilon^{j\theta_2} = Z_1 Z_2 \varepsilon^{j(\theta_1 + \theta_2)} \qquad (3\cdot27)$$

$$\frac{Z_1 \varepsilon^{j\theta_1}}{Z_2 \varepsilon^{j\theta_2}} = \frac{Z_1}{Z_2} \varepsilon^{j(\theta_1 - \theta_2)} \qquad (3\cdot28)$$

이 두 식의 내용은 (3·14), (3·15)식과 완전히 같다. 따라서 a의 정의는 이전의 정의와 모순되지 않는다.

(5) 공역 복소수

a. 복소수 $\dot{Z}=a+jb$에 대응하여, $a-jb$를 $\dot{Z}$의 공역이라고 말하고, $\overline{\dot{Z}}$로 나타낸다. 즉,

$$\dot{Z}=a+jb\text{일 때 } \overline{\dot{Z}}=a-jb \qquad (3·29)$$

이다. 이것을 다른 표시 방법으로 나타내면,

$$\dot{Z}=Z\angle\theta\text{일 때 } \overline{\dot{Z}}=Z\angle-\theta \qquad (3·30)$$

$\dot{Z}=Z(\cos\theta+j\sin\theta)$일 때

$$\overline{\dot{Z}}=Z(\cos\theta-j\sin\theta) \qquad (3·31)$$

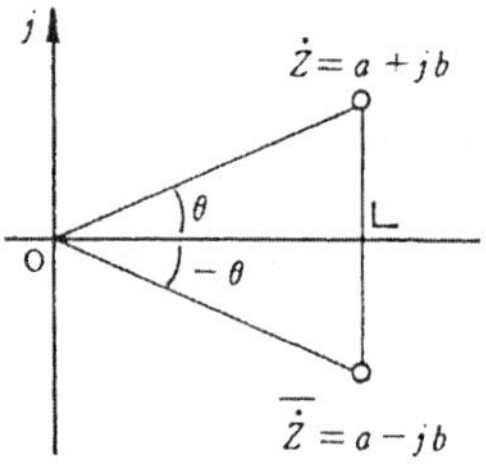

$$\dot{Z}=Z\,\varepsilon^{j\theta}\text{일 때 } \overline{\dot{Z}}=Z\,\varepsilon^{-j\theta} \qquad (3·32)$$

[그림 3·11] 공역 복소수

로 되고, $|\dot{Z}|=|\overline{\dot{Z}}|$이다.

b. 복소수와 그 공역 복소수의 곱은 (3·32)식에서 분명히 해 놓은대로

$$\dot{Z}\overline{\dot{Z}}=Z^2, \text{ (절대값의 제곱)} \qquad (3·33)$$

이고, 이 계산은 분모의 유리화((3·13식))로 사용되고 있다.

c. $\dot{Z}_1=Z_1\angle\theta_1$과 $\dot{Z}_2=Z_2\angle\theta_2$의 공역 복소수의 곱은

$$\dot{Z}_1\overline{\dot{Z}_2}=Z_1\angle\theta_1\cdot Z_2\angle-\theta_2=Z_1Z_2\angle(\theta_1-\theta_2) \qquad (3·34)$$

$$=Z_1Z_2\{\cos(\theta_1-\theta_2)+j\sin(\theta_1-\theta_2)\} \qquad (3·35)$$

이 계산은 두 개의 벡터 사이의 위상 차이나,. 전력을 구하는 계산에 사용된다.

d. 공역 복소수에 대하여 다음 관계가 성립된다.

$$\overline{(\dot{Z}_1+\dot{Z}_2)}=\overline{\dot{Z}_1}+\overline{\dot{Z}_2}, \quad \overline{(\dot{Z}_1\dot{Z}_2)}=\overline{\dot{Z}_1}\cdot\overline{\dot{Z}_2}, \quad \overline{\left(\frac{\dot{Z}_1}{\dot{Z}_2}\right)}=\frac{\overline{\dot{Z}_1}}{\overline{\dot{Z}_2}} \quad (3·36)$$

문제 3·1 ▶ 그림 3·12의 (1), (2), (3)으로 나타낸 벡터 $\dot{A}$, $\dot{B}$, $\dot{C}$ 각각
에 대하여, 정리 〔3·1〕 ②에서 설명하였던 표시 방법으로 나타내시
오.

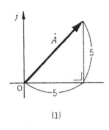

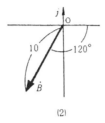

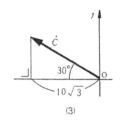

〔그림 3·12〕

문제 3·2 ▶ 다음 벡터를 복소수로 나타내시오.

(1) $4\angle 30°$　　(2) $8\angle -240°$　　(3) $1\angle 120°$

문제 3·3 ▶ 다음 식의 값을 극좌표 표시하시오.

(1) ja,　(2) $jA\angle\alpha$,　(3) $-\dfrac{1}{2}-j\dfrac{\sqrt{3}}{2}$,　(4) $\dfrac{b}{j}$,　(5) $\dfrac{A\angle\alpha}{j}$

문제 3·4 ▶ 다음 식의 값을 복소수 형태로 나타내시오.

(1) j^3,　(2) j^{-5},　(3) $(2+j3)(3-j4)$,　(4) $\dot{A}\angle\alpha\cdot B\angle\beta$

(5) $\dfrac{8-j6}{3+j4}$　(6) $\dfrac{A\,\varepsilon^{j\alpha}}{B\,\varepsilon^{-j\beta}}$

문제 3·5 ▶ $\dot{A}=3+j4$, $\dot{B}=-4-j3$일 때 다음 식의 값을 구하시오.

(1) $\dot{A}-\dot{B}$,　(2) $(\overrightarrow{\dot{A}\dot{B}})$,　(3) $\left|\dfrac{\dot{A}}{\dot{B}}\right|$　(4) $|\dot{A}\dot{B}|$

문제 3·6 ▶ $\dfrac{(a-jh)(c-jd)}{(e+jf)(g+jh)(k+jl)}$의 절대값을 구하시오.

3·4 *Z*를 사용하면 직류 계산과 같다

(1) 복소수로 순시값의 덧셈·뺄셈을 할 수 있다

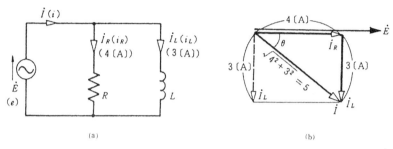

(a) (b)

[그림 3·13]

그림 3·13(a)와 같이 저항 *R*에 4[A], 인덕턴스 *L*에 3[A]의 전류가 흐르고 있을 때, 합계 직류 $\dot{I}$는 그림 (b)의 벡터 그림에서 계산할 수 있고,

$$|\dot{I}| = \sqrt{3^2 + 4^2} = 5[A]$$

$$\theta = \tan^{-1}\frac{3}{4} = 36.9° \ (뒤진다)$$

이다. *i*의 크기(실효값) $|\dot{I}|$와 *e*에 대한 위상 차이를 알 수 있으므로, 이것으로 순시값 *i*는, *e*를 기준으로 하여,

$$i = 5\sqrt{2}\sin(\omega t - 36.9°) \ [A]$$

로 되는 것을 알 수 있다.

이상의 계산을 복소수로 하면 다음과 같이 된다. 벡터 그림의 I_R과 I_L을 복소수로 나타내면,

$$\dot{I}_R = 4, \ (\dot{I}_R = 4 + j0)$$
$$\dot{I}_L = -j3, \ (\dot{I}_L = 0 - j3)$$
$$\dot{I} = \dot{I}_R + \dot{I}_L = 4 - j3$$

$$\therefore \quad |\dot{I}| = \sqrt{4^2 + 3^2} = 5[A], \quad \theta = \tan^{-1}\frac{3}{4} = 36.9°\,(\dot{E}보다\ 뒤짐)$$

이렇게 하여 벡터 그림으로 계산한 것과 완전히 같은 답이 얻어진다. 이 것은 벡터 그림의 덧셈·뺄셈과 복소수의 덧셈·뺄셈은 완전히 같은 내용의 계산을 하고 있기 때문이다.

키르히호프의 법칙 등에서는 **전압·전류의 순시값의 덧셈·뺄셈을 하지만, 사인파인 경우에는 그 계산을 모두 복소수의 덧셈·뺄셈으로 할 수 있다.**

(2) 임피던스 $\dot{Z}$와 어드미턴스 $\dot{Y}$의 정의

교류 회로의 회로 소자에는 저항, 인덕턴스, 정전 용량이 있는데, 이들이 조합된 회로에 대하여 다음의 벡터 임피던스를 정의한다.

정리 [3·2] $\dot{Z}$와 $\dot{Y}$의 정의

그림과 같이 어느 회로에 전류 $\dot{I}[A]$ 가 흘렀을 때 그 회로의 단자 전압 이 $\dot{V}[V]$였다면,

$$\dot{Z} = \frac{\dot{V}}{\dot{I}}[\Omega] \quad (3·37)$$

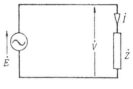

[그림 3·14]

으로 계산되는 $\dot{Z}$를 **벡터 임피던스**(복소수 임피던스 또는 그냥 임피던스)라고 한다. 또 $\dot{Z}$의 역수 $\dot{Y} = 1/\dot{Z}[S]$을 **어드미턴스**라고 한다.

Z는 복소수이므로 당연히 $Z \angle \phi$ 혹은 $Z\,\varepsilon^{j\phi}$와 같이 나타낼 수 있다. 인덕턴스만의 회로에서는,

$$\dot{V} = E, \quad \dot{I} = -j\frac{E}{\omega L}, \quad \therefore \dot{Z} = \frac{\dot{V}}{\dot{I}} = E \times \frac{1}{-jE/\omega L} = j\omega L\,[\Omega]$$

이고, 이 $j\omega L$을 **리액턴스**(reactance, 또는 **유도 리액턴스**)라고 한다.

또 정전 용량만의 회로에서는,

$$\dot{V} = E, \quad \dot{I} = j\omega CE, \quad \therefore \dot{Z} = \frac{\dot{V}}{\dot{I}} = \frac{E}{j\omega CE} = -j\frac{1}{\omega C} [\Omega]$$

이고 이 $-j\frac{1}{\omega C}$ [Ω]을 **용량 리액턴스**라고 한다.

이것에 대하여 저항만의 회로에서는 $\dot{I} = \frac{\dot{V}}{R}$, $\dot{Z} = \frac{\dot{V}}{\dot{I}} = R$이고, 벡터 임피던스 $\dot{Z}$는 실수의 $R[\Omega]$으로 된다.

$\dot{Z}$를 계산하면 $\dot{Z} = \frac{\dot{V}}{\dot{I}} = R + jX[\Omega]$ 형태로 할 수 있다. 이 경우에 R를 $\dot{Z}$의 **등가 저항**, X를 **등가 리액턴스**라고 부르는 일이 있다.

또 $\dot{Y}$를 계산하면 $\dot{Y} = \frac{1}{\dot{Z}} = \frac{\dot{I}}{\dot{V}} = G + jB[S]$의 형태로 할 수 있다. 이 경우에 G를 **컨덕턴스**, B를 **서셉턴스** (susceptance)라고 한다.

$\dot{Z}$와 $\dot{Y}$는 이와 같은 복소수이므로, 일종의 벡터라고 볼 수 있다.

그러나 $\dot{E}$, $\dot{V}$, $\dot{I}$와 같이 순시값을 나타내는 벡터는 아니다.

(3) $\dot{Z}$를 사용하면 직류 계산과 같다.

$\dot{Z}$의 정의식 $\dot{Z} = \frac{\dot{V}}{\dot{I}}$를 변형하면 $\dot{I} = \frac{\dot{V}}{\dot{Z}}$, $\dot{V} = \dot{Z}\dot{I}$라는 식이 된다.

이것은 직류 회로의 옴의 법칙과 같은 형태이다. 또 앞에서 설명하였듯이 교류 전압·전류의 순시값의 가감산은 벡터를 나타내는 복소수의 가감산으로 할 수 있다. 따라서 교류 회로에서도 복소수 $\dot{E}$, $\dot{I}$, $\dot{Z}$ 등을 사용하면 직류 회로에서의 직·병렬 계산, 분압·분류 계산, 키르히호프의 법칙에 따른 계산 등과 완전히 같은 형태의 식으로 계산할 수 있다.

문제 3·7 ▶ $\dot{Z}_1 = 3 + j4 = 5 \angle 53.13°$, $\dot{Z}_2 = 4 - j3 = 5 \angle -36.87°$일 때 $\dot{Z}_1$ 과 $\dot{Z}_2$를 직렬로 한 경우의 합성 $\dot{Z}_s$ 및 $\dot{Y}_s$를 구하시오. 또 병렬로 한 경우의 합성 $\dot{Z}_p$ 및 $\dot{Y}_p$를 구하시오(복소수 표시와 극좌표 표시를 잘 사용할 것. 해답 참조).

문제 3·8 ▶ 그림 3·15의 $\dot{V}$를 구하시오.

문제 3·9 ▶ 그림 3·16의 $\dot{I}_1$, $\dot{I}_2$를 구하시오.

문제 3·10 ▶ 그림 3·17의 $\dot{I}$를 구하시오.

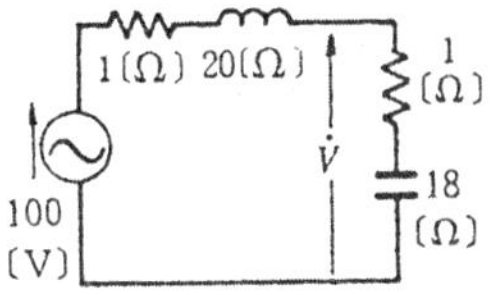

〔그림 3·15〕 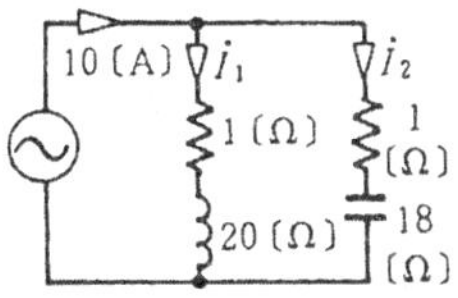　　　　〔그림 3·16〕 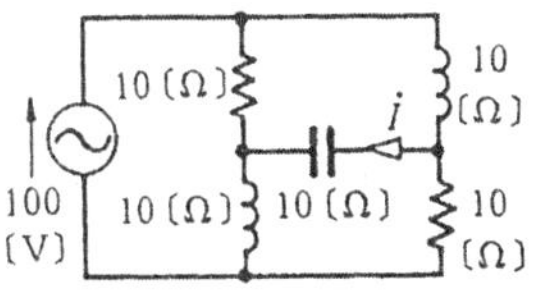　　　　〔그림 3·17〕

3·5 교류와 직류 계산은 어디가 틀린가

$\dot{E}$, $\dot{V}$, $\dot{I}$, $\dot{Z}$ 등의 **벡터량 식에 따르면**, 사인파 전압·전류 계산식은 직류 계산인 경우와 **완전히 같은 형태**로 된다. 그러나 물론 교류 계산과 직류 계산은 다른 것이다. 그 차이를 열거하면 다음과 같다.

① 직류 E, V, I, R 등의 전기량은 모두 **실수**로 나타낸다. 이에 대하여 교류 전기량의 전체(크기와 위상)는 복소수 등의 **벡터량**으로 나타내야 한다.

② 직류인 경우는 실수만의 가감승제 계산으로, 말하자면 **산술적인 계산**이다. 이에 대하여 **교류에는 벡터적으로 계산한다**. 특히 덧셈·뺄셈은 반드시 **벡터적으로 계산해야 한다**. 그림 3·18의 전류 I는,

$$\dot{I} = 4 - j3 = 5 \angle -36.87° \text{[A]}$$

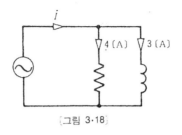

[그림 3·18]

로 계산해서 I의 크기는 5[A]이다. 이것을

$$I = 4 + 3 = 7 \ [A]$$

로 계산하면 틀리다는 것은 말할 필요도 없다. 바보스럽지만 계산이 복잡하게 되면 틀리는 일이 종종 있다. **결코 산술적인 계산을 하면 안 된다.**

③ 직류 회로에서 R_1과 R_2의 직렬 합성 저항은,

$$R_0 = R_1 + R_2 \tag{3·38}$$

이다. 교류 회로에도 R과 jX의 직렬 합성 임피던스는,

$$\dot{Z} = R + (jX) \tag{3·39}$$

로, 직류 회로의 식과 완전히 같은 형태이다. 그러나 Z의 절대값은,

$$|\dot{Z}| = \sqrt{R^2 + X^2} \tag{3·40}$$

로 되어 완전히 다른 형태로 된다. 교류 회로 절대값 식에도 여러 가지 있고, 절대값 식은 그런대로 편리한 일도 있다. 그것은 어찌 되었든, 같은 임피던스를 나타내는 식에서도, (3·39), (3·40)식과 같이 **벡터량 식과 절대값 식의 두 개가 있다.** 계산을 할 경우에 **교류에서는 벡터량 식인가 절대값 식인가 구별을 명확하게 해야 한다.** 절대값 식에 따르면, 즉 산술적인 계산으로 족하지만 **절대값 식 자체는 벡터적인 계산의 결과로 얻어졌던 것을 잊어서는 안 된다.**

④ 교류에서는 벡터량 식과 절대값 식의 구별이 중요하다.

$\dot{E}$, $\dot{I}$ 등의 기호는 벡터량인 것을 잊게 되면, 점(dot)을 없애고 E, I 등이

라고 써도 좋지만, 되도록 **점을 없애지 않는 편이 좋다.**

⑤ 벡터량 식으로 나타내면, 교류나 직류나 같은 형태의 식이 된다는 것은 전압·전류 계산에 대해서이다. **전력 계산은 상당히 다른 형태로 된다.** 이에 대해서는 뒤에서 설명한다.

3·6 교류 계산 순서를 알자

당연한 것같지만 교류 계산 순서를 적으면 다음과 같다.

정리 〔3·3〕 **교류 계산 순서**

① 회로도를 그린다.

② 회로도에 전압·전류의 이름(기호)과 **양방향**을 정한다.

③ 필요에 따라 **기준 벡터**를 정한다. 예를 들어 $\dot{E}$를 기준 벡터로 하면 $\dot{E} = E \angle 0°$로 한다. 기준 벡터는 단 하나로 한다.

④ 전압·전류의 기호·양방향을 기초로, 옴의 법칙·키르히호프의 법칙 등 정리·법칙에 따라서 **식을 세운다.** 또는 벡터 그림을 그린다.

⑤ 위의 식을 토대로 **식을 풀고, 풀이를 음미**하여 답을 얻는다.

회로 계산에서는 우선 회로도를 그린다. 문제가 문장만으로 주어진 경우에 머리 속에 막연한 회로도를 떠올리는 것만으로는 틀리기 쉽다.

또 회로도를 그린 것만으로는 아무 뜻이 없다. 전압·전류 기호와 양방향을 정함으로써 회로도의 가치가 나온다. 식을 세우는 것은 모두 회로도 위의 전압·전류 기호와 양방향에 따라서 세우는 것이기 때문이다.

3·7 교류 계산에서는 양방향이 중요하다

직류 계산에서는 일반적으로 기전력이 어느 쪽으로 있는가, 전류가 어느쪽으로 흐르고 있는가 하는 전압·전류의 **실제 방향**을 알고 있는 일이 많다. 그러나 교류인 경우에 전압·전류의 실제 방향은 1초 사이에 수십 회나 변하고 있다. 그래서 의지하는 방향은 양방향(양의 기준 방향) 이외에 없는 것이다.

양방향에 대하여서는 이미 정리 [1·1] 양방향 정의, 정리 [1·2] 양방향을 반대로 잡았을때의 값, 정리 [1·3] 역기전력의 양방향, 더할까 뺄까는 양방향으로 정한다 등에서 설명했다. 이러한 것들은 교류에 제한하지 않고 모든 순시값 계산에서도 꼭 들어맞는다. 따라서 교류 계산에서도 당연히 이러한 양방향의 원리로 계산을 진행하게 된다.

정리 [3·2]에서 그림 3·19 회로의 임피던스를 $\dot{Z} = \dfrac{\dot{V}}{\dot{I}}$ [Ω]이라고 정의했다.

이 그림에서 $\dot{E}$, $\dot{V}$, $\dot{I}$의 화살표는 양방향이다. 정의식에서

$$\dot{I} = \frac{\dot{V}}{\dot{Z}} = \frac{\dot{E}}{\dot{Z}} \tag{3·41}$$

로 계산한다. 전류 $\dot{I}$를 이와 같이 계산할 수 있는 것은, 그림 3·19와 같이 $\dot{E}$와 $\dot{I}$의 양방향을 정한 것이 전제되어 있다. $\dot{I}$의 양방향을 $\dot{E}$의 양방향과 같은 방향으로 정했으므로 (3·41)식으로 계산할 수 있는 것이다.

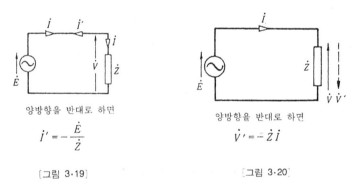

양방향을 반대로 하면

$$\dot{I}' = -\frac{\dot{E}}{\dot{Z}}$$

[그림 3·19]

양방향을 반대로 하면

$$\dot{V}' = -\dot{Z}\dot{I}$$

[그림 3·20]

만약 전류의 양방향을 그림 3·19의 $\dot{I}'$와 같이 하면, $\dot{I}'$가 나타내는 순시값은 $\dot{I}$가 나타내는 순시값의 (−1)배가 되므로, 벡터로 나타내도 $\dot{I}' = -\dot{I}$로 되고,

$$\dot{I}' = -\dot{I} = -\frac{\dot{E}}{\dot{Z}} \qquad (3\cdot42)$$

라는 것이 된다.

또 임피던스의 정의식에서,

$$\dot{V} = \dot{Z}\dot{I} \qquad (3\cdot43)$$

로 된다. 이 식은 $\dot{Z}[\Omega]$의 임피던스에 $\dot{I}[A]$의 전류가 흐르면 $\dot{Z}\dot{I}[V]$의 역기전력이 발생한다는 뜻이다. 이 (3·43)식은 그림 3·20과 같이 $\dot{V}$의 **양방향을** $\dot{I}$의 **양방향에 반대 방향으로 정했을 때 성립되는** 식이다.

만약 역기전력의 양방향을 그림 3·20의 $\dot{V}'$와 같이 정하면, $\dot{V}'$가 나타내는 순시값은 $\dot{V}$가 나타내는 순시값의 (-1)배로 되므로, 벡터로 나타내도 (-1)배로 되고

$$\dot{V}' = -\dot{V} = -\dot{Z}\dot{I} \qquad (3\cdot44)$$

라는 것이 된다.

그림 3·21의 회로에서, 그림과 같이 전압·전류의 양방향을 정했다고 하면, $\dot{I}_1$, $\dot{I}_2$의 양방향은 $\dot{E}$의 양방향과 같은 방향이므로 $\dot{I}_1$, $\dot{I}_2$는,

$$\dot{I}_1 = \frac{\dot{E}}{\dot{Z}_1}, \qquad \dot{I}_2 = \frac{\dot{E}}{\dot{Z}_2}$$

로 계산한다. 이 $\dot{I}_1$, $\dot{I}_2$는 i_1, i_2라는 순시값을 나타내고 있다. **순시값을 더할 것인가 뺄 것인가는 양방향으로 정하면 좋기 때문에** 그림의 i_1, i_2, i의 양방향으로부터 i는 다음 식으로 구한다.

$i = i_1 + i_2$ 이므로
$\dot{I} = \dot{I}_1 + \dot{I}_2$

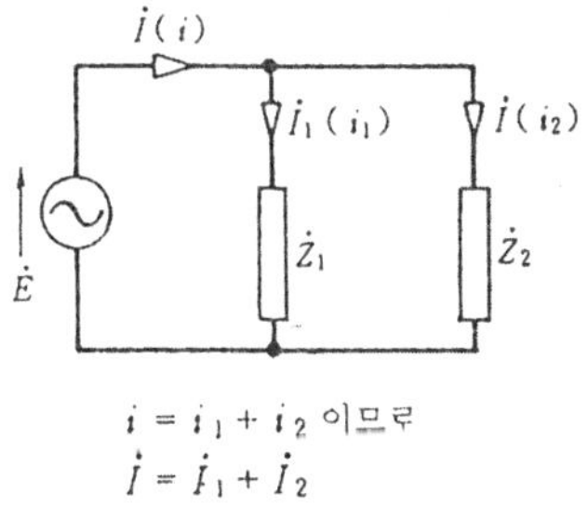

[그림 3·21]

$$i = i_1 + i_2 \qquad (3\cdot45)$$

또 **순시값의 가감산은 완전히 같은 형태의 벡터 가감산으로 할 수 있으므로,**

$$i = \dot{I}_1 + \dot{I}_2 = \frac{\dot{E}}{\dot{Z}_1} + \frac{\dot{E}}{\dot{Z}_2} \tag{3·46}$$

식으로 i를 계산할 수 있기 때문이다.

다음에 그림 3·22에서 $\dot{I}_1$, $\dot{I}_2$를 알고 있고, a b 사이의 전압을 그림과 같이 양방향을 정해서 $\dot{V}_{ba}$를 구하여 보자.

$\dot{V}_1$, $\dot{V}_2$는 그림과 같이 각각 $\dot{I}_1$, $\dot{I}_2$에 반대 방향으로 양방향을 정하면,

$$\dot{V}_1 = \dot{Z}_1 \dot{I}_1, \quad \dot{V}_2 = \dot{Z}_2 \dot{I}_2$$

이다. 이 $\dot{V}_1$, $\dot{V}_2$라는 벡터는 그것에 대응한 v_1, v_2라는 순시값을 나타내고 있다.

v_{ba}라는 순시값의 양방향은 v_2의 양방향과 같은 방향으로 v_{ba}는,

$$v_{ba} = v_2 - v_1 \tag{3·47}$$

이다. 따라서 $\dot{V}_{ba}$는 같은 형태인 벡터의 가감산

$$\dot{V}_{ba} = \dot{V}_2 - \dot{V}_1 = \dot{Z}_2 \dot{I}_2 - \dot{Z}_1 \dot{I}_1 \tag{3·48}$$

로 계산할 수 있게 된다.

이상으로, 이론을 설명하기 위하여 (3·45), (3·47)식과 같은 순시값의 식을 썼지만 실제 계산에서는 이상의 것을 염두에 두고, (3·46), (3·48)식의 벡터 식을 쓰면 좋을 것이다.

정리 [3·4] **교류 계산에 대한 양방향**

① 계산을 하는 경우에 **우선 양방향을 정한다.** 양방향은 순시값에 대하여 양의 기준 방향이지만, 전압·전류의 벡터량은 순시값을 나타내므로 양방향을 기초로 벡터량의 식을 세울 수 있다.

② **양방향을 자유롭게 정할 수 있다.** 다만 임피던스 $\dot{Z}$에 기전력 $\dot{E}$를 가하였을 때의 전류 $\dot{I}$는 $\dot{I}$의 **양방향**을 $\dot{E}$의 **양방향과 같은 방향**으로 정했을 때, $\dot{I} = \dot{E}/\dot{Z}$로 되지만, 양방향을 반대로 정하면 $-$가 붙어 번거롭게 된다. 또 $\dot{Z}$에 $\dot{I}$가 흘렀을 때의 역기전력 $\dot{V}$는, $\dot{V}$의 **양방향**을 $\dot{I}$의 **양방향에 반대 방향**으로 정했을 때 $\dot{V} = \dot{Z}\dot{I}$로 된다.

③ 어느 방향으로 양방향을 정한 전압·전류에 대하여 **양방향을 반대로 정한 전압·전류는 처음 전압·전류의** (-1)**배로 된다.**

④ **키르히호프의 법칙이나 전위차 계산에 대한** $\pm$**는 양방향에 따라 정한다.**

문제 3·1 1 ▶ 그림 3·22에서 $\dot{E} = 100\angle 0°\,[\mathrm{V}]$의 기전력에서 부하로 $\dot{I} = 10\angle -30°\,[\mathrm{A}]$ 전류가 흐르고 있다. 그림과 같이 양방향을 정한 $\dot{V}_{ab}$를 구하시오. (x의 역기전력의 양방향을 바르게 정할 것)

문제 3·1 2 ▶ 그림 3·24에서
$$\dot{E}_a = \frac{200}{\sqrt{3}}\angle 0°\,[\mathrm{V}], \quad \dot{E}_b = \frac{200}{\sqrt{3}}\angle -120°\,[\mathrm{V}]$$
이다. $\dot{I}_a$ 및 $\dot{I}_b$를 구하시오. ($\dot{E}_a$, $\dot{E}_b$, $\dot{E}_c$는 3상 기전력이다.)

문제 3·1 3 ▶ 그림 3·25에서
$$\dot{E}_1 = 100\angle 10°\,[\mathrm{V}], \quad \dot{E}_2 = 100\angle 10°\,[\mathrm{V}]$$
이다. 그림과 같이 양방향을 정한 $\dot{I}$를 구하시오. (송전선의 1상분은 그림과 같은 형태를 하고 있다.)

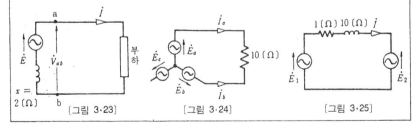

[그림 3·23] [그림 3·24] [그림 3·25]

3·8 전위차는 어느 경로로 계산해도 좋다

회로의 a점의 b점에 대한 **전위차** v_{ab}는, b점으로부터 a점에 이르는 경로의 **각 전위차의 합**이고, **어느 경로로 계산해도 좋다**고 하는 것은 제1장에서 **전위 법칙**이라는 명칭을 붙여 설명했다. 여기서는 그림 3·26의 $\dot{V}_{cd}$에 대하여 벡터적으로 계산하여 보자.

그림에서 b점에 대한 c, d점의 **전위**는 분압 방법에 따라 다음과 같이 된다.

$$\dot{V}_c = \dot{V}_2 = \frac{\dot{Z}_2}{\dot{Z}_1 + \dot{Z}_2}\dot{E}$$

$$\dot{V}_d = \dot{V}_4 = \frac{\dot{Z}_4}{\dot{Z}_3 + \dot{Z}_4}\dot{E}$$

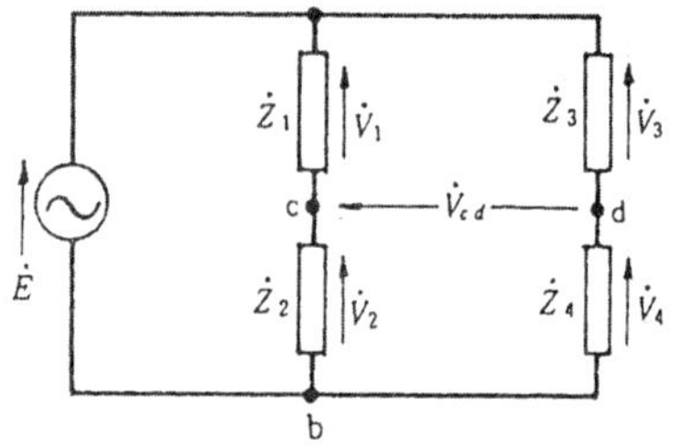

[그림 3·26]

이에 따라 c점의 d점에 대한 **전위차** $\dot{V}_{cd}$는 다음과 같이 계산할 수 있다.

$$\dot{V}_{cd} = \dot{V}_c - \dot{V}_d = \frac{\dot{Z}_2}{\dot{Z}_1 + \dot{Z}_2}\dot{E} - \frac{\dot{Z}_4}{\dot{Z}_3 + \dot{Z}_4}\dot{E} = \frac{\dot{Z}_2\dot{Z}_3 - \dot{Z}_1\dot{Z}_4}{(\dot{Z}_1 + \dot{Z}_2)(\dot{Z}_3 + \dot{Z}_4)}\dot{E}$$

$$(3·49)$$

위의 경우에는 b점을 기준 전위(0[V])로 하여 $\dot{V}_c$, $\dot{V}_d$를 생각하였지만 a점을 기준 전위로 하여 계산하면 다음과 같이 되고, 같은 식이 얻어진다.

$$\dot{V}_{cd} = \dot{V}_{ca} - \dot{V}_{da} = (-\dot{V}_1) - (-\dot{V}_3) = \frac{\dot{Z}_2\dot{Z}_3 - \dot{Z}_1\dot{Z}_4}{(\dot{Z}_1 + \dot{Z}_2)(\dot{Z}_3 + \dot{Z}_4)}\dot{E}$$

$$(3·50)$$

(3·49)식은 전위를 생각하고, 그것에 따라서 전위차를 구하였지만, (3·50)식과 같이 d점으로부터 c점에 이르는 경로의 각 전위차의 합이라고 생각해도 완전히 같은 것이다. 다만 합을 구할 경우에는 양방향에 따라서 ±를 고려해야 한다. $\dot{V}_{cd}$라는 것은 순시값으로 말하면 **c점은 d점보다 몇 전위가 높을 까**라고 하는 전위차이다. d a c 의 경로로 말하면, a점은 d점보다 $\dot{V}_3$만큼 전위가 높고, c점은 a점보다 $-\dot{V}_1$ 만큼 전위가 높기 때문에,

$$\dot{V}_{cd} = \dot{V}_3 + (-\dot{V}_1 = \dot{V}_3 - \dot{V}_1$$

로 된다고 생각하고 (3·50)식과 같은 답이 된다.

그 밖의 다른 경로로 생각하면 다음과 같고, 어느 것이나 같은 답이 된다는 것이 확실하다.

경로 dbc $\dot{V}_{cd} = (-\dot{V}_4) + \dot{V}_2$

경로 daĖbc $\dot{V}_{cd} = \dot{V}_3 + (-\dot{E}) + \dot{V}_2$

경로 dbĖac $\dot{V}_{cd} = (-\dot{V}_4) + \dot{E} + (-\dot{V}_1)$

3·9 전위차 계산에는 지도 벡터가 편리하다

그림 3·27의 회로에서 **벡터 그림**을 생각해 보자.

$$\dot{I} = \frac{100}{-j10 + 10 + j10} = 10 = 10\angle 0°\,[\text{A}]$$

$$\therefore \quad \dot{V}_L = j100\,[\text{V}]$$

$$\dot{V}_R = 100\,[\text{V}]$$

$$\dot{V}_c = -j100\,[\text{V}]$$

이고, 이들의 벡터 그림은 (b)와 같이 된다.

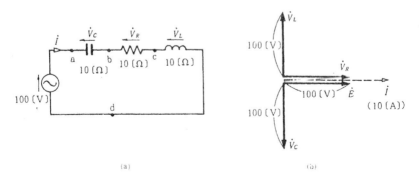

(a)   (b)

[그림 3·27 (1)]

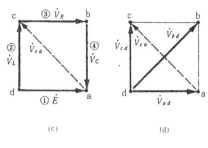

(c)　　　　　(d)

[그림 3·27 (2)]

여기에서 d점으로부터 c, b, a의 **경로에 따라서** 벡터 그림을 그리면 그림 (c)와 같이 된다.

다음에, d점의 전위를 기준 전위라고 생각하고 a, b, c점의 **전위 벡터** $\dot{V}_{ad}$, $\dot{V}_{bd}$, $\dot{V}_{cd}$의 벡터 그림을 그리면 그림 (d)와 같이 된다. 그림 (d)의 각 벡터는 전위 벡터이므로 그림 위의 d, a, b, c의 **각 점은 전위를 나타내고 있다**고 볼 수 있다.

그림 (d)에서 c, a점을 잇는 벡터 $\dot{V}_{ca}$를 생각하면 그림으로부터,

$$\dot{V}_{ca} = \dot{V}_{cd} - \dot{V}_{ad}$$

이므로, $\dot{V}_{ca}$는 c, a점 사이의 전위차를 나타내고 있다.

또 그림 (c)를 그림 (d)와 비교하면 a, b, c, d 각 점의 위치는 완전히 같으므로 그림 (c)에서도 c, a점을 잇는 벡터는 전위차 $\dot{V}_{ca}$를 나타내고 있게 된다.

그림 (b)의 각 벡터는 바른 전압 벡터 그림이지만, 벡터의 끝점(화살표가 있는 쪽이 끝점), 시작점은 전위를 나타내고 있다고 말할 수 없다. **그림 (c), (d)의 벡터 그림의 각 점은 전위를 나타내고 있고, 이 벡터 그림을 지도 도법(地圖圖法) 벡터 그림이라고 한다.**

지도 도법 벡터 그림에 대하여 정리하면 다음과 같이 된다.

정리 〔3·5〕 **지도 도법으로 만든 벡터 그림**(지도 벡터)

① 전압의 벡터 그림 중 회로도 위의 점과 벡터 시작점·끝점을 1:1로 대응시킨 것을 지도 벡터라고 한다.

② 지도 벡터의 시작점과 끝점은 전위를 나타낸다.

③ 지도 벡터 그림의 두 점을 잇는 벡터는 그 두 점 사이의 전위차를 나타낸다. 예를 들어 a, b점을 잇고, a점쪽에 화살표를 붙인 벡터는 $\dot{V}_{ab}$이다.

다음 문제 3·15, 3·16은 연습하기 위하여 지도 벡터를 사용하여 풀면 좋다. 특히 문제 3·16은 지도 벡터가 편리하다. (해답 참조)

문제 3·14 ▶ 그림 3·28 회로에서 단자 ab 사이에 교류 전압 100〔V〕를 가했을 때 단자 cd 사이 및 ef 사이에 나타나는 전압은 각각 몇 〔V〕 인가? 단, 콘덴서 및 유도 코일의 손실은 없는 것으로 한다.

문제 3·15 ▶ 그림 3·29의 교류 회로에서 pQ 사이의 전압과 단자 AB 사이의 전압의 상 차이를 90°로 하기 위해서는 p점을 어떻게 정하면 좋을까? 단, r, r_1, r_2는 무유도 저항, X는 리액턴스로 한다.

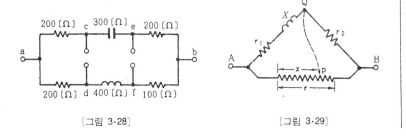

[그림 3·28]　　　　　　[그림 3·29]

문제 3·16 ▶ 그림 3·30의 회로에서, a´b´ 사이 및 bm 사이의 전압은 몇 [V]인가? 단, $\dot{E}_a=100\angle0°$[V], $\dot{E}_b=100\angle-120°$[V], $\dot{E}_c=100\angle-240°$[V]로 하고 m은 저항 R의 중점으로 한다.

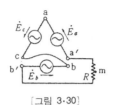

[그림 3·30]

3·10 절대값 계산에 지름길이 있다

절대값을 계산하는 경우에 앞에서 들었던 공식을 사용하면 편리한 일이 종종 있다.

$$|\dot{Z}_1\dot{Z}_2|=|\dot{Z}_1|\cdot|\dot{Z}_2| \qquad\qquad ((3·18))$$

$$\left|\frac{\dot{Z}_1}{\dot{Z}_2}\right|=\frac{|\dot{Z}_1|}{|\dot{Z}_2|} \qquad\qquad ((3·21))$$

이와 같은 **벡터의 곱·몫의 절대값**의 식을 사용한 예를 다음에 들어 보자.

예제 ▶ 그림 3·31에서 $\dot{E}_a=E\angle0°$[V]로 해서 $\dot{V}_{ab}=\sqrt{3}E\angle30°$[V]이다. 전압 $\dot{V}$의 절대값을 구하시오.

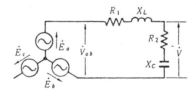

[그림 3·31]

풀이 $\dot{V}$는 $\dot{V}_{ab}$를 분압하여

$$\dot{V} = \frac{(R_2 - jX_C)}{(R_1 + jX_L) + (R_2 - jX_C)} \dot{V}_{ab} \qquad ①$$

$$= \frac{(R_2 - jX_C) \cdot \sqrt{3}E \angle 30°}{(R_1 + R_2) + j(X_L - X_C)} \qquad ②$$

이 식은 $\dfrac{\dot{Z}_1\dot{Z}_2}{\dot{Z}_3}$ 형태를 하고 있지만, (3·18), (3·21)식에 따르면,

$$\left| \frac{\dot{Z}_1\dot{Z}_2}{\dot{Z}_3} \right| = \frac{|\dot{Z}_1\dot{Z}_2|}{|\dot{Z}_3|} = \frac{|\dot{Z}_1| \cdot |\dot{Z}_2|}{|\dot{Z}_3|}$$

로 계산할 수 있으므로,

$$|\dot{V}| = \frac{|R_2 - jX_C| \cdot |\sqrt{3}E \angle 30°|}{|(R_1 + R_2) + j(X_L - X_C)|}$$

$$= \sqrt{3}\, E \sqrt{\frac{R^2_2 + X_c^2}{(R_1 + R_2)^2 + (X_L - X_C)^2}}\,[\text{V}]$$

이상과 같이 계산할 수 있지만, $|a + jb| = \sqrt{a^2 + b^2}$의 식밖에 알지 못하여, ②식으로부터

$$\dot{V} = \frac{\{(R_2 - jX_C)(\sqrt{3}E\cos 30° + j\sqrt{3}E\ \sin 30°)\}\{(R_1 + R_2) - j(X_L - X_C)\}}{\{(R_1 + R_2) + j(X_L - X_C)\}\{(R_1 + R_2) - j(X_L - X_C)\}}$$

처럼 분모를 유리화하고, $a + jb$ 형태로 하여 절대값을 구하려고 하면 매우 번거롭다. 위의 방법이 얼마나 간단한지 알 수 있다.

또, 지수 함수 표시 또는 극좌표 표시에도 위의 경우에 비교적 쉽게 구할 수 있지만, 삼도 계산을 해야 하는 만큼 번거롭다.

반대로 **절대값과 각도의 관계가 필요한 곱셈·나눗셈의 경우에는 지수 함수 표시 또는 극좌표 표시가 편리하다.**

3·11 위상차를 구하는 방법은

먼저 복소수 $a + jb$의 편각은,

$$\theta = \tan^{-1} \frac{b}{a} \quad (3\cdot51)$$

인 것을 꼭 기억하시오. (3·3항의
(1)참조)

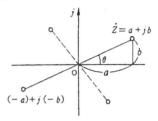

[그림 3·32]

역시 a, b를 양$(+)$의 수로 해서 $(-a) + j(-b)$의 편각도 $(3\cdot51)$식과 같이 θ로 해서 계산되지만, 바르게는 $\theta + 180°$인 것에 주의하시오.

$a + j(-b)$와 $(-a) + jb$의 편각인 경우에도 마찬가지이다.

그런데 3·3항의 (2)와 (5)에서 설명했던 다음 식을 다시 보자.

$$\frac{\dot{Z}_1}{\dot{Z}_2} = \frac{Z_1 \angle \theta_1}{Z_2 \angle \theta_2} = \frac{Z_1}{Z_2} \angle (\theta_1 - \theta_2) \qquad ((3\cdot15))$$

$$\dot{Z}_1 \overline{\dot{Z}_2} = Z_1 \angle \theta_1 \cdot Z_2 \angle -\theta_2 = Z_1 Z_2 \angle (\theta_1 - \theta_2) \qquad ((3\cdot34))$$

이 두 식에서 $\dot{Z}_1$, $\dot{Z}_2$를 전압이나 전류의 벡터로 하면, $\theta_1 - \theta_2$는 $\dot{Z}_1$이 $\dot{Z}_2$보다 빨라지는 위상각이다. 따라서 $\dot{Z}_1$이 $\dot{Z}_2$보다 **빨라지는 위상각 $\theta_1 - \theta_2$는 다음 식으로 구할 수 있다.**

$$\theta_1 - \theta_2 = \left(\frac{\dot{Z}_1}{\dot{Z}_2} \text{의 편각} \right) \quad (3\cdot52)$$

또는

$$\theta_1 - \theta_2 = (\dot{Z}_1 \overline{\dot{Z}_2} \text{의 편각}) \quad (3\cdot53)$$

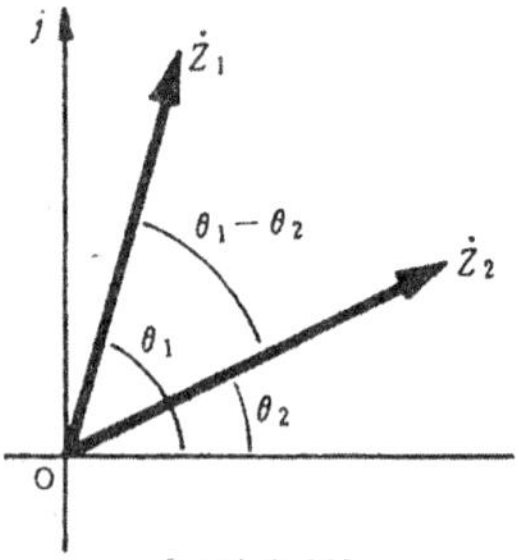

[그림 3·33]

$(3\cdot53)$식은 처음이고 익숙하지 않아 어렵겠지만, $(3\cdot52)$식보다 계산이 간단하다.

문제 3·17 ▶ $\dot{I} = I_1 - jI_2$가 $\dot{E} = E_1 + jE_2$보다 30° 뒤진 경우에 E_1, E_2, I_1, I_2 사이에 어떠한 관계식이 성립될까? 단, E_1, E_2, I_1, I_2는 모두 양 (+)으로 한다.

교류 전력의 계산

4·1 전력을 계산하는 방법은 여러 가지이다

교류 전력을 계산하는 방법을 열거하여 보면 다음과 같이 여러 가지가 있다. 경우에 따라서 이들을 잘 구분하여 사용하는 것이 좋다. 여기에서 $P[W]$는 **유효 전력**, $Q[VA,$ 또는 var]는 **무효 전력**, $P_a[VA]$는 **피상 전력**으로 한다.

[정리] 〔4·1〕 교류 전력 계산 방법

① **저항의 소비 전력** $P = I^2 R, \quad Q = 0$ (4·1)

　리액턴스의 소비 전력 $P = 0, \quad Q = I^2 X$ (4·2)

② 기전력 V의 **공급 전력** 및 단자 전압 V 부하의 **소비 전력**

$$P = VI \cos\theta = P_a \cos\theta, \quad Q = VI \sin\theta = P_a \sin\theta \qquad (4·3)$$

(3상인 경우에 $P = \sqrt{3}\,VI \cos\theta, \quad Q = \sqrt{3}\,VI \sin\theta$)

유효 전류를 I_p, 무효 전류를 I_q로 해서

$$P = VI_p, \qquad Q = VI_q \qquad\qquad (4·4)$$

③ **피상 전력** $P_a = VI = \sqrt{P^2 + Q^2}$ (4·5)

---

④ **복소 전력**　$P+jQ=\overline{\dot{V}}\dot{I}$ (Q가 +일 때 앞선 무효 전력)　(4·6)

　　　　또는 $P+jQ=\dot{V}\overline{\dot{I}}$ (Q가 +일 때 뒤진 무효 전력)　(4·7)

　　（$P+jQ=\dot{Z}I^2$로도 계산된다. 단, $\dot{Z}\dot{I}^2$로는 안된다.）

⑤ **전력 보존 법칙** : 복수의 부하가 있는 경우에 회로 전체의 소비 유효 전력은 각 부하의 소비 유효 전력의 합과 같다. 또 회로 전체의 소비 무효 전력은 각 부하의 소비 무효 전력의 합과 같다. 다만 앞서고, 뒤진 무효 전력의 한쪽 방향을 −로 한다. 전원의 공급 전력에 대해서도 마찬가지이다.

　　회로 전체에서 전원이 공급하는 유효·무효 전력은 각각 부하가 소비하는 유효·무효 전력과 같다.

4·2　전력 계산과 양(+)방향은

그림 4·1에서,

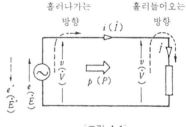

　　$v=e=\sqrt{2}V\sin\omega t$　　(4·8)

　　$i=\sqrt{2}I\sin(\omega t+\theta)$　(4·9)

　　（단, $\omega=2\pi f$）

[그림 4·1]

로 하면, 기전력이 공급하는 전력, 즉 부하가 소비하는 전력의 순시값은,

$$p=vi=2VI\sin\omega t\cdot\sin(\omega t+\theta)$$
$$=VI\cos\theta-VI\cos(2\omega t+\theta)$$

로 된다. 교류 전력(유효 전력) P는 p의 1주기 사이의 평균, 즉 **평균 전력**이다. 따라서 위 식으로부터 P를 구하면 제2항의 평균은 0이므로,

$$P=VI\cos\theta\quad(\cos\theta\text{를 }\textbf{역률}\text{이라 부른다})\qquad(4·10)$$

로 된다.

그림 4·1은 간단한 회로이므로, 의심을 품을 여지는 없지만, 3상 회로 등 복잡한 회로가 되면 다음의 예사로운 것이 중요해진다.

정리 〔4·2〕 **전력 계산과 양방향**

① 기전력 $\dot{E}$의 공급 전력은 $\dot{E}$와 $\dot{E}$에 **흐르는 전류 $\dot{I}$** 또는 단자 전압 $\dot{V}$와 $\dot{I}$에 따라 계산한다.

② 부하의 소비 전력은 **부하에 가해지는 전압 $\dot{V}$와 부하에 흐르는 전류 $\dot{I}$**에 따라 계산한다.

③ $\dot{E}$의 **공급 전력**은 $\dot{E}$의 양방향과 같은 방향을 양방향으로 한 $\dot{I}$라고 하면 $\dot{E}$로부터 **흘러나온 방향의 전류**를 $\dot{I}$로 해서 $\dot{E}$와 $\dot{I}$의 위상차가 θ일 때 $EI\cos\theta$로 계산된다.

④ 부하의 **소비 전력**은 부하에 가해진 전압 $\dot{V}$의 양방향으로부터 **흘러 들어오는 방향의 전류**를 $\dot{I}$로 해서 $\dot{V}$와 $\dot{I}$의 위상차가 θ일 때 $VI\cos\theta$로 계산된다.

⑤ **기전력의 역률, 부하의 역률**을 구할 때의 전압·전류의 관계도 전력의 경우와 마찬가지이다.

역률은 (4·10)식에서,

$$\cos\theta = \frac{P}{VI} = \frac{P}{P_a}\left(= \frac{전력}{피상 \ 전력}\right)$$

으로 계산할 수 있다.

또 $\dot{V} = V\angle\theta_v$, $\dot{I} = I\angle\theta_i$일 때, $\theta = \theta_v - \theta_i$로 해서 $\cos\theta$로도 계산할 수 있다. 여기에서 θ는 $\dot{V}$와 $\dot{I}$의 위상차이다.

그런데 **부하의 역률**은 위의 방법 외에 다음과 같이도 계산할 수 있다. 부하에 가해진 전압을 $V\angle\theta_v$, 부하에 흐르는 전류를 $I\angle\theta_i$로 해서

$$Z\angle\theta_z = \frac{V\angle\theta_v}{I\angle\theta_i} = \frac{V}{I}\angle(\theta_v - \theta_i)$$

$$\therefore \quad \theta_v - \theta_i = \theta_z \tag{4·11}$$

이다. 즉 전압과 전류의 위상차는 임피던스의 편각 θ_z와 같다. 따라서 역률은 $\cos\theta_z$로도 계산할 수 있다. 즉 **부하의 역률은 전압이나 전류에 관계없이 임피던스의 편각 θ_z로 정해져 있다**는 것이다. 이 θ_z를 **임피던스각** 또는 **역률각**이라고 한다.

그런데 그림 4·1에서 기전력의 공급 전력을 계산할 경우에 $\dot{I}$와 **양방향이 반대인 $\dot{E}'$를 이용하여 전력을 계산하면 어떻게 될 것인가?**

$\dot{E}'$에 대한 순시값 e'는 $e' = -e = -v$이므로, e'와 i에서 전력을 계산하면,

$$p' = e'i = -vi$$

라는 것이 되고, 앞항에서 계산한 $p = vi$의 **(−1)배로 된다.** 이것은 $\dot{E}'$와 $\dot{I}$의 위상차를 θ'로 해서

$$P' = EI\cos\theta' = VI\cos(180° - \theta)$$
$$= -VI\cos\theta$$

라고 생각해도 결과는 일치한다.

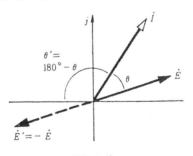

그림 4·2

이상의 계산은 $\dot{E}'$와 $\dot{I}$의 양방향으로부터 기전력이 소비하는(또는 흡수하는) 전력이 $-VI\cos\theta$, 즉 공급 전력 $VI\cos\theta$로 생각하면 맞다. 그러나 그렇게 생각하는 것은 번거로운 일이다. 기전력과 전류의 양방향은 같은 방향으로 맞추어서 계산해야 한다.

문제 4·1 ▶ 3[Ω]인 저항과 4[Ω]인 리액턴스가 있다. 이것을 직렬로 연결할 때와 병렬로 연결할 때의 역률을 구하시오.

문제 4·2 ▶ $\dot{Z}=3+j4$[Ω]인 임피던스에 병렬로 연결하여 역률을 1로 하기 위한 용량 리액턴스를 구하시오. (어드미턴스를 사용하면 간단)

문제 4·3 ▶ 어느 부하에 전압 100[V]를 가했을 경우에 역률 0.8(뒤짐)이고 전력 800[W]이다. 등가 저항과 등가 리액턴스를 구하시오.

문제 4·4 ▶ 그림 4·3의 회로에서 부하에는 $\dot{E}$를 기준으로 해서 $10\angle-30°$[A]인 전류가 흐르고 있다. 전원 및 부하에 대한 역률을 구하시오.

문제 4·5 ▶ 그림 4·4 회로에서 기전력 $\dot{E}_a$, $\dot{E}_b$ 각각이 부하에 공급하는 전력을 구하고 그 합을 구하시오. 또 $\dot{V}$를 구하고 그것에 따라서 부하의 소비 전력을 구하시오.

단, $\dot{E}_a=100\angle0°$[V], $\dot{E}_b=100\angle-120°$[V]로 한다.

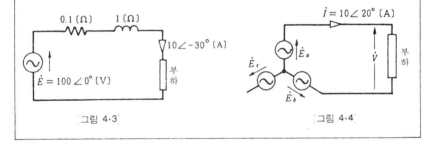

그림 4·3   그림 4·4

4·3 전력은 어느쪽을 향해 흐를까

그림 4·5(a)와 같이 회로 A, B 사이의 m점에 대하여 전압이 $V\angle\theta_v$이고, 흐르는 전류가 $I\angle\theta_i$일 때 어느쪽을 향해서 어떠한 전력이 흐르는 것일까?

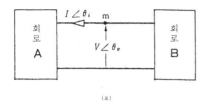
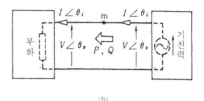

(a)   (b)

[그림 4·5]

정리 [4·2]에서 설명한 바와 같이 기전력의 **공급 전력**은 기전력과 거기에 흐르는 전류의 양방향이 같게 되도록, 또 부하의 **소비 전력**은 단자 전압의 양방향에서 부하로 흘러들어오는 방향으로 전류의 양방향을 생각하면 좋으므로, 그림 (b)와 같이 오른쪽에 기전력, 왼쪽에 부하를 생각하면 좋다.

이렇게 생각하면 $V \angle \theta_v$와 $I \angle \theta_i$로부터 계산한 P와 Q는 그림 (b)의 P, Q의 화살표처럼 오른쪽에서 왼쪽에서 향하는 전력이 된다.

예를 들어 $I \angle \theta_i$가 $V \angle \theta_v$보다 앞선각을 θ로 해서 다음 식으로 계산한다.

$$\theta = \theta_i - \theta_v, \quad P = VI \cos \theta, \quad Q = VI \sin \theta \qquad (4·12)$$

위 식으로 계산하여 P가 **+로 되면**($-90° < \theta < 90°$가 되면) 그림 (b)의 P, Q의 방향으로 전력이 흐르는 것을 뜻한다. 이 경우에 Q가 +일 때는 앞선 무효 전력이, 또 Q가 -일 때는 뒤진 무효 전력이 그림 (b)의 P, Q의 화살표 방향으로 흐르게 된다.

만약 위 식으로 계산하여 P가 -로 되면($-90° > \theta > 90°$가 되면) 그림 (b)의 P, Q의 방향으로 -전력이 흐르고 있다는 것이므로, 실제로는 그림 (b)의 P, Q의 방향과 반대 방향으로 전력이 흐르고 있는 것을 뜻한다.

그 경우에 위 식으로 계산하여 Q가 +로 되면, 그림 (b)의 P, Q의 방향으로 앞선 무효 전력이 흐르고 있다고 하는 것이므로, 실제로 P와 같은 방향, 즉 그림의 PQ의 화살표 방향과 반대 방향으로는 뒤진 무효 전력이 흐르게 된다.

이상을 정리하면 다음과 같이 된다.

정리 [4·3] 전력이 흐르는 방향을 생각하는 방법

① $\dot{V}$와 $\dot{I}$의 양방향에서 기전력과 부하가 어느쪽으로 있는가 가정한다.

② $\dot{V}$와 $\dot{I}$에서 계산한 P와 Q가 기전력에서 부하로 향하는 쪽으로 흐른다.

③ Q의 $\pm$ 등에 따라서 앞섬·뒤짐의 구별을 판단한다.

④ $\dot{V}$와 $\dot{I}$에서 계산한 P가 $-$일 때는, 실제로는 반대 방향으로 흐른다.

⑤ Q가 흐르는 방향을 반대로 생각하면, 앞섬·뒤짐의 구별이 반대로 된다.

문제 4·6 ▶ 그림 4·5에서 $\dot{V}=100\angle 60°\,[V]$, $\dot{I}=-10\sqrt{3}-j10\,[A]$일 때 유효 전력이 흐르는 방향은 어느쪽일까? 또 그쪽으로 흐르는 유효 전력, 무효 전력을 구하시오.

문제 4·7 ▶ 그림 4·6에서 $\dot{V}_a$, $\dot{V}_b$가 아래 (1), (2) 각각인 경우에 대하여 mm'점을 지나는 전력의 방향과 전력 및 무효 전력을 구하시오.

(1) $\dot{V}_a=100\angle-10°$,　$\dot{V}_b=100\angle 0°\,[V]$

(2) $\dot{V}_a=110\angle 0°$,　$\dot{V}_b=100\angle 0°\,[V]$

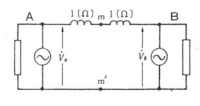

그림 4·6

4·4 I^2R를 잘 써먹자

I^2R식은 저항 $R[\Omega]$에 순시값 $i[A]$인 전류가 흘렀을 때 R가 줄(Joule)열로써 소비하는 전력이 $p=i^2R[W]$이므로 다음 같이 유도된다.

$P=p$의 1주기간 평균

$$= \frac{1}{2\pi}\int_0^{2\pi}i^2Rd\theta = R\left(\sqrt{\frac{1}{2\pi}\int_0^{2\pi}i^2d\theta}\right)^2 = RI^2 \qquad (4\cdot13)$$

위 식의 ( )² 안은 모두 파형의 교류 실효값의 식이고, 사인파에나 일그러짐파에도 전력은 I^2R로 계산하게 된다. 또 전류가 어느쪽으로 흐르는가는 관계없고, 전압과의 위상차는 생각할 필요가 없다. 이렇게 생각하면 대단히 편리한 식이다.

[정리] 〔4·4〕 I^2R의 식

　$R[\Omega]$에 흐르는 교류의 실효값이 $I[A]$라면, 어떠한 파형에도 R의 소비 전력은 $I^2R[W]$이다.

리액턴스 $X[\Omega]$에 $I[A]$가 흐를 때 무효 전력은,

$$Q = VI \sin \theta = XI \cdot I \sin 90° = I^2X[\text{var}] \qquad (4\cdot14)$$

로 되어 I^2R과 같은 형태로 된다. 그러나 위 식에서는 전류가 **사인 파형인 경우에만** 통용하는 식이고, 또 무효 전력인가, 앞선 무효 전력인가의 구별을 명확하게 할 필요가 있다.

[문제] 4·8 ▶ 그림 4·7에서 $\dot{V}=100\angle 0°[V]$, $\dot{I}=10\angle -30°[A]$이다. 부하 소비 전력 및 전원으로부터의 공급 전력을 구하시오.

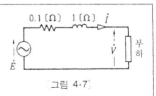

그림 4·7

4·5 왜 무효 전력에 +, -가 있는 것일까

그림 4·8(a)같이 R, X_L, X_C 회로를 생각하고 각각에 흐르는 전류를 i_R, i_L, i_C라 한다. 그들의 벡터 그림은, 그림 (b)와 같이 ①, ②, ③, ……, ⑥ 순서로 그려서 얻는다.

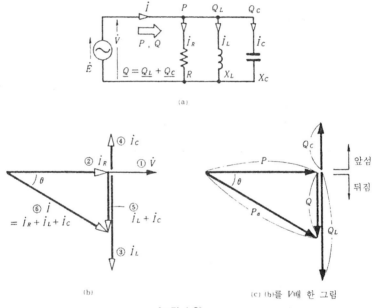

(a)

(b)

(c) (b)를 V배 한 그림

그림 4·8

여기에서 그림 (b)의 전류 벡터 크기를 V배로 해 보면 $I_R V = I_R V \cos 0° = P$, $I_L V = I_L V \sin 90° = Q_L$과 같이 되므로, 그림 (b)의 벡터를 V배 한 각 벡터의 크기는 그림 (c)와 같이 각각 P, Q_L, Q_C, Q, P_a를 나타낸다.

그림 (c)는 유효·무효·피상의 각 전력 관계를 단적으로 나타내는 편리한 벡터 그림이다.

다만, 전압·전류의 벡터 그림이 순시값을 나타내는데 대하여 전력 벡터 그림은 그렇지 않다.

그림 (c)에 따르면, 앞선 무효 전력은 항상 허축(虛軸)의 +방향으로, 또 뒤진 무효 전력은 항상 허축의 −방향으로 표시된다. 이와 같이 앞선 무효 전력과 뒤진 무효 전력은 **성질이 반대**이다. 그리고 전원으로부터 공급되는 무효 전력의 **크기**는 Q_L과 Q_C의 차를 취해,

$$Q = Q_L - Q_C \quad (뒤짐) \tag{4·15}$$

로 계산한다.

일반적으로 성질이 반대인 양은 +와 −로 나타낸다. 여기에서 **앞선 무효 전력을 +, 뒤진 무효 전력을 −**로 나타내기로 한다. (4·15)식의 Q, Q_L, Q_C는 크기만을 생각한 양(+)의 값이지만 ±를 가진 대수적인 양을 임시로 $\underline{Q}$, $\underline{Q}_L$, $\underline{Q}_C$로 나타내고 $\underline{Q}_L = -Q_L$, $\underline{Q}_C = +Q_C$로 된다. 그리고 $\underline{Q}$, $\underline{Q}_L$, $\underline{Q}_C$는 어느 것이나 전원으로부터 부하쪽으로 흐르는 무효 전력이라는 것으로, 다음과 같이 계산을 한다.

$$\underline{Q} = \underline{Q}_L + \underline{Q}_C = (-Q_L) + (+Q_C) = -(Q_L - Q_C) = -Q \tag{4·16}$$

이 계산 결과는 **전원으로부터 공급되는 무효 전력의 합계**는 $-Q$, 즉 뒤진 Q라는 것을 뜻하고 (4·15)식과 완전히 같은 결과이다.

이상과 같이 **무효 전력의 합계**를 $\underline{Q}_L + \underline{Q}_C$와 같은 **합의 형태로 계산하기 위해서는 앞선·뒤진 무효 전력을 +·−로 표시해야 하는 것**이다.

앞선·뒤진 무효 전력을 +·−로 나타내는 것은, 말로써 앞선·뒤진이라는 대신 수식에서 +·−로 나타낸다는 것이다.

또 그것만의 효과는 아니다. 지금 θ를 $\dot{I}$가 $\dot{V}$보다 빠른 위상으로서,

$$Q = VI \sin \theta \tag{4·17}$$

로 계산했다고 한다. 여기에서 $\dot{I}$가 $\dot{V}$보다 뒤질 때는 θ는 −값이 되기 때문에 $\sin \theta$는 −, 따라서 Q는 −로 된다. 즉 (4·17)식으로 계산하면 ±에 따라서 **자동적으로 무효 전력의 앞섬, 뒤짐의 구별이 된다.**

또 더욱이 앞에서 설명했듯이 앞선 무효 전력을 +로 했지만, 뒤진 무효 전력을 +, 앞선 것을 −로 정해도 좋다. 전력 계통의 계산에서는 일반적으

로, 또 국제적으로 이렇게 하고 있지만, 회로 이론 계산으로서는 앞선 것을 +, 뒤진 것을 −로 하는 편이 이해하기 쉽다.

4·6 $\overline{\dot{V}}\dot{I}$와 $\dot{V}\overline{\dot{I}}$는 어떻게 다른가

그림 4·9에서 $\dot{V}$와 $\dot{I}$를 다음 식으로 나타내 보자.

$$\left.\begin{array}{l} \dot{V} = V \angle \theta_v \ [\text{V}] \\ \dot{I} = I \angle \theta_i \ [\text{A}] \end{array}\right\} \quad (4·18)$$

여기에서

$$\theta = \theta_i - \theta_v \qquad (4·19)$$

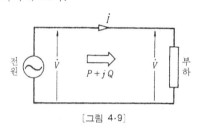

[그림 4·9]

로 하면 θ는 $\dot{I}$가 $\dot{V}$보다 앞선 위상차를 나타낸다.

따라서 전력과 무효 전력은 다음 식으로 나타낸다.

$$P = VI \cos\theta \,[\text{W}] \qquad\qquad (4·20)$$

$$Q = VI \sin\theta \,[\text{var}] \qquad\qquad (4·21)$$

그런데 여기에서 $\dot{V}$의 공역을 취해, $\overline{\dot{V}} = V \angle (-\theta_v)$로 해서 다음 계산을 하여 보자.

$$\overline{\dot{V}}\dot{I} = V \angle (-\theta_v) \cdot I \angle \theta_i = VI \angle (\theta_i - \theta_v) = VI \angle \theta$$

이것을 극형식(삼각 함수) 표시로 고치면(3·3항의 (3) 참조) 다음과 같이 된다.

$$\overline{\dot{V}}\dot{I} = VI \angle \theta = VI \,(\cos\theta + j \sin\theta) = VI \cos\theta + j VI \sin\theta$$

이 식의 $VI \cos\theta$, $VI \sin\theta$는 (4·20), (4·21)식의 P, Q이다. 따라서,

$$\overline{\dot{V}}\dot{I} = VI \cos\theta + j VI \sin\theta = P + jQ \qquad\qquad (4·22)$$

즉 P와 Q를 구하려면 다음 식으로 계산하면 될 것이다.

$$P + jQ = \dot{V}\dot{I} \tag{4·23}$$

위 식의 Q는 $Q = VI \sin \theta = VI \sin (\theta_i - \theta_v)$**이므로** $\theta_i \rangle \theta_v$**, 즉** $\dot{I}$**가** $\dot{V}$**보다 앞선 때는 Q의 값이 $+$로 되고** $\theta_i \langle Q_v$, 즉 $\dot{I}$가 $\dot{V}$보다 뒤진 때는 Q의 값이 $-$로 되는 것이다.

다음에 $\dot{I}$의 공역을 취해 다음 계산을 해 보자.

$$\dot{V}\overline{\dot{I}} = V \angle \theta_v \cdot I \angle (-\theta_i) = VI \angle (\theta_v - \theta_i) = VI \angle (-\theta)$$
$$= VI \cos \theta + jVI \sin (-\theta) = VI \cos \theta + j(-VI \sin \theta)$$

이 식을 보면, $\dot{V}\overline{\dot{I}}$로도 P와 Q를 계산할 수 있지만 $\dot{V}\dot{I}$로 계산한 경우에 비교하여 **Q 값의 $\pm$가 반대로 되는** 것을 알 수 있다. 즉 다음과 같이 정리할 수 있다.

정리 [4·5] $P + jQ$**의 계산**

① $P + jQ = \dot{V}\overline{\dot{I}}$ $((4·23))$

   Q의 값이 $+$일 때 앞선, $-$일 때 뒤진 무효 전력을 나타낸다.

② $P + jQ = \dot{V}\overline{\dot{I}}$ $(4·24)$

   Q의 값이 $+$일 때 뒤진, $-$일 때 앞선 무효 전력을 나타낸다.

③ Q의 값의 $\pm$에 따른 앞섬·뒤짐의 구별은, 임시로 $\dot{V}$를 기준 벡터로해서 생각하면 쉽게 이해할 수 있다.

위의 ③은 예를 들어 $(4·23)$식인 경우에 임시로 $\dot{V} = V \angle 0°$로 하면 $\overline{\dot{V}} = V \angle 0°$이므로, I의 허부가 $+$, 즉 앞선 경우에 Q는 $+$값이 된다고 판단할 수 있다.

그리고 위의 공식에 따라서 다음 문제를 풀고 Q의 앞섬·뒤짐을 명확하게 해 두기 바란다.

문제 4·9 ▶ $\dot{Z} = 3 + j4[\Omega]$에 전압 100[V]를 더했을 때 P와 Q를 구하시오.

문제 4·10 ▶ 그림 4·9에서 $\dot{V} = 98 + j18[V]$, $\dot{I} = 4 + j3[A]$로 했을 때, 전원에서 부하쪽으로 흐르는 P와 Q를 구하시오.

문제 4·11 ▶ 그림 4·10에서 전원이 공급하는 P와 Q 및 부하가 소비하는 P와 Q를 구하시오.

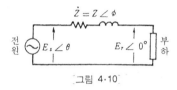

[그림 4·10]

4·7 전력은 산술적, 무효 전력은 대수적으로 덧셈한다

그림 4·11에서 전원으로부터 공급되는 P와 Q는

$$P = P_1 + P_2$$
$$Q = Q_{L1} + Q_{L2} + (-Q_{C1}) + (-Q_{C2})$$
$$(\text{단, } Q_{L1}, \cdots\cdots, Q_{C2}\text{는 양의 수})$$

로 계산한다. 이것은 4·5항의 설명으로 쉽게 이해할 수 있다.

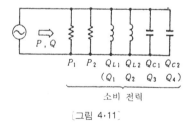

[그림 4·11]

또 그림 4·11의 Q_1, Q_2, Q_3, Q_4가 앞섬, 뒤짐을 ±로 나타낸 무효 전력이라면,

$$Q = Q_1 + Q_2 + Q_3 + Q_4$$

로 계산한다.

요약하면 **전력은 산술적으로, 무효 전력은 대수적으로 합을 구하면 좋다**는 것이다.

일반적으로

$$공급 \ 전력의 \ 합 = 소비 \ 전력의 \ 합 \qquad (4·25)$$

이고, 그림 4·12의 경우에 공급 전력을 대문자, 소비 전력을 소문자로 나타내서,

$$P_1 + P_2 + P_3 = p_1 + p_2 + p_3 + p_4 + p_5$$
$$Q_1 + Q_2 + Q_3 = q_1 + q_2 + q_3 + q_4 + q_5$$

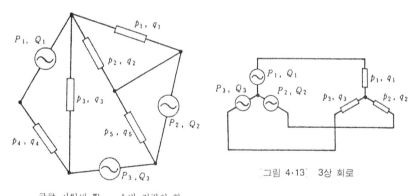

공급 선틱의 합 = 소비 전력의 합

[그림 4·12]

그림 4·13 3상 회로

즉 **전원이나 임피던스가 어떻게 연결되어 있어도** (4·25)식이 성립된다. 그림 4·13은 전형적인 3상 회로이지만 이와 같은 회로에서도 마찬가지이다.

(4·25)식이 성립된다는 것은 유효 전력에 대해서는 에너지 보존 법칙으로 쉽게 이해할 수 있을 것이다. 증명은 생략하지만, 무효 전력에 대해서도 마찬가지로 (7·25)식이 성립된다. 다만 ±를 고려하여 대수적으로 합을 구하는 것은 말할 필요도 없다.

정리 〔4·6〕 **전력의 덧셈**

　① 공급 유효 전력의 합＝소비 유효 전력의 합
　② 공급 무효 전력의 합＝소비 무효 전력의 합
　　다만, 앞선·뒤진 무효 전력의 한쪽을 －로 나타낸다.

위의 정리는 정리 〔4·1〕의 ⑤ **전력 보존 법칙**을 간결하게 정리한 것이다. 그림 4·14는 3상 회로를 단선으로 나타낸 것이다. 이 경우에 전원이나 임피던스가 어느쪽으로 연결되어 있어도 정리 〔4·6〕이 성립되므로,

$$P = p_1 + p_2 + p_3 \tag{4·26}$$

$$Q = q_1 + q_2 + q_3 \tag{4·27}$$

로 계산할 수 있는 것을 알 수 있다.

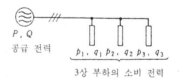

P, Q
공급 전력

$p_1,\ q_1\ \ p_2,\ q_2\ \ p_3,\ q_3$
3상 부하의 소비 전력

그림 4·14　3상 회로에서도
공급 전력의 합＝소비 전력의 합

문제 4·12 ▶ 하나의 단상 회로에 뒤진 역률 0.8, 소비 전력 240[kW]
인 부하와 뒤진 역률 0.6, 120[kW]인 부하 및 200[kvar]인 콘덴
서가 병렬로 연결되어 있다. 전원으로부터 흐르는 전력·무효 전력
및 합성 역률을 구하시오. (앞섬·뒤짐을 명확하게 할 것)

문제 4·13 ▶ 그림 4·14의 3상 회로에서, $P = 60$[kW], $Q = 20$[kvar]
(뒤짐), $p_1 = 30$[kW], $q_1 = 20$[kvar] (뒤짐), $p_2 = 20$[kW], $q_2 = 10$
[kvar] (뒤짐)일 때 p_3 및 q_3를 구하시오. (앞섬·뒤짐을 명확하게 할
것)

문제 4·14 ▶ 정격 출력 1,000[kVA]인 변압기의 뒤진 역률 0.6인 모
든 부하의 부하가 걸려 있다. 지금 역률을 뒤진 0.9로 개선하는데
필요한 콘덴서 용량[kVA]을 구하시오.
　역률 개선 후의 변압기 출력[kVA]는 콘덴서 접속 전의 몇 [%]
가 되는가? 다만, 콘덴서 접속 전·후에 전압은 변하지 않는 것으로
한다.

참고 **전류를 가정하는 것만이 능사는 아니다**(방정식의 미지수 정하는 법).
다음 문제가 있다고 해 보자.

문제 그림 4·15에서 I_1, I_2, R_3는 알고 있지 않다. 그림의 전위차 V를 구
하시오.

이 문제를 풀려면 I_1, I_2, R_3를 미지수로 해서 키르히호프의 전압·
전류 법칙에 따라 방정식을 세 개 세워서 I_2를 구하고, $V=9I_2$에 따
라 V를 구할 수 있다.

이에 대하여 V를 미지수로 해서 다음과 같이 풀 수도 있다.

$I_1 = I_2 + I_3$이므로,

$$\frac{E-V}{R_1} = \frac{V}{R_2} + I_3$$

수값을 넣으면

$$\frac{10-V}{1} = \frac{V}{9} + 2$$

양쪽변을 9배 하여

$$90 - 9V = V + 18$$
$$10V = 72$$
$$\therefore \quad V = 7.2[\text{V}] \quad \boxed{\text{답}}$$

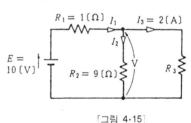

[그림 4·15]

키르히호프의 법칙으로 방정식을 세우는 경우에 초보자는 전류를
미지수로 하지만, 경우에 따라서는 위와 같이 전압을 미지수로 방정
식을 세운 사람이 간단하게 푸는 일도 있다.

제 5 장

교류 계산의 여러 방법

여기에서는 상호 인덕턴스, 중첩의 원리, 테브낭의 원리, 조건 문제 해법 등에 대하여 설명한다.

5·1 상호 인덕턴스 M에 대해서

그림 5·1의 상호 인덕턴스 M에 따른 유기 전압은 다음 식으로 계산된다.

$$e_2 = M\frac{di_1}{dt} \ [\text{V}] \tag{5·1}$$

이 형태는 자체 인덕턴스인 경우와 같고, 벡터로 하면 다음 식이 된다.

$$\dot{E}_2 = j\omega M \dot{I}_1 \ [\text{V}] \tag{5·2}$$

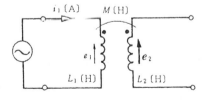

그림 5·1

M이 있는 회로의 구체적인 예로, 대단히 간단한 것은 그림 5·2와 같은 것이다.

이 그림에서 **회로 1**의 i_1이 변화하고, ϕ_{12}가 변화하면, **회로 2**에 e_2가 유기되는 것이다.

M, L_1, L_2 사이에는 다음 관계가 있다.

$$M < \sqrt{L_1 L_2} \ \text{또는} \ M^2 < L_1 L_2$$

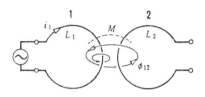

[그림 5·2] 구체적인 간단한 예

이 관계를 회로 계산인 경우에는 다음과 같이 처리하면 좋다.

정리 〔5·1〕 $L_1 L_2 - M^2$의 식

① $L_1 L_2 - M^2 > 0$ 즉 $L_1 L_2 - M^2$은 양($+$)의 값이다.

② $\omega^2 M^2 - \omega^2 L_1 L_2$의 식이 나오면, $-\omega^2(L_1 L_2 - M^2)$로 고쳐쓰는 것이 좋다.

  (이와 같이 하면 식값의 양·음이 명확하게 된다. 벡터 궤적(vector locus)에서는 이와 같이 하지 않으면 도형이 변해버리는 일도 있다)

5·2 M의 ±는 극성 부호와 양방향으로 정한다

M을 포함한 회로 계산을 하면, M항 앞의 부호가 $+$로 되기도 하고, $-$로 되기도 한다. 이 ±를 정하는 방법에 대하여 설명해 보자.

그림 5·3(a), (b)에서 스위치를 넣으면 전류 i_1은 시간과 함께 증가한다. 이때 회로 1에는 렌츠의 법칙에 따라 반드시 그림의 화살표와 같이 i_1의 반대쪽으로 유도 전압이 발생한다.

그런데 회로 2에 생기는 유도 전압의 방향은 그림 (a)인 경우와 그림 (b)인 경우의 두 가지가 있다. 즉 M에는 극성이 있다. 그리고 유도 전압의 방향을 나타내려면 그림 (a), (b)와 같이 ● 표시를 붙인다. 이 ● 표시를 **극성 부호**라고 한다.

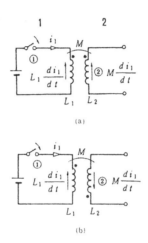

(a)

(b)

[그림 5·3] M에는 극성이 있다

그림 5·4는 단순한 회로의 극성 부호 예이다. i_1이 흘렀을때 렌츠의 법칙 (유도 전압은 자속 변화를 방해하는 방향으로 생긴다)에 따라서 ①②③④ 순으로 방향을 생각하면 그림과 같은 극성인 것을 알 수 있다.

코일인 경우에도 감긴 방법이나 리드선 내는 법이 그림으로 나타나 있으면 극성을 구별할 수 있다. 그러나 그림 5·3과 같은 기호적인 그림은 극성 부호가 없으면 극성을 알 수 없다.

그런데 **사인파 교류인 경우**에 유도 전압의 방향은 양방향을 근본으로 생각하는 수밖에 방법이 없다. 그림 5·3은 i_1을 단순하게 시간적으로 증가하는 전류라고 생각했다. 그러나 i_1이 교류인 경우에도 그림의 화살표를 양방향으로 해서 M에 따른 유도 전압은 $M \cdot di/dt$ 식으로 나타내는 것은 변하지 않는다.

따라서 전류 및 유도 전압을 벡터로 나타내면 그림 5·5와 같이 된다.

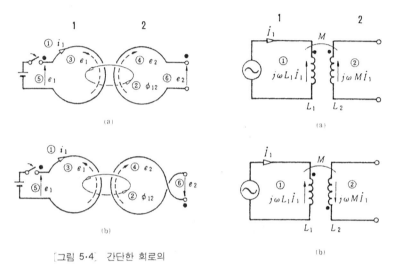

(a)

(b)

[그림 5·4] 간단한 회로의
극성 부호 예

[그림 5·5] 전압의 양방향을 · 표시에 대해서
같은 방향으로 하면 동상

즉, 유도 전압의 양방향을 · 표시에 대응하여 1·2 회로 모두 같은 방향으로 향하면 두 회로의 유도 전압은 동상이 된다. 여기에서 · 표시에 대응하여 같은 방향이라는 것은 그림과 같이 · 표시에 화살표가 향하는 쪽이나 그 반대여도 좋다는 뜻이다.

또 그림에서 회로 2의 유도 전압의 양방향만을 그림과 반대 방향으로 하면, 양방향을 반대로 하면 $-$로 되므로 정리 [3·4] ③으로부터 회로 2의 유도 전압은 $-j\omega M\dot{I}_1$이 되고 180° 위상이 다르게 된다.

이상은 회로 2에 $\dot{I}_2$가 흐르고 있는 경우에도 마찬가지이다.

그리고 그림 5·6과 같이 전류의 양방향을 정하고, ①~④ 순서로 전압을 생각하여 회로 1에 대한 식을 세우면 다음 같이 된다.

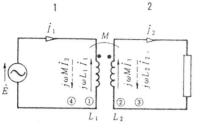

(a) $j\omega L_1 \dot{I}_1 - j\omega M \dot{I}_2 = \dot{E}$

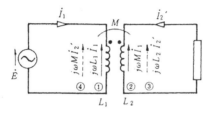

(b) $j\omega L_1 \dot{I}_1 + j\omega M \dot{I}_2' = \dot{E}$

[그림 5·6] 전류의 양방향 결정법에서 M 앞의 =가 다르다

그림 (a)의 경우

$$j\omega L_1 \dot{I}_1 - j\omega M \dot{I}_2 = \dot{E} \tag{5·3}$$

그림 (b)의 경우

$$j\omega L_1 \dot{I}_1 - j\omega M \dot{I}_2' = \dot{E} \tag{5·4}$$

위 식에서 다음과 같이 말할 수 있다.

전류의 양방향을 두 회로 모두 ● 표시쪽으로 흐르는 방향(또는 두 회로 모두 ● 표시로부터 흘러나오는 방향)으로 정하면 M항 앞의 부호는 +로 된다.

두 회로 전류의 양방향이 ● 표시에 대응하여 다른 방향일 때는 M항 앞의 부호는 -로 된다.

지금까지 설명한 요점을 다시 언급하면 다음과 같다.

정리 [5·2] M 앞의 부호

① 두 회로 사이에 M이 있는 경우에 두 회로의 유도 전압의 양방향
을 극성 부호 ● 표시에 대응하여 같은 방향으로 향하면 두 회로의
유도 전압은 동상이 된다.

② 두 회로에 전류가 흐르고 있는 경우에 전류의 양방향을 모두 ●
표시로 향해 흐르거나 두 회로 모두 ● 표시로부터 흘러나오는 방
향으로 정하면 M 앞의 부호는 $+$가 된다.

③ 극성 부호를 알지 못할 경우에는 식 속의 M항 앞의 부호를 $\pm$로
나타낸다.

위의 ②의 방법은 편리하지만 한쪽 회로만으로 전류가 흐르고 있는 경
우에는 사용하지 못한다. 또 (5·4)식에서도 M항을 이항시키면 $-$로 되고
만다. (5·3)식이나 (5·4)식과 같은 역기전력의 합을 구할 때 통용되는 방
법이라고 말할 수 있다.

문제 5·1 ▶ 그림 5·7과 같이 단자 aa′ 사이에 교류 전압 $\dot{E}$를 가했을
때 $\dot{V}_{ab}$는 얼마인가?

문제 5·2 ▶ 그림 5·8 회로의 $|\dot{i}|$를 구하시오. 다만, 전원 각주파수를
ω로 한다.

문제 5·3 ▶ 그림 5·9 회로에서 단자 ab 사이에 주파수 f인 전압을 가
했을 때 $\dot{i}$는 인피던스 $\dot{Z}$에 관계없이 0이 되었다. f를 구하시오. 또
M의 극성은 어떻게 되는가?

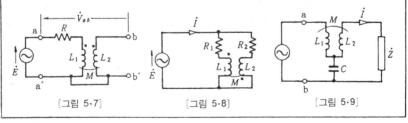

[그림 5·7]   [그림 5·8]   [그림 5·9]

5·3 *M*의 V−Y 변환과 ±

그림 5·10(a)의 *M*의 회로는 그림 (b) 회로와 등가이다. 그림 (b) 회로의
L_1-M, L_2-M, *M*은 어느 것이나 자체 인덕턴스이고 상호 인덕턴스를 포함
하지 않은 회로로서 다룰 수 있다. 다만 그림 (a)의 점선이 연결된 경우에는
그림 (b)는 완전한 등가이지만, 점선이 연결되지 않은 경우에는 그림 (b) 회
로에서 $\dot{i}_1 \neq \dot{i}_1'$로 될 때는 등가가 아니다.

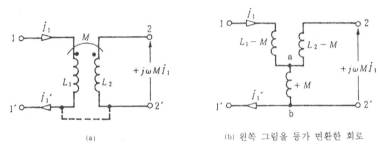

(a)

(b) 왼쪽 그림을 등가 변환한 회로

[그림 5·10] *M*의 V−Y 변환

그런데 등가 회로 *M* 앞의 ±는 *M*의 극성이 다르면 반대로 된다. 이 점을
포함하여 등가 회로를 생각해내는 방법을 설명하자.

[정리] [5 ·3] *M*의 V−Y 변환과 ±

① 단자 1, 1´에서 본 인덕턴스는 L_1이다. 등가 회로에서도 $M + (L_1 -$
$M) = L_1$과 같이 1, 1´에서 본 인덕턴스는 L_1이다.

② 단자 2, 2´에서 본 인덕턴스도 마찬가지로 L_2이다.

③ 그림 5·10(a)의 극성인 경우에 교류 $\dot{i}_1$이 흘렀을 때 2, 2´ 사이 전
압은 $+j\omega M \dot{i}_1$이므로 등가 회로 ab 사이의 자체 인덕턴스는 $+M$이
다.

④ 그림 5·11(a)의 극성인 경우에 $\dot{V}_{22'}$는 $-j\omega M$이므로 등가 회로 ab
사이의 자체 인덕턴스는 $-M$이다.

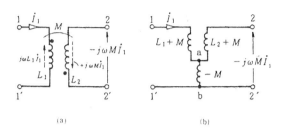

[그림 5·11] 그림 5·10과 극성이 다른 경우

반드시 이 등가 변환 방법을 사용할 필요는 없지만 익숙해지기 위하여 바로 앞의 문제를 다시하기 바란다.

일반적으로 문제에는 여러 가지 해답 방식이 있다. 다른 두세 가지 방법으로 풀어보는 것은 실력 향상에 가치있는 일이다.

5·4 중첩의 원리에서 포인트는 이것이다

중첩의 원리에 대한 기초적인 것은 제1장의 첫머리에 설명하였다. 여기서는 그림 5·12의 문제를 풀어 보자.

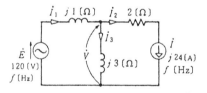

[그림 5·12] i_1, i_2, i_3, v를 구한다

그림과 같이 전압원 $\dot{E}$와 전류원 $\dot{I}$가 있는 경우 각 부분의 전압·전류는 $\dot{E}$에 따른 전압·전류와 $\dot{I}$에 따른 전압·전류를 중첩시킨 것이다. 물론 전압원만이 몇 개 있는 경우도 각 전압원에 따른 전압·전류를 중첩시켜 전전압·전류를 구한다. 전류원만인 경우도 마찬가지이다.

여기에서 중첩시킨다는 것은 쉽게 말해서 덧셈을 하는 것으로, 덧셈은 전압·전류의 순시값에 대하여 처리하는 것이 당연하지만 **교류인 경우에는 반드시 벡터적으로** 해야 한다. 다른 주파수 전원에서도 중첩의 원리가 성립되지만 **순시값에 대해서 중첩된다**는 기본을 잊어서는 안 된다.

우선 그림 5·13과 같이 $\dot{E}$만을 생각한다. 이때 **전류원은 개방**한다. 이 그림에서

$$\dot{I_2}' = 0, \quad \dot{I_1}' = \dot{I_3}' = \frac{120}{j1 + j3} = -j30\text{[A]}$$

$$\dot{V}' = 120 \times \frac{j3}{j1 + j3} = 90\text{[V]}$$

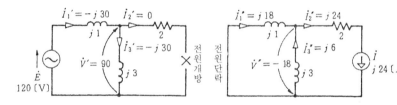

[그림 5·13] $\dot{E}$에 의한 전압 전류 분포   [그림 5·14] $\dot{I}$에 의한 전압 전류 분포

다음에 그림 5·14와 같이 $\dot{I}$만을 생각한다. 이때 **전압원은 단락**한다. 이 그림에서 $\dot{I_2}'' = j24\text{[A]}$, $\dot{I_1}''$, $\dot{I_3}''$는 분류 계산에서,

$$\dot{I_1}'' = j24 \times \frac{j3}{j1 + j3} = j18\text{[A]}$$
$$\dot{I_3}'' = j6\text{[A]}$$
$$\dot{V}'' = j3\dot{I_3}'' = -18\text{[V]}$$

이·$\dot{V}''$의 양방향에 주의하기 바란다.

전류 $\dot{I_3}''$의 양방향에 반대되는 방향에서 그림과 같은 양방향으로 된다.

그림 5·13, 그림 5·14를 중첩시킨 것이 그림 5·15로, 그림 5·12의 답이다.

이 중첩 계산은 그림 5·12~그림 5·14의 세 그림의 양방향을 비교하면서

다음과 같이 한 것이다.

$$\dot{I}_1 = \dot{I}_1' + \dot{I}_1'' = -j30 + j18 = -j12$$

$$\dot{I}_2 = \dot{I}_2' + \dot{I}_2'' = 0 + j24 = j24$$

$$\dot{I}_3 = \dot{I}_3' - \dot{I}_3'' = -j30 - j6 = -j36$$

$$\dot{V} = \dot{V}' - \dot{V}'' = 90 - (-18) = 108$$

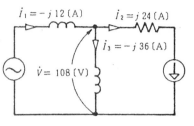

[그림 5·15]　그림 5·13, 5·14를 중첩하면

이상으로 중첩의 원리를 사용하는 방법을 이해하였으리라 생각한다. 그 요점은 다음과 같다.

[정리] [5·4] **중첩의 원리에 대한 포인트**

① 복수의 전원이 있을 때 각 전원마다 나누워서 생각한 **전압·전류 분포**(이것을 **부분 분포**라고 한다)를 중첩시킴으로써 복수의 모든 전원에 따른 전압·전류 분포(이것을 **전분포**라고 한다)를 구한다.

② 전압원이나 **전류원** 모두 중첩의 원리가 성립된다.

③ 부분 분포를 구할 때 회로에서 뺀 전압원 부분은 **단락**하고, 전류 원 부분은 **개방**한다.

④ 전분포를 구할 때는 부분 분포의 전압·전류의 **양방향**이 구해야 할 전압·전류의 양방향과 합쳐져 있을 때는 +, 합쳐져 있지 않을 때 는 -로 해서 부분 분포의 합을 구한다.

⑤ 전압·전류를 중첩시키는 것은 본래 **순시값에 대하여 중첩시키는 것**이므로 교류인 경우에는 반드시 **벡터적으로 계산**해야 한다.

⑥ 복수 전원을 그룹으로 나누고, **그룹**마다 한 개의 부분 분포를 생 각해도 좋다. ⑤의 이유에서 **다른 주파수의 전원**은 별도 그룹으로 한다.

⑦ **전력은 중첩시켜 구할 수 없다.** 전력은 전압·전류의 전분포를 구 한 뒤에 전분포에 따라서 구한다.

⑧ 중첩의 원리는 **선형 회로**(R, L, C가 흐르는 전류에 관계없이 일 정한 회로)로 하지 않으면 성립되지 않는다.

다음 문제를 중첩 원리를 사용하여 풀어 보기 바란다.

문제 5·4 ▶ 그림 5·16에서 $\dot{E}_1 = E_1 \angle 0°[V]$, $\dot{E}_2 = E_2 \angle \theta[V]$이다. R_3의 소비 전력을 구하시오.

문제 5·5 ▶ 그림 5·17의 단자 ab 사이의 전압 V를 구하시오.

문제 5·6 ▶ 그림 5·18에서 $e = 100\sqrt{2} \sin 2\pi f t[V]$, $2\pi f L = 1[\Omega]$이다. L에 흐르는 전류 i를 구하시오.

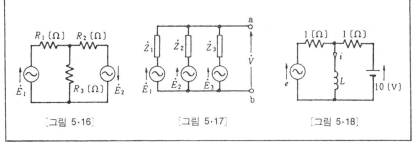

〔그림 5·16〕　　　　　〔그림 5·17〕　　　　　〔그림 5·18〕

5·5 전압·전류는 전원으로 바꾸어 놓는다

제4장의 제일 끝에 있는 그림 4·15 문제를 다시 한번 보기 바란다. I_3는 2[A]이지만, 이 지로에 그림 5·19와 같이 2[A]인 전류원을 넣어도 회로 각 부분의 전압·전류는 조금도 변화하지 않는다. 따라서 그림 5·19에서 V를 구해도 좋다.

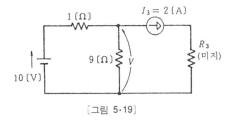

〔그림 5·19〕

  그림 5·19의 V를 구하는 것은 중첩의 원리를 사용하면 간단하다. 그림 5
·20과 같이 기전력 E만을 생각할 때 $V' = 9[V]$, 그림 5·21과 같이 전류원만
생각할 때,

$$V'' = \frac{1 \times 9}{1+9} \times 2 = 1.8[V]$$

  따라서 V는,

$$V = V' - V'' = 9 - 1.8 = 7.2[V]$$

로 되어 제4장의 제일 끝에 있는 (참고) 문제의 답과 같게 된다. 문제의 그
림 4·15를 보고, 그림 5·19가 머리에 떠오르면 암산으로도 가능할 정도이다.
  이상은 전류를 전류원으로 바꾸어 놓았지만, 전압인 경우도 완전히 같은
형태이다.

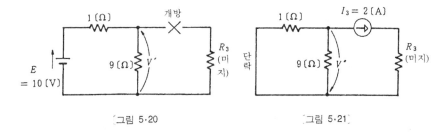

그림 5·20   그림 5·21

정리 [5·5] 전압·전류를 전압원·전류원으로 바꾸어 놓기

① 어느 지로에 전류 i가 흐르고 있을 때 그 지로에 전류원 i를 넣고
   중첩의 원리 등에 따라서 각 부분의 전압·전류를 구할 수 있다.

② 회로의 어느 두 점 사이에 전압 v가 있을 때는 그 두 점 사이에
   전압원 v를 접속하여 중첩의 원리 등에 따라서 각 부분의 전압·전
   류를 구할 수 있다.

문제 5·7 ▶ 그림 5·22에서 $\dot{E}_1$을 기준 벡 터로 해서,

$\dot{E}_1 = 100\angle 0°[V]$, $\dot{E}_2 = 80\angle 30°[V]$,

$\dot{I} = 10\angle -30°[V]$라고 한다.

(1) $\dot{I}_1$, $\dot{I}_2$, $\dot{V}$를 구하시오.

(2) $\dot{E}_1$ 및 $\dot{E}_2$가 발생하는 전력, 무효 전력 및 부하가 소비하는 전력, 무효 전력을 구하시오. (무효 전력은 뒤짐, 앞섬을 명확하게 할 것)

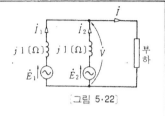

[그림 5·22]

5·6 보상의 원리는 중첩의 원리로 생각한다

지금 그림 5·23의 회로에서 $\dot{I}_1 = -j8[A]$, $\dot{I}_2 = -j2[A]$가 흐르고 있다고 한다. $\dot{Z}$가 $j2[\Omega]$에서 $j2.4[\Omega]$으로 변화했다고 하면 $\dot{I}_1$과 $\dot{I}_2$는 몇 [A]가 될 것인가?

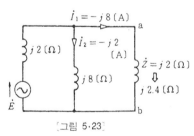

[그림 5·23]

이와 같은 문제일 때 편리한 것이 **보상의 원리**이다. $\dot{E}$를 구하면 계산할 수 있지만, 그것이 번거로울 때가 있다. 이것을 풀려면 중첩의 원리를 활용하면 좋다.

$\dot{Z}$가 $j2[\Omega]$에서 $j2.4[\Omega]$으로 변화하고, $j0.4[\Omega]$ 증가된 경우의 전류를 구하는데, 이것을 다음과 같이 생각한다.

그림 5·24(a)와 같이 $\dot{Z}$의 증가분 $j0.4[\Omega]$을 $\Delta\dot{Z}$로 하고 이것과 직렬로 $\dot{E}' = \Delta\dot{Z}\dot{I}_1$인 크기의 기전력을 $\Delta\dot{Z}$의 역기전력과 양방향을 반대로 하여 잇는다.

이렇게 하면 $\Delta\dot{Z}$의 역기전력 $\Delta\dot{Z}\dot{i}_1$과 $\dot{E}'$는 서로 맞지 않아서 $\Delta\dot{Z}$와 $\dot{E}'$는 없는 것과 마찬가지이다.

따라서 ab 사이는 $\dot{Z}=j2(\Omega)$의 임피던스만 있는 것과 마찬가지로 되고 전류 분포는 최초의 상태와 완전히 같다.

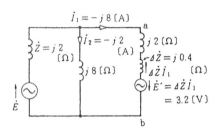

(a) 전류 분포는 변하지 않는다

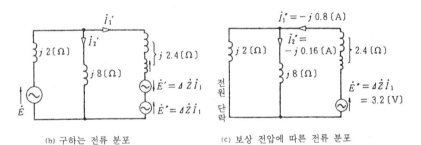

(b) 구하는 전류 분포   (c) 보상 전압에 따른 전류 분포

[그림 5·24] 보상의 원리

다음에, 요구되는 전류 분포는 그림 (a)에서 $\dot{E}'$가 없는 상태이다. 따라서 그림 (b)와 같이 $\dot{E}'$와 반대 방향으로 같은 크기인 $\dot{E}''$를 연결하면 이 회로의 전류 분포가 구해야 하는 전류 분포이다.

그림 (b)의 전류 분포는 중첩의 원리에 따라,

$$\binom{\text{그림(b)의}}{\text{전류 분포}} = \binom{\text{그림(a)의}}{\text{전류 분포}} + \binom{\text{그림(c)의}}{\text{전류 분포}}$$

그림 (a)의 전류 분포는 최초의 전류 분포이므로 결국 다음과 같이 말할 수 있다.

'전류 i가 흐르고 있는 $\dot{Z}$가 $\Delta\dot{Z}$만큼 증가했을 때 회로의 전류 분포는 최초의 전류 분포에 전류의 양방향과 반대 방향으로 $\Delta\dot{Z}i$의 기전력만을 넣은 경우의 전류 분포를 합한 것이다.' 이것을 보상의 원리라고 한다. 임피던스가 감소되었을 때는 전류의 양방향과 같은 방향으로 기전력을 넣으면 좋다.

보상의 원리를 모두 암기하는 것보다 그림 (b), (c)를 그려서 생각하는 편이 확실할 것이다. 여기에서 그림 (b)의 세 개의 기전력에 따른 전류를 생각하는데, 그림 (a)에서, $\dot{E}$, $\dot{E}'$의 두 개, 그림 (c)에서 $\dot{E}'$의 한 개의 기전력을 생각한다. 이것은 정리 [5·4] ⑥에서 설명한 **그룹으로 나눔**을 해서 중첩의 원리를 사용하는 방법이다. 세 개의 기전력을 따로따로 생각해서 중첩시킨 것으로는 이와 같이 잘 되지 않는다.

그런데 문제의 답은 양방향을 생각해서 다음과 같이 된다.

$$\dot{I_1'} = \dot{I_1} - \dot{I_1''} = -j7.2[\text{A}], \quad \dot{I_2'} = \dot{I_2} + \dot{I_2''} = -j2.16[\text{A}]$$

5·7 단선도 중첩의 원리로 생각한다

그림 5·25(a)와 같이 전류가 흐르고 있을 때 P점에서 단선(혹은 회로 차단)되었다고 하면 $\dot{I_0}$, $\dot{I_2}$은 어떻게 변화할 것인가? 이 문제에서는 $\dot{E}$를 구하여 계산하는 것은 간단하지만 경우에 따라서는 그것이 번거로울 수도 있다.

그림 (b)와 같이 P점에 $\dot{I_1'}$, $\dot{I_1''}$의 두 전류원을 반대 방향으로 연결하면 a점에 흐르는 전류는 0이 되므로 그림 (b)의 전류 분포는 단선일 때의 전류 분포와 같다. 따라서 그림 (b)의 전류를 구하면 된다.

그림 (b)에서 $\dot{E}$와 $\dot{I_1'}$를 생각한 전류 분포는 그림 (a)의 최초 전류 분포와 같다. 따라서 그림 (b)의 전류 분포는

그림 (b) = 그림 (a) + 그림 (c)

와 중첩시킨 것으로 구한다. 따라서 답은

$$\dot{I_0'} = \dot{I_0} - \dot{I_0''} = -j3.6[\text{A}]$$
$$\dot{I_2'} = \dot{I_2} + \dot{I_2''} = -j3.6[\text{A}]$$

로 된다.

이상은 그림 (a)와 그림 (c)만을 보고 그림 (a)의 i_1과 그림 (b)의 반대 방향 i_1'을 중첩시키면 a점을 흐르는 전류는 0이 되므로, 단선일 때의 전류는 그림 (a)와 그림 (c)를 중첩시킨 것이라고 생각해도 좋다. 그렇게 생각하면 간단하여 좋지만 그림 (b)를 생각하면 풀이법에 확신을 갖게 된다.

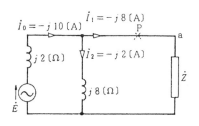

(a) 최초의 전류 분포

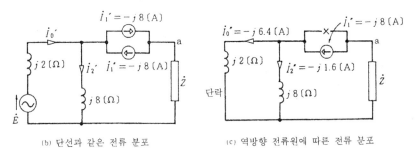

(b) 단선과 같은 전류 분포   (c) 역방향 전류원에 따른 전류 분포

[그림 5·25] 단선을 생각하는 법

다음 문제는 3상 회로이지만 걱정할 것은 없다. 계산하여 보기 바란다.

문제 5·8 ▶ 그림 5·26의 회로에서 전류 i가 흐르고 있는 선의 P점에 단선되었다. 중성점 접지 저항 R에 흐르는 전류 i_n을 구하시오. (단선 등이 없는 평상의 상태에서는 i_n이 0이다)

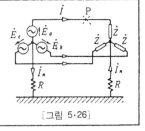

[그림 5·26]

5·8 테브낭의 정리와 등가 전원의 관계는

테브낭의 정리는 다음과 같은 정리이다. 왜 이 정리가 성립되는가는 뒤의
5·9항에서 설명한다.

[정리] 〔5·6〕 **테브낭의 정리**(Thevenin's theorem)

① 회로 안의 임의의 두 점 ab 사이에 전압 $\dot{V}$가 있을 때(그림 5·27
(a)) 그 ab 사이를 단락시켰을 때 흐르는 전류는 회로 안의 전원을
빼고(전압원은 단락, 전류원은 개방한다) ab 사이에 반대 방향으로
기전력을 연결시켰을 때의 전류이다.

② 즉 ab에서 본 회로의 임피던스(전압원은 단락, 전류원은 개방)가
$\dot{Z}_0$라면, $\dot{I} = \dot{V}/\dot{Z}_0$이다. (그림 5·27(b))

③ 위의 정리에서 다음과 같이 말할 수 있다. 전압 $\dot{V}$가 있는 ab 두
점 사이에 임피던스 $\dot{Z}$를 연결하였을 때 $\dot{Z}$에 흐르는 전류는 ab에서
본 회로의 임피던스를 $\dot{Z}_0$로 해서, $\dot{I}' = \dfrac{\dot{V}}{\dot{Z}_0 + \dot{Z}}$이다. (그림 5·27(c))

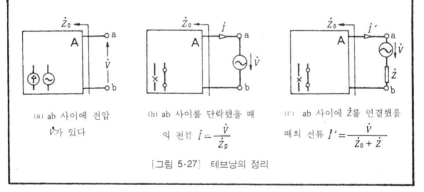

(a) ab 사이에 전압
$\dot{V}$가 있다

(b) ab 사이를 단락했을 때
의 전류 $\dot{I} = \dfrac{\dot{V}}{\dot{Z}_0}$

(c) ab 사이에 $\dot{Z}$를 연결했을
때의 전류 $\dot{I}' = \dfrac{\dot{V}}{\dot{Z}_0 + \dot{Z}}$

[그림 5·27] 테브낭의 정리

정리 〔5·6〕 ③의 그림 (c)에서 설명했던 것을 다시 그리면 그림 5·28과
같이 된다. 이 그림에서 정리 〔5·7〕과 같은 등가 전원의 원리가 생긴다.

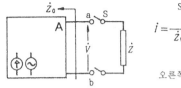 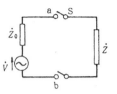

S를 닫으면

$$i = \frac{\dot{V}}{\dot{Z}_0 + \dot{Z}} \text{ 가 흐르므로}$$

오른쪽 그림과 등가이다

[그림 5·28] 등가 전원

정리 [5·7] 등가 전원

회로 안의 어느 두 단자 사이에 전압 $\dot{V}$가 있고, 그 두 단자에서 본 임피던스(전압원은 단락, 전류원은 개방한다)가 $\dot{Z}_0$라면 그 회로는 그 단자에서 본 기전력 $\dot{V}$, 내부 임피던스 $\dot{Z}_0$인 전원과 등가이다.

요약하면 두 개의 회로에서 **두 단자 사이의 전압과 두 단자에서 본 임피던스가 같다면 그 두 회로는 등가**이다. 따라서 그림 5·29의 전압원과 전류원은 등가이다.

이 원리에 따라서 **전압원은 전류원에 또는 그 반대로 등가적으로 변환할 수 있다.**

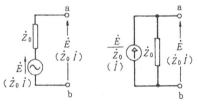

[그림 5·29] 서로 등가인 전압원과 전류원

문제 5·9 ▶ 그림 5·30과 같은 내부에 전원을 가진 회로 A의 단자 ab 사이의 전압이 $\dot{V}=80\angle0°[\text{V}]$, ab에서 본 임피던스가 $\dot{Z}_0=j40[\Omega]$이다. 이 ab사이에 $\dot{E}=60\angle90°[\text{V}]$인 기전력과 $R=30[\Omega]$을 그림과 같이 연결하였을 때, 전류 $\dot{I}$의 크기와 $\dot{V}$에 대한 위상을 구하시오.

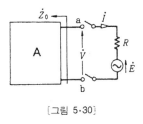

[그림 5·30]

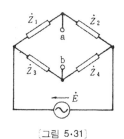

[그림 5·31]

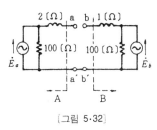

[그림 5·32]

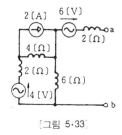

[그림 5·33]

문제 5·10 ▶ 그림 5·31의 ab 사이에 임피던스 $\dot{Z}$를 연결하였을 때 $\dot{Z}$에 흐르는 전류를 구하시오.

문제 5·11 ▶ 그림 5·23의 회로에서 $\dot{E}_a=120°\angle 30°[\text{V}]$, $\dot{E}_b=120\angle 0°$ [V]이다. ab 사이를 연결하였을 때 a에서 b로 향하여 흐르는 전류는 얼마일까? 또 그때 그림의 A쪽을 전원, B쪽을 부하라고 생각했을 때 전원이라고 생각한 aa′ 끝쪽에서 부하쪽으로 향하여 흐르는 유효 전력과 무효 전력(뒤진, 앞선 구별을 명확하게 할 것)을 구하시오.

문제 5·12 ▶ 그림 5·33의 전압원, 전류원은 모두 같은 주파수로 동상인 교류 전원이다. 그림의 회로를 그림 5·28의 오른쪽 그림과 같은 간단한 전압원으로 바꾸어 놓을 때의 기전력 $\dot{V}$와 임피던스 $\dot{Z}_0$를 구하시오.

5·9 잘라서 테브낭의 정리를 사용한다

그림 5·34의 브리지 회로에서, $\dot{Z}_g$에 흐르는 전류는 얼마일까? 이 전류를 키르히호프의 법칙으로 풀이한다면 방정식의 수가 가장 적은 회로망 전류법 (제2장 2·5항 (5)참조)에 의해서도 회로망의 수가 세 개이므로 3원 연립 방정식을 풀어야 한다. 이것은 상당히 번거로운 계산이다.

그런데 이 문제는 **문제 5·10**과 거의 같으므로 테브낭의 정리를 사용하면 매우 간단하게 답이 나온다.

즉 그림 5·34에서는 ab 사이가 연결되어 있지만 이 ab 사이를 일단 끊어 보자.

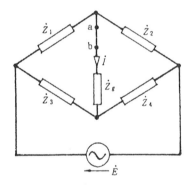

[그림 5·34] $\dot{Z}_g$의 전류 $\dot{I}$를 구한다.

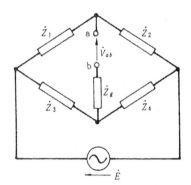

[그림 5·35] ab 사이를 자른다.

그리고 $\dot{V}_{ab}$를 구하고 또 ab 단자에서 본 임피던스를 구하고 그것을 $\dot{Z}_{ab}$로 하면, $\dot{Z}_g$에 흐르는 전류는 $\dot{I} = \dfrac{\dot{V}_{ab}}{\dot{Z}_{ab}}$로 구한다. 전류의 양방향은 물론 그림 5·35의 $\dot{V}_{ab}$의 양방향과 반대 방향이다. 답은 **문제 5·10**의 답인 $\dot{Z}$를 $\dot{Z}_g$로 바꾸기만 한 것이다.

그런데 그림 5·34의 브리지 평형 조건, 즉 $\dot{Z}_g$로 흐르는 전류가 0이 되는 조건을 구하려면 특별히 전류를 구하고 그것을 0으로 하는 계산을 하지 않으면 좋다.

$\dot{I} = \dot{V}_{ab}/\dot{Z}_{ab}$이므로, $\dot{I}$가 0이 되기 위해서는 $\dot{V}_{ab}=0$이든가, $|\dot{Z}_{ab}| = \infty$로 되면 **좋다.** 그림과 같은 브리지 회로에서는 $|\dot{Z}_{ab}| = \infty$라는 것은 없으므로, $\dot{V}_{ab}=0$이 평형 조건이 된다. $\dot{V}_{ab}$는 그림 5·35에서 다음과 같이 된다.

$$\dot{V}_{ab} = \frac{\dot{Z}_2 \dot{E}}{\dot{Z}_1 + \dot{Z}_2} - \frac{\dot{Z}_4 \dot{E}}{\dot{Z}_3 + \dot{Z}_4} = \frac{\dot{Z}_2(\dot{Z}_3 + \dot{Z}_4) - \dot{Z}_4(\dot{Z}_1 + \dot{Z}_2)}{(\dot{Z}_1 + \dot{Z}_2)(\dot{Z}_3 + \dot{Z}_4)} E$$

$$= \frac{(\dot{Z}_2 \dot{Z}_3 - \dot{Z}_1 \dot{Z}_4) E}{(\dot{Z}_1 + \dot{Z}_2)(\dot{Z}_3 + \dot{Z}_4)}$$

따라서 평형 조건은 위 식의 분자를 0으로 해서 $\dot{Z}_2 \dot{Z}_3 = \dot{Z}_1 \dot{Z}_4$이다. 이 방법은 키르히호프의 법칙으로 전류를 구해 0으로 하는 방법보다 훨씬 간단하다.

문제 5·13 ▶ 앞의 문제 5·4를 위에서 설명한 방법으로 푸시오.

문제 5·14 ▶ 그림 5·36의 회로에서 브리지 평형 조건에서 인덕턴스 L을 저항 R_1, R_2, R_3, R_4로 나타내는 식을 구하시오. 단, M의 극성은 분명하지 않다.

문제 5·15 ▶ 그림 5·37의 회로에서 $\dot{Z}$에 흐르는 $\dot{I}$가 $\dot{Z}$에 관계 없이 되는 조건 및 $|\dot{I}|$의 값을 다음 두 가지 방법으로 구하시오.

(1) a, b점에서 개방하고 테브낭의 정리를 사용한다.

(2) $\dot{E}$와 L을 전류원으로 바꾸어 놓는다.

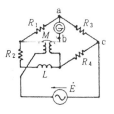

[그림 5·36]

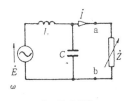

[그림 5·37]

5·10 테브낭의 정리는 왜 성립되는가

－테브낭의 정리를 확장하여 사용한다－

테브낭의 정리가 왜 성립되는가 생각하여 보자.

그림 5·38(a)와 같이 몇 개의 전압원 및 전류원을 포함한 회로 A가 있고 그 회로의 임의의 두 단자를 a, b로 한다. 그 a, b 사이를 단락시킨 때의 회로는 그림 (b)와 같다.

말할 것도 없이 두 전압원의 기전력 $\dot{V}$는 없는(단락된) 것과 같기 때문이다.

그림 (b)의 회로를 중첩의 원리로 생각하면 그림 (b)는 그림 (c)와 그림 (d)의 회로가 중첩된 것이다. 그런데 그림 (c)의 ab 단자에 흐르는 전류는 0이므로, ab 사이를 단락한 그림 (b)의 전류 i는 그림 (d)의 i와 같게 되는 것이다.

즉 그림 (a)의 ab 사이를 단락하였을 때의 전류는 그림 (d)에서 구한다는 것이다.

이것을 문장으로 나타내면 정리 〔5·6〕의 테브낭의 정리로 된다.

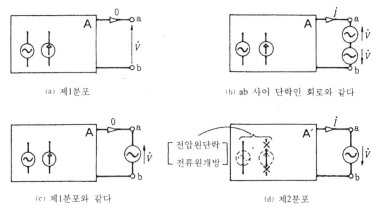

(a) 제1분포

(b) ab 사이 단락인 회로와 같다

(c) 제1분포와 같다

(d) 제2분포

〔그림 5·38〕

이상은 간단하게 **그림 (a)와 그림 (d)를 중첩시키면, ab 사이의 전압은 0 이 되므로 그림 (a) (d)를 중첩시킨 것은 ab 사이를 단락한 회로와 같다**고 생각해도 좋다. 여기에서

단자를 단락하기 전의 전압·전류 분포(그림(a)) → 제1분포
단자에 기전력 $\dot{V}$를 연결한 전압·전류 분포(그림(d)) → 제2분포

라고 하면 다음과 같이 나타낼 수 있다.

(단자를 단락하였을 때의 전압·전류 분포) = (제1분포) + (제2분포)

이렇게 생각하면 테브낭의 정리는 단락한 점의 전류에만 관계가 있지만 단락한 점 뿐만 아니고 회로 A의 전체에 대해서도 위의 식이 성립되는 것을 알 수 있다.

따라서 다음과 같이 테브낭의 정리를 확장해서 사용할 수 있다.

정리 〔5·8〕 **테브낭의 정리 확장**

회로 A의 임의의 두 점 ab 사이에 전압 $\dot{V}$가 있는 경우에 ab 사이를 단락할 때의 회로 A 속의 전압 및 전류 분포는 다음과 같이 중첩시켜 구할 수 있다.

(제1분포) + (제2분포)

제1분포 : 단락하기 전의 회로 A 속의 전압·전류 분포
제2분포 : 회로 A 속의 전원을 빼고 ab 사이에 $\dot{V}$를 반대 방향으로 연결하였을 때 회로 A 속의 전압·전류 분포

문제 5·16 ▶ 그림 5·39의 회로에서 $I_1 = I_2 = 1$[A], $V = 90$[V]이다. ab 사이를 단락할 때의 I_1, I_2를 구하시오. (이것은 간단하다)

문제 5·17 ▶ 그림 5·40의 회로에서 K를 개폐하여도 검류계의 지시는 변화하지 않는다. r_s는 얼마일까. 단, R_a, R_s, R_b는 이미 알고 있다. (위의 정리를 사용하지 않으면 매우 어렵다)

문제 5·18 ▶ 그림 5·41의 상태에서는 $\dot{i}_a = j\omega C E_a$, $\dot{i}_b = \dot{i}_{n1} = \dot{i}_{n2} = 0$이다. ff' 사이를 단락할 때(지락한 때) 이들의 전류는 얼마가 될까? (변압기에서는 1차쪽과 2차쪽에서 같은 전류가 흘러야 하는 것에 주의)

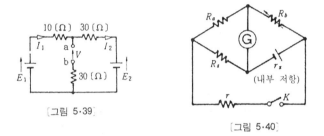

[그림 5·39]

[그림 5·40]

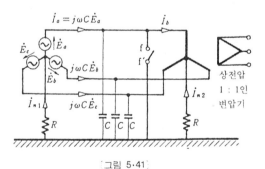

[그림 5·41]

5·11 어드미턴스가 편리한 경우
－밀만의 정리－

$\dot{Z}$[Ω]인 임피던스를 어드미턴스로 나타내면, $1/\dot{Z}$[S] (siemens)이다. 어드미턴스는 $\dot{Y}$로 나타낸다. $\dot{Z}=R+jX$인 어드미턴스를

$$\dot{Y}=\frac{1}{\dot{Z}}=G+jB[\mathrm{S}]$$

로 계산할 때 G를 **컨덕턴스**, B를 **서셉턴스**라고 한다.

예를 들어

임피던스 0.1[Ω]을 어드미턴스로 나타내면 10[S]

임피던스 100[Ω]을 어드미턴스로 나타내면 0.01[S]

이고, 임피던스는 전류가 흐르기 어려움으로, 어드미턴스는 흐르기 쉬움으로 나타낸다.

그런데 임피던스 $\dot{Z}_1$, $\dot{Z}_2$, $\dot{Z}_3$인 직렬 회로의 합성 임피던스는,

$$\dot{Z}_0=\dot{Z}_1+\dot{Z}_2+\dot{Z}_3 \tag{5·5}$$

이다. 이에 대하여 그림 5·42와 같은 병렬 회로의 합성 임피던스는,

$$\frac{1}{\dot{Z}_0}=\frac{1}{\dot{Z}_1}+\frac{1}{\dot{Z}_2}+\frac{1}{\dot{Z}_3} \tag{5·6}$$

이므로,

$$\dot{Z}_0=\frac{\dot{Z}_1\dot{Z}_2\dot{Z}_3}{\dot{Z}_1\dot{Z}_2+\dot{Z}_2\dot{Z}_3+\dot{Z}_3\dot{Z}_1} \tag{5·7}$$

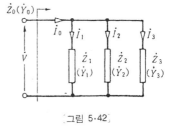

〔그림 5·42〕

로 되고 약간 번거로운 식이 된다.

여기에서 $\dot{Z}_1$, $\dot{Z}_2$, $\dot{Z}_3$을 어드미턴스로 나타내서 $\dot{Y}_1$, $\dot{Y}_2$, $\dot{Y}_3$로 하면 그림에서

$$\dot{I}_0 = \dot{I}_1 + \dot{I}_2 + \dot{I}_3 = \dot{Y}_1\dot{V} + \dot{Y}_2\dot{V} + \dot{Y}_3\dot{V} = (\dot{Y}_1 + \dot{Y}_2 + \dot{Y}_3)\,\dot{V}$$

따라서 **합성 어드미턴스**는 $\dot{Y}_0 = \dot{I}_0/\dot{V}$에 따라서 다음과 같이 된다.

$$\dot{Y}_0 = \dot{Y}_1 + \dot{Y}_2 + \dot{Y}_3 \tag{5·8}$$

(5·7)식이나 (5·8)식 모두 완전히 같은 내용을 나타내고 있지만, (5·8)식이 훨씬 간단하다. 즉 **병렬 회로에서는 어드미턴스가 편리**하다.

또 (5·6)식은 (5·8)식에서 생겼다고 생각하면 이해하기 쉽다. 또 (5·5)식과 (5·8)식은 완전히 같은 형태이고, $\dot{Z} \leftrightarrow \dot{Y}$, 직렬↔병렬의 쌍대성에 따르고 있다.

다음에 그림 5·43의 $\dot{V}$를 구하는 것을 생각하여 보자. 이 $\dot{V}$는 문제 5·5에서는 중첩의 원리에 따라서

$$\dot{V} = \frac{\dot{Z}_2\dot{Z}_3\dot{E}_1 + \dot{Z}_3\dot{Z}_1\dot{E}_2 + \dot{Z}_1\dot{Z}_2\dot{E}_3}{\dot{Z}_1\dot{Z}_2 + \dot{Z}_2\dot{Z}_3 + \dot{Z}_3\dot{Z}_1} \tag{5·9}$$

라는 답을 얻는다.

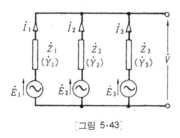

[그림 5·43]

이것을 어드미턴스로 계산하여 보자.

$$\dot{I}_1 + \dot{I}_2 + \dot{I}_3 = 0 \tag{5·10}$$

따라서, $\dot{I}_1 = \dot{Y}_1(\dot{E}_1 - \dot{V})$ 등에 따라

$$\dot{Y}_1(\dot{E}_1 - \dot{V}) + \dot{Y}_2(\dot{E}_2 - \dot{V}) + \dot{Y}_3(\dot{E}_3 - \dot{V}) = 0$$

$$\therefore \ \dot{V} = \frac{\dot{Y}_1\dot{E}_1 + \dot{Y}_2\dot{E}_2 + \dot{Y}_3\dot{E}_3}{\dot{Y}_1 + \dot{Y}_2 + \dot{Y}_3} \tag{5·11}$$

로 되고 (5·9)식보다 훨씬 간단하다.

그림 5·43의 전압원을 전류원으로 변환하고 변형하면 그림 5·44(a), (b) 와 같이 된다. 그림 (b)에서 바로 (5·11)식이 얻어진다.

이와 같이 생각하면 그림 5·43과 같은 기전력과 임피던스가 몇 개 병렬로 있어도 (5·11)식과 완전히 같은 형태로 $\dot{V}$를 나타낼 수 있는 것을 알 수 있다. 이것을 밀만의 정리라고 한다.

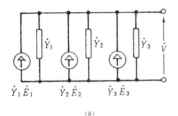

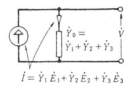

(a)　　　　　　　　　　　　　(b)

[그림 5·44]

정리 〔5·9〕 **병렬 회로의 합성 어드미턴스, 밀만의 정리**

① $\dot{Y}_1$, $\dot{Y}_2$, $\dot{Y}_3$,……인 병렬 접속의 합성 어드미턴스는 다음 식으로 구한다.

$$\dot{Y}_0 = \dot{Y}_1 + \dot{Y}_2 + \dot{Y}_3 + \cdots\cdots$$

② $(\dot{E}_1 - \dot{Y}_1)$, $(\dot{E}_2 - \dot{Y}_2)$, $(\dot{E}_3 - \dot{Y}_3,)$,……인 각 지로가 병렬인 회로의 단자 전압은 다음 식으로 구한다. (밀만의 정리)

$$\dot{V} = \frac{\dot{Y}_1\dot{E}_1 + \dot{Y}_2\dot{E}_2 + \dot{Y}_3\dot{E}_3 + \cdots\cdots}{\dot{Y}_1 + \dot{Y}_2 + \dot{Y}_3 + \cdots\cdots}$$

다음 문제를 밀만의 정리에 따라서 풀어 보기 바란다. 문제 5·20은 전형적인 불평형 3상 회로의 문제이지만 그러한 것에 마음쓰지 않고 풀면 좋다. 또 **밀만의 정리를 기억하지 않아도** (5·10)～(5·11)식의 **방법**을 생각해내서 풀어도 좋다.

그 편이 실질적일지도 모른다. 문제 5·20인 경우에는 전압의 양방향을 맞게 생각해야 하므로 특히 그러하다.

문제 5·19 ▶ 그림 5·45의 단자 전압 $\dot{V}$를 구하시오.

문제 5·20 ▶ 그림 5·46의 회로에서 중성점 O의 O'에 대한 전위 $\dot{V}_{OO'}$를 구하시오.

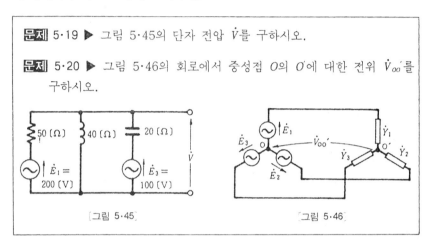

[그림 5·45]　　　　　　　　　[그림 5·46]

5·12 회로의 조건을 구하는 문제

(1) 조건 문제란? (예: $\dot{I}=0$인 조건)

그림 5·47의 브리지 평형 조건은

$$\dot{Z}_1\dot{Z}_4=\dot{Z}_2\dot{Z}_3$$

이다. 이것은 '그림의 회로에서 $\dot{I}_G=0$으로 되기 위한 조건을 구하시오'라는 문제의 답이라고 한다.

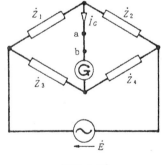

[그림 5·47]

초건 문제란 이 예에 따르면 다음과 같은 것이다.

$\dot{Z}_1$, $\dot{Z}_2$, $\dot{Z}_3$, $\dot{Z}_4$는 여러 가지 값을 취해 얻지만 그 사이에 $\dot{Z}_1\dot{Z}_4=\dot{Z}_2\dot{Z}_3$라는 **제약(조건)**이 있으면, $\dot{I}_G=0$이라는 **목적 상태**로 된다는 제약(조건)을 발견해

내는 것이다. 그리고 그 조건이 성립되면 목적 상태로 되고, 반대로 목적 상태로 되려면 그 조건이 성립되어야 한다는 조건을 발견하는 문제이다.

$i=0$인 조건 문제를 푸는 일반적인 방법은, 우선 i(그림 5·47에서는 i_G)를 구하고 다음에 $i=0$으로 되는 조건을 수학적으로 구해서 물리적으로 답을 음미한다.

그러나 그림 5·47의 예에서도, i_G를 구하는 것은 꽤 번거로운 일이다. 이에 대하여 ab 사이를 일단 잘라내고, $\dot{V}_{ab}=0$이면 $i_G=0$이 된다는 테브낭의 정리를 사용하면 쉽게 답을 구할 수 있다. 이것은 5·9항에서 설명했던 대로이다.

조건 문제에는 위상 조건, 최대·최소 조건, 무관계 조건 등의 문제가 있지만 여기에서는 위에서 설명한 것같이 일반적인 **정공법, 편법** 또는 **원리**를 정리하여 보자.

$i=0$인 조건 문제의 풀이 방식은 다음과 같다.

정리 [5·10] $i=0$인 **조건 문제**

① i를 구하고, $I=0$으로 되는 조건을 구한다. (정공법)

② i가 흐르는 점을 끊어내고 그 단자 사이의 전압이 0이 되는 조건을 구한다. 또 그 두 점에서 본 임피던스가 무한대로 되는 조건을 구한다. 단, 이 경우에 그 단자 사이의 전압이 무한대로 되어서는 안 된다.

---

②는 말하자면 편법이다. $Z=\infty$로 되지 않으면, $V=0$인 조건만을 구하면 좋다. 이것은 간단하다. 그러나 $V=0$으로 될 수 없을 때는 $Z=\infty$에서 조건을 구해야 한다. 이 경우에 $V=\infty$로 되면 테브낭의 정리에 따른 전류, $i=\dot{V}/\dot{Z}$가 ∞/∞로 되므로 좋지 않다. $\dot{V}==\infty$라는 것은, 공진 상태라고 생각하면 좋을 것이다. 즉 공진 상태가 아니고 $Z=\infty$라면, $i=0$이다.

문제 5·21 ▶ 그림 5·48의 회로에서 $\dot{Z}$가 얼마 있어도 $\dot{i}$가 0이 되는 조건을 구하시오. 단, 전원의 각주파수를 ω로 나타내시오.

문제 5·22 ▶ 그림 5·49의 회로에서 ab 사이에 흐르는 전류 $\dot{i}$가 0이 되는 조건을 구하시오.

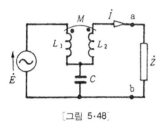

[그림 5·48]

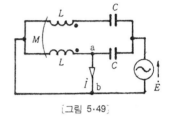

[그림 5·49]

---

(2) 위상에 대한 조건 문제

위상에 대한 조건 문제라는 것은 어느 두 개의 벡터량 사이의 위상차를, 지정한 값으로 하기 위한 조건을 구하는 문제이다. 다음의 문제와 같은 문제인데, 이것을 다른 방법으로 풀어 보기 바란다.

예 5·1 ▶ 그림 5·50의 회로에서 $\dot{I}_1$이 $\dot{I}_2$보다 90° 뒤진 조건 및 60° 뒤진 조건을 구하시오.

풀이 (제1방법 — 기본 충실형)

그림의 $\dot{I}_1$, $\dot{I}_2$는

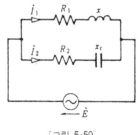

[그림 5·50]

$$\dot{I}_1 = \frac{\dot{E}}{R_1 + jx}, \quad \dot{I}_2 = \frac{\dot{E}}{R_2 - jx_c} \quad ①$$

$\dot{I}_1 = I_1 \angle \theta_1$, $\dot{I}_2 = I_2 \angle \theta_2$로 하면,

$$\frac{\dot{I}_1}{\dot{I}_2} = \frac{I_1 \angle \theta_1}{I_2 \angle \theta_2} = \frac{I_1}{I_2} \angle (\theta_1 - \theta_2) \quad ②$$

(따라서 $\theta_1 - \theta_2$는 $\dot{I}_1/\dot{I}_2$의 편각)

로 되고, $\theta_1-\theta_2$는 $\dot{I}_1$의 $\dot{I}_2$에 대한 위상을 나타낸다. ②식에 ①식을 넣으면,

$$\frac{\dot{I}_1}{\dot{I}_2}=\frac{R_2-jx_c}{R_1+jx}=\frac{(R_2-jx_c)(R_1-jx)}{R_1^2+x^2}$$

$$=\frac{R_1R_2-xx_c+j(-R_1x_c-R_2x)}{R_1^2+x^2} \quad ③$$

위 식의 편각 $\theta_1-\theta_2$가 $-90°$로 되기 위해서는 분자의 실부가 0이 되면 좋다.

$$\therefore R_1R_2-xx_c=0, \qquad R_1R_2=xx_c$$

$\dot{I}_1$이 $\dot{I}_2$보다 $60°$ 뒤진 조건은,

$$\theta_1-\theta_2=\tan^{-1}\frac{-(R_1x_c+R_2x)}{R_1R_2-xx_c}=-60°$$

$$\therefore \frac{R_1x_c+R_2x}{R_1R_2-xx_c}=\tan60°=\sqrt{3}$$

즉, $\dfrac{R_1x_c+R_2x}{R_1R_2-xx_c}=\sqrt{3}$ (단, $R_1R_2-xx_c>0$)

위 설명의 해답 방법은 처음 보기에는 알기 어려울 것이다. 특히 ②, ③식의 관계를 잘 이해하기 바란다. 이 방법은 기본에 충실한 정공법으로, 이 방법이라면 대부분의 문제는 풀린다. 보통 문제는 다음 제2, 제3의 방법의 응용으로 간단하게 푸는 일이 많다.

풀이 (제2방법-임피던스만으로 착안한다)

$\dot{I}_1$이 $\dot{I}_2$보다 θ만큼 뒤지기 위하여 $R_1+jx=\dot{Z}_1=Z_1\angle\phi_1$, $R_2-jx_c=\dot{Z}_2=Z_2\angle\phi_2$로서 $\phi_1-\phi_2=\theta$로 하면 좋다.

$$\dot{Z}_1\overline{Z}_2=Z_1\angle\phi_1\cdot Z_2\angle-\phi_2=Z_1Z_2(\phi_1-\phi_2)$$

따라서 $\phi_1-\phi_2=\theta=\dot{Z}_1\overline{Z}_2$의 편각.

예제의 경우는 $\dot{Z}_1\overline{\dot{Z}_2} = (R_1 + jx)(R_2 + jx_c) = R_1R_2 - xx_c + j(R_1x_c + R_2x)$

$\theta = 90°$로 되기 위해서는 위 식의 실부가 0°로 되면 좋다.

그러므로 $\dot{I}_1$이 $\dot{I}_2$보다 90° 뒤진 조건은 $R_1R_2 - xx_c = 0$, $R_1R_2 = xx_c$

또, $\theta = \phi_1 - \phi_2 = \tan^{-1}\dfrac{R_1x_c + R_2x}{R_1R_2 - xx_c}$

그러므로 $\dot{I}_1$이 $\dot{I}_2$보다 60° 뒤진 조건은

$$\tan 60° = \frac{R_1x_c + R_2x}{R_1R_2 - xx_c}$$

$$\therefore \ \frac{R_1x_c + R_2x}{R_1R_2 - xx_c} = \sqrt{3} \ \ (\text{단}, \ R_1R_2 - xx_c > 0)$$

[풀이] **(제3방법 – 한쪽의 벡터량을 기준 벡터로 한다)**

그림 5·50에서 $\dot{I}_2$을 기준 벡터로 해서 I_2로 나타낸다고 하면,

$\dot{E} = (R_2 - jx_c)I_2$

$\dot{I}_1 = \dfrac{\dot{E}}{R_1 + jx} = \dfrac{R_2 - jx_c}{R_1 + jx}I_2 = \dfrac{R_1R_2 - xx_c - j(R_1x_c + R_2x)}{R_1^2 + x^2}I_2$

I_1이 I_2보다 90° 뒤지기 위해서는, 분자의 실부가 0이 되면 좋다.

$\therefore \ R_1R_2 - xx_c = 0, \ R_1R_2 = xx_c$

$\dot{I}_1$이 $\dot{I}_2$보다 60° 뒤지기 위해서는

$$\frac{R_1x_c + R_2x}{R_1R_2 - xx_c} = \tan 60°, \quad \therefore \ \frac{R_1x_c + R_2x}{R_1R_2 - xx_c} = \sqrt{3} \ \ (\text{단}, \ R_1R_2 - xx_c > 0)$$

이상의 예제는 약간 까다롭지만 보통은 좀더 간단하다. 예를 들어 그림 5·51에서 $\dot{I}$가 $\dot{E}$보다 45° 앞선 조건을 구하라는 것이다. 이것은 제2, 제3 방법의 응용으로 $\dot{E}$를 기준으로 생각하고 합성 임피던스 $\dot{Z}_0 = R_0 + jX_0$를 구하고, $R_0 = -X_0$에서 조건을 구하면 좋다.

([답] $r(r+x) = x_c(x - x_c)$)

다음에 앞의 문제와 조금 다른 방법을 소개하여 보자.

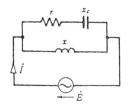

[그림 5·51]

[예] **5·2** ▶ 그림 5·52에서 $\dot{i}_1$과 $\dot{i}_2$의 위상차가 90°이고, 또한 $|\dot{i}_1| = |\dot{i}_2|$로 되는 조건을 구하시오.

단, 전원 각주파수를 ω로 한다.

[풀이] 문제의 조건을 만족시키려면

$$j\dot{i}_1 = \dot{i}_2 \qquad ①$$

로 하면 좋다.

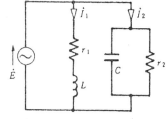

[그림 5·52]

$$\dot{i}_1 = \frac{\dot{E}}{r_1 + j\omega L}, \quad \dot{i}_2 = \left(\frac{1}{r_2} + j\omega C\right)\dot{E}$$

이것을 ① 식으로 넣으면

$$\frac{j}{r_1 + j\omega L} = \frac{1}{r_2} + j\omega C, \quad 정리해서 \quad \omega r_1 r_2 C + \omega L + j(\omega^2 r_2 L C - r_1) = r_2$$

이것이 성립되기 위해서는 양변의 실부·허부가 각각 같아야 한다.

따라서 구하는 조건은 $\begin{cases} \omega r_1 r_2 C + \omega L - r_2 = 0 & ② \\ r_1 = \omega^2 r_2 L C & ③ \end{cases}$

이 문제는 위상차 90°, 또한 $|\dot{i}_1| = |\dot{i}_2|$라는 두 개의 조건을 만족시켜야 하므로, 본래의 ①식 같은 간단한 식에서 조건을 구한다. 위상차 90° 정도 의 조건이라면 앞의 예제와 같은 형태로 된다.

답은 ②③의 식으로 해야 한다. ③식을 ②식에 대입하여 한 개의 식으로

하면 틀리게 된다. ①식으로 하지 않고, 위상차 90° 조건 및 $|\dot{i}_1| = |\dot{i}_2|$의 조건을 따로따로 계산해도 좋다. 그렇게 계산하면 위상차 90°의 조건은 ③식으로 되고, $|\dot{i}_1| = |\dot{i}_2|$는 ②, ③식과 다른 형태로 나온다. 그러나 ②, ③식과 같은 내용인 것을 알 수 있다.

결국 **목적의 조건이 두 개라면, 답의 조건도 두 개 필요하다.**

다음은 약간 주의해야 할 예이다.

[예] **5·3** ▶ 그림 5·53의 회로에 있어서 콘덴서 C를 가감하여, $\dot{V}$와 $\dot{i}$를 동상으로 하려 한다. 저항 r의 값에 어떠한 제한이 필요한가?

[풀이] $\dot{V}$와 $\dot{i}$가 **동상이 되기 위해서는** 전원에서 본 **임피던스의 허부가 0**이 되면 좋다.

$$\dot{Z} = \frac{r - j\omega r^2 C}{1 + (\omega r C)^2} + jx$$

$$= \frac{r}{1 + (\omega r C)^2} + j\left(\frac{-\omega r^2 C}{1 + (\omega r C)^2} + x\right)$$

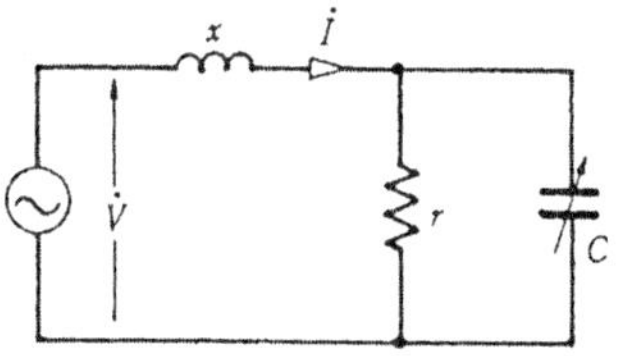

[그림 5·53]

위 식의 허부를 0으로 하면,

$$\omega^2 r^2 x C^2 - \omega r^2 C + x = 0 \qquad ①$$

이 식을 C의 2차 방정식으로 풀면,

$$C = \frac{r \pm \sqrt{r^2 - 4x^2}}{2\omega r x} \qquad ②$$

C는 양의 실수로 해야 한다. 그러기 위해서는

$$r^2 - 4x^2 \geqq 0, \quad \therefore \ r \geqq 2x$$

이 문제는 무심코 하면 $\dot{V}$와 $\dot{i}$를 동상으로 하는 r을 구하게 된다. 그것은 ①식에서 r을 구하는 것이 된다. 문제의 '콘덴서 C를 가감하여'라는 글귀를 빠뜨리게 되면 ②식을 구하여 답이 얻어진다. **함정이 있는 문제**라고 말할 수 있을 것이다.

다음은 정리한 것이다.

정리 [5·11] **위상 조건 문제**

① 벡터 $\dot{Z}_1$의 $\dot{Z}_2$에 대한 위상을 θ로 하는 조건은 $\dot{Z}_2$를 **기준 벡터**로 하여 $\dot{Z}_1$을 $\dot{Z}_1 = a + jb$로 나타낼 때, $b/a = \tan\theta$에서 구한다.

· 동상일 때는 $a > 0$, $b = 0$(허부가 0)이다.

· 90° 앞선 때는 $a = 0$(실부가 0), $b > 0$이다.

② $\dot{Z}_2$를 기준 벡터로 하기 어려울 경우에는 다음 식을 활용한다.

$$\theta = \left(\frac{\dot{Z}_1}{\dot{Z}_2}\text{의 편각}\right), \text{ 또는 } \theta = (\dot{Z}_1\overline{\dot{Z}_2}\text{의 편각})$$

③ $\dot{Z}_1$의 $\dot{Z}_2$에 대한 위상을 θ로 하고, 또한 $|\dot{Z}_1|$을 $|\dot{Z}_2|$의 K배로 하는 조건은 $\dot{Z}_1 = K\dot{Z}_2(\cos\theta + j\sin\theta)$에서 구한다.

④ 전압·전류의 위상 조건은 임피던스만으로 구하는 일이 많다.

⑤ 목적 조건이 두 개라면 답의 조건도 두 개 필요하다.

문제 5·23 ▶ 그림 5·54의 회로에서 가해진 전압 $\dot{V}$와 전류 $\dot{i}$가 동상이 되기 위해서는 저항 R의 값을 얼마로 하면 좋을까? 단, 전원의 각주파수를 ω로 한다.

문제 5·24 ▶ 그림 5·55의 회로에서 pQ 사이의 전압과 단자 AB 사이의 전압과의 위상차를 90°로 하기 위해서는 k를 얼마로 하면 좋을까?

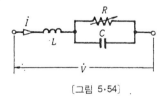

[그림 5·54]

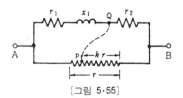

[그림 5·55]

문제 5·25 ▶ 그림 5·56의 회로에서, $\dot{I}_r$의 위상을 $\dot{E}$보다 45° 뒤지게 하려면 저항 r의 값을 얼마로 하면 좋을까?

문제 5·26 ▶ 그림 5·57의 회로에서, $|\dot{V}| = |\dot{E}|$로, 또한 $\dot{V}$의 위상을 $\dot{E}$보다 45° 앞서게 하는데 필요한 r_0, x_0의 값을 R, X로 나타내시오. 단, $R > X$로 한다.

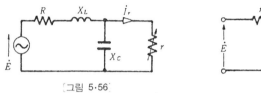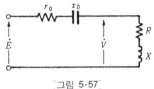

〔그림 5·56〕   〔그림 5·57〕

문제 5·27 ▶ 그림 5·58 회로에서, $\dot{I}_1$과 $\dot{I}_2$의 크기가 서로 같고, 또한 위상차가 90°로 되기 위한 조건을 구하시오.

문제 5·28 ▶ 그림 5·59 회로에서, 저항 R의 값이 얼마일지라도 그 단자 전압 $\dot{V}$가 $\dot{E}$와 동상이 되는 조건을 구하시오.

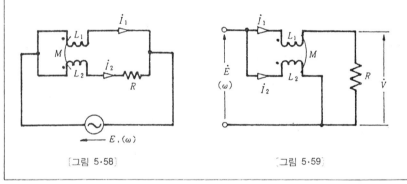

〔그림 5·58〕   〔그림 5·59〕

(3) 최대·최소의 조건 문제

최대·최소의 조건 문제란 전압·전류 혹은 전력이 최대 혹은 최소로 되는 조건을 구하는 문제이다. 우선 예제를 하나 들어 보자.

예 **5·4** ▶ 그림 5·60 회로에서, 저항 r을 가감하여 r의 소비 전력 P가 최대로 되는 조건을 구하시오.

풀이 r의 소비 전력 P는

$$P = I^2 r = \frac{rE^2}{(R+r)^2 + X^2}$$

분모·분자를 변수 r로 나누고, **변수가 분모에만 있게 한다.**

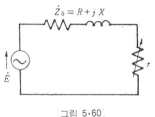

[그림 5·60]

$$P = \frac{E^2}{\dfrac{R^2}{r} + 2R + r + \dfrac{X^2}{r}} \left(= \frac{E^2}{D} \right) \qquad \text{①}$$

P를 **최대로 하려면 분모를 최소로** 하면 좋다. 분모를 r로 미분하여 0으로 두면,

$$\frac{dD}{dr} = -\frac{R^2 + X^2}{r^2} + 1 = 0, \quad r = \pm\sqrt{R^2 + X^2}, \quad -\text{는 버리고,}$$

$$r = \sqrt{R^2 + X^2} = |Z_0| \qquad \text{②}$$

극대·극소의 구별을 하기 위하여, 다시 한번 미분한다.

$$\frac{d^2 D}{dr^2} = \frac{2(R^2 + X^2)}{r^3} = \frac{2}{\sqrt{R^2 + X^2}} > 0 \; \rightarrow \; D\text{는 극소값을 취한다.}$$

따라서, ②식은 P를 최대로 하는 r의 값이다. 즉 저항 r을 가감할 때, r의 **소비 전력을 최대로 하는** r **값은, 전원 임피던스의 절대값과 같다.**

위 설명의 해답에는 미분을 이용했지만, 다음과 같이 생각하면 미분을 사용하지 않아도 좋다.

①식의 분모를 고쳐 쓰면 $D = \dfrac{R^2 + X^2}{r} + r + 2R$, 여기에서 $\dfrac{R^2 + X^2}{r} \times r = R^2 + X^2$, $R^2 + X^2$은 일정하다. '**두 수의 곱이 일정하면, 두 수가 서로 같을 때 두 수의 합은 최소로 된다**' 따라서 $\dfrac{R^2 + X^2}{r} = r$ 즉, $r = \sqrt{R^2 + X^2}$일 때, $\dfrac{R^2 + X^2}{r} +$

r은 최소로 되고, D도 최소로 된다. 그러므로 P를 최대로 하는 조건은 $r = \sqrt{R^2 + X^2}$이다.

바로 앞의 '두 수의 곱이 일정하면, 두 수가 서로 같을 때, 두 수의 합은 최소로 된다'라는 **최소 정리**는 다음과 같이 생각하면 알기 쉽다.

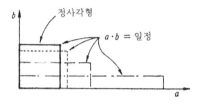

[그림 5·61] 면적이 모두 같다

그림 5·61에 네 개의 직사각형이 있는데, 이들의 직사각형 넓이는 어느 것이나 같다고 한다. 즉 가로의 길이를 a, 세로의 길이를 b라 하면, $a \cdot b$가 일정하다. 여기에서 (가로 길이) + (세로 길이), 즉 $a + b$를 생각하면 네 개의 직사각형 안에, 정사각형이 가장 짧은 것을 쉽게 미루어 살필 수 있다. 이것을 간단하게 말하면, $a \cdot b$가 일정하면, $a = b$일 때, $a + b$는 최소로 된다는 것으로 위 설명의 최소 정리가 성립되는 것을 미루어 알 수 있다. 역시 이 정리는 미분을 사용하면 쉽게 설명할 수 있다.

최소 정리와 비슷한 **최대 정리**도 있지만 이것은 뒤의 '정리'에서 정리한다.

다음 문제는 바로 앞의 결론을 이용하면 거의 계산없이 해답이 된다. 특히 문제 5·29의 답은 간단하므로 **꼭 기억해 두기** 바란다.

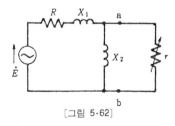

[그림 5·62]

문제 5·29 ▶ 순저항 부하에 내부 저항 r 일정, 기전력 $\dot{E}$ 일정한 전압원에서 전력을 공급한다. 부하 전력이 최대로 되는 부하 저항 및 최대 전력을 구하시오.

문제 5·30 ▶ 그림 5·62의 회로에서, r의 소비 전력을 최대로 하는 r의 값을 구하시오. (a, b에서 전원측을 등가 변환하면 좋다)

바로 앞의 예 5·4에서는 변화하는 것은 r 뿐이었다. 즉 변수는 한 개이다. 다음 예제는 변화하는 값은 두 개이고, 수학에서 말하는 **두 변수 함수의 극대·극소** 문제와 같다.

[예] 5·5 ▶ 그림 5·63의 회로에서 r과 x를 가감하여 부하의 소비 전력을 최대로 하려 한다. r과 x의 값을 얼마로 하면 좋을까? 단, x는 양·음의 값을 갖는다.

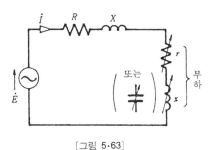

[그림 5·63]

[풀이] 부하 전력은 $P = I^2 r = \dfrac{rE^2}{(R+r)^2 + (X+x)^2}$ ①

①식에서 처음에 r을 일정한 값으로 생각한다면, 분모가 최소일 때 P는 최대로 된다. 분모 $(X+x)^2$은 항상 양이므로

$$X + x = 0, \quad 즉 \quad x = -X$$ ②

일 때 분모는 최소로 되고, P는 최대로 된다. ①식에 ②식을 넣으면,

$$P = \frac{rE^2}{(R+r)^2} = \frac{E^2}{\dfrac{R^2}{r} + r + 2R} \qquad \text{③}$$

여기에서 r을 변수라 생각한다. $\dfrac{R^2}{r} \times r = R^2$, $(R^2 = \text{일정})$하므로 $\dfrac{R^2}{r} = r$ 즉,

$$r = R \qquad\qquad\qquad\qquad\qquad ④$$

일 때, ③식의 분모는 최소가 되고, P는 최대로 된다. 따라서 답은 ②, ④식에서

$$x = -X, \quad r = R$$

이 문제를 수학적으로 엄밀하게 풀려면, ①식을 r 및 x로 편미분하여 두 변수 함수 P의 극대·극소를 구해야 하지만, 위 설명의 방법대로 하는 것이 좋다.

[정리] 〔5·12〕 최대·최소의 조건 문제

① 최대(최소)로 해야 하는 전압·전류 또는 전력을 수식으로 나타내고, 그것이 최대(최소)로 되는 조건을 구한다. 복소수는 대·소를 생각하지 않으므로 전압이나 전류는 절대값에 대하여 계산한다.

② 미분의 극대·극소의 계산에 의하면 최대·최소 조건을 구하지만, 다음의 대수적인 방법으로 구하는 일도 많다. 이것으로 끝나면 이 편이 간단하다.

③ 최대(최소)로 해야 하는 양이 분수식의 경우는 분모 또는 분자가 양수로 되도록 변형한다. (이와 같이 변형하면 미분으로 할 때도 유효)

④ z : 최대·최소로 해야 하는 양, x : 변수, a, b : x를 포함하는 양, A : 상수로 한다.

〔최소의 조건〕

· $z = A/a$ (단, $A > 0$, $a > 0$). a가 최대일 때, z는 최소.

· $a \cdot b =$ 일정 (단, $a > 0$, $b > 0$)일 때

$z = a + b$는 $a = b$에서 최소로 된다.

· $z = A + a^2$은 $a = 0$에서 최소로 된다.

〔최대의 조건〕

· $z = A/a$ (단, $A > 0$, $a > 0$). a가 최소일 때 z는 최대.

· $a + b =$ 일정 (단, $a > 0$, $b > 0$)일 때

$z = a \cdot b$는, $a = b$에서 최대로 된다.

⑤ 최대·최소로 해야 하는 양이, $z = f(x, y)$와 같은 **두 변수 함수**의 경우는 편미분을 이용한 극대·극소의 계산에 따르는 것이 수학적으로는 맞다. 그러나 다음 방법으로 구하는 수가 많다.

(i) 먼저 y를 상수로 생각하고 z를 최대(최소)로 하는 x를 구한다.

(ii) (i)에서 구한 x를 $z = f(x, y)$에 대입하면 z는 y만의 함수 $z = f_2(y)$로 된다.

(iii) $z = f_2(y)$를 최대(최소)로 하는 y를 구한다.

(iv) (i), (iii)에서 구한 x, y가 구한 조건이다.

위 설명의 (i)에는 먼저 y를 상수로 생각했지만, 처음에 x를 상수로 생각하여도 같은 모양의 계산이 된다. 처음에 x, y의 어느쪽을 정수로 생각하는가에 따라서 계산의 방법이 변하는 것에 주의해야 한다.

⑥ 순저항 부하 R의 전력은, R가 전원 임피던스 $|\dot{Z}_0|$와 같을 때 최대로 된다.

문제 5·31 ▶ 그림 5·64에서 I는 정전류원이다. r의·소비 전력이 최대로 되는 r의 값 및 최대 소비 전력을 구하시오.

문제 5·32 ▶ 그림 5·65에서 전원에서 흐르는 전류 $\dot{I}$의 크기를 최대로 하는 C의 값을 구하시오.

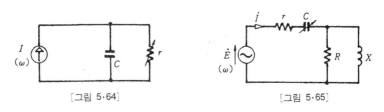

[그림 5·64]   [그림 5·65]

문제 5·33 ▶ 그림 5·66 회로에서 C를 가감하여 얻어진 $\dot{V}$의 최대값 및 그 때의 C를 구하시오.

문제 5·34 ▶ 그림 5·67 회로에서 R에 흐르는 전류 $\dot{i}$의 크기를 최대로 하는 C의 값을 구하시오.

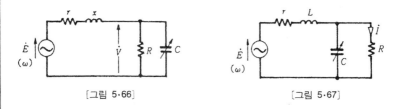

[그림 5·66]   [그림 5·67]

문제 5·35 ▶ 그림 5·68 회로에서 $\dot{i}_1$ 및 $\dot{i}_2$의 크기와 위상을 자유롭게 변화시킬 때 R_1과 R_2의 합계 전력을 최소로 하려면 $\dot{i}_1$, $\dot{i}_2$를 어떻게 하면 좋을까?

문제 5·36 ▶ 그림 5·69 같이 $\dot{E}_s$ 및 $\dot{E}_r$의 크기를 E 일정하게 보전하는 조건으로서 최대 부하 전력을 구하시오. 단 부하의 임피던스를 변화하는 것에 따라서 $\dot{E}_s$의 $\dot{E}_r$에 대한 위상차 θ는 자유롭게 변화되는 것으로 한다.

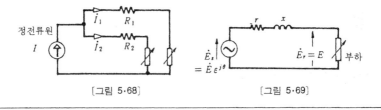

[그림 5·68]   [그림 5·69]

(4) 관계 없는 조건 문제

제목을 자세히 말하면, 회로 상수 등이 변화하여도 그것에 관계없이 어느 전기량이 일정하게 되는 조건을 구하는 문제이다. 예를 들어 다음과 같은 문제이다.

[예] 5·6 ▶ 그림 5·70 회로에서 $\dot{Z}$가 변화하여도 그 단자 전압 $\dot{V}$가 일정하게 되는 조건을 구하시오.

[풀이] 우선 대상 $\dot{V}$를 구한다.

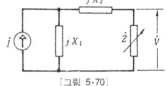

[그림 5·70]

$$\dot{V} = \frac{jX_1\dot{I}}{\dot{Z}+j(X_1+X_2)} \cdot \dot{Z}$$

변수 $\dot{Z}$가 분모와 분자의 양방향에 있는 것은 생각하기 어렵다. 그래서 분모·분자를 $\dot{Z}$로 나누고, **변수 $\dot{Z}$가 분모에만 있도록 하면**

$$\dot{V} = \frac{jX_1\dot{I}}{1+j(X_1+X_2)/\dot{Z}}$$

위 식에서 **변수 $\dot{Z}$가 있는 항의 계수가** 0이 되면 $\dot{V}$는 $\dot{Z}$에 관계없게 된다.

그러므로 구하는 조건은 $X_1+X_2=0$, 또는 $X_1=-X_2$

즉 X_1과 X_2 어느쪽이 유도성이고 다른 쪽이 용량성이고 또한 그 크기가 같은 것이 구하는 조건이다.

위 설명의 예제에서는 변수를 포함한 항의 계수를 0으로 하는 것에 따라서 관계 없는 조건을 구하였지만, 다음 문제는 또 다른 방법이다.

[예] 5·7 ▶ 그림 5·71 회로에서 분압 비율 $\dot{V}/\dot{E}$가 주파수에 관계없이 일정하게 되기 위한 조건을 구하시오.

[풀이] $$\frac{\dot{V}}{\dot{E}} = \frac{\dot{Z}_2}{\dot{Z}_1+\dot{Z}_2} = \frac{\dot{Y}_1}{\dot{Y}_1+\dot{Y}_2}$$

$$= \frac{\dfrac{1}{R_1} + j\omega C_1}{\dfrac{1}{R_1} + j\omega C_1 + \dfrac{1}{R_2} + j\omega C_2} \quad ①$$

$$= \frac{R_2 + jR_1R_2C_1\omega}{R_1 + R_2 + jR_1R_2(C_1 + C_2)\omega} \quad ②$$

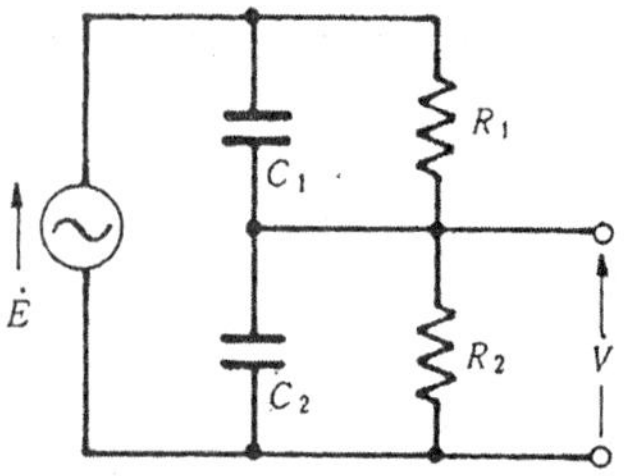

[그림 5·71]

위 식에서 '분모·분자의 변수 ω의 각 차의 계수 비율이 같으면, 위 식의 값은 변수 ω와 관계 없이 일정하다.' (이유는 뒤에 설명) 따라서 관계없는 조건은,

$$\frac{R_2}{R_1 + R_2} = \frac{jR_1R_2C_1}{jR_1R_2(C_1 + C_2)}$$

$$\frac{R_2}{R_1 + R_2} = \frac{C_1}{C_1 + C_2} \quad \therefore \ R_1C_1 = R_2C_2$$

그리고 위 설명인 '……'인 곳의 설명이다. 다음과 같은 변수 x의 함수를 생각한다.

$$z = \frac{ax^{-1} + b + cx + dx^2}{a'x^{-1} + b' + c'x + d'x^2} \tag{5·12}$$

이 z가, x가 얼마가 되더라도 일정값으로 되기 위한 조건을 구한다. 이 z 가 일정값 K로 된다고 가정하면,

$$\frac{ax^{-1} + b + cx + dx^2}{a'x^{-1} + b' + c'x + d'x^2} = K \tag{5·13}$$

분모를 없애면,

$$ax^{-1} + b + cx + dx^2 = a'Kx^{-1} + b'K + c'Kx + d'Kx^2 \tag{5·14}$$

x 값이 얼마가 되더라도 (5·14)식이 성립되려면 양변의 x의 각 차의 계수

가 같아야 한다(항등식의 정리). 따라서,

$$a = a'K, \quad b = b'K, \quad c = c'K, \quad d = d'K \qquad (5 \cdot 15)$$

이것을 한 개의 식으로 정리하면 다음과 같이 된다.

$$\frac{a}{a'} = \frac{b}{b'} = \frac{c}{c'} = \frac{d}{d'} = K \quad (= z) \qquad (5 \cdot 16)$$

(5·15)식 또는 (5·16)식이, z가 변수 x에 관계없이 일정한 조건이다. (5·15)식보다 (5·16)식의 편이 사용하기에 편리하다. (5·12)식과 (5·16)을 비교하여 보면 바로 앞의 '……' 이유를 알 수 있다고 생각한다.

[정리] 〔5·13〕 **관계 없는 조건 문제**

① 변수 x를 포함한 z 값이, x가 얼마가 되더라도 일정하게 되기 위한 조건을 구한다. 그렇게 하기 위하여 우선 z를 구하고, z가 x에 관계 없이 되도록 연구한다. 거기에는 다음과 같은 방법이 있다.

② z 안의 x를 포함한 항의 계수를 0으로 두어 조건을 구한다.

③ z의 분모와 분자에 x가 있을 때는 분모·분자 어느쪽에 x를 모으고, x를 포함한 항의 계수를 0으로 두어 조건을 구한다.

④ 분모·분자의 x를 포함한 항을 같은 형태로 하기 위한 조건을 구한다. 식으로 나타내면 $z = \dfrac{a \cdot f(x)}{b \cdot f(x)}$ 형태로 해서 $z = \dfrac{a}{b}$로 한다.

⑤ 분모와 분자의 x의 각 차의 계수 비례가 같은 것에서 조건을 구한다.

⑥ x가 0 또는 ∞의 경우를 생각하는 것도 유효하다.

위 정리 ⑥의 생각을 예 5·7에 사용해 보자. $\omega = 0$의 경우는 C_1, C_2는 개방과 같으므로 $\dfrac{\dot{V}}{\dot{E}} = \dfrac{R_2}{R_1 + R_2}$ ③이다. $\omega \to \infty$의 극한에는 $\dfrac{\dot{V}}{\dot{E}} = \dfrac{C_1}{C_1 + C_2}$로 된다고 생각된다. $\dfrac{\dot{V}}{\dot{E}}$가 일정하기 위해서는 $\dfrac{R_2}{R_1 + R_2} = \dfrac{C_1}{C_1 + C_2}$. 여기에서 $R_1 C_1 = R_2 C_2$ ④

이 ④식은 $\omega=0$ 및 $\omega\to\infty$에 대한 필요한 조건이다. ω로 문제의 의미를 만족하는 것을 확실하게 하기 위해서는 ④식을 ②식에 대입하면 ③식이 되고, ④식이 답이 되는 것이다.

문제 5·37 ▶ 그림 5·72에 있어서 저항 r이 변화해도 r에 흐르는 전류 i가 일정하게 되기 위한 조건을 구하시오.

문제 5·38 ▶ 그림 5·73 회로에서 비율 i_1/i을 주파수에 관계없이 일정하게 하는 조건을 구하시오.

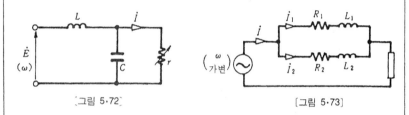

[그림 5·72] [그림 5·73]

문제 5·39 ▶ 그림 5·74 회로의 합성 임피던스가 주파수에 관계없이 되기 위한 조건을 구하시오.

문제 5·40 ▶ 그림 5·75 회로에서 주파수가 얼마가 되더라도 i_ε가 0이 되고 또한 i가 일정하게 되는 조건을 구하시오.
단, $\dot{E}$의 크기는 일정하다.

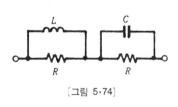

[그림 5·74]

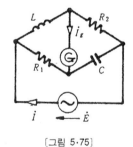

[그림 5·75]

제 6 장

평형 3상 회로

6·1 평형 3상 회로

그림 6·1(a)와 같이 세 개의 기전력 $\dot{E}_a$, $\dot{E}_b$, $\dot{E}_c$가 있고, 각각의 크기가 같고, 위상차가 120°씩인 기전력을 **평형**(또는 **밸런스**, **대칭**이라 한다) **3상 기전력**이라 한다.

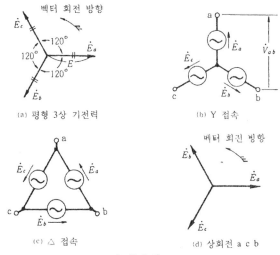

(a) 평형 3상 기전력

(b) Y 접속

(c) △ 접속

(d) 상회전 a c b

[그림 6·1]

세 개의 기전력은 보통 그림 (b)의 Y **접속**[1] 또는 그림 (c)의 △ **접속**[2]에 결선된다. 이들의 $\dot{E}_a$, $\dot{E}_b$, $\dot{E}_c$를 각각 a상, b상, c상의 기전력이라 한다. $\dot{V}_{ab}$와 같은 **선간 전압**에 대하여 $\dot{E}_a$, $\dot{E}_b$, $\dot{E}_c$를 총칭하여 **상전압**이라 부른다.

부하 임피던스도 Y 또는 △에 접속되는 일이 많고, **각 상의 부하 임피던스가 같을 때** 여기에 평형 3상 전압을 가하면 각 전류도 그림 (a)와 같은 평형 3상 전류가 흐른다. 이와 같은 3상 회로를 **평형 3상 회로**라 부른다.

그림 (a)에는, $\dot{E}_a$, $\dot{E}_b$, $\dot{E}_c$의 순서로 위상이 뒤진다. 이와 같을 때 **상회전**은 a b c라고 한다. 이에 대하여 그림 (d)에서는 $\dot{E}_a$, $\dot{E}_c$, $\dot{E}_b$의 순서로 위상이 뒤지게 되고 상회전은 a c b라고 한다.

특히 잘림이 없으면 상 회전은 a b c라 해도 좋다.

＊1. Y:star, 성형이라고 한다.

＊2. △:delta, 삼각 접속이라고 한다.

6·2 익숙하면 편리한 연산자 a

어느 벡터 $\dot{Z} = Z\angle\theta$에, $j = 1\angle 90°$를 곱하면 $j\dot{Z} = Z\angle(\theta + 90°)$로 되고 $\dot{Z}$의 크기는 Z인 채로 위상을 90° 앞선다. j는 이와 같은 벡터를 90° 앞선 **연산자**(operator)라고 생각된다.

이제 $\dot{a} = 1\angle 120°$라는 벡터를 생각한다. $\dot{a}\dot{Z} = (1\angle 120°) \times Z\angle\theta = Z\angle(\theta + 120°)$가 되므로 $\dot{Z}$에 $\dot{a}$를 곱하면 Z의 크기가 변하지 않고 위상이 120° 앞선다. 이 뜻에서 $\dot{a}$는 j와 같은 연산자라고 생각된다.

이 $\dot{a}$를 3상 회로에서 사용하면 표현이 간결하게 되고 편리하다. 또 보통은 점(dot)을 없애고 간단히 a로 표시한다.

a**의 벡터 그림**은 그림 6·2와 같이 된다.

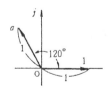

[그림 6·2] $a = 1\angle 120°$

a^2은 a에 a를 곱한 것이므로, a의 벡터를, 크기를 변하지 않고 120° 앞서게 된다.

즉 그림 6·3의 a^2과 같이 된다. 마찬가지로 생각하여 a^3은 1이 되는 것을 알 수 있다.

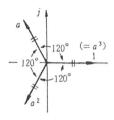

[그림 6·3] 1, a, a^2

다음에 $1+a+a^2$의 계산을 벡터 그림으로 하면 그림 6·4(a) 같이 정삼각형이 되고 닫힌 삼각형이 되므로, $1+a+a^2=0$이다. 왜냐하면 세 개의 벡터 $\dot{A}$, $\dot{B}$, $\dot{C}$의 합이 0이 되지 않으면 그림 (b) 같이 닫힌 삼각형이 되지 않는다. 반대로 **세 개의 벡터가 닫힌 삼각형이 되려면 그 합은 0이 되어야 한다.**

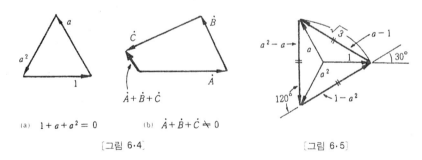

(a) $1+a+a^2=0$ (b) $\dot{A}+\dot{B}+\dot{C} \approx 0$

[그림 6·4]   [그림 6·5]

그림 6·5와 같이 1, a, a^2의 벡터 정점(꼭지점)을 맺은 세 개의 벡터는 $1-a^2$, a^2-a, $a-1$의 벡터를 나타낸다. 이 벡터 그림에서 예를 들면, $1-a^2$의 벡터 화살표를 반대쪽에 붙이면 a^2-1의 벡터로 된다.

화살표 방향과 뺄셈의 관계를 특히 주의하기 바란다. 또 $1-a^2$, a^2-a, $a-1$의 벡터는 크기가 어느 것이나 $\sqrt{3}$이고, 120°씩 뒤지는 평형한 벡터이다.

그런데 그림 6·6과 같은 Y 접속에서, $\dot{E}_a=E_y$라 하면, $\dot{E}_c$는 $\dot{E}_a$ 보다 120°

앞서게 되므로, aE_y로 표시된다. $\dot{E}_b$는 a^2E_y로 된다. 또 **선간 전압** $\dot{V}_{ab}$는 그림 6·5를 참조하여,

$$\dot{V}_{ab}=\dot{E}_a-\dot{E}_b=E_y-a^2E_y=(1-a^2)E_y=\sqrt{3}\varepsilon^{j30°}E_y$$

로 된다. 이와 같이 생각하면 선간 전압은 상전압 E_y의 $\sqrt{3}$배이고, 평형한 3상 전압인 것을 알 수 있다. 그림 6·7과 같은 상전류 $I_\triangle$와 선전류의 관계도 마찬가지이다.

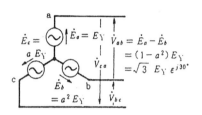

[그림 6·6] 상전압과 선간 전압

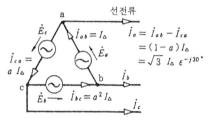

[그림 6·7] 상전류와 선전류

정리 [6·1] a와, a로 나타낸 3상 교류

① a를 다음과 같이 정의한다.

$$a=1\angle120°\,(=-1/2+j\sqrt{3}/2)$$

② 정의에서 다음 관계식이 얻어진다.

$$a^2=1\angle240°\,(=-1/2-j\sqrt{3}/2)$$
$$a^3=1$$
$$1+a+a^2=0,\quad a+a^2=-1\ \text{등}.$$
$$1-a^2=\sqrt{3}\varepsilon^{j30°},\quad a^2-a=-j\sqrt{3}=\sqrt{3}a^2\varepsilon^{j30°}\ \text{등}.$$

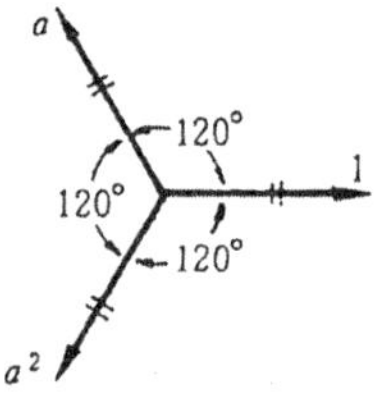

[그림 6·8]

(이들 식은 그림 6·8을 보면 쉽게 생각이 떠오를 수 있다.)
③ 평형 3상 전압·전류는 다음과 같이 나타낸다. (1, a^2, a 순서에 주의)
$\dot{E}_a=E$로 해서, $\dot{E}_b=a^2E$, $\dot{E}_c=aE$ (전류도 마찬가지이다)
④ 평형 3상 회로에서는 상전압, 상전류, 선간 전압, 선전류의 어느 것이나 3상 평형이다.

6·3 중성선은 있거나 없어도 같다
－없어도 있다고 생각한다(평형 Y－Y 회로)

그림 6·9는 평형 Y－Y 회로이다. 이 회로에서 전류 $\dot{I}_a$, $\dot{I}_b$, $\dot{I}_c$가 어떻게 될 것인가를 생각한다. 키르히호프의 법칙이나 중첩의 원리에 따라서 구할 수 있지만 꽤 번거롭다. 그래서 다음과 같이 생각한다.

그림 (b)와 같이 중성점 0, 0′를 이어 본다. 이 선을 **중성선**이라 한다.

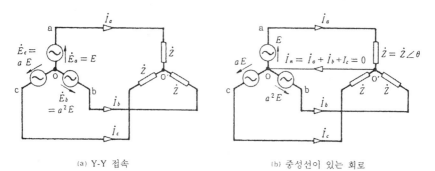

(a) Y-Y 접속　　　　　　　　(b) 중성선이 있는 회로

[그림 6·9]

a상의 임피던스 단자에는 a상의 전압 $\dot{E}_a = E$가 가해져 있다. $\dot{E}_b$, $\dot{E}_c$는 완전히 관계없다. 따라서 그림 (b)에서는

$$\dot{I}_a = \frac{\dot{E}_a}{\dot{Z}} = \frac{\dot{E}}{\dot{Z}} \tag{6·1}$$

이다. 마찬가지로 b, c상의 전류는,

$$\dot{I}_b = \frac{\dot{E}_b}{\dot{Z}} = \frac{a^2 E}{\dot{Z}} = \frac{E}{\dot{Z}} a^2 \tag{6·2}$$

$$\dot{I}_c = \frac{\dot{E}_c}{\dot{Z}} = \frac{aE}{\dot{Z}} = \frac{E}{\dot{Z}} a \tag{6·3}$$

이와 같이 a, b, c 각 상의 전류는 각각 자신의 상전압과 임피던스만으로

구한다. 즉 **회로는 각 상마다 독립하고 있다**는 뜻이다.

역시, 벡터 그림은 그림 6·10과 같이 된다. ①②……⑥ 순서로 그리면 좋다.

그런데 그림 6·9의 중성선에 흐르는 전류는,

$$i_n = i_a + i_b + i_c$$

이다. 여기에 (6·1) ~ (6·3)식을 넣으면,

$$i_n = \frac{E}{Z}(1 + a^2 + a) = 0$$

$$(\because\ 1 + a + a^2 = 0)$$

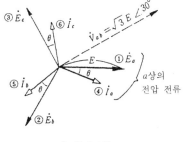

그림 6·10

으로 된다. $i_n = i_a + i_b + i_c = 0$으로 되는 것은 벡터 그림에서도 쉽게 알 수 있다. 또 벡터 그림을 그리지 않아도 식만으로 계산할 수 있다.

그런데 이제부터가 본 주제이다. 그림 6·9(b)의 중성선 전류는 0이므로 중성선을 잘라 없애도 전류의 흐르는 방향은 변하지 않는다. 따라서 그림 (a)와 (b)의 전류 분포는 동일하다. 따라서 그림 6·9(a)의 전류는 (6·1) ~ (6·3)식대로이다. 즉 **중성선이 없어도 있다고 생각하고 계산하면 좋다.** 물론 이것은 평형하고 있는 경우로, **불평형 3상 회로에서는 통용되지 않는다.**

더욱이 문제가 문장으로 주어졌던 경우 그림 6·11(a)와 같이 3상 전부를 그릴 필요는 없다. 그림 6·11과 같이 **a상만을 그리고**, a상의 전압이나 전류를 구한다면 다른 b, c상은 120°씩 위상을 어긋나게 하면 좋다.

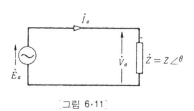

그림 6·11

정리 [6·2] **평형 Y-Y 회로의 전압·전류**

① 중성선을 가상하여 생각한다.

② 전압·전류를 계산하려면 a상만에 대하여 계산하고, b, c상은 이것의 위상을 120°씩 뒤지게 한다. (크기는 변하지 않는다)

③ 전원의 상전압과 전류의 위상차, 부하의 상전압(그림 6·11의 $\dot{V}_a$)과 전류의 위상차는 부하의 임피던스각(역률각)과 같다. 선간 전압과 전류의 위상차는 더욱 30° 어긋난다. (그림 6·10 참조)

정리 ③의 위상차 관계는 전력이나 역률을 생각할 때 중요하다.

문제 6·1 ▶ 그림 6·12 회로에서 단자 a, b, c에 평형 3상 전압 200[V] (간단히 말하면 선간 전압이다)를 가했다. $\dot{I}_a$의 크기, $\dot{I}_a$의 상전압 $\dot{E}_a$ 및 $\dot{V}_{ab}$에 대한 위상, $|\dot{V}_{ab}|$를 구하시오.

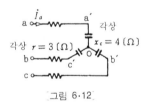

그림 6·12

6·4 평형 3상 회로는 Y-Y로 변환한다

(1) Y-Y 회로로 생각하면 편리하다

평형 3상 회로는 하나로 정리하면 그림 6·14(a)와 같다. 즉 전원도 부하도 $\dot{Y}$ 접속 또는 △ 접속이다. 또는 Y 접속과 △ 접속이 여러 가지로 조합된 것이다.

이와 같은 회로는 모두 그림 (b) 같은 Y-Y 회로로 변환한다. 그것은 그림에 나타나듯이 선간 전압과 전류가 같으면 전원과 부하 관계는 등가라고 가정하기 때문이다.

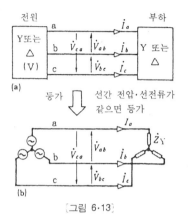

[그림 6·13]

그림 (b)와 같이 Y-Y 회로로 변환하면 앞절과 같이 a상만의 단상 회로로 계산할 수 있어 편리하다.

(2) 등가적 부하와 전원

각상 임피던스가 $\dot{Z}_d$인 △ 접속 부하는,

$$\dot{Z}_y = \dot{Z}_d / 3 \qquad\qquad (6 \cdot 4)$$

식에서 Y 접속 임피던스로 등가적으로 변환할 수 있다.

또 전원에 대해서는 정리[5·7] 등가 전원의 원리를 확대 해석한다. 즉 그림 6·14 (a)에서 전원 결선이 Y이든지 △이든지 또는 그 조합된 것이라도 단자 abc에 나타난 $\dot{V}_{ab}$ 등의 전압과 단자 a b c에서 본 각상 임피던스(전압원은 단락한다)가 같으면 그러한 전원은 서로 등가이다.

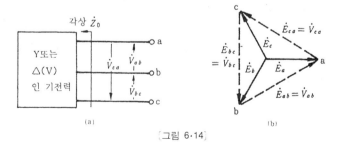

[그림 6·14]

예를 들어 그림 6·14(b)와 같이 △ 접속의 기전력이 $\dot{E}_{ab}$, $\dot{E}_{bc}$, $\dot{E}_{ca}$이고, Y 접속 기전력이 $\dot{E}_a$, $\dot{E}_b$, $\dot{E}_c$라면 어느쪽의 단자 전압도 $\dot{V}_{ab}$, $\dot{V}_{bc}$, $\dot{V}_{ca}$이므로, 양쪽 모두 등가이다.

그림 6·14에서, △ 접속의 기전력 $\dot{E}_{ab}$를 $1/\sqrt{3}$으로 하고 위상을 30° 뒤지게 하면 Y 접속의 $\dot{E}_a$로 되므로, $\dot{E}_{ab}$를 $\dot{E}_a$로 등가 변환하려면 다음 식에 따르면 좋다.

$$\dot{E}_a = \dot{E}_{ab}\varepsilon^{-j30°}/\sqrt{3} \qquad\qquad (6\cdot5)$$

역시, 크기만을 생각하고, $E_a = E_{ab}/\sqrt{3}$ $(E_Y = E_\triangle/\sqrt{3})$으로 해서, 이것을 기준 벡터로 생각하면 $(6\cdot5)$식의 $\varepsilon^{-j30°}$는 불필요하다.

또 **전원의 임피던스**는 바로 앞의 등가 전원의 원리에서 $(6\cdot4)$식으로 등가 변환시킬 수 있다.

역시 **전원의** V **접속**이라도 임피던스를 무시한 경우는 그림 6·14(b)와 같이 벡터 그림을 중첩시킴으로써 등가인 Y **기전력으로 변환할 수 있다.**

(3) △−△ 회로에 대하여

그림 6·15에서 $\dot{z}=0$ **또한** $\dot{Z}=0$**일 때는** 예를 들어 a´, b´ 사이의 임피던스 $\dot{Z}'$에 $\dot{E}_{ab}$가 그대로 가해지므로

$$\dot{I}_{a'b'} = \dot{E}_{ab}/\dot{Z}' = \dot{I}_{ab}$$

같이 계산한다. 이 경우는 Y−Y로 변환하지 않아도 계산은 쉽다. 그러나 $\dot{z}=$

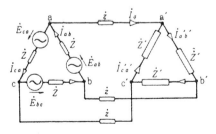

[그림 6·15] $\dot{z}=0$이 아닐 때는 Y−Y가 편리

0이 아닐 때는 Y-Y로 변환하지 않으면 상당히 계산이 번거로우므로, 일반적으로 Y-Y로 변환하는 편이 좋다.

역시 Y-Y로 변환하고, $\dot{I}_a$ 등의 선전류를 구하고 $\dot{I}_a{}'{}_b{}'$ 등의 **상전류를 구하**는 것은,

$$\dot{I}_a = \dot{I}_a{}'{}_b{}' - \dot{I}_c{}'{}_a{}' = \dot{I}_a{}'{}_b{}' - a\dot{I}_a{}'{}_b{}' = (1-a)\dot{I}_a{}'{}_b{}'$$

$$\therefore \dot{I}_a{}'{}_b{}' = \frac{\dot{I}_a}{1-a} = \frac{\dot{I}_a}{\sqrt{3}\,\varepsilon^{-j30°}} = \frac{\dot{I}_a}{\sqrt{3}}\varepsilon^{j30°} \qquad (6\cdot6)$$

로 하면 좋다. 이것은 벡터 그림을 그리고 계산하여도 좋다.

이상 설명한 것을 요약하면 '그림 6·13 (a)와 같이 **접속이 Y 또는 △의 어떠한 조합에서도** 단순한 △-△ 회로 이외는 그림 (b)와 같은 단순한 Y-Y 회로로 생각하여 계산하여도 좋다'는 것이다.

문제 6·2 ▶ 그림 6·15 회로에서 기전력 크기 200[V], 각상 $\dot{Z}=j9$[Ω], 각상 $z=j1$[Ω], 각상 $\dot{Z}'=9$[Ω]로서 $\dot{I}_{ab}$, $\dot{I}_a$, $\dot{I}_a{}'{}_b{}'$의 크기를 구하시오.

문제 6·3 ▶ 선간 전압 220[V] 회로에, 각상 $3-j4$[Ω]의 Y 접속 부하와 각상 $8+j6$[Ω]의 △ 접속 부하가 병렬로 접속되어 있다. a상 합계 선전류의 크기와 a상 Y상전압에 대한 위상차를 구하시오.

문제 6·4 ▶ 그림 6·16 회로에서 단자에 주파수 f의 일정한 평형 3상 전압을 가했을 때 $\dot{Z}$에 흐르는 전류값이 $\dot{Z}$에 관계없이 되는 조건을 구하시오.

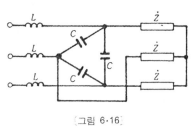

[그림 6·16]

문제 6·5 ▶ 그림 6·17 회로에서 등가적인 Y의 1상 임피던스를 구하시오. 단 각주파수를 ω로 한다. (연산자 a를 사용하여 계산하시오)

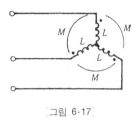

그림 6·17

6·5 3상 전력의 식

그림 6·18 (a)회로에서, **3상 전력**이라는 것은 세 개의 기전력 전체에서 부하에 보내지는 전력이고, 또 부하 전체가 소비하는 전력이다.

그림 (b)의 1상분의 전력은

$$p = EI_l \cos\theta \ \ (공급전력)$$
$$= E' I_l \cos\theta \ \ (소비전력)$$

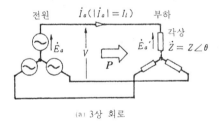

(a) 3상 회로

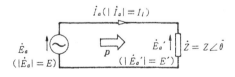

(b) 1상분인 회로

그림 6·18

이다. 평형 3상 회로에는, 각상의 전력은 같으므로 3상 전력은 위 식의 3배이다. **선간 전압**을 V라 하면,

$$P = 3p = 3EI_l \cos\theta$$
$$P = \sqrt{3} VI_l \cos\theta [\text{W}] \tag{6·7}$$

로 된다. 같은 형태로 생각하여 무효 전력은

$$Q = \sqrt{3} VI_l \sin\theta \ [\text{var}] \tag{6·8}$$

이다.

(6·7), (6·8)식은 Y-Y 회로에서 구한 식이지만 다음 이유에서 △-△ 등의 회로에도 통용한다.

(1) 전원이나 부하의 결선이 Y나 △의 어디에 있어도 선간 전압·선전류 및 위상관계가 동일하면 전력은 동일하다. 따라서 선간 전압·선전류 및 그 위상 관계를 사용한 전력의 식이라면, 어떠한 결선의 경우에도 통용한다.

(2) (6·7), (6·8)식의 V는 선간 전압, I_l은 선전류이다.

(3) (6·7), (6·8)식의 θ는 그림 6·18과 같이 Y 접속의 $\dot{Z}$ 임피던스각이다. △ 접속의 $\dot{Z}_\triangle = Z_\triangle \angle\theta$을 Y 변환하면 $\dot{Z}_Y = \dot{Z}_\triangle/3 = Z_\triangle/3 \angle\theta$이고, **임피던스각은 변하지 않는다.** 따라서 (6·7), (6·8)식에서 θ**는 Y에서도 △에서도 임피던스 각이다.**

다음에 3상 피상 전력 및 역률을 다음과 같이 정의한다.

$$\text{3상 피상전력} \quad P_a = \sqrt{3} VI_l \ [VA] \tag{6·9}$$

$$\text{3상 역률} \quad \text{p.f.} = \frac{\text{3상전력} P}{\text{3상피상전력} P_a} \cdot$$

$$\text{따라서} \quad \text{p.f.} = \frac{P}{P_a} = \frac{\sqrt{3} VI_l \cos\theta}{\sqrt{3} VI_l} = \cos\theta \tag{6·10}$$

이상 설명한 것에 약간 보충하여 정리하면 다음과 같다.

정리 [6·3] **3상 전력의 식**(평형 3상 회로)

① 선간 전압 V[V], 선전류 I_l[A], △·Y 모두 상전압 E_p[V], 상전류 I_p [A], 임피던스각 θ로서 결선 여하에 관계없이,

3상 전력 $\qquad P = 3E_pI_p\cos\theta = \sqrt{3}\,VI_l\cos\theta$[W]

3상 무효전력 $\quad Q = 3E_pI_p\sin\theta = \sqrt{3}\,VI_l\sin\theta$[var]

3상 피상전력 $\quad P_a = 3E_pI_p = \sqrt{3}\,VI$ [VA]

3상 역률 $\qquad$ p. f. $= P/P_a = \cos\theta$

② **각 전력의 관계** 위 식에서, 3상에도 단상인 경우와 같은 다음 식이 된다.

$$P_a = \sqrt{P^2 + Q^2}$$

③ **복소 전력**

$$P + jQ = 3\overline{\dot{E}_p}\dot{I}_p \ (Q가\ +일\ 때\ 앞선\ 무효\ 전력)$$
$$또는\ P + jQ = 3\dot{E}_p\overline{\dot{I}_p} \ (Q가\ +일\ 때\ 뒤진\ 무효\ 전력)$$

$P = \sqrt{3}\,VI_l\cos\theta$식의 θ는 임피던스 각이다. 따라서 부하 임피던스의 단자 전압($\dot{E}_p$)과 거기에 흐르는 전류($\dot{I}_p$)와의 위상차라고 말할 수 있다. 또 전원 기전력과 거기에 흐르는 전류와의 위상차이다. 그러나 선간 전압 $\dot{V}$와 선전류 $\dot{I}_l$과의 위상차는 30°의 위상차가 있다.

이로써 복소 전력을 $P + jQ = 3\overline{\dot{E}_p}\dot{I}_p$로 계산하는 것은 맞지만 $\sqrt{3}\dot{V}_{ab}\,\overline{\dot{I}_a}$ 등으로 계산하는 것은 틀린 것을 알 수 있다.

문제 6·6 ▶ $\dot{Z} = 20\angle45°$[Ω]의 임피던스를 △ 접속하고 여기에 200V의 3상 전압을 가했을 때 전력은 얼마인가?

문제 6·7 ▶ 같은 임피던스 $\dot{Z}$를 △ 접속 및 Y 접속하여 여기에 같은 3상 전압을 가했을 때 소비 전력의 비율 $P_\triangle/P_Y$는 얼마인가?

문제 6·8 ▶ 1선의 임피던스가 $j1[\Omega]$인 3상 송전선에서 송전단 Y 상전압이, $66/\sqrt{3}[kV]$이고, 이것을 기준으로 해서 수전단 Y 상전압이 $63/\sqrt{3} \angle(-5°)[kV]$이다. 수전단의 전류 $\dot{i}$, 및 전력·무효 전력(뒤진·앞선의 구별을 명확하게 한다)을 구하시오.
(복소 전력의 식을 사용하여 계산하시오)

6·6 전력만의 문제는 전력 보존 법칙을 활용한다

전력 보존의 법칙은 임피던스가 **어떻게 접속되어 있어도** 각 유효 전력의 산술 합 및 각 무효 전력의 대수 합이 전원에서 공급되는 전력·무효 전력이란 법칙이다. 따라서 **3상 회로에서도 전원이나 부하가 어떠한 결선(Y에서도 △에서도)에서도, 같은 생각으로 계산하면 좋다.** 이것은 그림 4·14, (4·26), (4·27)식에서 설명한 그대로이다.

이제 다음 문제를 두 가지 방법으로 풀어보자.

예 6·1▶ 그림 6·19와 같이 선간 전압 200V인 평형 3상 전원에 3[kW]의 저항 부하와 5[kVA] 역률 0.8(뒤진) 부하가 병렬로 접속되어 있다. 이때의 전전류 I_0을 구하시오.

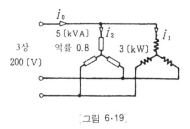

그림 6·19

풀이 (1) 저항 부하의 전류 $\dot{i}_1$의 크기는, $P = \sqrt{3} VI \cos\theta = \sqrt{3} VI$ 에서

$$I_1 = \frac{P}{\sqrt{3}V} = \frac{3 \times 10^3}{\sqrt{3} \times 200} = 5\sqrt{3} \ [A]$$

복소수로 나타내면, $\dot{I}_1 = 5\sqrt{3} + j0 = 5\sqrt{3}$ [A]

$\dot{I}_2$의 크기는, $P_a = \sqrt{3}\,VI$에서,

$$I_2 = \frac{P_a}{\sqrt{3}\,V} = \frac{5 \times 10^3}{\sqrt{3} \times 200} = \frac{25}{\sqrt{3}}\ \text{[A]}$$

$$\dot{I}_2 = \frac{25}{\sqrt{3}}(\cos\theta - j\sin\theta) = \frac{25}{\sqrt{3}}(0.8 - j0.6)$$

$$I_0 = |\dot{I}_1 + \dot{I}_2| = \sqrt{\left(5\sqrt{3} + \frac{20}{\sqrt{3}}\right)^2 + \left(\frac{15}{\sqrt{3}}\right)^2} = \sqrt{408.33 + 75} \fallingdotseq 22.0\ \text{[A]}$$

풀이 (2) 전 피상 전력은,

$$P_a = \sqrt{P^2 + Q^2} = \sqrt{(3 + 5 \times 0.8)^2 + (5 \times 0.6)^2\ \text{j})^2}$$
$$= \sqrt{7^2 + 3^2} = 7.616\ \text{[kVA]}$$

$P_a = \sqrt{3}\,VI_0$에서,

$$I_0 = \frac{P_a}{\sqrt{3}\,V} = \frac{7.616 \times 10^3}{\sqrt{3} \times 200} \fallingdotseq 22.0\ \text{[A]}$$

풀이 (1)과 풀이 (2)를 비교해 보면, 풀이 (2)가 상당히 간단한 것을 알 수 있다. 풀이 (2)의 두번째 부분 $\sqrt{(3 + 5 \times 0.8)^2 + (5 \times 0.6)^2}$ 는 전력 보존 법칙에 의한 계산이다.

전력 보존 법칙에 의하여 이렇게 되었다고 하는 원인을 알면 계산에 자신을 갖게 될 것이다.

문제 6·9 ▶ 그림 6·20 회로에서 콘덴서를 넣지 않을 때 및 넣었을 때의 전류 $\dot{I}_0$의 크기를 구하시오.

문제 6·10 ▶ 그림 6·21 회로에서 임피던스의 전 소비 전력(유효 전력)을 구하시오.

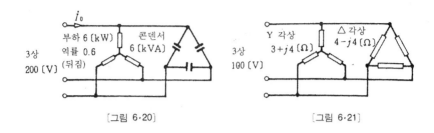

[그림 6·20]   [그림 6·21]

6·7 전력계의 지시는 이렇게 계산한다

3상 회로의 문제에는 전력계의 지시에 따른 문제가 있다. 이와 같은 문제를 푸는 경우에 우선 전력계는 무엇을 지시하는가를 명확히 해 두어야 한다.

예를 들어 그림 6·22 (a)의 실선 같이 전력계를 접속하면 옳은 지시를 한다고 하자. 그림의 전압 코일 또는 전류 코일 어느쪽의 접속을 반대로 하면, 전력계는 반대로 지시한다.

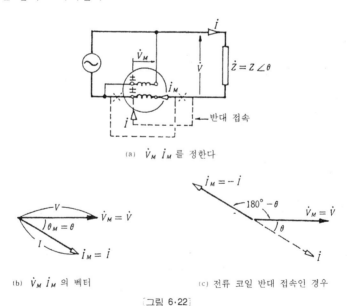

(a) $\dot{V}_M$ $\dot{i}_M$ 를 정한다

(b) $\dot{V}_M$ $\dot{i}_M$ 의 벡터

(c) 전류 코일 반대 접속인 경우

[그림 6·22]

이것은 부하 소비 전력은

$$P = VI \cos\theta \qquad\qquad (6\cdot11)$$

로, 물론 전력계의 접속에 관계없이 일정하지만 접속 방법에 따라서 **'전력계로 측정한** 전압·전류'가 변화하는 것을 뜻한다.

그래서 그림 (a)의 $\dot{V}_M$, $\dot{I}_M$과 같이 **전력계로 측정한 전압·전류와 양방향을 정한다.** 그리고 전력계의 지시는

$$P_M = V_M I_M \cos\theta_M \qquad\qquad (6\cdot12)$$

라고 생각한다. 여기에서 θ_M은 $\dot{V}_M$과 $\dot{I}_M$과의 위상차이다.

그림 (a)의 실선과 같이 옳은 접속인 경우는,

$$V_M = V, \quad I_M = I, \quad \theta_M = \theta$$
$$\therefore \ P_M = V_M I_M \cos\theta_M = VI \cos\theta = P$$

로 되고 전력계의 지시 P_M은 부하의 소비 전력 P와 같게 된다.

만약 전류 코일을 그림 (a)의 점선과 같이 반대로 접속하면 $\dot{I}_M = -\dot{I}$로 되므로 그림 (c)와 같이 $\theta_M = 180° - \theta$로 되고, 전력계 지시는 다음과 같이 된다.

$$P_M = V_M I_M \cos\theta_M = VI \cos(180° - \theta) = -VI \cos\theta = -P$$

이상과 같이 $\dot{V}_M$, $\dot{I}_M$의 양방향을 정하고 (6·12)식으로 계산하면 지시를 바르게 계산할 수 있다는 것을 알 수 있다.

[정리] [6·4] **전력계의 지시**

전력계에 가해진 전압, 흐르는 전류를 각각 $\dot{V}_M$, $\dot{I}_M$, 그 사이의 위상차를 θ_M으로 했을 때 전력계 지시 $P_M = V_M I_M \cos\theta_M$이다.

단, $\dot{V}_M$, $\dot{I}_M$의 양(+)방향은, 바르게 부하 전력을 지시하도록 접속하였을 때 위 설명 식으로 계산하면 부하 전력이 얻어지는 방향으로 한다.

예 6·2 ▶ 3상 평형 회로의 100W, 역률 0.8(뒤진)의 부하에 대하여 그림 6·23과 같이 전력계를 접속하였다. 전력계의 지시는 얼마인가? 단, 전력계 단자의 ± 기호의 뜻은 그림 6·22(a)와 같다.

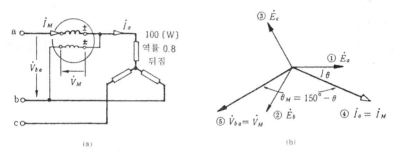

그림 6·23

풀이 그림 6·22(a)의 ± 기호와 $\dot{V}_M$, $\dot{I}_M$의 양방향 관계를 이 경우에 고치면, 그림(a)의 $\dot{V}_M$, $\dot{I}_M$의 양방향으로 된다. 이 회로의 벡터 그림은 그림 (b)와 같다. 즉 전원의 Y 상전압을 $\dot{E}_a$, $\dot{E}_b$, $\dot{E}_c$라 생각하고 ① ~③의 벡터를 그린다.

$\dot{I}_a$는 역률각(임피던스 각) θ만큼 뒤진다. $\dot{V}_M = \dot{V}_{ba}(\dot{V}_{ab}$로 하지 않도록 주의)이므로 그 벡터는 ⑤와 같이 된다.

$V_M = V$, $I_M = I$, $\theta_M = 150° - \theta$로 하면, 전력계 지시는,

$P_M = V_M I_M \cos\theta_M = VI \cos(150° - \theta)$

$\theta = \cos^{-1} 0.8 = 36.87°$

$\therefore \cos(150° - \theta) = \cos 113.13° = -0.3928$

$VI = \dfrac{100}{\sqrt{3} \times 0.8} = 72.17$ [VA]

$\therefore P_M = 72.17 \times (-0.398) = -28.4$ [W]

(전력계에는 일반적으로 지시 전력이 -일 때 양방으로 지시시키는 전환 스위치가 있다. 전환 스위치를 바꾸면 28.4W를 지시하게 된다.)

문제 6·11 ▶ 그림 6·24의 (a)(b)(c) 3개의 접속으로 전력을 측정하였다. 각각 전력계의 지시 W_1, W_2 및 $W_1 + W_2$를 구하시오. 단 전원 및 부하는 평형이고 선간 전압은 V[V], 선전류는 I[A], 역률은 뒤진 θ[°] 라 한다.

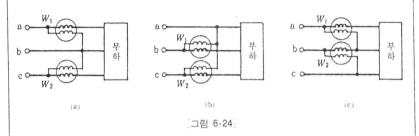

그림 6·24

문제 6·12 ▶ 그림 6·24 (a)의 접속에서 부하의 소비 전력을 측정하였다.

(1) W_1 지시는 양이고, W_2 지시는 0이다. 부하 역률 및 그 뒤지고 앞선 구별은 어떠한가?

(2) W_1 지시가 0이고, W_2 지시가 양인 경우는 어떠한가?

문제 6·13 ▶ 그림 6·25의 접속에서 전력계 지시는 W[W]이다. 부하의 3상 무효 전력은 몇 [var]인가? 단 전원 및 부하는 평형하고 있다고 한다.

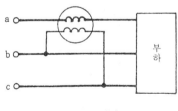

그림 6·25

문제 6·14 ▶ 그림 6·26와 같은 부하의 변동이 없는 평형 3상 회로에서 전력계 전압 코일을 전환 개폐기 S를 사용하여 b_0 및 c_0측에 접속할 수 있게 되어 있다. b_0 및 c_0측에 접속시켰을 때 각각 전력계 읽기는 P_1[W] 및 P_2[W]이다. 이때 3상 전력 및 역률은 얼마인가?

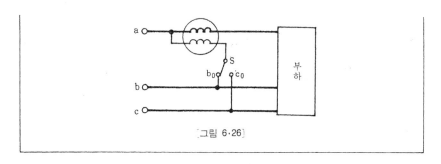

[그림 6·26]

제 **7** 장

불평형 3상 회로

7·1 단순한 △-△라면 극히 간단하다

불평형 3상 회로는 번거로운 문제가 많지만, 그림 7·1과 같이 **임피던스가 부하 이외에는 없는** △-△ 접속이라면 간단하다.

$\dot{Z}_{ab}$에 가해진 전압은 $\dot{E}_{ab}$로 결정되어 있으므로 옴의 법칙에서 $\dot{I}_{ab}$는 다음 식으로 구한다.

$$\left.\begin{array}{l} \dot{I}_{ab} = \dfrac{\dot{E}_{ab}}{\dot{Z}_{ab}} \\[3mm] \text{마찬가지로,} \quad \dot{I}_{bc} = \dfrac{\dot{E}_{bc}}{\dot{Z}_{bc}}, \quad \dot{I}_{ca} = \dfrac{\dot{E}_{ca}}{\dot{Z}_{ca}} \end{array}\right\} \qquad (7\cdot1)$$

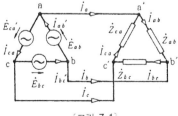

[그림 7·1]

$\dot{I}_a$, $\dot{I}_b$, $\dot{I}_c$는 다음 식에 (7·1) 식을 넣으면 좋다.

$$\dot{I}_a = \dot{I}_{ab} - \dot{I}_{ca}, \quad \dot{I}_b = \dot{I}_{bc} - \dot{I}_{ab}, \quad \dot{I}_c = \dot{I}_{ca} - \dot{I}_{bc} \qquad (7·2)$$

이상의 식은 전압이나 임피던스가 어떠한 불균형에도 성립된다.

또 그림 7·1에서 기전력의 결선을 알지 못하고 선간 전압이 주어진 경우에도 마찬가지이다.

그림 7·2와 같은 3상 4선식에서 중성선의 임피던스가 0인 경우에도 **각 임피던스에 가해지는 전압이 일정 값으로 정해져 있으므로** 옴의 법칙에서 $\dot{I}_a = \dfrac{\dot{E}_a}{\dot{Z}_a}$ 등으로 계산한다.

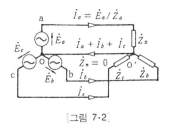

[그림 7·2]

문제 7·1 ▶ 그림 7·3 회로에서 a, b, c에 100V의 평형 3상 전압을 가했다. 이 때의 선전류 $\dot{I}_a$, $\dot{I}_b$, $\dot{I}_c$의 크기를 구하시오.

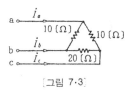

[그림 7·3]

7·2 옴의 법칙을 바르게 사용하자

다음 문제를 당신은 어떻게 풀이하겠습니까? 잠시 연구하여 보시오.

예 7·1 ▶ 그림 7·4의 회로 $\dot{I}_a$, $\dot{I}_b$, $\dot{I}_c$를 복소수로 구하시오. 단, $\dot{E}_a =$ 100[V]를 기준 벡터로 한다.

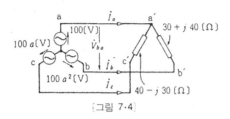

[그림 7·4]

앞의 △−△ 풀이 방법을 마음속에 그리고, 이 문제는 bc 사이의 임피던 스가 무한대 경우라고 생각하고 (7·1), (7·2)식에 의하여 $\dot{I}_{ab}$가 얼마인가 등 을 생각하는 것은 약간 복잡하게 생각하는 것이다. 다음과 같은 풀이 방법 이 제일 간결할 것이다.

풀이 $\dot{Z}_{ab} = 30 + j40 = 50\angle 53.13°[\Omega]$에는 $\dot{V}_{ab}$가 가해져 있다. 이 전압에 의하여 $\dot{I}_b$가 흐르지만, 양방향을 생각하면 $\dot{I}_b$는 다음과 같이 구한다.

$$\dot{I}_b = \frac{\dot{V}_{ba}}{\dot{Z}_{ab}} = \frac{100\sqrt{3}\angle(-150°)}{50\angle 53.13°} = 2\sqrt{3}\angle -203.13°$$

$$= -3.187 + j1.361[A]$$

(여기에서 $\dot{V}_{ab}$로 않고 $\dot{V}_{ba}$을 사용해야 하는 것은 그림 7·4의 $\dot{V}_{ba}$와 $\dot{I}_b$의 **양 방향**에서 이해하기 바란다. **옴의 법칙에는 이 부분이 중요**하다. 또 $\dot{V}_{ba}$가 $100\sqrt{3}\angle(-150°)$로 되는 것은 1, a, a^2의 벡터 그림을 생각하기 바란다. 마 찬가지로,

$$\dot{I}_c = \frac{\dot{V}_{ca}}{\dot{Z}_{ca}} = \frac{100\sqrt{3}\angle 150°}{50\angle(-36.87°)} = 2\sqrt{3}\angle 186.87°$$

$$= -3.187 + j1.361[A]$$

$$\dot{I}_a = -(\dot{I}_b + \dot{I}_c) = 6.626 - j0.947[A]$$

불평형 3상 회로 계산에도 몇 개의 방법이 있지만 요컨대, 이 문제같이 **지금까지 공부하여 온 지식을 잘 활용하면 좋을 것이다.** 그다지 형식에 구 애되지 않고 자연스럽게 생각하는 것도 중요하다.

문제 7·2 ▶ 그림 7·5의 회로 단자 a, b, c에 200V의 평형 3상 전압을
가했을 때 각 단자에서 흘러 들어오는 전류의 크기를 구하시오.

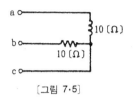

a ○──────────────┐
                 ⎸ 10 [Ω]
b ○────/\/\/──────┘
        10 [Ω]
c ○──────────

[그림 7·5]

7·3 Y−Y는 밀만의 정리로 구한다

그림 7·6과 같은 Y−Y 회로에서 기전력이나 부하가 불평형인 경우는 밀만
의 정리가 편리하다. **밀만의 정리를 잊고 있어도 다음을 외우면 좋다.**

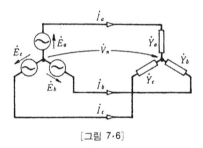

[그림 7·6]

(1) 복수의 병렬 회로의 접속점(그림 7·6에서는 중성점) 사이의 전압은
   합계의 전류=0의 조건에서 쉽게 구한다.
(2) 어드미턴스를 이용하면 식이 간결하게 된다.
(3) 그림 7·6과 같은 회로인 경우에 $\dot{V}_n$을 구하면 선전류를 구할 수가 있
   다.

이것에 의하여 그림 7·6의 $\dot{I}_a$, $\dot{I}_b$, $\dot{I}_c$를 구하면 다음과 같이 된다. 그림에
서

$$\dot{I}_a = (\dot{E}_a - \dot{V}_n) \dot{Y}_a, \quad \dot{I}_b = (\dot{E}_b - \dot{V}_n) \dot{Y}_b, \quad \dot{I}_c = (\dot{E}_c - \dot{V}_n) \dot{Y}_c \quad (7 \cdot 3)$$

$\dot{I}_a + \dot{I}_b + \dot{I}_c = 0$으로 해서 $\dot{V}_n$을 구하면,

$$\dot{V}_n = \frac{\dot{Y}_a \dot{E}_a + \dot{Y}_b \dot{E}_b + \dot{Y}_c \dot{E}_c}{\dot{Y}_a + \dot{Y}_b + \dot{Y}_c} \text{ (밀만의 정리)} \qquad (7 \cdot 4)$$

$(7 \cdot 4)$식을 $(7 \cdot 3)$식에 대입하여 $\dot{I}_a$, $\dot{I}_b$, $\dot{I}_c$를 구한다.

Y−Y에도 선간 전압이 주어진 경우 등 가끔 변형이 있다. Y−Y이기 때문에 반드시 밀만의 원리가 좋다고는 단언하지 않는다. 문제에 따라서 방법을 골라야 한다. 그러나 그림 7·6에서 평형 회로의 중성점을 잇는 방법이 좋다는 등 지레짐작을 하면 곤란하다.

문제 7·3은 특히 밀만의 방법이 편리하지만, $(7 \cdot 4)$식과 분모가 조금 달라진다.

문제 7·3 ▶ 그림 7·7 회로의 $\dot{I}_a$, $\dot{I}_b$, $\dot{I}_c$를 복소수로 구하시오. 단 $\dot{E}_a = 200$ [V], $\dot{E}_b = 200a^2$[V], $\dot{E}_c = 200a$[V], $\dot{Z}_a = \dot{Z}_n = j10[\Omega]$, $\dot{Z}_b = \dot{Z}_c = 10[\Omega]$ 으로 한다.

문제 7·4 ▶ 그림 7·8의 회로에서 $\dot{I}_b$, $\dot{I}_c$ 위상차를 90°로 하는 r 값을 구하시오.

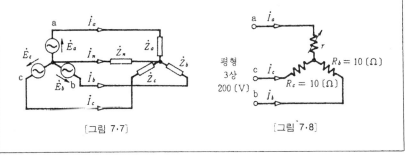

〔그림 7·7〕   〔그림 7·8〕

7·4 키르히호프의 법칙이라면 거의 만능이다

단순한 △-△라면 지극히 간단하지만 그림 7·9와 같이 되면 간단하지 않다. Y-Y로 변환하는 밀만의 정리라는 방법도 있지만 번거롭다. 중첩의 원리로도 복잡하다. 이렇게 되면 역시 정공법인 키르히호프의 법칙으로 푸는 것이 제일 좋을 것이다. 회로망 전류법으로 풀이하는 것으로 해서 회로망이 네 개 있으므로 네 개의 미지수와 네 개의 방정식이 필요하다. 이 폐회로는 그림 7·9의 ①~⑤ 중에서 네 개를 선택한다. 예를 들어 ①~④의 폐회로를 선택하고 각 전류를 각각 $\dot{I}_1$, $\dot{I}_2$,……$\dot{I}_4$로 하면 다음 방정식이 성립된다.

$$(\dot{Z}_a + \dot{z}_a + \dot{z}_b + \dot{Z}_{ab})\dot{I}_1 - \dot{z}_b\dot{I}_2 - \dot{z}_a\dot{I}_3 - \dot{z}_a\dot{I}_4 = \dot{E}_a$$
$$-\dot{z}_b\dot{I}_1 + (\dot{Z}_b + \dot{z}_b + \dot{z}_c + \dot{Z}_{bc})\dot{I}_2 - \dot{z}_c\dot{I}_3 - \dot{Z}_b\dot{I}_4 = \dot{E}_b$$
$$-\dot{z}_a\dot{I}_1 - \dot{z}_c\dot{I}_2 + (\dot{Z}_c + \dot{z}_c + \dot{z}_a + \dot{Z}_{ca})\dot{I}_3 - \dot{Z}_c\dot{I}_4 = \dot{E}_c$$
$$-\dot{z}_a\dot{I}_1 - \dot{Z}_b\dot{I}_2 - \dot{z}_c\dot{I}_3 + (\dot{Z}_a + \dot{Z}_b + \dot{Z}_c)\dot{I}_4 = -(\dot{E}_a + \dot{E}_b + \dot{E}_c)$$

여기에서 $\dot{I}_1$~$\dot{I}_4$을 구하면 선전류는 $\dot{I}_a = \dot{I}_1 - \dot{I}_3$ 등에서 구해진다.

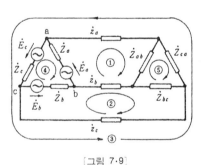

[그림 7·9]

그림 7·10과 같이 Y 접속의 임피던스에 가해진 전압으로 선간 전압에 주어진 경우는 키르히호프의 법칙에서 ①②의 폐회로에서 식을 세우면 좋으므로 간단하다. 불평형 전압을 Y 전압로 변환하고 밀만의 정리로 풀려고 하면 번거롭게 된다. **키르히호프의 법칙이라면 거의 만능**이라 할 수 있다.

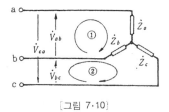

[그림 7·10]

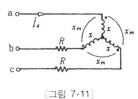

문제 7·5 ▶ 그림 7·11 회로에서 x는 자체 리액턴스, x_m은 상호 리액턴스이다. 여기에 $\dot{V}_{ab}=V$, $\dot{V}_{bc}=a^2V$, $\dot{V}_{ca}=aV$인 3상 전압을 가했을 때 $\dot{I}_a$의 크기는 얼마인가?

[그림 7·11]

7·5 전원의 △-Y 변환

앞에서 불평형 선간 전압을 Y 전압으로 변환시키는 것은 번거롭다고 설명하였지만 여기에서는 그것과 유사한 전원의 △-Y 변환을 생각해 보자. 그림 7·12 (a)와 등가인 그림 (b)의 기전력 임피던스를 구하는 것이다.

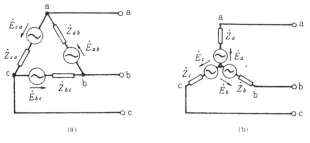

(a)   (b)

[그림 7·12]

테브낭의 정리에 의한 **등가 전원**의 원리는 3상의 경우에도 그대로 통용된다. 즉 (a) (b) 양 그림의 a, b, c 단자의 전압과 a, b, c 단자에서 본 임피던스(기전력은 단락하고)가 같으면 양 전원은 등가이다.

따라서 **임피던스**에 대해서는 보통 임피던스의 △-Y 변환과 동일하고 다음 식으로 된다.

$$\dot{Z}_a = \frac{\dot{Z}_{ab}\dot{Z}_{ca}}{\dot{Z}_{ab}+\dot{Z}_{bc}+\dot{Z}_{ca}} \tag{7·5}$$

$\dot{Z}_b$, $\dot{Z}_c$는 a b c을 순환적으로 교체한다.

기전력에 대해서는 다음 식이 성립되면 좋다. 단 $\sum\dot{Z}=\dot{Z}_{ab}+\dot{Z}_{bc}+\dot{Z}_{ca}$로 한다.

$$\left.\begin{array}{l}
\dot{V}_{ab}\text{가 같은 것으로 해서 } \dot{E}_a-\dot{E}_b=\dot{E}_{ab}-\dot{Z}_{ab}(\dot{E}_{ab}+\dot{E}_{bc}+\dot{E}_{ca})/\sum\dot{Z} \\
\dot{V}_{bc}\text{가 같은 것으로 해서 } \dot{E}_b-\dot{E}_c=\dot{E}_{bc}-\dot{Z}_{bc}(\dot{E}_{ab}+\dot{E}_{bc}+\dot{E}_{ca})/\sum\dot{Z} \\
\dot{V}_{ca}\text{가 같은 것으로 해서 } \dot{E}_c-\dot{E}_a=\dot{E}_{ca}-\dot{Z}_{ca}(\dot{E}_{ab}+\dot{E}_{bc}+\dot{E}_{ca})/\sum\dot{Z}
\end{array}\right\} \tag{7·6}$$

이 연립 방정식을 풀면 좋지만 풀어 보면 풀리지 않는 것을 알 수 있다. 그래서 위 식을 다음과 같이 변형한다.

$$\dot{E}_a-\dot{E}_b = \{(\dot{E}_{ab}\dot{Z}_{ca}-\dot{E}_{ca}\dot{Z}_{ab})-(\dot{E}_{bc}\dot{Z}_{ab}-\dot{E}_{ab}\dot{Z}_{bc})\}/\sum\dot{Z}$$
$$\dot{E}_b-\dot{E}_c = \{(\dot{E}_{bc}\dot{Z}_{ab}-\dot{E}_{ab}\dot{Z}_{bc})-(\dot{E}_{ca}\dot{Z}_{bc}-\dot{E}_{bc}\dot{Z}_{ca})\}/\sum\dot{Z} \quad (7·7)$$
$$E_c-\dot{E}_a = \{(\dot{E}_{ca}\dot{Z}_{bc}-\dot{E}_{bc}\dot{Z}_{ca})-(\dot{E}_{ab}\dot{Z}_{ca}-\dot{E}_{ca}\dot{Z}_{ab})\}/\sum\dot{Z}$$

다음 식이 성립되면 위 식이 성립된다. 따라서 다음 식이 **변환한 Y 전압**이다.

$$\left.\begin{array}{l}
\dot{E}_a = (\dot{E}_{ab}\dot{Z}_{ca}-\dot{E}_{ca}\dot{Z}_{ab})/\sum\dot{Z} \\
\dot{E}_b = (\dot{E}_{bc}\dot{Z}_{ab}-\dot{E}_{ab}\dot{Z}_{bc})/\sum\dot{Z} \\
\dot{E}_c = (\dot{E}_{ca}\dot{Z}_{bc}-\dot{E}_{bc}\dot{Z}_{ca})/\sum\dot{Z}
\end{array}\right\} \tag{7·8}$$

이것으로 한 가지 결말이 되었지만 왜 (7·6)식은 풀리지 않을까? 거기에 대해서는 다음 내용을 생각한다.

전원의 △-Y 변환은 △ 전원의 선간 전압 $\dot{V}_{ab}$, $\dot{V}_{bc}$, $\dot{V}_{ca}$ 주어지고 이것과 동일한 선간 전압을 가진 Y 전원의 기전력을 구하는 것이다. $\dot{V}_{ab}$, $\dot{V}_{bc}$, $\dot{V}_{ca}$ 의 선간 전압이 그림 7·13의 실선 벡터와 같이 주어졌다 한다. 여기에서 점선 $\dot{E}_a$, $\dot{E}_b$, $\dot{E}_c$의 Y 전압을 생각하면 선간 전압은 $\dot{V}_{ab}$, $\dot{V}_{bc}$, $\dot{V}_{ca}$로 되므로 이 전압은 △ 전원과 등가인 Y 기전력이다. (그림 7·13은 지도 벡터이다)

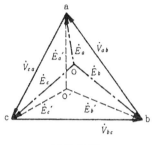

[그림 7·13]

다음에 점선같은 $\dot{E}_a{'}$, $\dot{E}_b{'}$, $\dot{E}_c{'}$를 생각하면 이것도 △ 전원과 등가인 Y 기전력이라는 것을 알 수 있다. 이와 같이 생각하면 △ **전원과 등가인 Y 기전력은 수없이 많아 일정하지 않다.**

그러나 $\dot{E}_a$, $\dot{E}_b$, $\dot{E}_c$도 $\dot{E}_a{'}$, $\dot{E}_b{'}$, $\dot{E}_c{'}$도 △ 전원과 등가인 Y 기전력임에는 틀림없다. **어느쪽도 등가**이다. (7·8)식은 무수히 많은 가운데 하나로 되는 것이다.

여기에서 다음과 같이 말할 수 있다.

'어느 Y 전원이 있고, 선간 전압을 알고 있다. 이 선간 전압에서 Y 기전력을 구하려 하여도 구할 수 없다'

선간 전압 이에 무엇인가 다른 조건이 필요한 것이다. (예를 들어 $\dot{E}_a + \dot{E}_b + \dot{E}_c = 0$ 등)

그런데 왜 (7·6)식은 풀리지 않을까? 그것은 (7·6)식의 세 개 식은 서로 독립되지 않기 때문이다. (7·6)식의 제1식, 제2식의 왼쪽 변을 가하여 (-1)배 하면 제3식이 된다. 오른쪽 변도 마찬가지이다. 즉 세 개 식이 있지만 두 개밖에 없는 것과 같은 것이다.

7·6 합이 0이 되는 벡터의 응용

(1) 합이 0이 되는 벡터

세 개의 벡터가 있고 그 합이 0이 되는 벡터에 대하여 다음과 같이 말한다. 이 성질을 사용하여 계산할 수 있다.

정리 [7·1] 합이 0이 되는 벡터

① 세 개의 벡터합 $\dot{A} + \dot{B} + \dot{C}$가 0이 되면 $\dot{A} + \dot{B} + \dot{C}$의 벡터는 그림 7·14와 같이 닫힌 삼각형으로 된다. (반대도 참)

② 그림 7·15와 같은 삼각형의 꼭지점과 중심을 이은 벡터 $\dot{A}$, $\dot{B}$, $\dot{C}$의 합은 0이다. (반대도 참)

③ 선간 전압 벡터의 합은 항상 0이다.

④ 전원과 부하의 사이가 3선만으로 연결되어 있는 3상 회로에서는 선 전류의 벡터합은 0이다.

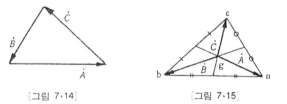

[그림 7·14]   [그림 7·15]

---

①은 6·2절의 설명에서 이해할 수 있다. ②는 기하의 정리를 사용하여 쉽게 증명할 수 있다. ③은 다음과 같이 설명할 수 있다.

'지도 벡터에 의하면 3상 회로의 a, b, c점의 전위는 3 점으로 나타낸다. 바로 앞 그림 7·13과 같이 선간 전압은 세 점을 잇는 벡터이고 선간 전압의 벡터는 닫힌 삼각형이 된다'

④는 말로 하면 알기 어렵지만 그림을 보면 명확히 할 수 있다. (그림 7·1, 그림 7·4, 그림 7·6 등)

(2) 선간 전압이나 선전류의 절대값만 주어진 경우의 계산

지금까지의 계산은 모두 전원의 전압이 복소수 등에서 벡터적으로 주어진 계산이다. 따라서 만약 선간 전압의 크기만이 주어졌을 때는 벡터적인 선간 전압을 알아야 한다.

지금 선간 전압의 크기가 주어졌다고 하면 선간 전압의 벡터는 반드시 닫힌 삼각형을 만들므로, 그림 7·16과 같이 그릴 수 있다. 이 그림에서 $\dot{V}_{ab}$를 기준으로 해서

$$
\left.
\begin{aligned}
\dot{V}_{ab} &= V_{ab}(+j0) \\
\dot{V}_{bc} &= -(V_{ab} - V_{ca}\cos\theta) - jV_{ca}\sin\theta \\
\dot{V}_{ca} &= -V_{ca}\cos\theta + jV_{ca}\sin\theta
\end{aligned}
\right\} \quad (7\cdot9)
$$

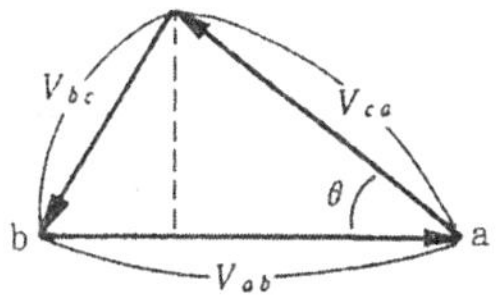

〔그림 7·16〕

로 된다. 이 식에 다음 $\sin\theta$, $\cos\theta$을 넣으면, 선간 전압이 벡터적으로 나타난다.

$$
V_{bc}{}^2 = V_{ab}{}^2 + V_{ca}{}^2 - 2V_{ab}V_{ca}\cos\theta \text{(제2 코사인 법칙)에 따라}
$$

$$
\cos\theta = \frac{V_{ab}{}^2 + V_{ca}{}^2 - V_{bc}{}^2}{2V_{ab}V_{ca}}, \quad \sin\theta = \sqrt{1-\cos^2\theta} \quad (7\cdot10)
$$

$\dot{I}_a + \dot{I}_b + \dot{I}_c = 0$의 관계가 있는 선전류만이 주어진 경우에도 같은 생각으로, 선전류를 벡터적으로 나타낼 수 있다.

문제 7·6 ▶ 그림 7·17 회로에서 선간 전압의 크기가 $V_{ab}=120$〔V〕, $V_{bc}=100$〔V〕 $V_{ca}=110$〔V〕이다. 선전류 $\dot{I}_a$, $\dot{I}_b$, $\dot{I}_c$의 크기를 구하시오.

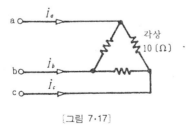

각상 10〔Ω〕

〔그림 7·17〕

문제 7·7 ▶ 그림 7·18 회로의 단자 abc에 200V의 평형 3상 전압을 가했
다. 그때 선전류 크기가 $I_a=30$[A], $I_b=50$[A], $I_c=40$[A]이고, 역률
계의 읽기는 0.5(뒤진)이다. 부하의 소비 전력을 구하시오.

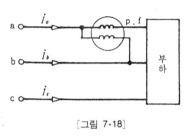

[그림 7·18]

(3) 각상 $\dot{Z}$의 Y 접속 부하의 전류

그림 7·19에서 $\dot{V}_{ab}$ 등의 선간 전압이 주어졌을 때의 전류는 키르히호프의
법칙으로 구하지만 각상 임피던스가 같을 때는 작도에 따라서 구할 수가 있
다. 그림 (a)에서,

$$\dot{V}_a=\dot{Z}\dot{I}_a, \quad \dot{V}_b=\dot{Z}\dot{I}_b, \quad \dot{V}_c=\dot{Z}\dot{I}_c \qquad (7\cdot11)$$

로 하면, $\dot{I}_a+\dot{I}_b+\dot{I}_c=0$으로 되므로,

$$\dot{V}_a+\dot{V}_b+\dot{V}_c=0, \quad \dot{V}_a-\dot{V}_b=\dot{V}_{ab}$$

$$\dot{V}_b-\dot{V}_c=\dot{V}_{bc}, \quad \dot{V}_c-\dot{V}_a=\dot{V}_{ca}$$

가 성립된다. 이 관계에서 $\dot{V}_a$, $\dot{V}_b$, $\dot{V}_c$의 벡터는 그림 (b)와 같이 된다. 즉
$\dot{V}_a$, $\dot{V}_b$, $\dot{V}_c$의 합이 0이 되므로, 정리[7·1] ②에 의하여 그것들은 삼각형의
꼭지점과 중심을 잇는 벡터가 되는 것이다.

이렇게 하여 $\dot{V}_a$, $\dot{V}_b$, $\dot{V}_c$를 구하면 (7·11)식에 의하여 $\dot{I}_a$, $\dot{I}_b$, $\dot{I}_c$를 구할 수
있다.

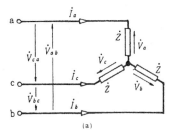

(a)

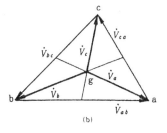

(b)

[그림 7·19] 평형 부하와 불평형 전압

제 8 장

벡터 궤적

8·1 벡터 궤적의 개요와 해법의 종류

그림 8·1과 같이 R과 x의 직렬 회로에서 x가 0에서 ∞까지 변화하는 경우를 생각한다.

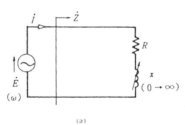

(a)

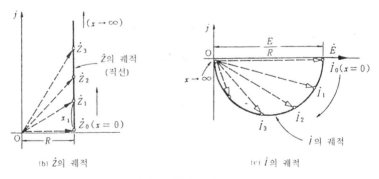

(b) $\dot{Z}$의 궤적

(c) $\dot{i}$의 궤적

[그림 8·1] 벡터 궤적

임피던스 $\dot{Z}$는,

$$\dot{Z} = R + jx$$

이고 x의 변화에 따라서 $\dot{Z}$도 변화하지만 그 상태는 그림 (b)와 같이 된다. 즉 $x=0$일 때 임피던스 $\dot{Z}_0$는 $\dot{Z}_0 = R$이고 그림 $\dot{Z}_0$의 벡터이다. x가 증가하고 임피던스가 $\dot{Z}_1 = R + jx_1$로 되었을 때는 그림 $\dot{Z}_1$의 벡터로 된다. 이렇게 하여 x가 0에서 무한대로 변화하는 것에 따라서 $\dot{Z}$는 $\dot{Z}_0$, $\dot{Z}_1$, $\dot{Z}_3$, ……로 변화한다. 이와 같이 변화하는 $\dot{Z}$의 벡터 앞끝 궤적은 직선이라는 것을 알 수 있다. 이 직선을 $\dot{Z}$의 **벡터 궤적**이라 한다.

또 그림 (a)의 전류 $\dot{I}$ 벡터 궤적은 그림 (c)와 같은 원이 된다.

$\dot{Z}$나 $\dot{I}$는 **변수** x의 변화에 따라서 변화하지만 $x=\omega L$이므로 변수가 L인 경우나 ω인 경우에도 동일한 궤적을 그리게 된다.

그림 (b), (c)에서 $\dot{Z}$나 $\dot{I}$의 벡터 **시점(출발점)이 원점에 고정**되어 있음을 잊지 않아야 한다.

벡터 궤적이 무엇인가는, 앞에서 설명하여 대략 이해되었다고 생각한다. 일단 문장으로 정리하면 다음과 같이 된다.

R, L, C 등의 회로 소자나 주파수 등이 변화할 때 그러한 **변수 변화에 따라서 변화하는 전압·전류·임피던스 등 벡터를** 생각한다. 그 **벡터 시점을 한점(보통은 원점)에 고정**했을 때 그 벡터의 **끝점(화살표가 있는 끝부분)이 그린 궤적을** 그 벡터의 벡터 궤적이라 한다.

실제의 전력 계통 등의 회로 전압 외의 벡터 궤적은 복잡한 형태인 것도 있지만 **회로 계산에서 다루는 벡터 궤적은 직선 또는 원**이라고 생각해도 좋다. 결국 벡터를 그리면 변화의 상태가 일목 요연한 이점이 있다.

그런데 앞에서 그림 8·2 (a)의 $\dot{I}$ 벡터 궤적우 원이 된다고 설명했지민 그 설명을 해 보자.

그림 (a)에서, R과 x 역기전력은,

$$\dot{V}_R = R\dot{I}, \qquad \dot{V}_L = jx\dot{I}$$

이므로, $\dot{V}_L$은 **항상** $\dot{V}_R$ 보다 90° **앞선다**. 또

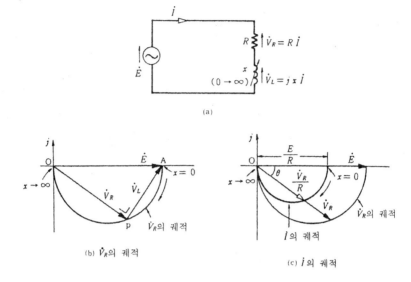

[그림 8·2]

$$\dot{V}_R + \dot{V}_L = \dot{E} \quad (일정)$$

이다.

$\dot{V}_R + \dot{V}_L = \dot{E}$ 벡터 그림을 그리면 그림 (b)같이 된다. $\dot{V}_R$이나 $\dot{V}_L$ 크기는 변화하지만, $\overline{OA}$는 일정하고, $\angle OpA$는 항상 90°이므로, 기하 정리에 의해 p점의 궤적은 원이다.

그리고 $\dot{V}_R$ 시점이 원점으로 고정되어 있으므로 그림 (b)는 $\dot{V}_R$ 벡터 궤적이다.

다음에 전류 $\dot{I}$ 벡터는

$$\dot{I} = \frac{\dot{V}_R}{R}$$

이므로 $\dot{V}_R$ 벡터 위상이 변하지 않고, 크기만을 $\frac{1}{R}$로 한 것이 된다.

따라서 결국, $\dot{I}$의 벡터 궤적은 $\dot{V}_R$과 닮은 원이 되고 그림 (c)같이 된다.

즉 $x=0$일 때는 $\dot{I}=\dot{E}/R$로, $\dot{E}$와 동상이고 크기는 E/R이다. x가 크게 됨에 따라서 $\dot{E}$에 대한 $\dot{I}$의 뒤진 위상각 θ가 점점 크게 되고 $\dot{I}$의 크기는 적어지게 된다.

$x \to \infty$의 가까이에서는, θ는 90° 가깝게 되지만, $\dot{I}$의 크기는 0에 가까이 간다.

변수 x의 변화에 따른 $\dot{I}$의 변화를 조금 구체적으로 나타내 보자.

$$\dot{I}=\frac{\dot{E}}{\dot{Z}}=\frac{\dot{E}}{Z \angle \theta}=\frac{\dot{E}}{Z} \angle (-\theta)$$

식에서 알 수 있듯이 $\dot{I}$가 $\dot{E}$보다 뒤진 각 θ는 임피던스 $\dot{Z}$의 임피던스 각 θ이다. $\dot{Z}=R+jx$의 임피던스 각은

$$\theta=\tan^{-1}\frac{x}{R}$$

이다. 여기에서 그림 8·3과 같이 횡축상의 R을 취하고 P점에서 수직인 선을 긋고 R과 같은 척도로 x의 크기를 새긴다. 지금 x가 x_1이라고 한다면 그림 같이 작도한 $\dot{I}_1$은 $x=x_1$일 때 $\dot{I}$의 벡터로 된다.

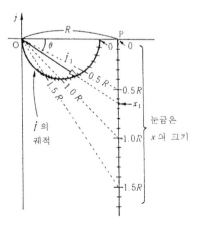

[그림 8·3] 변수 x의 눈금

x의 크기가 0, 0.5R, 1.0R, 1.5R로 변화하였을 때 i의 벡터는 그림에 의하여 쉽게 알 수가 있다.

그런데 **벡터 궤적을 구하는 방법**에는 여기에서 설명한 벡터 그림에 의한 방법을 포함하여 다음과 같은 방법이 있다.

(1) 벡터 그림에 의한 방법

(2) 도형의 방정식에 의한 방법

(3) 지수 함수에 의한 방법

(4) 역도형 등을 이용한 도형에 의한 방법

이들 네 개의 방법 중 (4)의 **도형에 의한 방법이 가장 편리**하다고 생각된다. 수식으로 계산하는 것이 자신있는 사람은 (2)의 방식으로 하는 편이 풀기 쉬울지도 모른다. 그러나 (4)의 도형에 의한 방법은 수식의 계산이 적고 감각적으로 알기 쉽다고 하는 것이 이점이다.

이하 (2)(3)(4)의 방법을 설명하지만, 이 책에서는 (4)의 도형에 의한 방법에 중점을 두고 싶다.

8·2 도형의 방정식에 의한 방법

벡터 궤적은 직선도 있지만, 원으로 된 것이 많고, 원인 경우가 문제이다.

지금까지 그림 8·1~그림 8·3은 가로축이 실수, 세로축이 허수인 복소수 평면이다. 이에 대하여 수학에서 도형을 방정식으로 나타내거나 방정식을 도형으로 나타내는 경우에는 xy 좌표를 이용하고 있다.

$$\text{방정식} \quad x^2 + y^2 = r^2 \tag{8·1}$$

은 xy 좌표에서는 중심이 원점이고 반지름이 r인 원을 나타낸다. 그림 8·4 와 같은 중심 좌표가 (a, b)이고 반지름이 r인 원은, (8·1)식의 원을 평행 이동한 것으로 그 방정식은 다음 식이다. (임의의 P점의 xy에서 다음 식이 만족한다)

$$(x-a)^2 + (y-b)^2 = r^2 \tag{8·2}$$

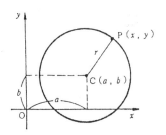

[그림 8·4] xy 좌표인 원

여기에서 말하는 '도형 방정식에 의한 방법'이라는 것은 복소 평면 위에 xy 좌표를 겹치게 하여 복소 평면 위의 벡터 궤적을 (8·2)식같은 xy 방정식으로 구하는 것이다.

이미 앞에서 풀이했던 다음 문제를 이 방법으로 풀어보자.

예 8·1 ▶ 그림 8·5 회로에서 x_L이 0→∞의 변화를 할 때 I의 벡터 궤적을 구하시오.

풀이 우선 i를 **복소수로 구한다.**

$$i = \frac{E}{R + jx_L} \qquad ①$$

위 식의 우변을 다음과 같이 $x + jy$로 둔다.

[그림 8·5]

$$\frac{E}{R + jx_L} = x + jy \qquad ②$$

이 식의 우변 x, y는 xy 좌표의 x, y이다. 이 식은 정확히 복소 평면 위에 xy 좌표를 겹치는 것을 식으로 나타내는 것에 해당한다. ②식에서 (8·2)식 형의 식을 유도하면 그 방정식의 도형 즉 벡터 궤적을 얻는다.

(8·2)식의 a, b, r는 **상수**이다. 한편 ②식의 E, R는 상수지만 x_L은 **변수**이다. 따라서 ②식에서 (8·2)식 형의 식을 유도하려면 ②식

에서 x_L이라는 **변수와** j**를 없애**야 한다. 그래서 ②식의 분모를 제거
해 보면,

$$E = Rx - x_L y + j(x_L x + Ry) \qquad \text{③}$$

복소수의 등식에서는 양변의 실부끼리 및 허부끼리가 같은 때만
양변이 같다. 그래서 ③식을 실부와 허부로 나누어서 나타내면 다음
과 같이 된다.

$$Rx - x_L y = E \qquad \text{④}, \qquad x_L x + Ry = 0 \qquad \text{⑤}$$

이것으로 j가 없어졌으므로 ④⑤식에서 x_L을 없애면 ⑤식에서

$$x_L = -R\frac{y}{x} \qquad \text{⑥}$$

이것을 ④식에 대입하면,

$$Rx + R\frac{y^2}{x} = E, \qquad x^2 - \frac{E}{R}x + y^2 = 0$$

$$x^2 - \frac{E}{R}x + \left(\frac{E}{2R}\right)^2 + y^2 = \left(\frac{E}{2R}\right)^2$$

$$\therefore \ \left(x - \frac{E}{2R}\right)^2 + y^2 = \left(\frac{E}{2R}\right)^2 \qquad \text{⑦}$$

로 된다. ⑦식을 (8·2)식과 비교하면 ⑦식은 중심 좌표가 $\left(\dfrac{E}{2R},\ 0\right)$
이고 반지름이 $\dfrac{E}{2R}$인 원을 나타내고 있다.

더욱이 **궤적의 범위를 조사할** 필요가 있다. ①식에서,

$$\dot{i} = \frac{E}{R + jx_L} = \frac{RE}{R^2 + x_L{}^2} - j\frac{x_L E}{R^2 + x_L{}^2} \qquad \text{⑧}$$

⑧식에 의하면 허부는 항상 −이고, +로 되는 일은 없다. 또,

$$x_L = 0 일 \ 때 \qquad \dot{i} = E/R$$

$x_L \rightarrow \infty$일 때 $\dot{i} = 0$

이다. 따라서 $\dot{i}$의 벡터 궤적은 그림 8·6과 같이 되고 그림 8·2(c)와 같은 결과가 얻어진다.

⑦식은 그림 8·6의 점선 부분도 포함된 전체 원을 나타내고 있다. 궤적의 범위를 조사하는 것에 따라서 $\dot{i}$의 궤적은 실선 부분임을 알 수가 있다.

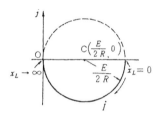

[그림 8·6] $\dot{i}$의 궤적

이상의 해답에서 고딕체로 쓰여진 요점을 잘 보아 주기 바란다.
그 요점을 아래에 정리한다.

[정리] (8·1) **도형 방정식에 의한 벡터 궤적 구하는 법**(( )안은 앞의 예)
 ① 궤적을 구하는 벡터($\dot{i}$ 등)를 복소수로 구한다.
 ② 그 복소수를 $x + jy$로 둔다.
 ③ 위 식에서 j와 변수(x_L 등)를 없앤다.
   그러기 위해서는 ②식의 분모를 제거하고, 양변이 실부와 허부를 각각 같다고 해서 두 개의 식을 얻고, 그리고 나서 변수를 없앤다는 등의 방법으로 계산한다.
 ④ $(x-a)^2 + (y-b)^2 = r^2$의 형태로 정리한다.
 ⑤ 궤적의 범위를 조사한다.

문제 8·1 ▶ 그림 8·7에서 x_c가 변화할 때 i의 궤적을 구하시오.

문제 8·2 ▶ 그림 8·8에서 r이 변화할 때 i의 벡터 궤적을 구하시오.

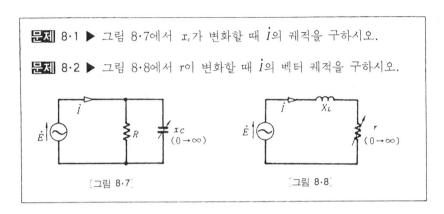

[그림 8·7]   [그림 8·8]

8·3   지수 함수에 의한 방법

$1\angle\theta$라는 벡터는 복소수로 나타내면 $\cos\theta + j\sin\theta$이지만, 또 오일러의 식에 의하여 $\varepsilon^{j\theta}$로 나타내고 있다. 즉,

$$\varepsilon^{j\theta} = \cos\theta + j\sin\theta = 1\angle\theta \tag{8·3}$$

이고 위 식 세 개의 변 어느 것이나 그림 8·9와 같은 벡터를 나타내고 있다.

여기에서 벡터 $\dot{Z} = \varepsilon^{j\theta}$에 대하여 θ가 예를 들어 0에서 2π까지 변화하였다고 하면 $\dot{Z}$의 벡터 궤적은 그림의 점선같은 원이 되는 것이다.

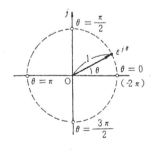

[그림 8·9]

다음 식의 벡터 $\dot{Z}$를 생각한다.

$$\dot{Z} = \dot{A}\varepsilon^{j\theta}$$
$$단, \ \dot{A} = A\angle\alpha(상수)$$
$$\theta는 \ 변수 \qquad\qquad (8\cdot4)$$

위의 식은 또 다음과 같이 계산한다.

$$\dot{Z} = \dot{A}\varepsilon^{j\theta} = A\angle\alpha\cdot1\angle\theta = A\angle(\alpha+\theta)$$

이 식은 $\dot{Z}$의 절대값은 일정한 A이고 편각이 θ의 변화에 따라서 변화하는 것을 나타내고 있다. 따라서 $\dot{Z}$의 벡터 궤적은 그림 8·10과 같이 된다.

요컨대 어느 벡터 $\dot{A}$에 $\varepsilon^{j\theta}$를 곱하면 $\dot{A}$의 크기가 변하지 않고 θ만큼 회전하는 것이다.

$$\dot{Z} = \dot{A}\varepsilon^{j\theta} + \dot{B} \quad (\dot{B}는 \ 상수) \qquad\qquad (8\cdot5)$$

라는 벡터는 $\dot{A}\varepsilon^{j\theta}$의 벡터 궤적을 $\dot{B}$만큼 평행 이동한 것으로 그림 8·11과 같이 된다.

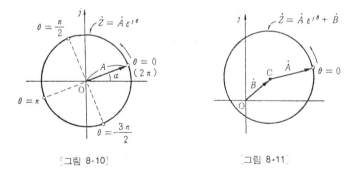

[그림 8·10] 　　　　[그림 8·11]

그런데 모든 원은 중심과 반지름이 결정되면 한 개의 원이 결정되므로 (8·5)식에 의하여 모든 원이 나타내지게 된다.

예를 들어 $\dot{Z} = \dfrac{1}{a+j\lambda}$(단, a:실상수, λ:실변수)라는 벡터 $\dot{Z}$의 벡터 궤적은

원이지만, 다음과 같이 하여 (8·5)식의 형태로 할 수가 있다.

$$\dot{Z} = \frac{1}{a+j\lambda} = \frac{1}{2a}\ \frac{a+j\lambda+a-j\lambda}{a+j\lambda} = \frac{1}{2a}\left(1+\frac{a-j\lambda}{a+j\lambda}\right)\ (8\cdot6)$$

여기에서 $a+j\lambda = \sqrt{a^2+\lambda^2}\,\varepsilon^{j\theta}$, 단, $\theta = \tan^{-1}(\lambda/a)$로 쓸 수가 있다. 마찬가지로 $a-j\lambda = \sqrt{a^2+\lambda^2}\,\varepsilon^{-j\theta}$이다.

이 관계를 (8·6)식에 넣으면,

$$\dot{Z} = \frac{1}{2a}\left(1+\frac{\sqrt{a^2+\lambda^2}\,\varepsilon^{-j\theta}}{\sqrt{a^2+\lambda^2}\,\varepsilon^{j\theta}}\right) = \frac{1}{2a}+\frac{1}{2a}\varepsilon^{-j2\theta}\quad (\theta:\text{변수})\ (8\cdot7)$$

로 되고 (8·5)식과 동일하게 된다. ((8·6)식의 $(a-j\lambda)/(a+j\lambda)$에 **주의**)

궤적이 원이 되는 벡터는 모두 이와 같이 변형될 것이다. 그러나 어떠한 문제도 이 방법으로 바꾸려 하면 계산이 어렵게 될 우려가 있다. 일반적으로는 역도형 등의 도형에 의한 방법이 간단하다.

그러나 뜻밖에 지수 함수가 나오는 문제도 있으므로 지수 함수에 의한 방법도 기억해 두면 좋겠다. 다음 문제는 그와 같은 예이다.

문제 8·3 ▶ 그림 8·12의 회로에서 $x_c = 2x_L$의 관계가 있다. r이 0에서 ∞까지 변화할 때 $\dot{V}$ 벡터 궤적을 지수 함수 방법으로 구하시오.

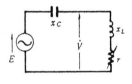

그림 8·12

문제 8·4 ▶ 3상 3선식 송전선의 수전단 상전압 E_r을 기준으로 해서 송전단 상전압이 $E_s\varepsilon^{j\theta}$이고 송수전단간 1상의 임피던스가 $Z\varepsilon^{j\phi}$이다. θ 만이 변화할 때의 수전단 3상 복소 전력(뒤짐을 +로 한다)의 벡터 궤적과 수전 최대 전력을 구하시오. (이 문제는 전력 원선 그림의 원리 문제이다)

8·4 역도형 등의 도형에 의한 방법

앞 부분의 방법은 복소수의 식을 $(x-a)^2 + (y-b)^2 = r^2$이라고 한 실수의 방정식으로 고쳐서 궤적을 구하였지만 이 방법은 **복소수 식에서 직접 궤적을 구하는** 방법이다.

문제를 풀려면 '**직선의 역도형은 원이다**' 라는 것만을 알고 있으면 대부분 **문제는 풀 수 있지만**, 아래에 추가해서 단계를 설명한다.

(1) $\dot{Z}(\lambda) = \dot{A} + \dot{B}\lambda$는 **직선이다**

8·1절에서 x가 0에서 ∞까지 변화할 때 즉 x가 변화할 때 임피던스

$$\dot{Z} = R + jx \tag{8·8}$$

인 궤적은 직선이라고 설명했다. 이것을 좀더 일반적으로 말하면 다음 식 $\dot{Z}(\lambda)$의 궤적은 직선이라고 말한다.

$$\dot{Z}(\lambda) = \dot{A} + \dot{B}\lambda \quad \left(\begin{array}{l} \text{단, } \dot{A}, \ \dot{B}\text{:상수} \\ \lambda\text{:실변수(실수의 변수)} \end{array} \right) \tag{8·9}$$

일반적으로 y가 x의 함수일 때 즉 y가 변수 x에 의하여 정한 값을 취할 때 $y = f(x)$ 혹은 $y(x)$로 쓰지만, (8·9)식의 $\dot{Z}(\lambda)$는 그것과 같은 뜻이다. 즉 실변수 λ에 의하여 정한 값을 취한 벡터 $\dot{Z}$라는 뜻이다. 또 $\dot{Z}$는 임피던스 뿐만 아니라 전압이나 전류 등의 벡터인 것도 있다. 그런데 $\dot{Z}(\lambda) = \dot{A} + \dot{B}\lambda$의 궤적은

$$\lambda = 0일 \ 때, \ \dot{Z}(\lambda) = \dot{A}$$
$$\lambda = 1일 \ 때, \ \dot{Z}(\lambda) = \dot{A} + \dot{B}$$
$$\lambda = 2일 \ 때, \ \dot{Z}(\lambda) = \dot{A} + 2\dot{B}$$

이하 같은 형태로 되므로 그림 8·13의 직선으로 되는 것을 이해할 수 있다. 또 $\dot{Z}(\lambda)$의 궤적은 다음과 같이 생각할 수도 있다.

$\dot{B}\lambda$의 궤적은 λ가 0, 1, 2,……로 변화하면 $\dot{B}\lambda$는 0, $\dot{B}$, $2\dot{B}$,……로 변화하므로 그림 8·14와 같은 원점을 지나는 직선이다. $\dot{Z}(\lambda) = \dot{A} + \dot{B}\lambda$는 $\dot{B}\lambda$에 $\dot{A}$를 더한 것이므로 그림과 같이 $\dot{B}\lambda$를 벡터 $\dot{A}$만큼 **평행 이동**한 궤적이 된다.

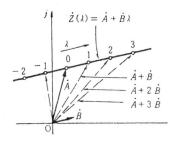

[그림 8·13] $\dot{A} + \dot{B}\lambda$의 궤적

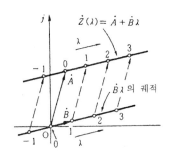

[그림 8·14] 평행 이동

[정리] [8·2] **궤적이 직선으로 되는 식과 평행 이동**

① $\dot{Z}(\lambda) = \dot{A} + \dot{B}\lambda$ (λ:실변수)의 궤적은 직선이다.

② 위 식의 간단한 경우로 $a + jb\lambda$, $a\lambda + jb$ (a, b:실상수)의 궤적은 그림 8·15의 직선이다.

③ 어느 벡터 궤적 $\dot{Y}(\lambda)$가 있을 때 $\dot{Z}(\lambda) = \dot{A} + \dot{Y}(\lambda)$의 궤적은 $\dot{Y}(\lambda)$를 $\dot{A}$만큼 평행 이동한 것이다.

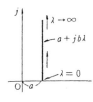

(a)

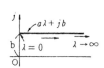

(b)

[그림 8·15]

(2) $\dot{Z}(\lambda)=\dot{A}\dot{Y}(\lambda)$는 닮은꼴이다

그림 8·16과 같이 어느 벡터 궤적 $\dot{Y}(\lambda)$이 있을 때 이것을 a(실상수)배한 $a\dot{Y}(\lambda)$의 벡터 궤적을 생각한다.

$\dot{Y}(\lambda)$의 λ가 어느 값일 때의 벡터 $\overrightarrow{Op}$에 대하여, 이에 대응하는 $a\dot{Y}(\lambda)$의 벡터 $\overrightarrow{Op'}$는 그림과 같이 $\overrightarrow{Op}$를 간단히 a배 한 벡터이다. $a\dot{Y}(\lambda)$의 궤적 위의 q', r'점도 같은 형태로 정한다.

따라서 Opqr이라는 도형과 Op'q'r'라는 도형은 닮은꼴이다. 또 그 도형의 일부인 $\dot{Y}(\lambda)$의 궤적과 $a\dot{Y}(\lambda)$의 궤적은 닮은꼴이라는 것이다.

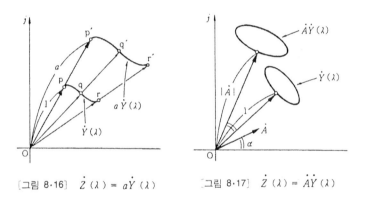

[그림 8·16] $\dot{Z}(\lambda)=a\dot{Y}(\lambda)$ [그림 8·17] $\dot{Z}(\lambda)=\dot{A}\dot{Y}(\lambda)$

다음에 실상수배가 아니고 복소수의 상수 $\dot{A}$배 경우는 그림 8·17과 같이 된다. 즉

$$\dot{A}=A\angle\alpha=A\varepsilon^{j\alpha}$$

로 하면,

$$\dot{A}\dot{Y}(\lambda)=(A\dot{Y}(\lambda))\times\varepsilon^{j\alpha}$$

이다. $A\dot{Y}(\lambda)$의 A는 실상수이므로, $\dot{Y}(\lambda)$을 A배한 닮은꼴이다.

$\dot{A}\dot{Y}(\lambda)$, $A\dot{Y}(\lambda)$에 $\varepsilon^{j\alpha}$를 곱한 것, 즉 $A\dot{Y}(\lambda)$의 각 벡터를 α만큼 위상을 앞선 것이다. 따라서 다음과 같이 정리할 수 있다.

정리 [8·3] 닮은꼴의 궤적과 회전

어느 벡터 궤적 $\dot{Y}(\lambda)$가 있을 때,

① $\dot{Z}(\lambda)=a Y(\lambda)$ $(a:$실상수$)$의 궤적은 $\dot{Y}(\lambda)$를 a배한 닮은꼴이다.

② $\dot{Z}(\lambda)=\dot{A}\dot{Y}(\lambda)$ $(\dot{A}=A\angle\alpha:$복소상수$)$의 궤적은 $\dot{Y}(\lambda)$를 A배하고, α만큼
회전한 닮은꼴이다.

---

(3) 역도형은 역수의 궤적이다

지금 그림 8·18 같이 $\dot{A}$라는 벡터를 생각
하고,

$$\dot{A}=A\angle\alpha$$

라고 하면, $\dot{A}$의 역수는 다음 식으로 된다.

$$\frac{1}{\dot{A}}=\frac{1\angle 0°}{A\angle\alpha}=\frac{1}{A}\angle(-\alpha)$$

즉 $\dot{A}$의 역수 $1/\dot{A}$ 벡터는 그 크기가 $1/A$
이고, 편각의 부호를 반대로 한 것이다. 그
래서 그림 8·18의 $1/\dot{A}$ 같은 벡터가 그려진
다.

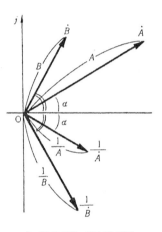

[그림 8·18] 역수의 벡터

다음에 $\dot{B}$의 역수 $1/\dot{B}$을 생각하면 동일하게 하여 그림 같은 벡터를 그린
다.

여기에서 그림와 같이,

$$A>B \text{ 라면 } \frac{1}{A}<\frac{1}{B} \text{ 이다.}$$

즉 **작은 벡터의 역수 쪽이 크게 된다.**

그런데 그림 8·19와 같이 $\dot{A}$와 $\dot{B}$ 사이에 어느 벡터 궤적 $\dot{Z}(\lambda)$가 있다고
한다. 그 벡터와 $\dot{Z}(\lambda)$의 **역수** $1/\dot{Z}(\lambda)$의 궤적은 대략 그림 같이 된다.

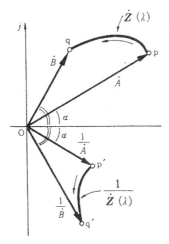

[그림 8·19] 역도형

$\dot{A}$, $\dot{B}$의 역수 $1/\dot{A}$, $1/\dot{B}$의 벡터는 위의 그림과 완전히 동일하다. $\dot{Z}(\lambda)$가 변수 λ의 변화에 따라서, p～q의 궤적을 그리면, 같은 변수 λ의 변화에 따라서 $1/\dot{Z}(\lambda)$의 벡터는 p′～q′와 같은 궤적을 그리게 된다. 이 $1/\dot{Z}(\lambda)$ **궤적을,** $\dot{Z}(\lambda)$**의 궤적의 역도형이라고 부르게** 된다. 그림 8·19에서 $\dot{Z}(\lambda)$와 $1/\dot{Z}(\lambda)$의 궤적에 대하여 양쪽의 크기, 각도, 변화의 방향 관계를 잘 이해하기 바란다.

(4) 원점을 지나는 직선의 역도형은 원점을 지나는 직선

$\dot{Z}(\lambda) = \dot{A} + \dot{B}\lambda$의 궤적은 직선이다. $\dot{A} = 0$의 경우에 $\dot{Z}(\lambda) = \dot{B}\lambda$의 궤적도 직선으로 그림 8·20과 같이 원점을 지나는 직선으로 된다. $\dot{B} = \dot{B}\angle\beta$로 해서 $\dot{Z}(\lambda) = \dot{B}\lambda$의 역도형을 구하여 본다.

$$\frac{1}{\dot{Z}(\lambda)} = \frac{1}{\dot{B}\lambda} = \frac{1}{B\lambda\angle\beta} = \frac{1}{B\lambda}\angle(-\beta)$$

위 식에서 $1/\dot{Z}(\lambda)$의 크기는 $1/B\lambda$이고 λ에 의하여 변화하지만 편각은 $-\beta$로 일정하다. 따라서 $1/\dot{B}\lambda$의 궤적은 그림 8·20과 같이 원점을 지나는 직선이 된다.

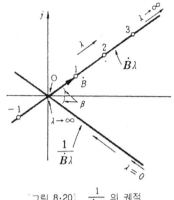

[그림 8·20] $\dfrac{1}{\dot{B}\lambda}$ 의 궤적

혹은 또 $1/\lambda$도 실변수이므로, $1/\lambda = \lambda'$로 두면,

$$\frac{1}{\dot{Z}(\lambda)} = \frac{1}{\dot{B}\lambda} = \left(\frac{1}{\dot{B}}\right) \cdot \frac{1}{\lambda} = \left(\frac{1}{\dot{B}}\right) \cdot \lambda'$$

이고 $\dot{B}\lambda$과 똑같이 (복소 상수)×(실변수)의 형태이므로 원점을 지나는 직선이라고 한다.

이상을 요약하면 어느 $\dot{Z}(\lambda)$의 **궤적이 원점을 지나는 직선이라면 그 역도형(역수의 궤적)도 역시 원점을 지나는 직선이다**는 것이다.

(5) 원점을 지나지 않는 직선의 역도형은 원

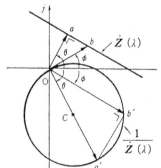

[그림 8·21] 원점을 지나지 않는
직선의 역도형

처음에 '직선의 역도형은 원이다'라는 것을 알고 있으면 대부분의 문제는 풀린다고 말하였는데 그 설명이다.

그림 8·21과 같이 어느 벡터 $\dot{Z}(\lambda)$의 궤적이 그림과 같은 **원점을 지나지 않는 직선**이라 하고 그 역도형을 구한다.

원점 O에서 $\dot{Z}(\lambda)$의 직선에 수직선을 긋고 그 벡터를 $\overrightarrow{Oa}$라 한다. $\overrightarrow{Oa}$의 역수 벡터는 $\overrightarrow{Oa'}$ 같이 된다. 또 $\dot{Z}(\lambda)$의 직선 위에 임의의 벡터 $\overrightarrow{Ob}$를 취하고 그 역수 벡터를 $\overrightarrow{Ob'}$ 라 한다.

여기서 $\triangle Oab$와 $\triangle Oa'b'$에 대하여 다음과 같이 말한다.

① $\overrightarrow{Oa}$의 길이는 $\dot{Z}(\lambda)$의 벡터 가운데 가장 짧은 것이므로, $\overrightarrow{Oa'}$ 의 길이는 $1/\dot{Z}(\lambda)$의 벡터 가운데 가장 길다.

② $\dfrac{\overrightarrow{Oa'}}{\overrightarrow{Ob'}} = \dfrac{1\big/\overrightarrow{Oa}}{1\big/\overrightarrow{Ob}} = \dfrac{\overrightarrow{Ob}}{\overrightarrow{Oa}}$ 로 2변의 비는 같다.

③ $\angle aOb = \angle a'Ob'$ 이다.

④ ②와 ③에서 두 개의 삼각형은 서로 닮았다.

⑤ 따라서 $\angle Ob'a'$ 는 $\angle Oab$와 같고, 직각이다.

이상에서 다음과 같이 말할 수 있다.

$\overrightarrow{Oa'}$ 는 $\dot{Z}(\lambda)$의 직선에 의하여 결정하는 일정한 선분이다. b' 는 λ의 값의 변화에 따라서 위치가 변하지만 항상 $\angle Ob'a'$ 는 직각이다. 따라서 b'점의 궤적, 즉 $1/\dot{Z}(\lambda)$의 궤적은 $\overrightarrow{Oa'}$를 직경으로 하는 원이고 원의 중심은 $\overrightarrow{Oa'}$ 의 중간점이다.

또 원점을 지나지 않는 직선의 식은 $\dot{Z}(\lambda) = \dot{A} + \dot{B}\lambda$이므로 그 역수 $\dfrac{1}{\dot{A} + \dot{B}\lambda}$ 은 그림 8·21과 같은 원점을 지나는 원을 나타내는 식이다. 또 이것을 $\dot{K}$만 큼 이동한 $\dot{K} + \dfrac{1}{\dot{A} + \dot{B}\lambda}$은 결국 $\dfrac{\dot{C} + \dot{D}\lambda}{\dot{A} + \dot{B}\lambda}$로 변형하고, 이것도 원점을 지나지 않는 원을 나타내는 식이다.

정리 [8·4] **직선의 역도형과 원의 일반식**

① 원점을 지나는 직선의 역도형은 원점을 지나는 직선이다.

② 원점을 지나지 않는 직선의 역도형은 원점을 지나는 원이다. (반대도 참)

이 원의 직경은 원점에서 직선으로 그은 수직선 벡터의 역수 벡터이다.

③ λ를 실변수로 해서 $\dfrac{1}{\dot{A}+\dot{B}\lambda}$ 및 $\dfrac{\dot{C}+\dot{D}\lambda}{\dot{A}+\dot{B}\lambda}$의 벡터 궤적은 원이다.

(앞의 것은 원점을 지나고, 뒤의 것은 원점을 지나지 않는 원)

($\dot{A}+\dot{B}\lambda$에 대하여 $\dot{A}=0$ 또는 $\dot{A}$, $\dot{B}$가 실수일 때는 원점을 지나는 직선이 되므로 그 역수의 궤적은 원점을 지나는 직선이 된다)

예 8·2 ▶ 그림 8·22의 회로에서 x가 $0 \rightarrow \infty$ 변화할 때의 $\dot{i}$ 벡터 궤적을 구하시오.

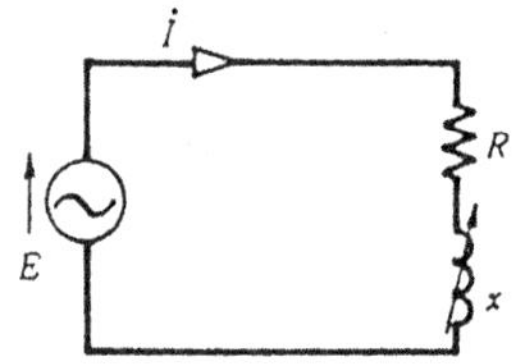

풀이 $\dot{i} = \dfrac{E}{R + jx}$

[그림 8·22]

이 식의 분모 $R + jx$ 궤적은 그림과 같은 실수가 R로 일정한 허축과 평행한 직선이다. $\dfrac{1}{R+jx}$의 궤적은 이 직선의 역도형이고 지름 $1/R$의 점선의 반원형이다.

$\dot{i} = \dfrac{E}{R+jx}$는 $\dfrac{1}{R+jx}$의 반원을 E배 한 것이므로 그림의 궤적이 된다.

즉 $\dot{i}$의 궤적은 중심 $\left(\dfrac{E}{2R},\ 0\right)$, 반지름 $\dfrac{E}{2R}$인 제4상한의 반원이다.

이 문제는 사실 예제 8·1과 같다. 문제 8·1의 풀이와 비교하면 상당히 간단한 것을 알 수 있다. 다음에 문제 8·3을 역도형 방법으로 풀이하여 보자.

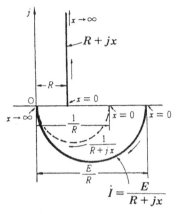

[그림 8·23]

예 8·3 ▶ 그림 8·24의 회로에서 $x_c = 2x_L$의 관계가 있다. r이 0에서 ∞까지 변화할 때의 $\dot{V}$의 벡터 궤적을 역도형 방법으로 구하시오.

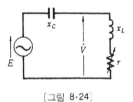

[그림 8·24]

풀이 $\dot{V} = \dfrac{r + jx_L}{r + j(x_L - x_c)}E = \dfrac{r + jx_L}{r - jx_L}E$　①

①식은 r이 변수이므로 $\dfrac{\dot{C} + \dot{D}\lambda}{A + B\lambda}$ 형태로 두고, 궤적은 원이 되는 것을 알 수 있다. 그러나 ①식대로는 역도형 방법으로 궤적을 그릴 수가 없다.

변수가 분모와 분자의 양방향에 있어서는 좋지 않다. **변수를 분모의 한 곳으로 모으고 $\dfrac{1}{A + B\lambda}$의 형태로** 해야 한다.

즉 ①식의 분자 변수 r을 없애도록 다음의 변형을 한다.

$$\dot{V} = \frac{r+jx_L}{r-jx_L}E = \frac{r-jx_L+j2x_L}{r-jx_L}E = E + \frac{j2x_LE}{r-jx_L} \qquad ②$$

여기에서 역도형 방법을 사용하였는데 다시 한번 다음과 같이 변형하면 좋다.

$$\dot{V} = E + \cfrac{1}{\cfrac{r}{j2x_LE} - \cfrac{jx_L}{j2x_LE}} = E + \cfrac{1}{-\cfrac{1}{2E} - j\cfrac{r}{2x_LE}}$$

$$= E + \cfrac{1}{-\cfrac{1}{2E} - j\lambda} \qquad ③$$

위 식에서 $r/2x_LE$를 하나의 실변수로 보고, 이것을 λ로 둔 것이다.

③식의 $-\dfrac{1}{2E} - j\lambda$의 궤적은 그림 8·25의 제3상한의 직선이다.

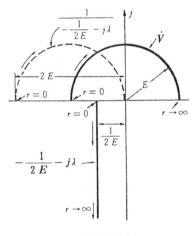

[그림 8·25]

이 직선의 역도형은 점선인 반원이다. $\dot{V}$의 궤적은 여기에 E를 더한 것이므로 점선인 반원을 E만큼 평행 이동한 실선인 원이다.

즉 $\dot{V}$ 궤적은 중심이 원점, 반지름 E의 허부가 항상 $+$인 반원이다.

문제 8·5 ▶ 그림 8·26 회로에서 r이 $0 \to \infty$로 변화했을 때 $\dot{V}$ 벡터 궤적을 구하시오. 단 $M < L_1$, $M < L_2$라고 한다.

문제 8·6 ▶ 그림 8·27 회로에서 전원의 각주파수 ω를 0에서 ∞까지 변화하였을 때 $\dot{V}_{ab}$ 벡터 궤적을 구하시오.

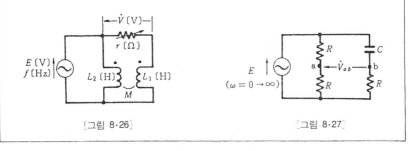

〔그림 8·26〕　　　　　　　〔그림 8·27〕

(6) 원의 역도형

원점을 지나지 않는 직선의 역도형은 원점을 지나는 원이므로, **원점을 지나는 원의 역도형은 원점을 지나지 않는 직선**이다.

그러면 원점을 지나지 않는 원의 역도형은 어떻게 될까? 정리 〔8·4〕에서 설명한 것처럼,

$$\dot{Z}(\lambda) = \frac{\dot{C} + \dot{D}\lambda}{\dot{A} + \dot{B}\lambda}$$

의 궤적은 원점을 지나지 않는 원이다. 위 식의 역수를 취하면,

$$\frac{1}{\dot{Z}(\lambda)} = \frac{\dot{A} + \dot{B}\lambda}{\dot{C} + \dot{D}\lambda}$$

로 되고 $\dot{Z}(\lambda)$와 같은 형태를 하고 있다. 따라서 **원점을 지나지 않는 역도형은 원점을 지나지 않는 원**이라는 것이다.

그림 8·28과 같이 원점과 $\dot{Z}(\lambda)$인 원의 중심을 잇는 직선의 원과의 교점을 a, b라 한다. ab는 원의 지름이고, $\overline{Oa}$, $\overline{Ob}$는 $|\dot{Z}(\lambda)|$의 최대값과 최소값이다.

따라서 a, b에 대응하는 역도형 위의 점을 a′, b′라 하면, $\overline{Ob'}$, $\overline{Oa'}$는 |1/ $\dot{Z}(\lambda)$|의 최대값과 최소값이 주어진다. 따라서 $\overline{a'b'}$은 역도형 원의 지름이다.

또 $\overline{a'b'}$의 중간점 c′는 원의 중심이다. 여기에서 $\overline{Oa'}=1/\overline{Oa}$ 또 $\overline{Ob'}=1/\overline{Ob}$이지만, $\overline{Oc'}=1/\overline{Oc}$로는 하지 않도록 주의하기 바란다.

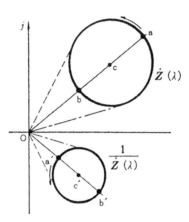

[그림 8·28] 원점을 지나지 않는 원의 역도형

정리 [8·5] **원의 역도형**

① 원점을 지나는 원의 역도형은 원점을 지나지 않는 직선이다.

② 원점을 지나지 않는 원의 역도형은 원점을 지나지 않는 원이다.

이 역도형인 원의 지름은 본래의 원의 중심과 원점을 잇는 직선과의 교차점에 대응하는 점에서 구할 수 있다.

역도형인 원의 중심은 지름의 중간점으로 해서 구할 수 있다.

예 8·4 ▶ 그림 8·29의 회로에서 r이 0에서 ∞까지 변화할 때의 $\dot{I}$ 벡터 궤적을 구하시오.

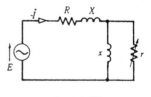

[그림 8·29]

[풀이] $\dot{I} = \dfrac{E}{R+jX+\dfrac{jrx}{r+jx}} = \dfrac{E}{R+jX+\dfrac{1}{\dfrac{1}{r}-j\dfrac{1}{x}}}$

위 식에서,

$\dot{Y}=\dfrac{1}{r}-j\dfrac{1}{x}$ ①,　$\dot{Z}=\dfrac{1}{\dot{Y}}$ ②,　$\dot{Z}_0=R+jX+\dot{Z}$ ③

$\dot{Y}_0=\dfrac{1}{\dot{Z}_0}$ ④　$\dot{I}=\dot{Y}_0E$

로 한다.

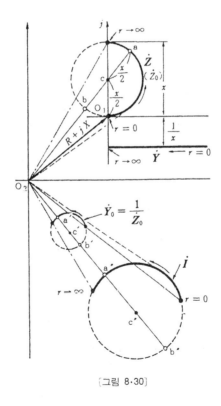

[그림 8·30]

①식에서 그림의 $\dot{Y}$의 궤적을 얻을 수 있다. $\dot{Z}$의 궤적은 $\dot{Y}$의 역도형 원이다. ③식의 $\dot{Z_0}$는 $\dot{Z}$를 $R+jX$만큼 평행 이동한 것이지만 그 대신에 원점을 O_1에서 O_2로 옮긴다.

다음에 $\dot{Z_0}$의 역도형 $\dot{Y_0}$를 구하고, 그것을 E배 하면 $\dot{I}$ 벡터 궤적이 구해진다.

다음에 $\dot{I}$ 궤적 중심과 반지름을 수식으로 구한다. $\dot{Z_0}$의 궤적에서,

$$\overrightarrow{O_2c} = R + j(X+x/2) = C\angle\theta \qquad\qquad ⑤$$

로 하면,

$$\overrightarrow{O_2a} = (C+x/2)\angle\theta$$
$$\overrightarrow{O_2b} = (C-x/2)\angle\theta$$

또,

$$\overrightarrow{O_2a''} = \frac{E}{C+x/2}\angle(-\theta), \quad \overrightarrow{O_2b''} = \frac{E}{C-x/2}\angle(-\theta) \quad ⑥$$

여기에서 C, θ는 ⑤식에서

$$C = \sqrt{R^2+(X+x/2)^2}, \quad \theta = \tan^{-1}\frac{X+x/2}{R} \text{이다.}$$

중심의 x 좌표는 $(\overrightarrow{O_2b''}+\overrightarrow{O_2a''})\cos\theta/2$이다. 이것을 계산하면,

$$\left(\frac{E}{C-x/2} + \frac{E}{C+x/2}\right) \times \frac{R}{C} \times \frac{1}{2} = \frac{RE}{C^2-(x/2)^2}$$
$$= \frac{RE}{R^2+X^2+xX}$$

마찬가지로 중심의 y 좌표를 계산하여 중심의 좌표는,

$$\left(\frac{RE}{R^2+X^2+xX}, \quad -\frac{(X+x/2)E}{R^2+X^2+xX}\right)$$

또 $\dot{I}$ 원의 반지름은 $(\overrightarrow{O_2b''}-\overrightarrow{O_2a''})/2$이고, 이것을 계산하면,

$$\left(\frac{E}{C-x/2} - \frac{E}{C+x/2}\right) \times \frac{1}{2} = \frac{xE}{2(C^2-(x/2)^2)} \text{에서}$$

원의 반지름은 $\dfrac{xE}{2(R^2+X^2+xX)}$ 라는 것이 된다.

역시 바로 앞의 ⑤~⑥식에서는 벡터를 극좌표 표시를 했기 때문에 계산이 간단하게 되어 있다. 이것을 복소수나 x, y 좌표를 나타내면 상당히 번거로운 계산이 될 것이다.

벡터 궤적이 **최대 최소 문제를 푸는데에 사용하는** 것은 문제 8·4의 예 그대로이다. 그 밖의 **조건 문제에도 활용된다.** 다음 문제를 생각해 보기 바란다. 내용은 문제 5·3과 같다.

문제 8·7 ▶ 그림 8·31의 회로에서 콘덴서 C를 가감하고 $\dot{E}$와 $\dot{i}$를 동상으로 하려고 한다. 전원 단자에서 본 임피던스의 벡터 궤적을 구하고 $\dot{E}$와 $\dot{i}$를 동상으로 하기 위해 필요한 X에 대한 제한을 구하시오.

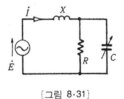

[그림 8·31]

제 9 장

4단자 회로와 4단자 상수

9·1 전원쪽 전압과 전류를 구하는 식(4단자 상수)

그림 9·1에서 $11'-22'$ 사이의 회로는 T회로라 부른다. 흔히 송전선을 거의 비슷하게 나타나는데에 사용된다. T회로 같은 혹은 더욱 일반적인 그림 9·2처럼 4개의 단자가 나와 있는 회로를 4단자 회로라 한다.

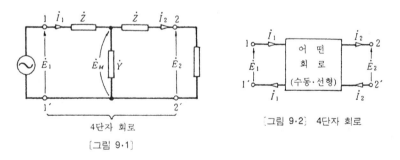

4단자 회로

[그림 9·1]

[그림 9·2] 4단자 회로

그림 9·1에서 $\dot{E}_2$, $\dot{I}_2$를 알고 있는 것으로 해서 $\dot{E}_1$, $\dot{I}_1$을 구해 보자.

$$\dot{E}_M = \dot{E}_2 + \dot{Z}\dot{I}_2, \quad \dot{I}_1 = \dot{I}_2 + \dot{Y}\dot{E}_M$$

같이 하여 계산하면 다음의 답이 얻어진다.

$$\begin{aligned}
\dot{E}_1 &= (1 + \dot{Z}\dot{Y})\dot{E}_2 + (2 + \dot{Z}\dot{Y})\dot{Z}\dot{I}_2 \\
\dot{I}_1 &= \quad\ \dot{Y}\dot{E}_2 \quad\ + (1 + \dot{Z}\dot{Y})\dot{I}_2
\end{aligned} \Bigg\} \tag{9.1}$$

여기에서 $1 + \dot{Z}\dot{Y} = \dot{A}$ 등이라 하면 위 식은 다음 형태의 식으로 된다.

$$\begin{aligned}
\dot{E}_1 &= \dot{A}\dot{E}_2 + \dot{B}\dot{I}_2 \\
\dot{I}_1 &= \dot{C}\dot{E}_2 + \dot{D}\dot{I}_2
\end{aligned} \Bigg\} \tag{9.2}$$

즉 $\dot{E}_2$, $\dot{I}_2$가 주어지면 어느 정해진 상수 $\dot{A}\dot{B}\dot{C}\dot{D}$에 의하여 $\dot{E}_1$과 $\dot{I}_1$을 구한다는 것이다. 이것은 그림 9·2와 같은 4단자 회로에 일반적으로 말할 수 있다. 단 회로는 수동(기전력을 포함하지 않는다) 회로이고, 선형(정류기나 가포화 소자 등의 비선형 소자를 포함하지 않는다) 회로인 경우만으로 제한한다.

$\dot{A}\dot{B}\dot{C}\dot{D}$의 값은 회로에 의하여 여러가지 값을 취하지만 이 상수에 의하여 전압·전류의 관계를 (9·2)식으로 나타내는 것에는 변함이 없다. 이 상수를 **4단자 상수**라 부른다. 여기에서 4단자 상수를 다룰 때의 **전압·전류의 양방향은 그림 9·2 그대로이고 1′ (2)′ 단자에 흐르는 전류는 1 (2)단자의 전류와 같아야 한다.**

9·2　4단자 상수 구하는 방법(제2의 방법)

앞에서 T회로의 4단자 상수를 구했다. (9·1)식의 $\dot{E}_2$, $\dot{I}_2$의 계수가 $\dot{A}\dot{B}\dot{C}\dot{D}$이다. 바로 앞에서의 계산 방법도 하나의 4단자 상수를 구하는 방법이지만 여기에서는 다른 방법을 설명한다.

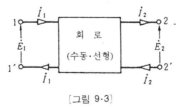

〔그림 9·3〕

4단자 상수의 식을 다시 설명한다.

$$\dot{E}_1 = \dot{A}\dot{E}_2 + \dot{B}\dot{I}_2 \ ①, \quad \dot{I}_1 = \dot{C}\dot{E}_2 + \dot{D}\dot{I}_2 \ ② \qquad ((9\cdot2))$$

①식에서 $\dot{A}$를 구하려고 한다. 만약 $\dot{I}_2 = 0$이면,

$$\dot{E}_1 = \dot{A}\dot{E}_2 + \dot{B} \times 0, \qquad \dot{A} = \frac{\dot{E}_1}{\dot{E}_2} \qquad (9\cdot3)$$

으로 되어 $\dot{A}$가 구해진다. $\dot{I}_2 = 0$이라는 것은 단자 22′를 개방한 상태이다. $(9\cdot3)$식을 $\dot{I}_2 = 0$으로 둔 $\dot{E}_1$, $\dot{E}_2$에서 $\dot{A}$를 구한다는 뜻으로, $\dot{A} = \left(\dfrac{\dot{E}_1}{\dot{E}_2}\right)_{\dot{I}_2=0}$로 쓰는 것으로 하면 4단자 상수는 다음 같이 하여 구할 수 있다.

또 각 상수의 차원도 써 둔다.

정리 〔9·1〕 **4단자 상수 구하는 방법과 차원**

단자 22′ 개방 $\dot{A} = \left(\dfrac{\dot{E}_1}{\dot{E}_2}\right)_{\dot{I}_2=0}$ 차원 [0] (무차원)

단자 22′ 단락 $\dot{B} = \left(\dfrac{\dot{E}_1}{\dot{I}_2}\right)_{\dot{E}_2=0}$ 차원 [Z] (임피던스)

단자 22′ 개방 $\dot{C} = \left(\dfrac{\dot{I}_1}{\dot{E}_2}\right)_{\dot{I}_2=0}$ 차원 [Y] (어드미턴스)

단자 22′ 단락 $\dot{D} = \left(\dfrac{\dot{I}_1}{\dot{I}_2}\right)_{\dot{E}_2=0}$ 차원 [0] (무차원)

위 설명의 식을 **모두 암기할 필요는 없다.** 원리를 잘 이해하면 $(9\cdot2)$식에 의하여 자연히 도출된다. 차원도 $(9\cdot2)$식에 의하여 바로 알 수 있을 것이다. $(9\cdot2)$식은 가장 중요한 식이므로 이것은 꼭 기억해야 한다.

4단자 회로 계산을 할 때 행렬(matrix)이 편리하다. 행렬에 대해서는 유감스러우나 다음 기회에 하고 예를 들어 $(9\cdot2)$식은 다음과 같이 간결하게 표현된다.

정리 〔9·2〕 **4단자 상수의 기본식**

$$
\left.\begin{array}{l}
\dot{E}_1 = \dot{A}\dot{E}_2 + \dot{B}\dot{I}_2 \\
\dot{I}_1 = \dot{C}\dot{E}_2 + \dot{D}\dot{I}_2
\end{array}\right\} \tag{9·2}
$$

행렬로 나타내면
$$
\begin{bmatrix} \dot{E}_1 \\ \dot{I}_1 \end{bmatrix} = \begin{bmatrix} \dot{A} & \dot{B} \\ \dot{C} & \dot{D} \end{bmatrix} \begin{bmatrix} \dot{E}_2 \\ \dot{I}_2 \end{bmatrix} \tag{9·4}
$$

(9·4)식의 우변은 **행렬의 곱**(곱셈)이고 다음 식과 같이 된다.

$$
\begin{bmatrix} \dot{E}_1 \\ \dot{I}_1 \end{bmatrix} = \begin{bmatrix} \dot{A} & \dot{B} \\ \dot{C} & \dot{D} \end{bmatrix} \begin{bmatrix} \dot{E}_2 \\ \dot{I}_2 \end{bmatrix} = \begin{bmatrix} \dot{A}\dot{E}_2 + \dot{B}\dot{I}_2 \\ \dot{C}\dot{E}_2 + \dot{D}\dot{I}_2 \end{bmatrix}
$$

이 식에서 $\dot{E}_1$은 제3식의 제1행 $\dot{A}\dot{E}_2 + \dot{B}\dot{I}_2$과 같은 뜻이고, (9·2)식의 제1식과 같은 것을 나타내고 있다.

또 그림 9·1 T회로의 전압·전류 관계식은,

$$
\left.\begin{array}{l}
\dot{E}_1 = (1 + \dot{Z}\dot{Y})\dot{E}_2 + (2 + \dot{Z}\dot{Y})\dot{Z}\dot{I}_2 \\
\dot{I}_1 = \quad\quad \dot{Y}\dot{E}_2 \quad\quad + (1 + \dot{Z}\dot{Y})\dot{I}_2
\end{array}\right\} \tag{(9·1)}
$$

이지만 행렬에서는 다음과 같이 표현된다.

$$
\begin{bmatrix} \dot{E}_1 \\ \dot{I}_1 \end{bmatrix} = \begin{bmatrix} 1 + \dot{Z}\dot{Y}, & (2 + \dot{Z}\dot{Y})\dot{Z} \\ \dot{Y}, & 1 + \dot{Z}\dot{Y} \end{bmatrix} \begin{bmatrix} \dot{E}_2 \\ \dot{I}_2 \end{bmatrix}
$$

또 그림 9·1의 T 회로의 4단자 상수는

$$
\begin{bmatrix} \dot{A} & \dot{B} \\ \dot{C} & \dot{D} \end{bmatrix} = \begin{bmatrix} 1 + \dot{Z}\dot{Y}, & (2 + \dot{Z}\dot{Y})\dot{Z} \\ \dot{Y}, & 1 + \dot{Z}\dot{Y} \end{bmatrix}
$$

이라는 상태로 간결하게 표현한다.

문제 9·1 ▶ 그림 9·4 (a), (b), (c) 회로의 4단자 상수를 구하시오.

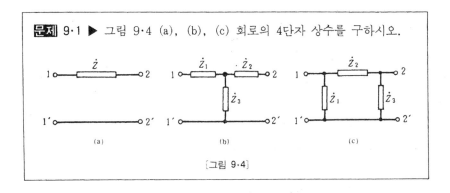

(a)   (b)   (c)

[그림 9·4]

9·3 기본 회로의 4단자 상수

그림 9·5 회로는 문제 9·1 회로이지만 4단자 상수는 22′ 단자 개방·단락으로 생각하는 것보다

$$\begin{cases} \dot{E}_1 = \dot{E}_2 + \dot{Z}\dot{I}_2 \\ \dot{I}_1 = (\dot{E}_2 \times 0) + \dot{I}_2 \end{cases} \quad \therefore \quad \begin{bmatrix} \dot{A} & \dot{B} \\ \dot{C} & \dot{D} \end{bmatrix} = \begin{bmatrix} 1 & \dot{Z} \\ 0 & 1 \end{bmatrix}$$

로 한 편이 간단하다.

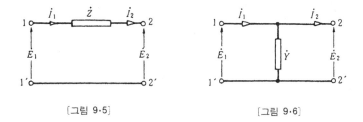

[그림 9·5]   [그림 9·6]

마찬가지로 그림 9·6 회로에서는 다음과 같이 된다.

$$\begin{cases} \dot{E}_1 = \dot{E}_2 + (\dot{I}_2 \times 0) \\ \dot{I}_1 = \dot{Y}\dot{E}_2 + \dot{I}_2 \end{cases} \quad \therefore \quad \begin{bmatrix} \dot{A} & \dot{B} \\ \dot{C} & \dot{D} \end{bmatrix} = \begin{bmatrix} 1 & 0 \\ \dot{Y} & 1 \end{bmatrix}$$

 이 두 개의 회로는 가장 단순한 4단자 회로이고 뒤에 설명하듯이 위 설명의 4단자 상수를 사용하여 더욱 복잡한 회로의 4단자 상수를 구할 수 있다. 기억해 두면 좋은 식이다.

정리 〔9·3〕 **기본 회로의 4단자 상수**

직렬 $\dot{Z}$만의 회로 $\begin{bmatrix} 1 & \dot{Z} \\ 0 & 1 \end{bmatrix}$, 병렬 Y만의 회로 $\begin{bmatrix} 1 & 0 \\ \dot{Y} & 1 \end{bmatrix}$
  (그림 9·5)   (그림 9·6)

 역시 기억하려고 하면 $\begin{bmatrix} \dot{A} & \dot{B} \\ \dot{C} & \dot{D} \end{bmatrix}$의 차원이 $\begin{bmatrix} [0] & [Z] \\ [Y] & [0] \end{bmatrix}$ (정리 〔9·3〕)인 것과 관련하여 기억하면 좋다.

9·4 4단자 상수의 성질

$\begin{bmatrix} \dot{A} & \dot{B} \\ \dot{C} & \dot{D} \end{bmatrix}$는 행렬이지만 $\begin{vmatrix} \dot{A} & \dot{B} \\ \dot{C} & \dot{D} \end{vmatrix}$는 행렬식이고, $\dot{A}\dot{D} - \dot{B}\dot{C}$라는 값을 갖는다.

 이것에 대하여 행렬은 다만 문자를 나열한 것 뿐으로 행렬식과 같은 한 개의 값을 갖는다는 것은 아니다. 여기에 나온 행렬식 $\begin{vmatrix} \dot{A} & \dot{B} \\ \dot{C} & \dot{D} \end{vmatrix}$를 '행렬 $\begin{bmatrix} \dot{A} & \dot{B} \\ \dot{C} & \dot{D} \end{bmatrix}$의 행렬식'이라 한다.

 여기에서 기본 회로의 4단자 상수의 행렬식 값을 계산하여 보자.

직렬 $\dot{Z}$만의 회로(그림 9·5),

$$\begin{vmatrix} 1 & \dot{Z} \\ 0 & 1 \end{vmatrix} = 1 \times 1 - \dot{Z} \times 0 = 1 \tag{9·5}$$

병렬 $\dot{Y}$만의 회로(그림 9·6)

$$\begin{vmatrix} 1 & 0 \\ \dot{Y} & 1 \end{vmatrix} = 1 \times 1 - \dot{Y} \times 0 = 1 \tag{9·6}$$

이와 같은 행렬식 값은 1로 된다. 다시 한번 그림 9·1인 T 회로에 대하여 계산하면,

$$\begin{vmatrix} 1+\dot{Z}\dot{Y} & (2+\dot{Z}\dot{Y})\dot{Z} \\ \dot{Y} & 1+\dot{Z}\dot{Y} \end{vmatrix} = (1+\dot{Z}\dot{Y})^2 - (2+\dot{Z}\dot{Y})\dot{Z}\dot{Y} = 1 \quad (9\cdot7)$$

이와 같은 $\begin{vmatrix} \dot{A} & \dot{B} \\ \dot{C} & \dot{D} \end{vmatrix} = 1$이라는 관계는 여기에서 계산한 회로뿐만 아니라 모든 4단자 상수에 대하여 성립되는 관계이다.

다음에 (9·5), (9·6), (9·7)식을 보면 어느 것이나 $\begin{bmatrix} \dot{A} & \dot{B} \\ \dot{C} & \dot{D} \end{bmatrix}$의 $\dot{A}$와 $\dot{D}$가 각각 같은 것을 알 수 있다. 이것을 보면 $\dot{A}=\dot{D}$가 모든 4단자 상수에 대하여 성립되는 듯 싶지만 그렇지 않다.

문제 9·1에서 계산한 그림 9·7의 회로에서는,

$$\begin{bmatrix} \dot{A} & \dot{B} \\ \dot{C} & \dot{D} \end{bmatrix} = \begin{bmatrix} 1+\dfrac{\dot{Z}_1}{\dot{Z}_3} & \dfrac{\dot{Z}_1\dot{Z}_2+\dot{Z}_2\dot{Z}_3+\dot{Z}_3\dot{Z}_1}{\dot{Z}_3} \\ \dfrac{1}{\dot{Z}_3} & 1+\dfrac{\dot{Z}_2}{\dot{Z}_3} \end{bmatrix}$$

였다. 위 식에서는 $\dot{A}=\dot{D}$는 아니다. 그러나 위 식에서 만약 $\dot{Z}_1=\dot{Z}_2$라면 $\dot{A}=\dot{D}$로 된다. 그리고 $\dot{Z}_1=\dot{Z}_2$로 되면 그림 9·7 회로는 좌우 대칭이 된다. 일반적으로 좌우 대칭이라면 $\dot{A}=\dot{D}$로 되는 것이다.

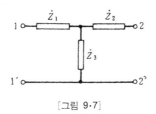

[그림 9·7]

정리 [9·4] **4단자 상수의 성질**

① 4단자 상수의 행렬식에 대하여 $\begin{vmatrix} \dot{A} & \dot{B} \\ \dot{C} & \dot{D} \end{vmatrix} = \dot{A}\dot{D} - \dot{B}\dot{C} = 1$의 관계가 있다.

② 대칭 회로서에는 $\dot{A} = \dot{D}$이다.

(이 성질은 4단자 상수의 계산·검산에 사용되는 중요한 성질이다.

문제 9·2 ▶ 3상 송전선의 1상을 취한 회로의 4단자 상수가 $\dot{A} = 0.96$, $\dot{B} = j56[\Omega]$이다. $\dot{C}$ 및 $\dot{D}$는 얼마인가? 단 송전선은 모든 선에 균일하다고 가정한다.

9·5 종속 접속은 행렬이 편리하다 $\left(\begin{smallmatrix} 4단자\ 상수\ 구하는 \\ 제3의\ 방법 \end{smallmatrix}\right)$

두 개의 4단자 회로를 그림 9·8과 같이 접속하는 접속 방식을 종속 접속이라고 한다.

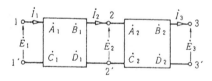

[그림 9·8]

두 개의 4단자 회로에는 각각 다음 식이 성립된다.

$$\begin{bmatrix} \dot{E}_1 \\ \dot{I}_1 \end{bmatrix} = \begin{bmatrix} \dot{A}_1 & \dot{B}_1 \\ \dot{C}_1 & \dot{D}_1 \end{bmatrix} \begin{bmatrix} \dot{E}_2 \\ \dot{I}_2 \end{bmatrix} \tag{9·8}$$

$$\begin{bmatrix} \dot{E}_2 \\ \dot{I}_1 \end{bmatrix} = \begin{bmatrix} \dot{A}_2 & \dot{B}_2 \\ \dot{C}_2 & \dot{D}_2 \end{bmatrix} \begin{bmatrix} \dot{E}_3 \\ \dot{I}_3 \end{bmatrix} \tag{9·9}$$

이 식에서 다음과 같이 하여 그림 9·8 회로 전체의 4단자 상수, 즉 합성 4단자 상수를 구할 수 있다. (9·9)식을 (9·8)식에 넣으면,

$$\begin{bmatrix} \dot{E}_1 \\ \dot{I}_1 \end{bmatrix} = \begin{bmatrix} \dot{A}_1 & \dot{B}_1 \\ \dot{C}_1 & \dot{D}_1 \end{bmatrix} \begin{bmatrix} \dot{A}_2 & \dot{B}_2 \\ \dot{C}_2 & \dot{D}_2 \end{bmatrix} \begin{bmatrix} \dot{E}_3 \\ \dot{I}_3 \end{bmatrix}$$

$$= \begin{bmatrix} A_1 A_2 + \dot{B}_1 \dot{C}_2 & \dot{A}_1 \dot{B}_2 + \dot{B}_1 \dot{D}_2 \\ \dot{C}_1 \dot{A}_2 + \dot{D}_1 \dot{C}_2 & \dot{C}_1 \dot{B}_2 + \dot{D}_1 \dot{D}_2 \end{bmatrix} \begin{bmatrix} \dot{E}_3 \\ \dot{I}_3 \end{bmatrix}$$

그러므로 합성 4단자 상수는,

$$\begin{bmatrix} \dot{A}_0 & \dot{B}_0 \\ \dot{C}_0 & \dot{D}_0 \end{bmatrix} = \begin{bmatrix} \dot{A}_1 \dot{A}_2 + \dot{B}_1 \dot{C}_2 & \dot{A}_1 \dot{B}_2 + \dot{B}_1 \dot{D}_2 \\ \dot{C}_1 \dot{A}_2 + \dot{D}_1 \dot{C}_2 & \dot{C}_1 \dot{B}_2 + \dot{D}_1 \dot{D}_2 \end{bmatrix}$$

정리 〔9·5〕 **종속 접속의 합성 4단자 상수**

　두 개의 4단자 회로를 종속 접속한 때의 합성 4단자 상수는 각 4단 자 상수의 행렬 곱 $\begin{bmatrix} \dot{A}_1 & \dot{B}_1 \\ \dot{C}_1 & \dot{D}_1 \end{bmatrix} \begin{bmatrix} \dot{A}_2 & \dot{B}_2 \\ \dot{C}_2 & \dot{D}_2 \end{bmatrix}$ 로 구한다.

다음 문제와 같은 경우는 **기본 회로**(정리〔9·3〕)**를 종속 접속했다고 생각 하고** 계산하면 기계적으로 계산되어 편리하다.

양방향 모두 차원에 주의하기 바란다.

문제 9·3 ▶ 그림 9·9 (a)(b)의 회로에 대하여 기본 회로를 종속 접속했 다고 생각하여 4단자 상수를 구하시오.

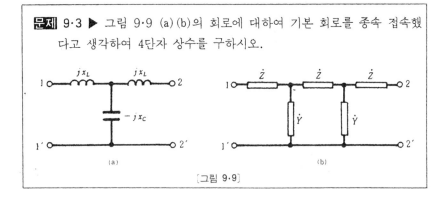

〔그림 9·9〕

다음 문제 9·4는 그림 9·10의 4단자 상수를 구하는 문제이지만, 이 경우 는 종속 접속 방법을 사용하지 않는다. 정리 [9·1]의 방법이 좋지만 **양방향**을 바르게 생각하지 않으면 답의 ±가 반대로 되므로 주의가 필요하다.

또 4단자 상수가 얼마 있다면 수값을 나타내도 그것이 실제로는 어떠한 회로인지 알기 어렵다. 문제 9·6처럼 **4단자 상수에서 등가인 T 회로**를 구해 보면 실제로 이해될 것으로 생각한다.

송전선은 일반적으로 3상 방식이다. 그 **송전선의 선로 상수를 4단자 상수로 나타내려면 3상 송전선의 1상분을 취하고 4단자 회로의 형태로 생각해야 한다**. 문제 9·7과 같은 문제는 선간 전압과 Y의 상전압을 바르게 알고 사용할 필요가 있다.

문제 9·4 ▶ 그림 9·10 회로의 4단자 상수를 구하시오.

문제 9·5 ▶ 그림 9·11 회로의 4단자 상수를 구하시오.

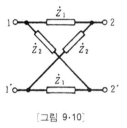

[그림 9·10]

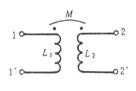

[그림 9·11]

문제 9·6 ▶ 3상 송전선 1상을 취한 회로의 4단자 상수가 $\dot{A} = \dot{D} = 0.96$, $\dot{B} = j56[\Omega]$, $\dot{C} = j1.4 \times 10^{-3}[S]$이다. 이것과 등가인 그림 9·9(a)와 같은 T 회로의 임피던스를 구하시오.

문제 9·7 ▶ 문제 9·6의 송전선에 있어서 수전단 선간 전압이 140kV이고 200MW, 역률 100%의 부하가 걸려 있다. 송전단 전압은 몇 V인가?

9·6 4단자 상수를 반대로 사용하려면

4단자 상수의 기본식은 몇 번 나왔던 다음 식이다.

$$\begin{bmatrix} \dot{E}_1 \\ \dot{I}_1 \end{bmatrix} = \begin{bmatrix} \dot{A} & \dot{B} \\ \dot{C} & \dot{D} \end{bmatrix} \begin{bmatrix} \dot{E}_2 \\ \dot{I}_2 \end{bmatrix} \qquad ((9\cdot4))$$

또는
$$\begin{cases} \dot{E}_1 = \dot{A}\dot{E}_2 + \dot{B}\dot{I}_2 \\ \dot{I}_1 = \dot{C}\dot{E}_2 + \dot{D}\dot{I}_2 \end{cases} \qquad ((9\cdot2))$$

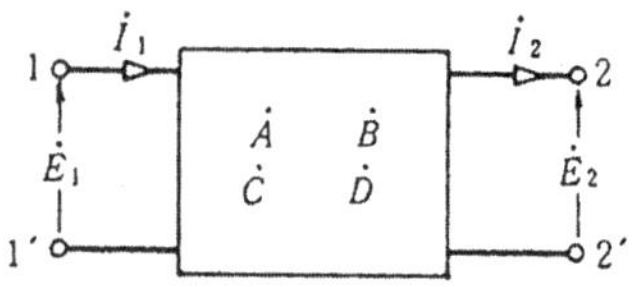

[그림 9·12]

$\dot{E}_2$와 $\dot{I}_2$를 알고 있고, $\dot{E}_1$이나 $\dot{I}_1$을 구하는 것은 (9·2)식을 그대로 사용하면 좋다. 앞의 문제 9·7은 그러한 문제였다. 반대로 $\dot{E}_1$과 $\dot{I}_1$을 알고 있고, $\dot{E}_2$나 $\dot{I}_2$를 구하는 것에는 (9·4)식이라면 이 양변에 역행렬 $\begin{bmatrix} \dot{A} & \dot{B} \\ \dot{C} & \dot{D} \end{bmatrix}^{-1}$ 을 곱하면 좋다. (9·2)식이라면 이 두 식을 연립 방정식으로 해서 $\dot{E}_2$와 $\dot{I}_2$를 구하면 좋다. 어느쪽이라도 동일하다.

(9·2)식을 연립 방정식으로 풀면 쉽게 다음 해답이 얻어진다.

$$\begin{cases} \dot{E}_2 = \dot{D}\dot{E}_1 + \dot{B}\dot{I}_1 \\ \dot{I}_2 = -\dot{C}\dot{E}_1 + \dot{A}\dot{I}_1 \end{cases} \qquad (9\cdot10)$$

행렬로 나타내면
$$\begin{bmatrix} \dot{E}_2 \\ \dot{I}_2 \end{bmatrix} = \begin{bmatrix} \dot{D} & -\dot{B} \\ -\dot{C} & \dot{A} \end{bmatrix} \begin{bmatrix} \dot{E}_1 \\ \dot{I}_1 \end{bmatrix} \qquad (9\cdot11)$$

로 된다.

$\dot{A}\dot{B}\dot{C}\dot{D}$와 $\dot{E}_1$, $\dot{I}_1$을 알고 있고, $\dot{E}_2$나 $\dot{I}_2$를 구하는 것은 (9·10)식을 사용하면 좋다는 뜻이다. 그런데 (9·11)식의 $\begin{bmatrix} \dot{D} & -\dot{B} \\ -\dot{C} & \dot{A} \end{bmatrix}$는 반대 단자에서 본 4단자 상수와 비슷하지만 그렇지 않다.

그림 9·12와 같은 회로에 대하여 입력과 출력의 **단자를 반대로 한 4단자 상수**는 그림 9·13과 같이 전류의 양방향을 반대로 한 경우의 4단자 상수이다.

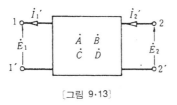

[그림 9·13]

그림 9·12와 그림 9·13을 비교하면 $\dot{I}_1 = -\dot{I}_1'$, $\dot{I}_2 = -\dot{I}_2'$ 이다. 이것을 (9·10) 식에 넣고,

$$\begin{cases} \dot{E}_2 = \dot{D}\dot{E}_1 + \dot{B}\dot{I}_1' \\ \dot{I}_2 = \dot{C}\dot{E}_1 + \dot{A}\dot{I}_1' \end{cases} \qquad 행렬로 \quad \begin{bmatrix} \dot{E}_2 \\ \dot{I}_2' \end{bmatrix} = \begin{bmatrix} \dot{D} & \dot{B} \\ \dot{C} & \dot{A} \end{bmatrix} \begin{bmatrix} \dot{E}_1 \\ \dot{I}_1' \end{bmatrix} \qquad (9·12)$$

여기에 나온 $\begin{bmatrix} \dot{D} & \dot{B} \\ \dot{C} & \dot{A} \end{bmatrix}$ 가 그림 9·13 회로의 4단자 상수이다. 즉,

$$\begin{bmatrix} \dot{A}' & \dot{B}' \\ \dot{C}' & \dot{D}' \end{bmatrix} = \begin{bmatrix} \dot{D} & \dot{B} \\ \dot{C} & \dot{A} \end{bmatrix} \qquad (9·13)$$

라는 뜻이다. 이 식을 잘 보면 대칭 회로라면 $\dot{A} = \dot{D}$라는 것을 알 수 있다.

9·7 분포 상수 회로의 4단자 상수

예를 들어 전선의 저항이 10Ω이라고 한다. 이 10Ω이라는 것은 한 점에 모여서 존재하는 것은 아니고 전선의 전체 길이에 분포되어 있는 저항을 전체로서 보면 10Ω이 된다는 뜻이다. 이와 같이 보는 방법으로 생각한 회로를 분포 상수 회로라 한다.

장거리 송전선 등은 R, L, C가 분포되어 있는 분포 상수 회로로서 처리해야 한다. 공부를 열심히 한 사람은 이와 같은 분포 상수 회로의 4단자 상수를 다음 식으로 나타낼 수 있는 것을 알고 있을 것이다.

$$\begin{bmatrix} \dot{A} & \dot{B} \\ \dot{C} & \dot{D} \end{bmatrix} = \begin{bmatrix} \cosh \dot{\gamma}l & \dot{Z}_0 \sinh \dot{\gamma}l \\ (1/\dot{Z}_0) \sinh \dot{\gamma}l & \cosh \dot{\gamma}l \end{bmatrix} \qquad (9·14)$$

단 1km당의 임피던스, 어드미턴스를 $\dot{z}$[Ω], $\dot{y}$[S]로 해서

$\dot{Z}_0$:특성 임피던스 $\dot{Z}_0=\sqrt{\dot{z}/\dot{y}}$ 〔Ω〕

$\dot{\gamma}$:전달 상수 $\dot{\gamma}=\sqrt{\dot{z}\dot{y}}$ 〔rad／km〕

l:송전선의 길이 〔km〕

그런데 이와 같은 식을 보아도 식 속은 쌍곡선 함수이고, 특성 임피던스라든가 전달 상수라든가 어려운 단어가 나오고, 식이 무엇을 뜻하는 것인가 납득하기 어려울 것으로 생각된다.

그래서 다음 예제를 보자. 이 예제의 해답에 따라서 **분포 상수 회로의 4단자 상수 전체를 대략 이해할** 것으로 생각한다.

그 이전에 예비 지식을 설명해 보자.

쌍곡선 함수의 정의 $\sinh x=\dfrac{\varepsilon^x-\varepsilon^{-x}}{2}$, $\cosh x=\dfrac{\varepsilon^x+\varepsilon^{-x}}{2}$

삼각 함수의 식 $\sin x=\dfrac{\varepsilon^{jx}-\varepsilon^{-jx}}{2j}$, $\cos x=\dfrac{\varepsilon^{jx}+\varepsilon^{-jx}}{2}$

위 식에서 다음 관계가 있다.

$$\sinh jx=j\sin x, \quad \cosh jx=\cos x$$

예 9·1 ▶ 인덕턴스 1.4mH／Km, 정전 용량 0.0085 μF／km, 길이 100 km인 50Hz 송전선이 있다. 분포 상수 회로식에 따라 4단자 상수를 구하시오.

풀이 $\dot{Z}_0=\sqrt{\dfrac{\dot{z}}{\dot{y}}}=\sqrt{\dfrac{j\omega L}{j\omega C}}=\sqrt{\dfrac{1.4\times10^{-3}}{0.0085\times10^{-6}}}=405.8$ 〔Ω〕

$\dot{\gamma}l=\sqrt{\dot{z}\dot{y}}\,l=\sqrt{j\omega L\cdot j\omega C}\,l=j\omega\sqrt{LC}\,l$

$\qquad=j2\pi\times50\times\sqrt{1.4\times10^{-3}\times0.0085\times10^{-6}}\times100=j0.1084$ 〔rad〕

$\dot{A}=\dot{D}=\cosh\dot{\gamma}l=\cosh j0.1084=\cos0.1084\risingdotseq0.994$

$\dot{B}=\dot{Z}_0\sin\dot{\gamma}l=405.8\times\sinh j0.1084=405.8\times j\sin0.1084$

$\qquad=j405.8\times0.1046\risingdotseq j42.5$ 〔Ω〕

$$\dot{C} = \frac{1}{\dot{Z}} \sinh \dot{\gamma} l = \frac{1}{405.8} \times j0.1046 \fallingdotseq j2.58 \times 10^{-4} \ [\text{S}]$$

$$\dot{A} = \dot{D} = 0.994$$
$$\dot{B} = j42.5 \ [\Omega]$$
$$\dot{C} = j2.58 \times 10^{-4} \ [\text{S}]$$

이 답과 문제 9·6의 4단자 상수와 비교하면 약간 다르지만 연산자로서는 비슷한 수값인 것을 알 수 있다. 또 이 답을 토대로 문제 9·6처럼 등가 T회로로 바꾸어 놓을 수도 있다. 이러한 것들에서 '실제의 송전선은 분포 상수 회로이지만, 이것을 4단자 상수로 나타낼 수 있고 또, 등가 T 회로나 π 회로로 바꾸어 놓을 수 있다'는 것이다.

문제 9·8 ▶ 전 선에 걸쳐 균일한 송전선에서 수전단을 단락하여 송전단에서 측정한 1선당의 임피던스가 $\dot{Z}_{1S} = j96[\Omega]$, 수전단을 개방하여 송전단에서 측정한 1선당의 임피던스가 $\dot{Z}_{10} = -j1380[\Omega]$이다.

(1) 이 송전선 1선에 대하여 4단자 상수를 구하시오.
(2) 그림 9·14와 같은 등가 T 회로로 바꾸었을 때 $\dot{Z}$, $\dot{Y}$는 얼마인가?

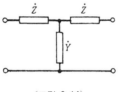

[그림 9·14]

제 **10** 장

변형파 교류

10·1 변형 파형

그림 10·1 (a)는 텔레비전이 교류 전원으로부터 얻는 전류의 파형이다. 이와 같은 사인파가 아닌 파형의 전류·전압을 변형파 교류라고 한다.

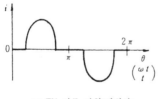

(a) TV 전류 파형(대칭파)

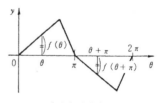

(b) 삼각파(대칭파)

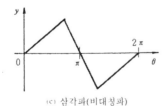

(c) 삼각파(비대칭파)

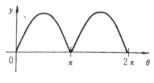

(d) 전파 정류 파형

그림 10·1

정류기 부하 등 변형파 전류를 가진 부하는 많지만, 또 전원 전압이 변형파 교류인 경우도 있다.

교류 이론에서 자주 다루는 변형파에는 삼각파, 직사각형파, 사다리꼴파, 원형파 등이 있다.

그림 (b), 그림 (c)는 삼각파이다. 세로축은 일반적인 형으로 y이다. 가로축은 시간 t 혹은 각도로 표시한 ωt이지만 ωt을 간단하게 θ로 나타내고 있다.

그림 (b)는 $\pi \sim 2\pi$의 파형이 $0 \sim \pi$의 파형을 그대로 반대로 한 형태로 되어 있다.

식으로 나타내면,

$$f(\theta + \pi) = -f(\theta) \qquad\qquad (10 \cdot 1)$$

이다. 이와 같은 파형을 **대칭파**라고 한다.

이에 대하여 그림 (c)는 그림 (b)와 비슷하지만 (10·1)식의 조건을 만족시키지 못한다. (10·1)식의 조건을 만족하지 않는 파형은 **비대칭파**이다.

그림 (d)는 전파 정류 파형이다. 이것은 보통 말하는 교류는 아니다. 그러나 이와 같은 파형에도 계산 방법은 아래와 같은 방법을 그대로 사용할 수 있다.

10·2 기초는 순시값, 계산은 사인파 교류를 활용한다

「1. **회로 계산의 기초**」에서 설명했던 것은 변형파인 경우에도 그대로 통용한다. 그 1장에서는 순시값에 대하여 여러 가지 설명이 있었지만 **변형파 교류 계산의 기초는** 1장에서 설명한 다음과 같은 **순시값에 대한 법칙이나 정의로부터 생각해야 한다**.

[정리] 〔10·1〕 **순시값에 대한 법칙이나 정의** (요점)

① 역기전력은 $v = Ri$, $v = L\dfrac{di}{dt}$, $v = \dfrac{q}{C}$ 등이다.   (10·2)

② 전력의 순시값은 $p = vi = i^2 R$ 로 계산한다.   (10·3)

③ 전압·전류의 순시값에 대하여 키르히호프의 법칙이 성립된다.

④ 선형 회로의 전압·전류에 대하여 중첩의 원리가 성립된다.

⑤ 전압·전류를 ＋－로 나타내려면 양방향이라는 기준이 중요하다. 더할까 뺄까는 양방향에 따라서 결정한다.

⑥ 평균값은 $\dfrac{1}{\pi}\displaystyle\int_0^{\pi} y\,d\theta$ 로 계산한다.   (10·4)

⑦ 교류 전력 P는 (10·3)식의 p의 평균값이다.

⑧ 전류의 실효값을 I라 하면 어떠한 파형에서도 $P = I^2 R$이다. (10·5)

⑨ 실효값은 $\sqrt{\dfrac{1}{2\pi}\displaystyle\int_0^{2\pi} y^2\,d\theta}$ 로 계산한다.   (10·6)

순시값에 대한 법칙이나 정의는 대략 이상과 같다.

변형파 교류 계산의 기초는 이와 같은 법칙이나 정의에서 생각한다고 하여도, 그것은 기초를 생각한 것으로 변형파 계산을 일일이 순시값으로 계산한다는 것은 아니다.

예를 들어 삼각파 교류의 순시값을 식으로 나타내려 하여도 사인파의 $I_m \sin \omega t$라고 한 단순한 식으로는 나타낼 수 없다. 따라서 순시값의 식으로 계산하려 것은 상당히 번거로운 것이다. 그래서 다음에 설명하듯이 연구하여 **사인파 교류의 계산 방법, 예를 들어 벡터 계산 등의 방법을 활용하여 계산한다**는 것이다.

10·3 평균값·실효값은 넓이를 생각하라

(1) 평균값은 파형의 넓이로 계산한다

그림 10·2와 같은 삼각파의 평균값을 구하여 보자. 평균값은 (10.4)식으

로 계산한다. 우선, y의 값은,

$\theta = 0 \sim a$에 있어서 $y = \dfrac{Y_m}{a}\theta$

$\theta = a \sim \pi$에 있어서 $y = \dfrac{Y_m}{\pi - a}(\pi - \theta)$

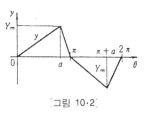

그림 10·2

따라서 평균값 Y_a는,

$$Y_a = \frac{1}{\pi}\int_0^\pi y\,d\theta = \frac{1}{\pi}\left\{\int_0^a \frac{Y_m}{a}\theta\,d\theta + \int_a^\pi \frac{Y_m}{\pi - a}(\pi - \theta)\,d\theta\right\}$$

$$= \frac{1}{\pi}\left\{\frac{Y_m}{a}\left[\frac{\theta^2}{2}\right]_0^a + \frac{Y_m}{\pi - a}\left[-\frac{(\pi - \theta)^2}{2}\right]_a^\pi\right\}$$

$$= \frac{1}{\pi}\left\{\frac{Y_m a}{2} + \frac{Y_m(\pi - a)}{2}\right\} = \frac{Y_m}{2}$$

로 계산하고 그림 10·2 파형의 평균값은 $Y_m/2$인 것을 알 수 있다.

그런데 $Y_a = \dfrac{1}{\pi}\displaystyle\int_0^\pi y\,d\theta$의 식 $\displaystyle\int_0^\pi y\,d\theta$라는 계산은, y의 그래프와 가로축으로

둘러싸인 넓이를 구하는 계산이다. 즉 평균값을 구한다는 것은 파형의 넓이

를 평균으로 고르면 얼마가 될 것인가라는 것이다. 오히려 반대로 **파형의**

넓이를 고르게 하는 것이 평균값이므로 평균값은 $\dfrac{1}{\pi}\displaystyle\int_0^\pi y\,d\theta$로 계산한다는 것

이다.

그래서 그림 10·2 파형의 평균값은 다음 값이 간단히 계산한다.

$$Y_a = \frac{1}{\pi} \times (\text{파형의 } \theta = 0 \sim \pi \text{의 넓이})$$

$$- \frac{1}{\pi} \times \left(\frac{1}{2}\pi Y_m\right) = \frac{Y_m}{2}$$

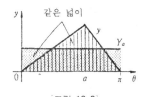

그림 10·3

(2). 실효값은 그래프 y^2의 넓이를 생각한다

실효값은 $Y = \sqrt{\dfrac{1}{2\pi}\displaystyle\int_0^{2\pi} y^2\,d\theta}$ (정리[1·5])로 계산한다. 말로 표현하면 '제곱

의 평균의 제곱근'이다. 이 식 가운데 $\int_0^{2\pi} y^2 d\theta$는, y^2의 그래프 $\theta=0 \sim 2\pi$ 사이의 넓이이다.

그림 10·4와 같은 대칭파인 경우 y^2의 그래프 넓이는 $\theta=0 \sim \pi$ 사이의 넓이나 $\theta=\pi \sim 2\pi$의 넓이도 같다. 따라서,

$$\begin{pmatrix} \theta=0 \sim 2\pi \text{ 사이의} \\ y^2 \text{의 평균} \end{pmatrix} = \begin{pmatrix} \theta=0 \sim \pi \text{ 사이의} \\ y^2 \text{의 평균} \end{pmatrix}$$

이므로 실효값을 계산하는 데에 $\theta=0 \sim \pi$ 사이만 생각하여 $\sqrt{\dfrac{1}{\pi}\int_0^\pi y^2 d\theta}$로 계산할 수 있다.

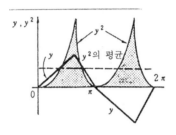

[그림 10·4]

정리 [10·2] **변형파 교류의 평균값·실효값**

① **평균값**은 다음 식으로 계산한다(대칭파). (단 $\theta=\omega t$)

$$Y_a = \frac{1}{\pi}\int_0^\pi y\, d\theta \quad \begin{pmatrix} y \text{의 그래프} \\ \theta=0 \sim \pi \text{의 넓이의 평균} \end{pmatrix} \tag{10·7}$$

② **실효값**의 식은 다음 같이 생각할 수 있다.

$$Y = \sqrt{\frac{1}{2\pi}\int_0^{2\pi} y^2 d\theta} = \sqrt{\begin{pmatrix} y^2 \text{의 그래프} \\ \theta=0 \sim 2\pi \text{의 넓이의 평균} \end{pmatrix}} \tag{10·8}$$

③ 위 설명의 원리에서 **대칭파인 경우**는 다음 식으로 계산하는 것을 이해할 수 있다.

$$Y = \sqrt{\frac{1}{\pi} \int_0^{\pi} y^2 d\theta}$$
(10·9)

④ 마찬가지로 y의 그래프가 **$\pi/2$의 좌우로 대칭**한 경우에는 다음 식으로 계산한다.

$$Y = \sqrt{\frac{1}{\pi/2} \int_0^{\pi/2} y^2 d\theta}$$
(10·10)

[예] 10·1 ▶ 그림 10·5에서 파형의 실효값을 구하시오. (이 파형은 3상 브리지 정류의 교류측 파형이다)

[풀이]
$$I = \sqrt{\frac{1}{\pi} \times \binom{0 \sim \pi \text{ 사이의}}{i^2 \text{의 넓이}}}$$
$$= \sqrt{\frac{1}{\pi} \times \left(I_d^2 \times \frac{2\pi}{3} \right)} = \sqrt{\frac{2}{3}} \, I_d$$

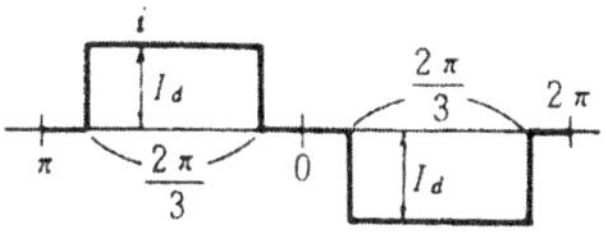

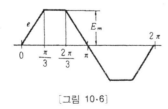

[그림 10·5]

[예] 10·2 ▶ 그림 10·6 사다리꼴파 전압의 실효값을 구하시오.

[그림 10·6]

[풀이] $\pi/2$의 좌우로 대칭이므로 (10·10)식으로 계산하면 좋다.

$$\theta = 0 \sim \frac{\pi}{3} \text{이고,} \quad e_1 = \frac{E_m}{\pi/3} \theta = \frac{3E_m}{\pi} \theta$$

$\theta = \pi/3 \sim \pi/2$이고, $e_2 = E_m$

$$E = \sqrt{\frac{2}{\pi} \int_0^{\pi/2} e^2 d\theta} = \sqrt{\frac{2}{\pi} \left\{ \int_0^{\pi/3} e_1{}^2 d\theta + \int_{\pi/3}^{\pi/2} e_2{}^2 d\theta \right\}} \qquad (1)$$

(1)식의 적분을 따로 계산한다.

$$\int_0^{\pi/3} e_1{}^2 d\theta = \left(\frac{3E_m}{\pi}\right)^2 \int_0^{\pi/3} e^2 d\theta = \frac{9E_m{}^2}{\pi^2} \left[\frac{\theta^3}{3}\right]_0^{\pi/3} = \frac{\pi E_m{}^2}{9}$$

$$\int_{\pi/3}^{\pi/2} e_2{}^2 d\theta = E_m{}^2 \int_{\pi/3}^{\pi/2} d\theta = E_m{}^2 \left[\theta\right]_{\pi/3}^{\pi/2} = \frac{\pi E_m{}^2}{6}$$

이것을 (1)식에 넣고,

$$E = \sqrt{\frac{2}{\pi} \left\{ \frac{\pi E_m{}^2}{9} + \frac{\pi E_m{}^2}{6} \right\}} = E_m \sqrt{2 \times \left(\frac{1}{9} + \frac{1}{6}\right)}$$

$$= \frac{\sqrt{5}}{3} E_m \fallingdotseq 0.745 E_m$$

다음 문제를 풀기 전에 문제 1·5를 보기 바란다.

문제 10·1 ▶ 그림 10·7의 회로에서 e는 실효값 E의 사인파 기전력이다. 전압계 V 및 전류계 A의 지시는 얼마인가? 단 V는 가동 철편형으로 실효값을 가리키고 A는 가동 코일형으로 1주기 사이의 평균값을 가리키는 것이라고 한다.

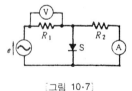

[그림 10·7]

10·4 변형 파형은 고조파로 분해된다

그림 10·8 (a)같이 $y_1 = Y_{1m} \sin \omega t$와 $y_3 = Y_{3m} \sin 3\omega t$의 그래프를 생각한다. $3\omega t = 3 \times 2\pi f t = 2\pi \times (3f) t$이므로 y_3의 **주파수는** y_1 **주파수의 3배**이다. 다음에 $y_1 + y_3$의 그래프를 구하면 그림 (a)의 굵은 선처럼 될 것이다.

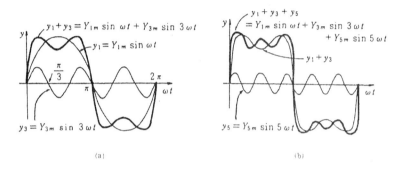

〔그림 10·8〕 직사각형파에 가깝다

또 그림 (b)같이 $y_5 = Y_{5m} \sin 5\omega t$의 그래프를 생각하고, $y_1 + y_3 + y_5$의 그래프를 그리면 그림과 같이 직사각형파에 가까운 형태로 된다.

이와 같이 하여 $y_1 + y_3 + y_5 + y_7 + \cdots \cdots$으로 거듭해 가면 직사각형파로 할수 있다.

즉 직사각형파는 y_1, y_3, y_5, $y_7 \cdots$ 로 분해된다고 말한다. 여기에서 $y_1 = Y_{1m}\sin\omega t$를 **기본파**, $y_3 = Y_{3m} \sin 3\omega t$, y_5, $y_7 \cdots$ 등을 **고조파**라고 말하고, 각각을 **제3고조파**, **제5고조파**, **제7고조파** 등이라 말한다.

다음에 그림 10·8(a)의 $y_3 = Y_{3m} \sin 3\omega t$에 대하여 $y_3 = Y_{3m} \sin (3\omega t + \pi/2)$의 그래프를 생각해 보자. 그것은 주파수가 $3f$이고 90° 앞선 사인파이므로 그림 10·9처럼 된다. 여기에서 $y_1 + y_3$의 그래프를 구하면 그림의 굵은 선같이 된다.

그림 10·8(a)와 그림 10·9의 $y_1 + y_3$의 그래프를 비교하면 **기본파와 고조**

파의 크기는 같아도, 고조파의 위상이 틀리면 파형이 달라지는 것을 알 수 있다.

변형 파형에는 여러 가지 파형이 있지만, 어떠한 파형에 있어서도 모두 위의 설명같은 고조파를 중첩시킨 것으로 해서 나타낼 수 있다.

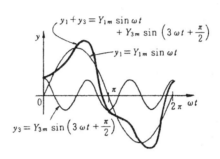

[그림 10·9] 위상이 틀리면

정리 〔10·3〕 **고조파**

① 어떠한 변형 파형도 다음 식으로 나타낼 수가 있다.

$$y = Y_0 + Y_{1m} \sin (\omega t + \phi_1) + Y_{2m} \sin (2\omega t + \phi_2) +$$
$$Y_{3m} \sin (3\omega t + \phi_3) + \cdots\cdots$$
$$= Y_0 + \sum_{n=1}^{\infty} Y_{nm} \sin (n\omega t + \phi_n), \quad (n = 1, 2, 3, 4, 5, \cdots\cdots) \quad (10·11)$$

② ①의 (10·11)식은 또 다음과 같이 쓸 수 있다. 이것을 **푸리에 급수**라 한다.

$$y = A_0 + \sum_{n=1}^{\infty} A_n \cos n\omega t + \sum_{n=1}^{\infty} B_n \sin n\omega t \qquad (10·12)$$

③ (10·11), (10·12)식의 Y_0, A_0는 맥류 등에 포함되는 직류분이다.

④ **대칭파에는 홀수차의 고조파만이 포함된다.** 일반적으로 변형파에는 짝수차의 고조파도 포함되어 있지만 그 경우는 파형이 비대칭이 된다.

그림 10·10은 제2고조파와 기본파를 중첩시킨 그림이다. 확실하게 비대칭이 된다. 앞의 그림 10·8, 그림 10·9는 홀수차의 제3, 제5고조파가 있는 경우로 모두 대칭파가 된다.

이러한 것은 한 예에 지나지 않지만 일반적으로 ④와 같은 것을 말한다. 이것은 (10·1)식과 (10·12)식에 의하여 쉽게 증명할 수 있다.

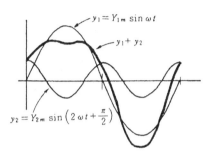

[그림 10·10] 제2고조파에 의한
비대칭 파형

문제 10·2 ▶ 그림 10·11에서 e는 $100 \sin \omega t$[V], 부하에 흐르는 전류는,

$$i_l = 10 \sin \omega t + 8 \sin 3\omega t + 4 \sin 5\omega t \text{[A]}$$

이다. 전위차 v를 구하시오. (정리 [10·1] 참조)

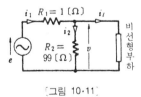

[그림 10·11]

10·5 고조파 식에서 평균값·실효값의 계산

평균값·실효값을 구하려면 넓이를 생각하면 좋다는 것을 알았다. 그러나 그것은 파형이 도형으로 주어졌던 경우이다. 파형이 $y = Y_{1m} \sin \omega t + Y_{3m} \sin (3\omega t + \phi_3)$라는 식으로 주어졌던 경우는 넓이를 생각하는 것도 좋지만 반드시 식으로 계산해야 한다. 이것을 정리하면 다음과 같다.

정리 〔10·4〕 **고조파 식에서 평균값·실효값의 계산**

① **대칭파의 평균값**: 다음 식 y에 고조파의 식을 넣고 계산한다. $(\theta = \omega t)$

$$Y_a = \frac{1}{\pi} \int_0^\pi y \, d\theta \qquad (10\cdot 13)$$

주의: Y_a는 각 조파의 평균값의 합은 아니다(예제 10·3 참조)

② 직류분을 포함하는 변형파의 1주기 사이 평균값은 직류분이 된다.

③ **실효값**: 직류분 및 기본파를 포함한 각 조파의 실효값을 Y_0, Y_1, Y_2, ……로 해서 실효값 Y는 다음 식으로 구한다.

$$Y = \sqrt{Y_0^2 + Y_1^2 + Y_2^2 + Y_3^2 + \cdots\cdots} \qquad (10\cdot 14)$$

$$\left(\begin{array}{l} \text{전압이라면} \quad E = \sqrt{E_0^2 + E_1^2 + E_2^2 + E_3^2 + \cdots\cdots} \\ \text{전류라면} \quad\quad I = \sqrt{I_0^2 + I_1^2 + I_2^2 + I_3^2 + \cdots\cdots} \end{array} \right) \text{이다.}$$

다음에 위 정리에 대하여 설명해 보자.

(1) **평균값**: 다음 문제를 계산하여 보자.

예 10·3 ▶ $i = I_1 \sin \omega t + I_5 \sin (5\omega t - \phi)$의 평균값을 구하시오.

풀이 $\omega t = \theta$로서

$$I_{av} = \frac{1}{\pi} \int_0^\pi i \, d\theta = \frac{1}{\pi} \left\{ I_1 \int_0^\pi \sin \theta \, d\theta + I_5 \int_0^\pi \sin (5\theta - \phi) \, d\theta \right\}$$

$$= \frac{1}{\pi} \left\{ I_1 \Big[-\cos\theta \Big]_0^\pi + \frac{I_5}{5} \Big[-\cos(5\theta-\phi) \Big]_0^\pi \right\}$$

$$= \frac{2}{\pi} \left(I_1 + \frac{I_5}{5} \cos\phi \right)$$

기본파의 평균값은 $\frac{2}{\pi} I_1$이다. 따라서 이 문제의 평균값은 $\frac{2}{\pi} I_1 + \frac{2}{\pi} I_5$로 되는 것 같지만 그렇지 않다. 이것도 기본파의 반주기 사이에 대하여 기본파의 넓이 및 제5조파의 넓이를 생각해 보는 것도 좋을 것이다.

(2) **실효값**:변형파는 다음 식으로 나타낸다. (단, $\omega t = \theta$로 두었다)

$$y = Y_0 + Y_{1m} \sin(\theta+\phi_1) + Y_{2m} \sin(2\theta+\phi_2) + Y_{3m} \sin(3\theta+\phi_3) + \cdots\cdots$$

$$(10\cdot15)$$

식을 간단히 하기 위하여 각 조파를 y_1, y_2……등이라 하면 위 식은 다음과 같이 된다.

$$y = Y_0 + y_1 + y_2 + y_3 + \cdots\cdots \qquad (10\cdot16)$$

한편, 실효값은 다음 식으로 계산한다.

$$Y = \sqrt{\frac{1}{2\pi} \int_0^{2\pi} y^2 d\theta} \qquad (10\cdot17)$$

위 식의 y^2에 (10·16)식을 넣으면 다음과 같이 된다.

$$\left.\begin{array}{ll} y^2 = Y_0{}^2 + y_1{}^2 + y_2{}^2 + y_3{}^2 + \cdots\cdots & \text{(제1행)} \\[4pt] \quad + Y_0(y_1 + y_2 + y_3 + \cdots\cdots) & \text{(제2행)} \\[4pt] \quad + y_1(Y_0 + y_2 + y_3 + \cdots\cdots) & \text{(제3행)} \\[4pt] \quad + y_2(Y_0 + y_1 + y_3 + \cdots\cdots) + \cdots\cdots \end{array}\right\} \quad (10\cdot18)$$

y^2의 평균은 위 식 우변 각항의 평균의 합이지만 각항의 평균은 결국 다음 네 종류이다.

(제1행) $\dfrac{1}{2\pi}\displaystyle\int_0^{2\pi} Y_0{}^2 d\theta = Y_0{}^2$ (10·19)

$$\dfrac{1}{2\pi}\int_0^{2\pi} Y_{nm}{}^2 \sin^2(n\theta + \phi_n)\,d\theta$$

$$=\dfrac{Y_{nm}{}^2}{2\pi}\int_0^{2\pi}\Big\{1 - \cos 2(n\theta + \phi_n)\Big\}\,d\theta$$

$$=\dfrac{Y_{nm}{}^2}{2}$$ (10·20)

$\begin{pmatrix}\text{제2행}\\ \text{이 하}\end{pmatrix}$ $\dfrac{1}{2\pi}\displaystyle\int_0^{2\pi} Y_0 Y_{nm} \sin(n\theta + \phi_n)\,d\theta = 0$ (10·21)

$$\dfrac{1}{2\pi}\int_0^{2\pi} Y_{nm} Y_{mm} \sin(n\theta + \phi_n)\sin(m\theta + \phi_m)\,d\theta = 0 \quad (m \neq n) \quad (10\cdot22)$$

즉 (10·18)식의 제2행 이하 각 항의 1주기 사이의 평균은 0이 된다(**주파수가 다른 조파의 곱 $\theta = 0 \sim 2\pi$ 사이의 적분이 0이 된다는 것은 중요한 결론**이다). (10·17)식에 (10·18)~(10·22)식의 관계를 넣으면 다음처럼 (10·14)식을 얻는다.

$$Y = \sqrt{Y_0{}^2 + \dfrac{Y_{1m}{}^2}{2} + \dfrac{Y_{2m}{}^2}{2} + \dfrac{Y_{3m}{}^2}{2} + \cdots\cdots}$$

$$= \sqrt{Y_0{}^2 + Y_1{}^2 + Y_2{}^2 + Y_3{}^2 + \cdots\cdots}$$

$$(\text{단, } Y_{1m}{}^2 / 2 = (Y_{1m}/\sqrt{2})^2 = Y_1{}^2 \text{ 등이다})$$

문제 10·3 ▶ 문제 10·2에서 i의 실효값을 구하시오.

10·6 변형파 교류 전력

앞과 같은 형태로 한 개의 기전력 및 기전력에서 흐르는 전류를 다음 같이 나타낸다.

$$e = E_0 + e_1 + e_2 + e_3 + \cdots\cdots \left.\begin{array}{l} \\ \\ \end{array}\right\}$$
$$i = I_0 + i_1 + i_2 + i_3 + \cdots\cdots$$
$$(10 \cdot 23)$$

교류의 전력 즉 평균 유효 전력은 언제나 다음 식으로 계산한다.

$$P = \frac{1}{2\pi} \int_0^{2\pi} ei \, d\theta \quad (\text{단}, \ \theta = \omega t) \tag{10·24}$$

(10·24)식 ei에 (10·23)식을 넣으면 다음과 같이 된다.

$$
\begin{aligned}
ei &= (E_0 + e_1 + e_2 + e_3 + \cdots\cdots) \times (I_0 + i_1 + i_2 + i_3 + \cdots\cdots) \\
&= E_0 I_0 + e_1 i_1 + e_2 i_2 + e_3 i_3 + \cdots\cdots \quad (\text{제}1\text{행}) \\
&\quad + E_0(i_1 + i_2 + i_3 + \cdots\cdots) \quad\quad (\text{제}2\text{행}) \\
&\quad + e_1(I_1 + i_2 + i_3 + \cdots\cdots) \quad\quad (\text{제}3\text{행}) \\
&\quad + e_2(I_1 + i_1 + i_3 + \cdots\cdots) + \cdots\cdots
\end{aligned}
\left.\begin{array}{l} \\ \\ \\ \\ \\ \end{array}\right\} \quad (10 \cdot 25)
$$

여기에 바로 앞에서 설명한 대로 다른 주파수인 조파의 곱의 1 주기 사이의 적분은 0이므로 (10·24)식으로 계산하면 위 식 제2행 이하는 0이 된다. 따라서 (10·23)식의 e와 i에 따른 전력은 다음 식같이 된다.

$$P = \frac{1}{2\pi} \int_0^{2\pi} (E_0 I_0 + e_1 i_1 + e_2 i_2 + e_3 i_3 + \cdots\cdots) \, d\theta \tag{10·26}$$

위 식에서 예를 들어 $\dfrac{1}{2\pi}\displaystyle\int_0^{2\pi} e_1 i_1 d\theta$는 기본파의 전력으로 $E_1 I_1 \cos\phi_1$과 같다. 따라서 위 식은 다음과 같이 쓸 수 있다.

$$P = E_0 I_0 + E_1 I_1 \cos\phi_1 + E_2 I_2 \cos\phi_2 + E_3 I_3 \cos\psi_3 + \cdots\cdots$$

[정리] [10·5] **변형파 교류의 전력과 역률**

① 다른 주파수의 전압과 전류의 사이에는 전력이 생기지 않는다.

② 각 조파의 실효값이 E_0, E_1, E_2, E_3···인 기전력에 실효값이 I_0, I_1, I_2, I_3, ······이고 위상차가 각각 ϕ_1, ϕ_2, ϕ_3, ······인 변형파 전류가 흐를 때 기전력이 공급하는 전력은 다음 식으로 구할 수 있다.

$$P = E_0 I_0 + E_1 I_1 \cos\phi_1 + E_2 I_2 \cos\phi_2 + E_3 I_3 \cos\phi_3 + \cdots\cdots (10\cdot27)$$

③ 어느 부하 단자 전압의 각 조파 실효값이 V_0, V_1, V_2, V_3······일 때 부하의 소비 전력은 위 식과 같은 형태로 다음과 같이 주어진다.

$$P = V_0 I_0 + V_1 I_1 \cos\phi_1 + V_2 I_2 \cos\phi_2 + V_3 I_3 \cos\phi_3 + \cdots\cdots (10\cdot28)$$

④ ②③은 모든 전력을 구하는데에 각 조파마다 따로 전력을 구하고 그 합을 어떻게 하면 좋을까를 가리키고 있다. 말하자면 중첩의 원리가 성립된다. 단 순시 전력에 대해서는 성립되지 않는다. (순시 전력은 (10·25)식에 있다)

⑤ $R[\Omega]$ 저항에 실효값 $I[A]$의 변형파가 흘렀을 때 전류 파형이 어떻게 되어도 R의 소비 전력은 다음 식으로 구할 수 있다.

$$P = I^2 R \ [W] \qquad\qquad (10\cdot29)$$

⑥ 역률·피상 전력은 다음 식으로 계산한다.

$$역률 = \frac{유효 \ 전력}{피상 \ 전력} = \frac{P}{VI}, \quad (단, \ V, \ I는 \ 실효값) \qquad (10\cdot30)$$

[예] 10·4 ▶ 그림 10·12의 회로에서 $e = 100\sqrt{2} \sin\omega t[V]$, $i_L = 4\sqrt{2} \sin\omega t + 2\sqrt{2} \sin 5\omega t[A]$이다.

(1) 전원 공급 전력 P_s

(2) 부하의 소비 전력 P_L을 구하시오.

[그림 10·12]

풀이 (1) 다른 주파수의 전압·전류 사이에는 전력이 생기지 않으므로 P_s 는 기본 전력뿐이다.

$$P_s = E_1 I_1 \cos\phi_1 = 100 \times 4 \times \cos 0° = 400 (\text{W})$$

(2) 그림의 v는 $v = e - R i_L = 96\sqrt{2} \sin\omega t - 1 \times 2\sqrt{2} \sin 5\omega t$

$$\therefore \quad P_L = V_1 I_1 \cos\phi_1 + V_5 I_5 \cos\phi_5$$
$$= 96 \times 4 \times \cos 0° + 2 \times 2 \times \cos 180° = 384 - 4 = 380 (\text{W})$$

[별해] $P_L = P_s - I_L^2 R = 400 - (\sqrt{4^2 + 2^2})^2 \times 1 = 380 (\text{W})$

이 편이 간단하다.

문제 10·4 ▶ 어느 회로에 전압 $v = 100 \sin\omega t + 20 \sin(5\omega t + 15°)$ (V)를 가했을 때 흐르는 전류가 $i = 40 \sin(\omega t - 30°) + 5 \sin(5\omega t - 30°)$ (A)였다. 이 회로에서 소비하는 전력 및 역률을 구하시오.

10·7 변형파도 벡터 계산이 가능하다

바로 앞 **예제** 10·4에서 전압 v를 계산하는데 다음 순시값의 식으로 계산하였다.

$$v = e - R i_L = 96\sqrt{2} \sin\omega t - 1 \times 2\sqrt{2} \sin 5\omega t$$

R, L, C의 복잡한 직병렬 회로에서 이와 같은 순시값 식으로 계산한다면 매우 번거로운 식으로 되는 것을 쉽게 상상할 수 있다.

변형파 교류에 있어서도 **각 조파를 따로 따로 계산하면 복소수에 의한 벡터 계산이 가능하다.**

그림 10·13과 같은 R과 L의 직렬 회로에

$$i = \sqrt{2} I_1 \sin\omega t + \sqrt{2} I_3 \sin 3\omega t \qquad (10\cdot31)$$

이라는 변형파 전류가 흘렀을 때 단자 전압 v가 얼마가 될지 계산하여 보자.

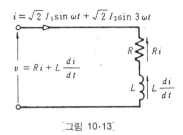

[그림 10·13]

1장의 순시값 계산으로 되돌아 가서 v를 구한다. 거기에는 다음 식에 (10·31)식을 넣으면 좋다.

$$v = Ri + L\frac{di}{dt}$$

$$\therefore \quad v = \sqrt{2}RI_1 \sin \omega t + \sqrt{2}\omega LI_1 \sin (\omega t + 90°)$$
$$+ \sqrt{2}RI_3 \sin 3\omega t + \sqrt{2}3\omega LI_3 \sin (3\omega t + 90°) \qquad (10·32)$$

위 식 우변의 제1항과 제2항은 기본파의 전압이고 복소수로 나타내면 다음과 같이 된다.

$$\dot{V}_1 = RI_1 + j\omega LI_1 = (R + j\omega L)I_1 \qquad (10·33)$$

제3·4항은 제3고조파의 전압이고 복소수로 나타내면 다음과 같다.

$$\dot{V}_3 = RI_3 + j3\omega LI_3 = (R + j3\omega L)I_3 \qquad (10·34)$$

(10·33)식은 $R + j\omega L$이라는 임피던스에 $\dot{I}_1 = I_1$이라는 전류가 흘렀을 때의 전압이다. (10·34)식도 $\dot{I}_3 = I_3$라는 전류가 흘렀을 때의 전압이지만 리액턴스는 주파수가 3배이기 때문에 $3\omega L$로 되어 있다.

요컨데 그림 10·13과 같이 **변형파 전류가 흘렀을 때의 전압 v는 각 조파마다 따로 계산하면** (10·33), (10·34)**식처럼 복소수로 계산할 수 있다**는 것이다. 단 이 식의 $\dot{V}_1$과 $\dot{V}_3$는 **주파수가 다르므로 $\dot{V} = \dot{V}_1 + \dot{V}_3$처럼 쓰면 틀린다.** 이것은 그림 3·3 회전 벡터로 돌아가 생각하면 알 수 있다. (10·33), (10·34)식같이 계산하여도 한 개의 식으로 v를 나타내려면 (10·32)식의 순시값에 의한다.

[정리] [10·6] **변형파 교류에 있어서의 벡터 계산**

① R, L, C, M이라는 선형 소자의 회로에 변형파 전류가 흘렀을 때의 전압은 각 조파마다 따로 계산하면 벡터 계산이 가능하다. *

② 따라서 위의 설명같은 선형 회로에 변형파 전압을 가했을 때의 전류는 각 조파마다의 전압에 의한 전류를 벡터 계산하고 그 전류를 중첩시키면 좋다. 단 각 조파를 중첩한 전압·전류를 한 개의 식으로 나타내려면 순시값의 식에 따라야 한다.

③ 기본파에 대한 유도성·용량성 및 상호 리액턴스를 x_{L1}, x_{C1}, x_{m1}이라 하면 제 n 고조파에 대한 리액턴스는 다음과 같이 된다.

$$x_{Ln} = n x_{L1}, \quad x_{cn} = x_{C1}/n, \quad x_{mn} = n x_{m1}$$

---

* 정류기가 있는 회로와 같은 비선형 회로에는 벡터 계산을 사용하는 것은 어렵지만 그와 같은 회로에 있어서도 선형 회로 부분에 대해서는 위 설명같은 벡터 계산이 가능하다.

[예] 10·5 ▶ 그림 10·14의 회로에

$$e = 200 \sin(\omega t + 10°) + 50 \sin(3\omega t + 30°)$$
$$+ 30 \sin(5\omega t + 50°) [V]$$

의 전압을 가했을 때 이 회로에서 소비하는 전력을 구하시오.

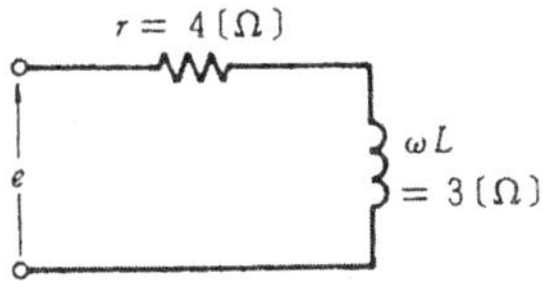

그림 10·14

$r = 4 [\Omega]$

$\omega L = 3 [\Omega]$

[풀이] 기본파 전류는 $\dot{I}_1 = \dfrac{200/\sqrt{2} \angle 10°}{4 + j3}$

그 실효값은 $I_1 = \dfrac{200}{\sqrt{2}\sqrt{4^2 + 3^2}} = \dfrac{40}{\sqrt{2}} = 20\sqrt{2}$ [A]

마찬가지로 $I_3 = \dfrac{50}{\sqrt{2}\sqrt{4^2 + (3 \times 3)^2}} = \dfrac{50}{\sqrt{194}}$

$$I_5 = \dfrac{30}{\sqrt{2}\sqrt{4^2 + (3 \times 5)^2}} = \dfrac{30}{\sqrt{482}} \ [A]$$

$$P = I^2 R = (\sqrt{I_1^2 + I_3^2 + I_5^2})^2 \times R$$

$$= \left\{ (20\sqrt{2})^2 + \left(\frac{50}{\sqrt{194}}\right)^2 + \left(\frac{30}{\sqrt{482}}\right)^2 \right\} \times 4 = 3259 \text{ (W)}$$

별해 $i_1 = \dfrac{200 / \sqrt{2}}{4 + j3} = 20\sqrt{2}(0.8 - j0.6)$

$P_1 = E_1 I_1 \cos \theta_1 = \dfrac{200}{\sqrt{2}} \times 20\sqrt{2} \times 0.8 = 3200 \text{ (W)}$

같은 형태로 계산하여

$P = P_1 + P_3 + P_5 = 3200 + 51.5 + 7.5 = 3259 \text{ (W)}$

문제 10·5 ▶ 그림 10·15 회로의 단자 ab에 $e = \sqrt{2} E_1 \sin \omega t + \sqrt{2} E_3 \sin (3\omega t + \phi_3)$의 전압을 가했다. 이때 흐르는 전류 i의 실효값은 얼마인가?

문제 10·6 ▶ 그림 10·16과 같은 R과 C의 병렬 회로의 전전류 i가 $i = \sqrt{2} I_1 \sin \omega t + \sqrt{2} I_5 \sin (5\omega t + \phi_5)$이다. 이 회로에서 소비하는 전력은 얼마인가?

그림 10·15   그림 10·16

문제 10·7 ▶ 그림 10·17의 e가 $e = 100 \sin (\omega t + 30°) - 50 \sin (5\omega t - 30°)$ (V)일 때 C 단자 전압의 순시값 v_c를 구하시오. 단, $R = 5$(Ω), $\omega L = 1$(Ω), $1/\omega C = 10$(Ω)이라 한다.

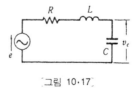

그림 10·17

문제 10·8 ▶ 그림 10·18과 같이 저항 R, r, 인덕턴스 L, l, 정전 용량 C를 결합한 회로에 직류 전압 E와 교류 전압 $E_0 \sin \omega t$를 직렬로 가했을 때 L, R에 흐르는 전류 i의 순시값을 구하시오.

문제 10·9 ▶ 그림 10·19 회로에서 $e = 100\sqrt{2} \sin \omega t$ [V], $\omega L = 1$ [Ω], $r = 1$ [Ω]이다. 부하는 변형 전류를 취하는 부하로, $i = 10\sqrt{2} \sin \omega t + 2\sqrt{2} \sin 5\omega t$ [A]이다.

(1) v를 순시값 식으로 나타내시오.

(2) 전원에서 공급하는 전력은 몇 [W]인가?

(3) 부하가 소비하는 전력·역률을 구하시오.

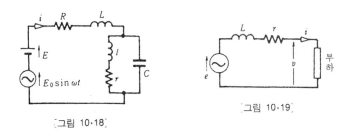

그림 10·19

[그림 10·18]

10·8 3상 회로의 변형파

($\sin (3\omega t + \theta)$와 $\sin 3 (\omega t + \theta)$의 차이)

그림 10·20 (a)같은 3상 기전력이 그림 (b)같은 변형파였다고 한다. e_a, e_b, e_c는 같은 **파형으로** 120°($= 2\pi/3$[rad])만큼 어긋나 있다.

그림 (b)의 e_a를 다음 식으로 나타낼 수 있다고 한다. (그림 10·9 참조)

$$e_a = E_{1m} \sin \omega t + E_{3m} \sin (3\omega t + \phi_3) \qquad (10·35)$$

이 때 e_b의 기본파는 보통 3상 교류와 마찬가지로 다음 식처럼 된다.

$$e_{b1} = E_{1m} \sin (\omega t - 2\pi/3) \qquad (10·36)$$

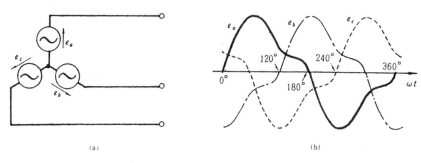

(a)   (b)

[그림 10·20] 변형 파형의 3상 기전력

그런데 e_b의 제3고조파 식으로서 다음 어느 것이 맞을 것인가 ?

$$e_{b3} = E_{3m} \sin \{3(\omega t - 2\pi/3) + \phi_3\} \qquad (10 \cdot 37)$$

$$e_{b3}' = E_{3m} \sin \{(3\omega t - 2\pi/3) + \phi_3\} \qquad (10 \cdot 38)$$

그것은 처음 식인 e_{b3} 쪽이 맞다.

ωt[rad]라는 것은 기본파의 각도로 측정한 각도이고, $3\omega t$[rad]라는 것은 제3고조파의 각도로 측정한 각도이다. ωt와 $3\omega t$와의 차이는 그림 $10 \cdot 21$에서 이해할 수 있을 것이다.

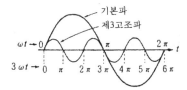

[그림 10·21] ωt와 $3\omega t$의 차이

그림 $10 \cdot 20$에서 e_b가 e_a와 같은 파형을 하고 있다는 것은 e_b **속에 포함되어 있는 제3고조파도, 기본파의 각도로** $2\pi/3$[rad] **뒤져 있다**는 것이다.

$(10 \cdot 37)$식과 $(10 \cdot 38)$식을 비교해 보면, $(10 \cdot 37)$식 안의 $(\omega t - 2\pi/3)$은 기본파의 각도로 $2\pi/3$ 뒤져 있는 것을 나타내고, $(10 \cdot 38)$식 안의 $(3\omega t - 2\pi/3)$은 제3고조파의 각도로 $2\pi/3$ 뒤져 있는 것을 나타내고 있다. 따라서 $(10 \cdot 37)$식 쪽이 맞다.

이상을 n 차 고조파에 대하여 정리하면 다음과 같이 된다.

정리 [10·7] **3상 회로 변형파의 고조파 식**

① 3상 회로 변형파의 전압 또는 전류 y_a, y_b, y_c가 같은 형태로 120°씩 어긋나고 있다고 한다. 이 y_a, y_b, y_c에 포함되어 있는 제 n차 고조파 는 다음 식으로 나타낸다.

$$
\begin{aligned}
y_{an} &= Y_{nm} \sin (n\omega t + \phi_n) \\
y_{bn} &= Y_{nm} \sin \{n(\omega t - 2\pi/3) + \phi_n\} \\
y_{cn} &= Y_{nm} \sin \{n(\omega t - 4\pi/3) + \phi_n\}
\end{aligned} \quad\quad (10\cdot39)
$$

② 위 식 속의 $(\omega t - 2\pi/3)$이나 $(\omega t - 4\pi/3)$은 기본파의 각도 ωt[rad] 로 측정하여 120°씩 어긋나고 있는 것을 나타내고 있다.

③ 이에 대하여 $n\omega t + \phi_n$은, 제 n차 고조파의 각도 $n\omega t$[rad]로 측정하여 앞선 각이 ϕ_n인 것을 나타낸다.

10·9 3상 회로의 제 3, 5, 7 고조파

문제로서 다루어지는 변형파는 대칭파인 것이 많다. 대칭파에는 홀수차의 고조파만이 포함되지만 그 대표적인 것은 제 3, 5, 7 고조파이다. 여기에서 는 3상 회로의 제 3, 5, 7 고조파 성질에 대하여 생각해 보자.

a, b, c 각상의 제3고조파는 (10·39)식에서 $n=3$이라면 다음과 같이 된다.

$$
\begin{aligned}
y_{a3} &= Y_{3m} \sin 3\omega t \quad (\text{단}, \ \phi_n = 0 \text{으로 한다}) \\
y_{b3} &= Y_{3m} \sin 3(\omega t - 2\pi/3) = Y_{3m} \sin (3\omega t - 2\pi) = Y_{3m} \sin 3\omega t \\
y_{c3} &= Y_{3m} \sin 3(\omega t - 4\pi/3) = Y_{3m} \sin (3\omega t - 4\pi) = Y_{3m} \sin 3\omega t
\end{aligned}
$$

즉,

$$
y_{a3} = y_{b3} = y_{c3} = Y_{3m} \sin 3\omega t \quad\quad (10\cdot40)
$$

이고, **제3고조파는 각상 모두 동상·같은 크기이고 완전히 같다.**

같은 형태로 제5, 7고조파에 대하여 계산하면 다음과 같이 된다.

$$
\left.
\begin{aligned}
y_{a5} &= Y_{5m} \sin 5\omega t \\
y_{b5} &= Y_{5m} \sin (5\omega t - 4\pi/3) \\
y_{c5} &= Y_{5m} \sin (5\omega t - 2\pi/3)
\end{aligned}
\right\} \text{제5고조파} \qquad (10\cdot41)
$$

$$
\left.
\begin{aligned}
y_{a7} &= Y_{7m} \sin 7\omega t \\
y_{b7} &= Y_{7m} \sin (7\omega t - 2\pi/3) \\
y_{c7} &= Y_{7m} \sin (7\omega t - 4\pi/3)
\end{aligned}
\right\} \text{제7고조파} \qquad (10\cdot42)
$$

(10·42)식을 보면, **제7고조파는 상의 순서가 abc인 평형 3상 전압·전류인** 것을 알 수 있다. 이에 대하여 (10·41)식의 **제5고조파는 상의 순서가 반대 인 평형 3상 전압·전류**이다.

그림 10·22 e_a, e_b, e_c에 위에 설명했던 제3, 5, 7 고조파가 포함되었을 때 **선간 전압**은 어떻게 될 것인가? 그것은 생각하려면 각 차의 고조파를 따로 따로 생각하면 좋다. 그렇게 하면 벡터적으로 계산하여도 좋다는 뜻이다.

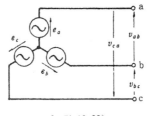

〔그림 10·22〕

제3고조파는

$$
\dot{E}_{a3} = \dot{E}_{b3} = \dot{E}_{c3} = \dot{E}_3
$$
$$
\therefore \quad \dot{V}_{ab3} = \dot{E}_{a3} - \dot{E}_{b3} = \dot{E}_3 - \dot{E}_3 = 0
$$

따라서 **제3고조파는 선간 전압으로는 나타나지 않는다.**

제5고조파는

$$\dot{E}_{a5}=E_5, \quad \dot{E}_{b5}=E_5\angle(-240°), \quad \dot{E}_{c5}=E_5\angle(-120°)$$
$$\therefore \quad \dot{V}_{ab5}=\dot{E}_{a5}-\dot{E}_{b5}=\sqrt{3}E_5\angle(-30°),$$
마찬가지로 $\dot{V}_{bc5}=\sqrt{3}E_5\angle 90°, \quad \dot{V}_{ca5}=\sqrt{3}E_5\angle 210°$

로 된다. 여기에 $\dot{V}_{ab5}$를 기준 벡터로 하여 V_5라 하면,

$$\dot{V}_{ab5}=V_5, \quad \dot{V}_{bc5}=V_5\angle(-240°), \quad \dot{V}_{ca5}=V_5(-120°)$$

즉 **선간 전압 속의 제5고조파는 상의 순서가 반대인 평형 3상 전압**이다. 마찬가지로 제7고조파에 대해서 계산하면, **선간 전압 속의 제7고조파는 상의 순서가 ab, bc, ca 순서인 평형 3상 전압**이라는 것을 알 수 있다. **△ 결선에서도 거의 같은 형태이다.**

문제 10·10 ▶ 그림 10·23과 같은 평형 3상 4선식 회로에서 전류계 A_1, A_2, A_3 읽기는 어느 것이나 $I[A]$, A_0의 읽기는 $I_0[A]$이다. 각상의 기본파 및 제3고조파 전류는 얼마인가? 단 기전력에 포함되는 고조파 전압은 제3차만이라 한다.

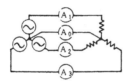

그림 10·23

문제 10·11 ▶ 성형으로 결선한 3상 반전기의 a상 전압은 $E_{1m}\sin\omega t+E_{3m}\sin 3\omega t+E_{5m}\sin 5\omega t$이고 b, c 상전압은 같은 파형으로 120°씩 뒤지고 있다. 선간 전압의 변형률($\sqrt{\sum V_n^2}/V_1$)을 구하시오.

10·10 푸리에 급수 전개

(1) 푸리에 계수 구하는 방법

변형파는 다음 푸리에 급수로 전개된다. (정리 〔10·3〕)

$$y = A_0 + \sum_{n=1}^{\infty} A_n \cos n\omega t + \sum_{n=1}^{\infty} B_n \sin n\omega t \qquad ((10 \cdot 12))$$

식을 간단히 하기 위하여 $\omega t = \theta$로 두고 쉽게 쓰면 다음과 같이 된다.

$$y(\theta) = A_0 + A_1 \cos \theta + A_2 \cos 2\theta + A_3 \cos 3\theta + \cdots\cdots$$
$$B_1 \sin \theta + B_2 \sin 2\theta + B_3 \sin 3\theta + \cdots\cdots \qquad (10 \cdot 43)$$

여기에서 A_0, A_1, $A_2 \cdots\cdots$, B_1, B_2, $B_3, \cdots\cdots$을 **푸리에 계수**라 한다. 이 계수를 구하는 방법에 대하여 설명한다.

A_0 (직류분) 구하는 방법

(10·43)식 우변의 1주기 사이 $(\theta = \omega t = 2\pi \text{〔rad〕})$의 평균을 구하면 sine 이나 cosine 의 평균은 0이므로 A_0만이 남는다. 따라서 A_0는 다음 식으로 구할 수 있다.

이 계산은 $y(\theta)$를 전압이나 전류 순시값 $e(\omega t)$ 혹은 $i(\omega t)$로 바꾸어 놓으면 e나 i의 직류분을 계산하게 된다.

$$A_0 = \frac{1}{2\pi} \int_0^{2\pi} y(\theta) \, d\theta \qquad (10 \cdot 44)$$

A_n (cosine의 제n항 푸리에 계수) 구하는 방법

(10·43)식 양변에 예를 들어, $\cos 3\theta$를 곱하여 1주기 사이의 평균을 얻어 보자. 주파수가 다른 조파의 곱의 1주기 사이 적분은 0이다. 또 계산해 보면 알겠지만 $\cos 3\theta \sin 3\theta$의 1주기 사이의 적분도 0이 된다. 따라서 (10·43)식 양변에 $\cos 3\theta$를 곱하여 평균을 얻으면 다음 같이 된다.

$$\frac{1}{2\pi}\int_0^{2\pi} y(\theta)\cos 3\theta d\theta = \frac{1}{2\pi}\int_0^{2\pi} A_3 \cos{}^2 3\theta d\theta = \frac{1}{2}A_3$$

따라서 A_3는 다음 식으로 구한다.

$$A_3 = \frac{1}{\pi}\int_0^{2\pi} y(\theta)\cos 3\theta d\theta$$

실제로 푸리에 계수를 구하는 경우에는 이와 같이, 예를 들어 A_3만을 구한다는 것은 아니다. 다음에 설명하는 (예 10·6)과 같이, 일반적으로 제n차의 A_n을 구하고서, A_1, A_2, A_3, ……가 얼마인지 산출한다. 그 A_n은 다음 식으로 계산한다. 또 B_n도 같은 생각이므로, 이러한 것을 정리하면 다음과 같이 된다.

[정리] 〔10·8〕 **푸리에 급수 구하는 방법(푸리에 전개)**

어느 변형 파형 $y(\theta)$가 주어졌을 때, $y(\theta)$는 다음과 같이 푸리에 급수로 전개한다.

$y(\theta)$는 예를 들어 그림 10·24의 파형일 때, 다음 식처럼 나타낸다.

$$y(\theta) = \frac{Y_m}{\pi}\theta, \quad (\theta = 0 \sim \pi)$$

$$y(\theta) = -\frac{Y_m}{\pi}(\theta - \pi), \quad (\theta = \pi \sim 2\pi)$$

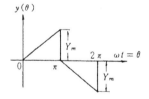

〔그림 10·24〕

① A_0 **(직류분)**

$$A_0 = 1주기\ 사이의\ 평균 = \frac{1}{2\pi}\int_0^{2\pi} y(\theta)d\theta \tag{10·45}$$

② A_n (cosine **제n항**)

$$A_n = y(\theta)\cos n\theta의\ 1주기\ 사이의\ 평균의\ 2배$$

$$= \frac{1}{\pi}\int_0^{2\pi} y(\theta)\cos n\theta d\theta \tag{10·46}$$

③ B_n(sine 제n항)

$B_n = y(\theta) \sin n\theta$의 1주기 사이의 평균의 2배

$$= \frac{1}{\pi} \int_0^{2\pi} y(\theta) \sin n\theta d\theta \qquad (10\cdot47)$$

④ 푸리에 급수

①~③에서 구한 계수를 다음 식에 넣음으로써 $y(\theta)$는 푸리에 급수로 전개된다.

$$y(\theta) = A_0 + \sum_{n=1}^{\infty} A_n \cos n\theta + \sum_{n=1}^{\infty} B_n \sin n\theta \qquad (10\cdot48)$$

(2) 파형의 종류에 대한 푸리에 급수의 특징

변형 파형에는, 대칭파, 비대칭파, 홀수 함수파, 짝수 함수파 등의 종류가 있다. 이 종류에 의한 푸리에 급수의 특징을 알고 있으면 푸리에 계수를 비교적 쉽게 구할 수가 있다.

a. 대칭파

변형파는 모두 다음 푸리에 급수로 나타낼 수 있다.

$$y(\theta) = A_0 + \sum_{n=1}^{\infty} A_n \cos n\theta + \sum_{n=1}^{\infty} B_n \sin n\theta \qquad (10\cdot49)$$

이것이 대칭파라고 하면 (10·1)식과 같이 다음 조건을 만족한다.

$$y(\theta + \pi) = -y(\theta) \qquad (10\cdot50)$$

(10·49)식에 의하여 (10·50)식의 양변을 나타내면,

$$y(\theta + \pi) = A_0 + \sum_{n=1}^{\infty} A_n \cos n(\theta + \pi) + \sum_{n=1}^{\infty} B_n \sin n(\theta + \pi) \qquad (10\cdot51)$$

$$-y(\theta) = -A_0 + \sum_{n=1}^{\infty} (-A_n \cos n\theta) + \sum_{n=1}^{\infty} (-B_n \sin n\theta) \qquad (10\cdot52)$$

(10·50)식의 조건을 만족하기 위해서는 위의 두 식에 대하여 다음 식이
성립되어야 한다.

$$A_0 = -A_0$$
$$\left.\begin{array}{l} \cos n(\theta+\pi) = -\cos n\theta \\ \sin n(\theta+\pi) = -\sin n\theta \end{array}\right\} \qquad (10\cdot53)$$

(10·53)식이 성립되기 위해서는 $A_0 = 0$, n이 홀수이어야 한다.

따라서 대칭파에는 직류분은 포함되지 않고 홀수차 고조파만이 포함된다.

다음에 A_n을 구하는 식에 대하여 생각하여 보자. 바로 앞의 (10·46)식에
의하여,

$$A_n = \frac{1}{\pi}\int_0^{2\pi} y(\theta)\cos n\theta d\theta \qquad (10\cdot54)$$

$$= \frac{1}{\pi}\left\{\int_0^{\pi} y(\theta)\cos n\theta d\theta + \int_{\pi}^{2\pi} y(\theta)\cos n\theta d\theta\right\} \qquad (10\cdot55)$$

위 식 제2항은 $I = \int_{\pi}^{2\pi} y(\theta')\cos n\theta' d\theta'$라 써도 적분의 값은 같다.

이 적분을 $\theta' = \theta + \pi$로 바꾸어 놓고 처리하면,

$$I = \int_{\pi}^{2\pi} y(\theta')\cos n\theta' d\theta' = \int_0^{\pi} y(\theta+\pi)\cos \pi(\theta+\pi) d\theta$$

여기서 (10·50)식을 넣고 n이 홀수인 것을 고려하면 위 식은,

$$I = \int_0^{\pi}\{-y(\theta)\}\ \{-\cos n\theta\} d\theta = \int_0^{\pi} y(\theta)\cos n\theta d\theta$$

즉 (10·55)식 괄호 안의 제2항은 제1항에 같고 A_n은 다음 식으로 계산한
다.

$$A_n = \frac{2}{\pi}\int_0^{\pi} y(\theta)\cos n\theta d\theta \qquad (10\cdot56)$$

즉 **대칭파인 경우에는** $\theta = 0 \sim 2\pi$ **적분을 하지 않아도,** $\theta = 0 \sim \pi$**의 적분으로**

좋게 된다. B_n에 대해서도 완전히 같다.

예 **10·6** ▶ 그림 10·25와 같은 직사각형파의 푸리에 급수를 구하시오.

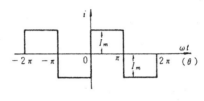

[그림 10·25]

풀이 대칭파이므로, $A_0 = 0$이고, 다음 $i(\theta)$에 대하여 적분하면 좋다.

$$i(\theta) = I_m, \quad (0\langle\theta\langle\pi)$$

$$A_n = \frac{2}{\pi}\int_0^\pi I_m \cos n\theta d\theta = \frac{2I_m}{\pi}\left[\frac{\sin n\theta}{n}\right]_0^\pi = 0$$

$$B_n = \frac{2}{\pi}\int_0^\pi I_m \sin n\theta d\theta = \frac{2I_m}{\pi}\left[-\frac{\cos n\theta}{n}\right]_0^\pi$$

$$= \frac{2I_m}{\pi}\left(-\frac{\cos n\pi}{n} + \frac{1}{n}\right) = \frac{2I_m}{n\pi}\left(1 - \cos n\pi\right)$$

여기서, n;홀수일 때, $1 - \cos n\pi = 1 - (-1) = 2$

n;짝수일 때, $1 - \cos n\pi = 1 - 1 = 0$

이므로 B_n은 다음 식과 같이 된다.

$$B_m = \frac{4I_m}{n\pi} \quad (단, \ n은 \ 홀수)$$

$$\therefore \ i(\theta) = \frac{4I_m}{\pi}\left(\sin\omega t + \frac{1}{3}\sin 3\omega t + \frac{1}{5}\sin 5\omega t + \cdots\cdots\right)$$

(b) 홀수 함수파와 짝수 함수파

그림 10·26 (a), (b)는 각각 홀수 함수파, 짝수 함수파라고 부르는 것으로, 각각의 파는 다음 조건을 만족하게 된다.

$$\text{홀수 함수파} \quad y(-\theta) = -y(\theta) \qquad\qquad (10\cdot57)$$

$$\text{짝수 함수파} \quad y(-\theta) = y(\theta) \qquad\qquad (10\cdot58)$$

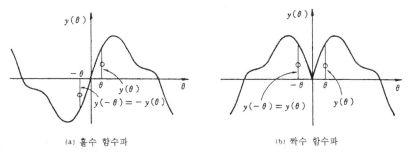

(a) 홀수 함수파   (b) 짝수 함수파

〔그림 10·26〕

원래는 (10·57), (10·58)식을 만족하는 함수를 각각 홀수 함수, 짝수 함수라고 부른다.

sine 함수가 홀수 함수, cosine 함수가 짝수 함수라는 것은 그림 10·27을 보면 확실하다.

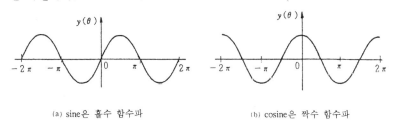

(a) sine은 홀수 함수파   (b) cosine은 짝수 함수파

〔그림 10·27〕

그런데 $\theta = 2\pi$〔rad〕을 1주기로 하는 파형은 모두 푸리에 급수로 전개되지만 cosine항을 포함하면 홀수 함수가 되지 않는 것은 그림 10·26(a)와 그림

10·27 (b)를 비교해 보면 쉽게 이해 할 것이다. 따라서 **홀수 함수파에는 cosine항을 포함하지 않고 sine항만 있다.** 반대로 짝수 함수파는 sine항을 포함하지 않고 cosine 항만의 급수로 된다.

바로 앞의 예 10·6에서도 홀수 함수파이므로 $A_n = 0$이라는 결과가 나온다.
이상 설명한 것에 약간 보충하여 정리하면 다음과 같이 된다.

정리 〔10·9〕 **파형의 종류에 의한 푸리에 급수의 특징**

① **대칭파**

  a. $A_0 = 0$이다.

  b. 다음 식으로 전개하는데, **홀수 함수의 고조파**만을 포함한다.

$$y(\theta) = \sum_{n=1}^{\infty} A_n \cos n\theta + \sum_{n=1}^{\infty} B_n \sin n\theta$$

  c. 계수는 다음과 같이 $0 \sim \pi$ **사이의 적분**으로 구한다.

$$A_n = \frac{2}{\pi} \int_0^\pi y(\theta) \cos n\theta d\theta, \quad B_n = \frac{2}{\pi} \int_0^\pi y(\theta) \sin n\theta d\theta \qquad (10 \cdot 59)$$

② **홀수 함수파** : 다음 식의 형태를 해 놓고, A_0 및 A_n은 구하지 않아도 좋다.

$$y(\theta) = \sum_{n=1}^{\infty} B_n \sin n\theta \qquad (10 \cdot 60)$$

③ **짝수 함수파** : 다음 식의 형태를 해 놓고, B_n은 구하지 않아도 좋다.

$$y(\theta) = A_0 + \sum_{n=1}^{\infty} A_n \cos n\theta \qquad (10 \cdot 61)$$

④ **$\pi/2$를 중심으로 좌우 대칭한 대칭파** : 예를 들어 그림 10·28과 같은 파형이다. 이 파형은 대칭파이면서 홀수 함수파이다. 따라서 홀수차 뿐이고, sine항만이다.

  검토하면 $y(\theta) \sin n\theta$ 값은 $\pi/2$를 중심으로 좌우 대칭인 값이다.

따라서 (10·60)식에 대하여, B_n은 다음과 같이 $0 \sim \pi/2$ 사이의 적분으로 구한다.

$$B_n = \frac{4}{\pi} \int_0^{\pi/2} y(\theta) \sin n\theta \, d\theta \qquad (10·62)$$

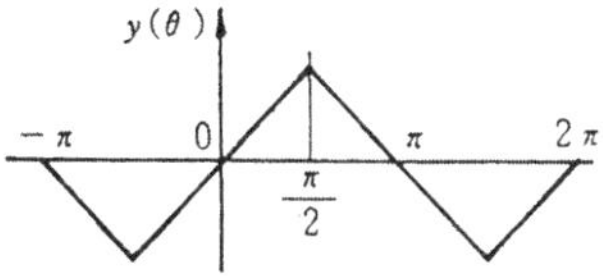

[그림 10·28]

$\pi/2$를 중심으로 좌우 대칭인 대칭파라는 것은 문제로서 자주 다루어진다. $0 \sim \pi/2$ 사이의 적분으로 해결하는 것은, $0 \sim 2\pi$ 사이의 적분으로 비교하여 **훨씬 계산 방법이 가벼워진다.**

문제 10·12 ▶ 예 10·6의 직사각형파의 푸리에 급수를, 정리 [10·9]의 방법으로 구하시오.

문제 10·13 ▶ 그림 10·29의 전압 파형을 대칭파이고, 또한 $\pi/2$의 좌우로 대칭인 특징을 살려서 푸리에 급수로 전개하시오.

문제 10·14 ▶ 그림 10·30의 전압 파형을 문제 10·13과 마찬가지로 파형의 특징을 파악하고, 파형의 특징을 살려서 푸리에 급수로 전개하시오.

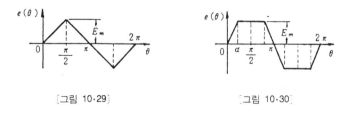

[그림 10·29]   [그림 10·30]

문제 10·15 ▶ 그림 10·31의 전파 정류 파형의 푸리에 급수를 구하시오.

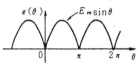

[그림 10·31]

제 11 장

대칭 좌표법

11·1 대칭 좌표법은 어떠할 때 사용하는가

대칭 좌표법이란 것은 한마디로 말하면 **3상 평형 회로**에서 부하가 **불평형**이 되거나 고장에 의하여 **불평형** 전류가 흐르거나 할 때, 전압이나 전류가 어떻게 될까를 계산하는 방법이다.

그림 11·1과 같이 부하가 평형일 때 전류 벡터는 그림 (b)처럼 3상 평형이다.

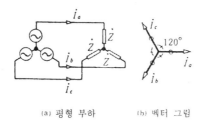

(a) 평형 부하   (b) 벡터 그림

[그림 11·1]

그림 11·2는 전원측은 평형이지만, p점에서 bc상의 2선 사이에 단락하고 있을 경우이다. $\dot{i}_a = 0$이고, $\dot{i}_b$와 $\dot{i}_c$는 크기가 같아서 역위상이다. 그림 11·1(b)와 비교하면 전류 벡터가 불평형이 되었다는 것이다.

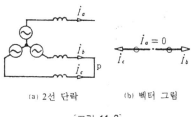

(a) 2선 단락   (b) 벡터 그림

그림 11·2

그림 11·3은 a상이 대지에 이어진, 말하자면 1선 지락된 상태이다. 이 경우에 전류도 그림 11·1 (b)와 비교하면 불평형이 되어 있다.

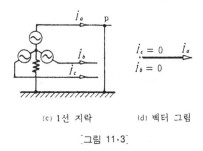

(c) 1선 지락   (d) 벡터 그림

그림 11·3

대칭 좌표법은 전압이나 전류가 이와 같이 불평형이 되었을 때의 계산 방법이다. 그러나 근사값을 구하려면 대칭 좌표법을 사용하지 않고 해결하는 경우도 있고, 그 경우에는 계산이 간편하게 된다.

11·2　2선 단락 전류를 분해한다
(정상 및 역상 전류)

그림 11·4는 bc상으로 2선 단락하였을 때 회로와 벡터 그림이다. i_b를 i로 하면, 각 선의 전류는 다음과 같이 된다.

$$i_a = 0, \quad i_b = i, \quad i_c = -i$$

이와 같은 i_a, i_b, i_c를 그림 11·5처럼 i_a', i_b', i_c'와 i_a'', i_b'', i_c''가 **중첩되었다고 생각**하기로 한다.

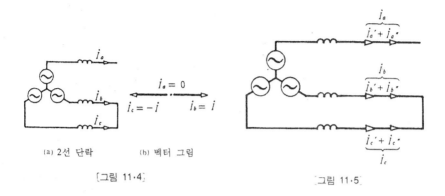

(a) 2선 단락   (b) 벡터 그림

[그림 11·4]

[그림 11·5]

여기서 $\dot{I_a}'$, $\dot{I_b}'$, $\dot{I_c}'$는 그림 11·6 (a)와 같은 전류이고, $\dot{I_a}''$, $\dot{I_b}''$, $\dot{I_c}''$는 그림 (b)와 같은 전류라고 가정한다. 이 그림 (a), 그림 (b) 벡터를 중첩한 것은 그림 (c)와 같이 되고,

$$\dot{I_a}' + \dot{I_a}'' = j\frac{i}{\sqrt{3}} + \left(-j\frac{i}{\sqrt{3}}\right) = 0 = \dot{I_a}$$

$$\dot{I_b}' + \dot{I_b}'' = \dot{I} = \dot{I_b}$$

$$\dot{I_c}' + \dot{I_c}'' = -\dot{I} = \dot{I_c}$$

로 되고 그림 11·4의 전류로 되는 것을 알 수 있다.

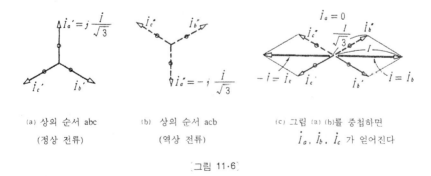

(a) 상의 순서 abc
(정상 전류)

(b) 상의 순서 acb
(역상 전류)

(c) 그림 (a) (b)를 중첩하면
$\dot{I_a}$, $\dot{I_b}$, $\dot{I_c}$ 가 얻어진다

[그림 11·6]

즉 그림 11·6의 그림 (a) 전류와 그림 (b) 전류를, 그림 11·5와 같이 중첩하면 그림 11·4 (b)같은 2선 단락의 전류로 되는 것이다.

또 바꾸어 말하면 그림 11·4 (a)의 $\dot{I}_a$, $\dot{I}_b$, $\dot{I}_c$는 각각 그림 11·5의 $\dot{I}_a'\dot{I}_a''$, $\dot{I}_b'\dot{I}_b''$, $\dot{I}_c'\dot{I}_c''$로 **분해된다**는 것이다.

그림 11·6(a)의 전류 $\dot{I}_a'$, $\dot{I}_b'$, $\dot{I}_c'$는 상의 순서가 abc인 평형 3상 전류이다. 이와 같은 전류를 **정상 전류**라 한다. 또 그림 11·6(b)의 전류 $\dot{I}_a''$, $\dot{I}_b''$, $\dot{I}_c''$는 상의 순서가 반대로 acb인 평형 3상 전류이다. 이와 같은 전류를 **역상 전류**라 한다.

그런데 그림 11·6 (a)는 정상 전류라고 하지만 보통 경우는 **정상 전류의 a상 전류 $\dot{I}_a'$를 $\dot{I}_1$으로 나타내고 $\dot{I}_1$으로 정상 전류를 대표한다.** $\dot{I}_1$의 벡터가 주어지면, b상의 전류는 $a^2\dot{I}_1$, c상의 전류는 $a\dot{I}_1$이라는 것이다.

여기에서 a는 앞에서 설명했던 연산자이다. 즉 $a=1\angle120°$이고, $\dot{I}_1$에 a를 곱하면 $\dot{I}_1$의 크기를 변하지 않고 위상을 120° 앞서게 된다.

역상 전류의 경우도 마찬가지로 $\dot{I}_2$로 **역상 전류를 대표한다**고 한다. $\dot{I}_2$의 벡터가 주어지면 a상의 전류는 $\dot{I}_2$, b상의 전류는 $a\dot{I}_2$, c상의 전류는 $a^2\dot{I}_2$라고 한다.

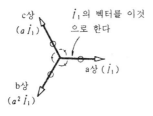

[그림 11·7] 정상 전류

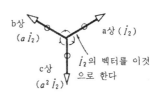

[그림 11·8] 역상 전류

이상 자세하게 설명하였지만, 정·역상 전류와 선전류의 관계를 식으로 나타내면 다음 식과 같이 간단하게 된다.

$$\dot{I}_a = \dot{I}_1 + \dot{I}_2$$
$$\dot{I}_b = a^2\dot{I}_1 + a\dot{I}_2$$
$$\dot{I}_c = a\dot{I}_1 + a^2\dot{I}_2$$

즉 2선 단락과 같은 불평형 전류는 위의 식처럼 정상 전류 $\dot{I}_1$과 역상 전류 $\dot{I}_2$로 분해된다. 그러나 1선 지락 전류처럼 대지를 흐르는 전류가 있는 경우는, 정상, 역상 외에 영상 전류라는 전류도 생각해야 한다.

일반적으로 **어떻게 불평형한 전류도, 영상·정상·역상의 세 가지 전류로 분해되는 것이다.** 이에 대해서는 아래에 설명한다.

11·3 불평형 전압·전류는 모두 대칭인 성분으로

나타낸다 (영상·정상·역상 성분의 정의)

바로 앞에서 '어떠한 불평형 전류도, 영·정·역상의 세 가지 전류로 분해된다'고 설명했다. 이에 대하여 설명해 보자.

지금 3상 회로의 어느 점의 전류가 그림 11·9처럼 되었다고 한다. 이 $\dot{I}_a$, $\dot{I}_b$, $\dot{I}_c$는 평형이거나 어떠한 불평형이어도 좋다. 어쨌든 a, b, c상의 전류를 $\dot{I}_a$, $\dot{I}_b$, $\dot{I}_c$라고 하는 것이다.

이와 같은 $\dot{I}_a$, $\dot{I}_b$, $\dot{I}_c$에 대하여 **반드시, 언제라도** 다음 계산을 할 수 있다.

$$
\left.
\begin{aligned}
\dot{I}_0 &= \frac{1}{3}(\dot{I}_a + \dot{I}_b + \dot{I}_c) \\
\dot{I}_1 &= \frac{1}{3}(\dot{I}_a + a\dot{I}_b + a^2\dot{I}_c) \\
\dot{I}_2 &= \frac{1}{3}(\dot{I}_a + a^2\dot{I}_b + a\dot{I}_c)
\end{aligned}
\right\} \quad (11\cdot1)
$$

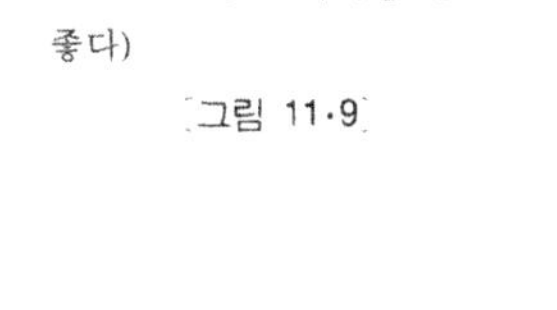

$$
\xrightarrow{\quad i_a \quad}
$$
$$
\xrightarrow{\quad i_b \quad}
$$
$$
\xrightarrow{\quad i_c \quad}
$$

($\dot{I}_a$, $\dot{I}_b$, $\dot{I}_c$ 는 어떠한 전류여도 좋다)

그림 11·9

여기에서,

$$
a = 1 \angle 120° = -\frac{1}{2} + j\frac{\sqrt{3}}{2}
$$

$$
a^2 = 1 \angle 240° = 1 \angle (-120°) = -\frac{1}{2} j\frac{\sqrt{3}}{2}
$$

이다. (정리[6·1] 참조)

다음에 (11·1)식에 대하여, $\dot{I}_a$, $\dot{I}_b$, $\dot{I}_c$를 미지수로 해서, 3원 1차 방정식을 풀고, $\dot{I}_a$, $\dot{I}_b$, $\dot{I}_c$을 구하면 다음과 같이 된다.

$$\left.\begin{array}{l} \dot{I}_a = \dot{I}_0 + \dot{I}_1 + \dot{I}_2 \\ \dot{I}_b = \dot{I}_0 + a^2\dot{I}_1 + a\dot{I}_2 \\ \dot{I}_c = \dot{I}_0 + a\dot{I}_1 + a^2\dot{I}_2 \end{array}\right\} \qquad (11\cdot2)$$

이 식을 그림으로 나타내면 그림 11·10과 같이 된다.

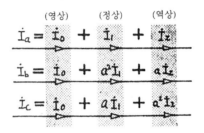

[그림 11·10] 식 11·2를 도식적으로
나타낸다

그림 11·9에는 a상의 전류는 $\dot{I}_a$이지만, 그림 11·10을 가로로 보면 그 $\dot{I}_a$는, $\dot{I}_0$, $\dot{I}_1$, $\dot{I}_2$가 중첩되었다. 바꿔말하면 **그림 11·9의 $\dot{I}_a$는 그림 11·10의 $\dot{I}_0$, $\dot{I}_1$,** $\dot{I}_2$로 **분해된다**는 것을 알 수 있다. 혹은 $\dot{I}_a$는 $\dot{I}_0$, $\dot{I}_1$, $\dot{I}_2$로 **나타낸다**고 말해도 좋다.

$\dot{I}_b$, $\dot{I}_c$에 대해서도 마찬가지로 말할 수 있다. 단, $\dot{I}_b$, $\dot{I}_c$의 경우는 a나 a^2 계수가 붙어 있는 점이 다를 뿐이다.

그런데 그림 11·10을 세로로 바라보면 **a, b, c 각상에는** 각 상에 완전히 같은 크기, 같은 위상인 $\dot{I}_0$가 포함되어 있다. 또 다음 열에는 각 상에 $\dot{I}_1$이 포함되어 있지만 a나 a^2이 곱해져 있다. 이 $\dot{I}_1$, $a^2\dot{I}_1$, $a\dot{I}_1$은 그림 11·7에 설명하였던 **정상 전류**이다. 마지막 열에는 각 상에 $\dot{I}_2$가 포함되어 있고 이 $\dot{I}_2$, $a\dot{I}_2$, $a^2\dot{I}_2$는 그림 11·8에서 설명한 **역상 전류**이다.

정상 및 역상 전류에 대하여 그림 11·10의 각상에 포함된 동상·같은 크기 인 전류 $\dot{I}_0$를 **영상 전류**라 한다.

그런데 그림 11·9의 $\dot{I}_a$, $\dot{I}_b$, $\dot{I}_c$는 어떠한 전류에 있어서도 좋다. 그리고 어떠한 $\dot{I}_a$, $\dot{I}_b$, $\dot{I}_c$여도 (11·1)식의 계산을 할 수 있다.

또 (11·1)식에서 반드시 (11·2)식의 계산을 할 수 있다. 따라서 **그림 11·9의 전류 $\dot{I}_a$, $\dot{I}_b$, $\dot{I}_c$는 항상 그림 11·10처럼 분해된다**는 것이다.

여기서 그림 11·10에 있어서 $\dot{I}_0$는 각상 모두 같은 위상, 같은 크기이고, $\dot{I}_1$은 각 상 모두 같은 크기로 평형인 정상 순서의 3상 전류이고 $\dot{I}_2$는 각 상 모두 같은 크기로 평형인 역상 순서의 3상 전류이다. 한마디로 말하면 $\dot{I}_0$, $\dot{I}_1$, $\dot{I}_2$는 모두 각 상에 평형이 맞고 대칭인 형태로 포함되는 성분이다.

이런 뜻으로 **영상·정상·역상 전류를 총칭하여, 대칭분 전류**라 한다. 전압에 대해서도 아래에 설명하듯이 영·정·역상의 대칭분 전압으로 분해된다.

요컨데 **어떻게 불평형인 전압이나 전류에 있어도 각상에 대하여 평형인 영·정·역상의 대칭분 전압·전류로 분해된다.**

불평형인 부하나 불평형인 고장의 전압·전류의 엄밀한 계산은 대칭 좌표법을 이용하지 않으면 잘 되지 않는다. 대칭 좌표법에는 불평형인 전압이나 전류를 평형(balance)인 대칭분의 전압·전류로 분해하고, 이 전압·전류를 사용하여 정확한 계산을 하려는 것이다.

바로 앞에서 설명한 전류에 대한 사항은 전압에 대해서도 똑같다.

3상 회로 어느 점의 대지 전압이 그림 11·11처럼 $\dot{V}_a$, $\dot{V}_b$, $\dot{V}_c$라 한다. 이 전압은 평형이거나 어떠한 불평형이라도 좋다. 이 전압에 의하여 항상 다음 계산을 할 수 있다.

$$\left.\begin{array}{l} \dot{V}_0 = \dfrac{1}{3}(\dot{V}_a + \dot{V}_b + \dot{V}_c) \\[2mm] \dot{V}_1 = \dfrac{1}{3}(\dot{V}_a + a\dot{V}_b + a^2\dot{V}_c) \\[2mm] \dot{V}_2 = \dfrac{1}{3}(\dot{V}_a + a^2\dot{V}_b + a\dot{V}_c) \end{array}\right\} \quad (11\cdot3)$$

(11·3)식을 풀면 다음의 $\dot{V}_a$, $\dot{V}_b$, $\dot{V}_c$가 얻어진다.

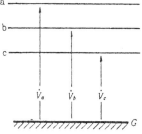

($\dot{V}_a$, $\dot{V}_b$, $\dot{V}_c$ 는 어떠한 전압이어도 좋다)

[그림 11·11]

$$\left.\begin{aligned}
\dot{V}_a &= \dot{V}_0 + \dot{V}_1 + \dot{V}_2 \\
\dot{V}_b &= \dot{V}_0 + a^2\dot{V}_1 + a\dot{V}_2 \\
\dot{V}_c &= \dot{V}_0 + a\dot{V}_2 + a^2\dot{V}_2
\end{aligned}\right\}$$
(11·4)

(11·4)식을 그림 식으로 나타내면 그림 11·12와 같이 된다.

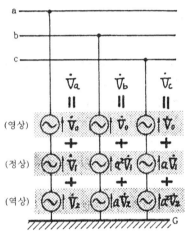

[그림 11·12] 식 11·4를 도식적으로
나타낸다

즉 그림 11·11의 $\dot{V}_a$, $\dot{V}_b$, $\dot{V}_c$가 어떠한 전압이어도 그림 11·12처럼 각상에 같은 크기·같은 위상인 **영상 전압** $\dot{V}_0$, 3상 평형인 **정상 전압** $\dot{V}_1$, 3상 평형이지만 역상 순서인 **역상 전압** $\dot{V}_2$의 세 개의 대칭분 전압으로 분해되는 것이다.

4단자 회로에 매트릭스를 이용하였다. 대칭 좌표법에도 매트릭스를 이용하면 식이 간결하게 되어 편리하다. 위의 설명 식은 다음과 같이 나타낸다.

$$\begin{bmatrix} \dot{V}_0 \\ \dot{V}_1 \\ \dot{V}_2 \end{bmatrix} = \frac{1}{3}\begin{bmatrix} 1 & 1 & 1 \\ 1 & a & a^2 \\ 1 & a^2 & a \end{bmatrix}\begin{bmatrix} \dot{V}_a \\ \dot{V}_b \\ \dot{V}_c \end{bmatrix}$$
(11·3)′

$$\begin{bmatrix} \dot{V}_a \\ \dot{V}_b \\ \dot{V}_c \end{bmatrix} = \begin{bmatrix} 1 & 1 & 1 \\ 1 & a^2 & a \\ 1 & a & a^2 \end{bmatrix} \begin{bmatrix} \dot{V}_0 \\ \dot{V}_1 \\ \dot{V}_2 \end{bmatrix} \tag{11·4}'$$

정상 전압은 3상 평형 전압이지만, 여기에 **영상 전압 $\dot{V}_0$가 가해지면 어떻게 될까** 조사하여 보자. 지금, $\dot{V}_1 = 100[\text{V}]$, $\dot{V}_0 = 50[\text{V}] \angle 45°$로 해 본다. (11·4)식에서, $\dot{V}_2 = 0$으로 해서,

$$\dot{V}_a = \dot{V}_0 + \dot{V}_1 = 100 + 50\angle 45°[\text{V}]$$
$$\dot{V}_b = \dot{V}_0 + a^2 \dot{V}_1 = 100a^2 + 50\angle 45°[\text{V}]$$
$$\dot{V}_c = \dot{V}_0 + a \dot{V}_1 = 100a + 50\angle 45°[\text{V}]$$

이 벡터 그림은 그림 11·13과 같다. △a′ b′ c′ 는 정상 전압의 선간 전압이다. 이것에 대해서 실선 벡터가 $\dot{V}_0$를 더한 전압이고, **정상 전압에 의한 선간 전압을 $\dot{V}_0$만큼 이동한 형태**로 된다.

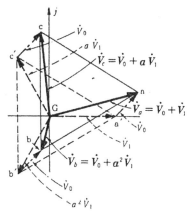

[그림 11·13]　$\dot{V}_1 = 100[\text{V}]$, $\dot{V}_0 = 50[\text{V}] \angle 45°$
일 때의 전압 벡터

다음에 정상 전압에 **역상 전압 $\dot{V}_2$가 가해진 경우**를 조사해 보자. 지금,

$$\dot{V}_1 = 100[\text{V}], \qquad \dot{V}_2 = 30[\text{V}]$$

로 해 본다. (11·4)식에서 $\dot{V}_0 = 0$으로 해서

$$\dot{V}_a = \dot{V}_1 + \dot{V}_2 = 100 + 30 [\text{V}]$$
$$\dot{V}_b = a^2 \dot{V}_1 + a \dot{V}_2 = 100a^2 + 30a [\text{V}]$$
$$\dot{V}_c = a \dot{V}_1 + a^2 \dot{V}_2 = 100a + 30a^2 [\text{V}]$$

이 벡터 그림은 그림 11·14대로이다. △a′b′c′는 정상 전압의 선간 전압이지만, $\dot{V}_a$, $\dot{V}_b$, $\dot{V}_c$에 의한 선간 전압의 삼각형은 실선인 △abc이다. 여기에서 선간 전압의 벡터 삼각형은 역상 전압이 포함되면 정삼각형에서 찌그러진 삼각형이 되는 것이다. 즉 **역상 성분이 클수록 불평형 정도가 심하다.** 그래서 다음 식에서 **불평형률**이라는 것을 정의한다.

$$\text{불평형률} = \left|\frac{\dot{V}_2}{\dot{V}_1}\right|, \quad \text{혹은} \quad \text{불평형률} = \left|\frac{\dot{I}_2}{\dot{I}_1}\right| \qquad (11·5)$$

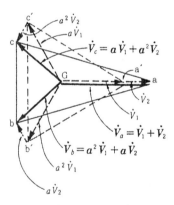

[그림 11·14] $\dot{V}_1 = 100 [\text{V}]$, $\dot{V}_2 = 30 [\text{V}]$
일 때의 전압 벡터

11·4 대칭분의 공식은 이렇게 기억한다

(11·4)식에 의하면 3상 전압은 다음과 같이 대칭분 전압으로 나타낸다.

$$\dot{V}_a = \dot{V}_0 + \dot{V}_1 + \dot{V}_2 \qquad\qquad ①$$

$$\dot{V}_b = \dot{V}_0 + a^2\dot{V}_1 + a\dot{V}_2 \qquad\qquad ②$$

$$\dot{V}_c = \dot{V}_0 + a\dot{V}_1 + a^2\dot{V}_2 \qquad\qquad ③$$

이와 같이 식을 나열하여 보면 앞 부분의 설명을 생각해내면 납득이 되는 식이다. 즉 우변을 세로로 보면, 제1열은 각상에 대하여 같은 크기·같은 위상인 영상분이다. 제2열은 위로부터 a, b, c의 각상 계수가 1, a^2, a의 순서로 되고 그림 11·15를 떠올리면 정상 전압인 것을 확인할 수 있다. 제3열은 계수의 순서가 변할 뿐이다.

그런데 위의 ①②③처럼 나열하지 않고, 1행씩 식을 쓰는 것을 생각하고 그러기 위해서는 어떻게 기억할 것인가라는 것이다.

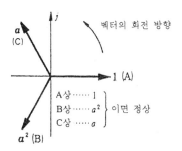

〔그림 11·15〕 1, a, a^2의 벡터

정리 〔11·1〕 **대칭분의 공식 (Ⅰ)**

① $\dot{V}_a$의 식은 계수 a를 포함하지 않은 식으로 $\dot{V}_a = \dot{V}_0 + \dot{V}_1 + \dot{V}_2$

② 〈$\dot{V}_b$의 식〉 $\dot{V}_0$는 $\dot{V}_a$와 동위상이므로 계수 a는 붙이지 않는다.

$\dot{V}_1$의 계수는 정상 전압의 b상(120° 뒤짐→240° 앞섬)을 생각해 내고 a^2이다.

여기까지 생각하면 $\dot{V}_2$ 계수는 a이고 $\dot{V}_b = \dot{V}_0 + a^2\dot{V}_1 + a\dot{V}_2$로 된다.

③ 〈$\dot{V}_c$의 식〉 $\dot{V}_b$식을 쓰면 자연히 다음 식이 써진다.

$$\dot{V}_c = \dot{V}_0 + a\dot{V}_1 + a^2\dot{V}_2$$

④ 이상 식은 메트릭스로 다음 같이 정리하면 좋다. 말할나위 없이 매 트릭스를 쓸 때는 ①~③으로 생각한다. 전류도 마찬가지이다.

$$\begin{bmatrix} \dot{V}_a \\ \dot{V}_b \\ \dot{V}_c \end{bmatrix} = \begin{bmatrix} 1 & 1 & 1 \\ 1 & a^2 & a \\ 1 & a & a^2 \end{bmatrix} \begin{bmatrix} \dot{V}_0 \\ \dot{V}_1 \\ \dot{V}_2 \end{bmatrix} \quad (11 \cdot 6), \qquad \begin{bmatrix} \dot{I}_a \\ \dot{I}_b \\ \dot{I}_c \end{bmatrix} = \begin{bmatrix} 1 & 1 & 1 \\ 1 & a^2 & a \\ 1 & a & a^2 \end{bmatrix} \begin{bmatrix} \dot{I}_0 \\ \dot{I}_1 \\ I_2 \end{bmatrix} \quad (11 \cdot 7)$$

여기서 $a = 1 \angle 120°$, $a^2 = 1 \angle 240°$, $a^3 = 1$, $1 + a + a^2 = 0$

다음은 $\dot{V}_0,$, $\dot{V}_1$, $\dot{V}_2$를 구하는 식의 생각하는 방법이다.

$$\dot{V}_0 = \frac{1}{3}(\dot{V}_a + \dot{V}_b + \dot{V}_c) \tag{④}$$

이 식의 $\dot{V}_a + \dot{V}_b + \dot{V}_c$는 앞의 ①②③을 더한 것 이다. $1 + a + a^2 = 0$이라는 것을 생각하면,

$$\dot{V}_a + \dot{V}_b + \dot{V}_c = 3\dot{V}_0$$

로 되므로, 위 식이 타당한 것을 알 수 있다.

$$\dot{V}_1 = \frac{1}{3}(\dot{V}_a + a\dot{V}_b + a^2\dot{V}_c) \tag{⑤}$$

등의 식은 다음과 같이 생각하면 좋다.

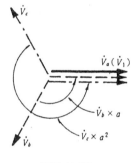

[그림 11·16]

정리 〔11·2〕 **대칭분의 공식 (Ⅱ)**

① $\dot{V}_0$의 식은 계수 a를 포함하지 않는 식으로 $\dot{V}_0 = (\dot{V}_a + \dot{V}_b + \dot{V}_c)/3$

② 〈$\dot{V}_1$의 식〉 그림 11·16과 같은 평형 3상 전압을 머리 속에 그린다. 평형 3상 전압에는 $\dot{V}_0$와 $\dot{V}_2$도 포함하지 않고, $\dot{V}_a$가 $\dot{V}_1$에 해당한다. 그림 11·16처럼 $a\dot{V}_b + a^2\dot{V}_c$는 $\dot{V}_1$과 같게 된다. 따라서,

$$\dot{V}_1 = (\dot{V}_a + a\dot{V}_b + a^2\dot{V}_c)/3$$

③ ⟨$\dot{V}_2$의 식⟩ $\dot{V}_1$식과 계수 순서를 바꾸면 된다.

④ 따라서 메트릭스로 나타내면 다음 식으로 된다.

$$\begin{bmatrix} \dot{V}_0 \\ \dot{V}_1 \\ \dot{V}_2 \end{bmatrix} = \frac{1}{3} \begin{bmatrix} 1 & 1 & 1 \\ 1 & a & a^2 \\ 1 & a^2 & a \end{bmatrix} \begin{bmatrix} \dot{V}_a \\ \dot{V}_b \\ \dot{V}_c \end{bmatrix} \tag{11·8}$$

$$\begin{bmatrix} \dot{I}_0 \\ \dot{I}_1 \\ 1_2 \end{bmatrix} = \frac{1}{3} \begin{bmatrix} 1 & 1 & 1 \\ 1 & a & a^2 \\ 1 & a^2 & a \end{bmatrix} \begin{bmatrix} \dot{I}_a \\ \dot{I}_b \\ \dot{I}_c \end{bmatrix} \tag{11·9}$$

문제 11·1 ▶ 그림 11·17 (a)처럼 1선 지락 사고가 발생하고 $\dot{I}_a = 120°$[A]이다. $\dot{I}_0$, $\dot{I}_1$, $\dot{I}_2$를 구하시오.

문제 11·2 ▶ 그림 11·17 (b)처럼 bc상에 2선 단락 사고가 발생했다. $\dot{I}_b = 3000$[A]로 해서 $\dot{I}_0$, $\dot{I}_1$, $\dot{I}_2$를 구하시오.

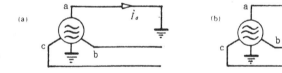

[그림 11·17]

11·5 대칭 좌표법에 의한 계산의 원리

약간 따분한 이야기가 계속된다. 여기서 그림 11·18처럼 a상에서 1선 지락이 발생하였을 때 $\dot{I}_a$를 대칭 좌표법을 사용하여 구하는 것을 설명해 보자.

(1) 그림 11·18의 3상 회로에서의 사고 조건(사고에 대한 전압·전류의 조건)은 분명히 다음과 같다.

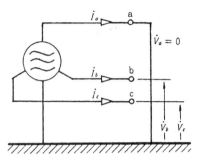

[그림 11·18] a상 1선 지락시의 3상 회로

$$\dot{I}_b = \dot{I}_c = 0 \tag{11·10}$$

$$\dot{V}_a = 0 \tag{11·11}$$

(2) 위 설명의 조건을 **대칭분으로 변환하면** 다음과 같이 된다.

$$\begin{bmatrix} \dot{I}_0 \\ \dot{I}_1 \\ \dot{I}_2 \end{bmatrix} = \frac{1}{3} \begin{bmatrix} 1 & 1 & 1 \\ 1 & a & a^2 \\ 1 & a^2 & a \end{bmatrix} \begin{bmatrix} \dot{I}_a \\ \dot{I}_b \\ \dot{I}_c \end{bmatrix}$$

$$= \frac{1}{3} \begin{bmatrix} 1 & 1 & 1 \\ 1 & a & a^2 \\ 1 & a^2 & a \end{bmatrix} \begin{bmatrix} \dot{I}_a \\ 0 \\ 0 \end{bmatrix}$$

$$= \frac{1}{3} \begin{bmatrix} 1 \times \dot{I}_a + 1 \times 0 + 1 \times 0 \\ 1 \times \dot{I}_a + a \times 0 + a^2 \times 0 \\ 1 \times \dot{I}_a + a^2 \times 0 + a \times 0 \end{bmatrix}$$

$$= \frac{1}{3} \begin{bmatrix} \dot{I}_a \\ \dot{I}_b \\ \dot{I}_c \end{bmatrix} = \begin{bmatrix} \dot{I}_a / 3 \\ \dot{I}_a / 3 \\ \dot{I}_a / 3 \end{bmatrix}$$

즉,

$$\dot{I}_0 = \dot{I}_1 = \dot{I}_2 = \dot{I}_a/3 \tag{11·12}$$

이다. 이 계산은 매트릭스를 사용하지 않고 (11·1)식으로 계산하여도 완전히 같게 된다. 또 (11·11)식은 대칭분으로 다음과 같이 나타낸다.

$$\dot{V}_a = \dot{V}_0 + \dot{V}_1 + \dot{V}_2 = 0 \tag{11·13}$$

(3) 다음에 **대칭분만의 회로를 생각한다.** (11·12)식에 의하여, $\dot{I}_0 = \dot{I}_a/3$이므로 그림 11·19(a)처럼 영상 전류는 각 상 모두 $\dot{I}_a/3$라는 전류이다. 또 $\dot{I}_1$이나 $\dot{I}_2$도 $\dot{I}_a/3$이므로, 정상 및 역상 전류를 그림으로 나타내면, 그림 11·19 (b) 및 (c)의 전류처럼 된다.

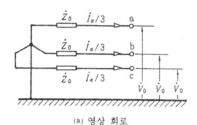

(a) 영상 회로

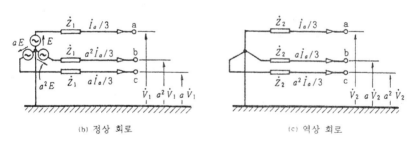

(b) 정상 회로　　　　　　　　(c) 역상 회로

[그림 11·19]

다음에 그림 (a)같이 각 상에 같은 크기·같은 위상인 영상 전류가 흘렀을 때 그 **영상 전류에 대하여 작용하는 임피던스를 영상 임피던스**라 하고 $\dot{Z}_0$로 나타낸다. $\dot{Z}_0$는 각 상 모두 같은 값이므로 단자에 나타난 전압은 각 상 모두 같은 크기이고, 같은 위상이므로 영상 전압이다. 이와 같이 영상 전압에 의

하여 발생한 전압은 영상 전압뿐이고, 정상이나 역상의 전압은 발생하지 않는다.

그림 (b)는 정상분에 대한 회로이다. 그림과 같이 정상 전류가 흘렀을 때 **정상분에 대하여 작용하는 임피던스를 정상 임피던스**라 하고 $\dot{Z}_1$으로 나타낸다. 전원의 정상 전압 및 정상 전류와 $\dot{Z}_1$에 의하여 발생하는 단자 전압은 역시 정상 전압뿐이다. 이와 같이 **각 대칭분 전압·전류는 다른 대칭분에 영향을 미치지 않는다**는 것이다.

그림 (c)의 역상분에 대해서도 완전히 같은 형태로 $\dot{Z}_2$는 **역상 임피던스**이다.

여기에 나온 영상·정상·역상 임피던스를 총칭하여 **대칭분 임피던스**라 한다. '영상 전류에 대하여 작용하는 임피던스를 영상 임피던스라 한다' 등이라고 말해도 조금 알기 어려울 것이라고 생각한다. 요컨데 **상호 임피던스를 포함한 3상 회로에는 영상 전류가 흘렀을 경우와, 정상(역상) 전류가 흘렀던 경우에 작용하는 임피던스가 달라진다.** 이 때문에 영·정·역의 대칭분을 따로 따로 생각하여 계산하는 대칭 좌표법이 유효하게 된다. 이와 같은 것이 없으면, 혹은 생략해서 좋으면, 대칭 좌표법은 필요 없다. 특히 대칭분 임피던스가 어떠한 것인가는 중요한 것이므로 뒤에서 설명한다.

그런데 그림 11·19 그림 (a), (b), (c)의 **대칭분 전압·전류를 중첩하면** 그림 11·18의 **3상 회로의 전압·전류가 된다.** 전류에 대해서는 (11·12)식을 구한 과정으로 생각하면 분명하다. 전압에 대해서는 그림 11·18의 $\dot{V}_a$, $\dot{V}_b$, $\dot{V}_c$는 반드시 $\dot{V}_0$, $\dot{V}_1$, $\dot{V}_2$라는 대칭분으로 나타낼 수 있다. $\dot{V}_0$, $\dot{V}_1$, $\dot{V}_2$는 그림 11·19(a), (b), (c)에 있어 $\dot{V}_0$, $\dot{V}_1$, $\dot{V}_2$ 이외는 얻을 수 없다. 그림 11·19(a), (b), (c) 회로를 **대칭분 회로**라 하는데, 다음과 같이 **1상분만을 뽑아내어 쓰는** 수가 많다.

(4) **대칭분 회로를 1상분만 뽑아내어 쓰면** 그림 11·20과 같이 된다.

그림 11·20에서 그림 11·19의 $\dot{I}_a/3$는 일반적으로 $\dot{I}_0$, $\dot{I}_1$, $\dot{I}_2$이다. a상만을 뽑아내므로, a, a^2이라는 벡터 연산자는 붙어 있지 않다.

필요할 때는 처음으로 돌아가 그림 11·19를 생각하면 좋다.

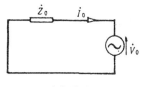

(a) 영상 회로

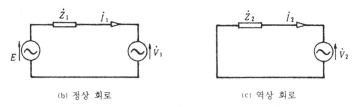

(b) 정상 회로   (c) 역상 회로

[그림 11·20] 대칭분 회로(1상분)

그림 11·20에서 $\dot{V}_0$, $\dot{V}_1$, $\dot{V}_2$의 전압을 전원의 표시로 나타낸다. 이것은 전위차를 전원(기전력)으로 바꿔 놓을 수 있기 때문이다. 이와 같은 그림으로 한 편이 알기 쉽다.

이 그림에서 다음 전압·전류의 관계식이 얻어진다. 이것을 **발전기의 기본식**이라 부른다.

$$\dot{V}_0 = -\dot{Z}_0 \dot{I}_0 \qquad\qquad (11\cdot14)$$

$$\dot{V}_1 = \dot{E} - \dot{Z}_1 \dot{I}_1 \qquad\qquad (11\cdot15)$$

$$\dot{V}_2 = -\dot{Z}_2 \dot{I}_2 \qquad\qquad (11\cdot16)$$

$\dot{V}_0 = -\dot{Z}_0 \dot{I}_0$처럼 왜 $-$가 붙는가 의문스러운 분은, 정리[3·4]등으로 거슬러 올라가서 양방향의 원리를 확실하게 하기 바란다.

(5) 이상으로 준비가 되었다. 이상의 결과을 활용하여 **대칭분의 전압·전류**를 구한다. 꼭 구해야 할 미지수는 $\dot{V}_0$, $\dot{V}_1$, $\dot{V}_2$, $\dot{I}_0$, $\dot{I}_1$, $\dot{I}_2$의 6개이다.

이에·대하여 이미,

$$\dot{I}_0 = \dot{I}_1 = \dot{I}_2 \quad (= \dot{I}_a / 3) \qquad\qquad ((11\cdot12))$$

$$\dot{V}_0 + \dot{V}_1 + \dot{V}_2 = 0 \qquad\qquad ((11\cdot13))$$

의 세 식이 있고(=의 수가 세 개 있다), 위 설명의 발전기 기본식 세 개의 식과 합하여 6 개식이 있으므로, 6개의 미지수는 구할 수 있다. 즉, 위 설명의 (11·13)식에 (11·14)~(11·16)식을 넣으면,

$$-\dot{Z}_0\dot{I}_0 + \dot{E} - \dot{Z}_1\dot{I}_1 - \dot{Z}_2\dot{I}_2 = 0$$

여기에 ((11·12))식을 넣고 $\dot{I}_0$만의 식으로 하면,

$$-\dot{Z}_0\dot{I}_0 + \dot{E} - \dot{Z}_1\dot{I}_1 - \dot{Z}_2\dot{I}_0 = 0$$

$$\therefore \dot{I}_0 = \frac{\dot{E}}{\dot{Z}_0 + \dot{Z}_1 + \dot{Z}_2} \quad (=\dot{I}_1 = \dot{I}_2) \tag{11·17}$$

이것을 (11·14)~(11·16)식에 넣으면, $\dot{V}_0$, $\dot{V}_1$, $\dot{V}_2$가 구해진다.

(6) 다음에 **3상 회로의 전압·전류**를 구한다. 이것으로 목적은 달성된다. 예를 들어 1선 단락한 상의 전류 $\dot{I}_a$는 다음과 같이 구한다.

$$\dot{I}_a = \dot{I}_0 + \dot{I}_1 + \dot{I}_2 = \frac{3E}{\dot{Z}_0 + \dot{Z}_1 + \dot{Z}_2} \tag{11·18}$$

정리 〔11·3〕 **대칭 좌표법에 의한 계산의 요점**

일반적으로 다음 순서로 계산한다. (일반적으로 선지락은 a상, 2선에 관한 고장은 bc상의 고장으로 하면 계산이 간단히 된다)

① **3상 회로의 사고 조건**(사고에 대한 전압·전류의 조건)을 구한다.
일반적으로 세 개의 조건이지만, 단선 같은 경우는 6 개가 된다.

② 3상 회로의 사고 조건을 **대칭분의 사고 조건**으로 변환한다.
앞의 조건이 세 개라면, 뒤의 조건도 세 개이다.

③ ②에서 구한 대칭분의 사고 조건과 **발전기의 기본식**을 이용하여 대칭분의 **전압·전류**를 구한다.

④ ③에서 구한 대칭분 전압·전류에서 필요한 **3상 회로의 전압·전류**를 구한다.

예 11·1▶ 그림 11·21과 같이 대칭분 임피던스가 $\dot{Z}_0$, $\dot{Z}_1$, $\dot{Z}_2$인 회로에서 bc상의 2선 지락 사고가 발생했다. 지락 전류 $\dot{I}_g$를 구하시오.

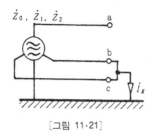

[그림 11·21]

풀이 그림에서 사고 조건은,

$$\dot{I}_a = 0 \quad ①, \qquad \dot{V}_b = \dot{V}_c = 0 \qquad ②$$

이것을 대칭분으로 고치면,

$$\dot{I}_0 + \dot{I}_1 + \dot{I}_2 = 0 \qquad ③$$

$$\begin{bmatrix} \dot{V}_0 \\ \dot{V}_1 \\ \dot{V}_2 \end{bmatrix} = \frac{1}{3} \begin{bmatrix} 1 & 1 & 1 \\ 1 & a & a^2 \\ 1 & a^2 & a \end{bmatrix} \begin{bmatrix} \dot{V}_a \\ 0 \\ 0 \end{bmatrix} = \begin{bmatrix} \dot{V}_a/3 \\ \dot{V}_a/3 \\ \dot{V}_a/3 \end{bmatrix}$$

$$\therefore \ \dot{V}_0 = \dot{V}_1 = \dot{V}_2 \qquad ④$$

④식에 발전기의 기본식을 넣으면,

$$-\dot{Z}_0 \dot{I}_0 = E - \dot{Z}_1 \dot{I}_1 = -\dot{Z}_2 \dot{I}_2 \qquad ⑤$$

⑤식에서,

$$\dot{I}_1 = \frac{E + \dot{Z}_0 \dot{I}_0}{\dot{Z}_1}, \quad \dot{I}_2 = \frac{\dot{Z}_0}{\dot{Z}_2} \dot{I}_0$$

이것을 ③식에 넣고,

$$\dot{I}_0 + \frac{E + \dot{Z}_0 \dot{I}_0}{\dot{Z}_1} + \frac{\dot{Z}_0}{\dot{Z}_2} \dot{I}_0 = 0,$$

$$\therefore \quad \dot{I}_0 = \frac{-\dot{Z}_2 E}{\dot{Z}_0 \dot{Z}_1 + \dot{Z}_1 \dot{Z}_2 + \dot{Z}_2 \dot{Z}_0} \tag{11·19}$$

한편, $\dot{I}_a = 0$, $\dot{I}_b + \dot{I}_c = \dot{I}_g$을 고려하면,

$$\dot{I}_0 = \frac{1}{3}(\dot{I}_a + \dot{I}_b + \dot{I}_c) = \frac{1}{3}\dot{I}_g$$

$$\therefore \quad \dot{I}_g = 3\dot{I}_0 = \frac{-3\dot{Z}_2 E}{\dot{Z}_0 \dot{Z}_1 + \dot{Z}_1 \dot{Z}_2 + \dot{Z}_2 \dot{Z}_0} \tag{11·20}$$

문제 11·3 ▶ 그림 11·22와 같이 대칭분 임피던스가 $\dot{Z}_0$, $\dot{Z}_1$, $\dot{Z}_2$[Ω]인 발전기 b, c 단자에서 단락하였을 때 $\dot{I}_b$를 구하시오. 단 발전기 a상 기전력은 E[V]라 한다. 또 이 때 단자 a의 대지 전압 $\dot{V}_a$는 얼마인가?

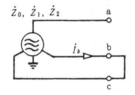

[그림 11·22]

문제 11·4 ▶ 11000[V], 60000[kVA]인 발전기의 중성점을 직접 접지하였다. 발전기 단자 a, b, c에서 고장났을 때의 다음 전류를 구하시오. 단 발전기 임피던스는, $\dot{Z}_0 = j0.2$[Ω], $\dot{Z}_1 = j2.0$[Ω], $\dot{Z}_2 = j0.6$[Ω]으로 한다.

(1) a상 1선 지락일 때의 지락 전류

(2) bc상의 2선 지락일 때의 지락 전류

(3) bc상의 2선 단락일 때의 단락 전류

11·6 대칭분 회로와 임피던스

그림 11·23과 같이 간단하지만 실제 회로에 가까운 회로를 생각해 보자.
그림에서,

$\dot{Z}_{g0}$, $\dot{Z}_{g1}$, $\dot{Z}_{g2}$:발전기의 대칭분 임피던스(영·정·역상의 Z)

$\dot{Z}_n$:발전기의 중성점 접지 임피던스(저항이나 reactor로 접지한다)

r:송배전선의 저항

x_s, x_m:송배전선의 1선 자체 리액턴스 및 2선 간의 상호 리액턴스

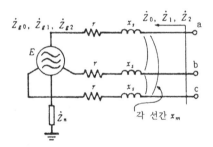

[그림 11·23] 3상 회로

그림 11·23에서 abc 단자로부터 전원측을 본 대칭분 임피던스 $\dot{Z}_0$, $\dot{Z}_1$, $\dot{Z}_2$
를 구하는 것이 여기에서 목표이다. 그것을 구하면 abc **단자에서 왼쪽 전체
를 $\dot{Z}_0$, $\dot{Z}_1$, $\dot{Z}_2$라는 임피던스를 가진 한 대의 발전기로 가정할 수 있다.** 그리
고 예를 들어 a상 1선 지락일 때의 지락 전류는

$$\dot{I}_a = \frac{3E}{\dot{Z}_0 + \dot{Z}_1 + \dot{Z}_2} \qquad\qquad ((11\cdot18))$$

이므로 그림 11·23에서 구한 $\dot{Z}_0$, $\dot{Z}_1$, $\dot{Z}_2$를 위 식에 넣으면 그림의 회로 1선
지락 전류를 구하게 된다.

우선 정상 회로와 정상 임피던스를 생각한다. **정상 회로·임피던스는 당연
한 평형 3상 부하가 걸린 경우이다.**

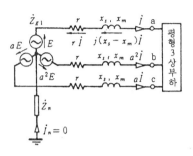

[그림 11·24] $\dot{Z}_1$을 생각한다(I)

따라서 그림 11·24와 같은 평형 3상 부하의 경우에 전원 및 송배전선의 **1상당**의 임피던스가 정상 임피던스 $\dot{Z}_1$이고, 이 회로가 정상회로이다.

주의할 것은 선로 리액턴스이다. a상의 리액턴스 역기전력 $\dot{v}_x$는,

$$
\begin{aligned}
\dot{v}_x &= jx_s\dot{I}_a + jx_m\dot{I}_b + jx_m\dot{I}_c \\
&= j(x_s\dot{I} + x_m a^2\dot{I} + x_m a\dot{I}) \\
&= j\{x_s + (a^2 + a)x_m\}\dot{I} \\
&= j(x_s - x_m)\dot{I} \qquad (\because \ a^2 + a = -1)
\end{aligned}
$$

따라서 자체·상호 리액턴스 x_s, x_m은 **정상 전류에 대해서는** $x_s - x_m$으로서 작용하게 된다. 그림 11·24에서 $\dot{Z}_n$에는 전류가 흐르지 않으므로 관계없다. 그 밖의 임피던스는 직렬이므로 그림 11·23의 abc 단자에서 본 $\dot{Z}_1$은 다음과 같이 된다.

$$
\dot{Z}_1 = \dot{Z}_{g1} + r + j(x_s - x_m) \tag{11·21}
$$

$\dot{Z}_1$을 생각하기 위해서는 그림 11·24의 회로에는 없고, 그림 11·25의 회로에서 생각해도 좋다. 즉 그림 11·24 전원의 기전력을 없애고(즉 여자를 0으로 한다), 단자 a, b, c에 3상 부하 대신에 3상 전원을 연결하면 3상 전원에 의하여 가해진 전압과 흐르는 전류에서 임피던스를 구할 수 있다.

그림 11·25에서 단자 abc로부터 가해지는 전압은 정상 전압이므로 흘러들어오는 전류도 정상 전류이다. 따라서 a상 리액턴스 역기전력은 바로 앞의 내용과 마찬가지로 $j(x_s - x_m)$이다.

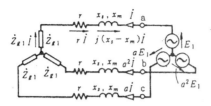

[그림 11·25]　$\dot{Z}$를 생각한다(Ⅱ)

(중성점 $\dot{Z}_n$ 생략)

그림에서 **1상당 임피던스가 정상 임피던스**이고 다음과 같이 구한다.

$$\dot{Z}_1 = \frac{E_1}{\dot{I}} = \frac{\{\dot{Z}_{g1} + r + j(x_s - x_m)\}\dot{I}}{\dot{I}}$$

$$= \dot{Z}_{g1} + r + j(x_s - x_m)$$

말할 것도 없이 이 식은 바로 앞의 (11·21)식과 동일하다. 역시 그림 11 ·24와 같이 중성점 $\dot{Z}_n$에는 전류가 흐르지 않으므로, 그림 11·25에서는 $\dot{Z}_n$의 **회로를 생략한다.**

다음에 **역상 임피던스** $\dot{Z}_2$를 생각하여 보자. $\dot{Z}_2$를 구하려면 그림 11·25의 정상 전압 대신에 역상 전압을 가하고 1상당 임피던스를 구하면 좋다. 역상 전압은 상의 순서가 반대인 평형 3상 전압이다(위 그림에서 E_1, a^2E_1, aE_1 대신에 E_2, aE_2, a^2E_2를 넣으면 좋다). 따라서 흘러들어 오는 전류도 평형 3상 전류이고, 자체·상호 리액턴스 x_s, x_m은 역상 전류에 대해서도 $x_s - x_m$으로서 작용한다. 그러므로 $\dot{Z}_2$는 다음 식에서 구한다.

$$\dot{Z}_2 = \frac{E_2}{\dot{I}} = \frac{\{\dot{Z}_{g2} + r + j(x_s - x_m)\}\dot{I}}{\dot{I}} = \dot{Z}_{g2} + r + j(x_s - x_m) \qquad (11·22)$$

그리고 **영상 임피던스** $\dot{Z}_0$를 생각해 보자. 그림 11·26과 같이 abc 단자를 일괄적으로, 어느 기전력 E_0를 가하면 각상에 영상 전압을 가하게 된다. 이 기전력에 의하여 흐르는 전류는 각상 모두 같은 크기·같은 위상인 $\dot{I}$이므로, 영상 전류이다. 여기서 a상의 리액턴스에 일어나는 역기전력 $\dot{v}_a$는,

$$\dot{v}_x = jx_s\dot{I}_a + jx_m\dot{I}_b + jx_m\dot{I}_c$$
$$= j(x_s + 2x_m)\dot{I}$$

또 $\dot{Z}_n$에 일어나는 역기전력은,

$$\dot{v}_n = \dot{Z}_n \times 3\dot{I} = 3Z_n\dot{I}$$

따라서 그림 11·26의 영상 임피던스는,

$$\dot{Z}_0 = \frac{E}{I}$$

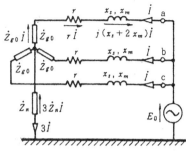

[그림 11·26] $\dot{Z}_0$를 생각한다

$$= \frac{\{3\dot{Z}_n + \dot{Z}_{g0} + r + j(x_s + 2x_m)\}\dot{I}}{I}$$

$$= 3\dot{Z}_n + \dot{Z}_{g0} + r + j(x_s + 2x_m) \qquad (11\cdot23)$$

로 된다. 이상 각 대칭분 회로를 그림으로 나타내면, 그림 11·27처럼 된다.

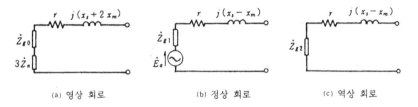

(a) 영상 회로   (b) 정상 회로   (c) 역상 회로

[그림 11·27] 그림 11·23 회로의 대칭분 회로

정리 [11·4] **대칭분 임피던스**

① 어느 3상 회로의 영(정·역)상 임피던스는 그 회로에 영(정·역)상 전류가 흘렀을 때 작용하는 1상당 임피던스이다.

② 어느 3상 회로의 어느 단자에서 본 영(정·역)상 임피던스를 구하려면 전원의 역기전력을 없애고 그 단자에서 영(정·역)상 전압을 가해서 1상당 임피던스를 구하면 좋다.

③ **중성점 임피던스** $\dot{Z}_n$은 정·역상 회로에는 관계없다. 영상 회로에는 영상 임피던스 $3\dot{Z}_n$으로서 작용한다.

④ 1선당 자체 리액턴스가 x_s, 2선 사이의 상호 리액턴스가 x_m인 경우에 **영상 리액턴스는** x_s+2x_m, **정·역상 리액턴스** x_s-x_m이다.

⑤ 마찬가지로 1선 대지간 용량 C_s, 2선간 용량 C_m일 때 각 회로에 병렬로 들어오는 어드미턴스는, **영상 어드미턴스는** ωC_s, **정·역상 어드미턴스는** $\omega(C_s+3C_m)$**이다.**

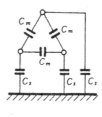

[그림 11·28]

문제 11·5 ▶ 그림 11·29와 같이 F점에서 지락 저항 $R_g[\Omega]$을 거쳐서 a 상 지락이 일어났다.

(1) 지락 전류 $\dot{I}_g$를 구하시오.

(2) F점에 대한 $\dot{V}_0$를 구하시오. 단 발전기의 a상 기전력은 $E[\mathrm{V}]$, 임피던스는 $\dot{Z}_{g0}$, $\dot{Z}_{g1}$, $\dot{Z}_{g2}[\Omega]$이고 중성점을 $\dot{R}_n[\Omega]$으로 접지했다. 또 그림의 x_s, x_m은 전선의 자체·상호 리액턴스이다.

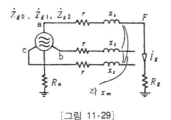

[그림 11·29]

문제 11·6 ▶ 평형 3상 선로의 2선간에 단상 부하가 접속된 경우에 부하 점에 있어서 전압 불평형률 (식 (11·5))의 크기를 구하시오. 단, 단 상 부하의 등가 임피던스를 $\dot{Z}$라 하고, 부하점에서 본 선로측의 역상 임피던스를 $\dot{Z}_2$라 한다.

문제 11·7 ▶ 소호 리액터 접지 계통(중성점 접지 임피던스 $\dot{Z}_n$이 유도 리 액턴스이고 선로의 대지 정전 용량과 병렬 공진 상태의 계통이고, Z_0 는 무한대로 보인다) 송전선의 어느 점에서 2선 지락이 발생한 경우 소호 리액터에 가해진 전압($\dot{V}_0$와 같다)은 얼마인가? 단, 전원 상전 압은 E, 고장점에서 본 정상 임피던스와 역상 임피던스는 같은 것이 다.

11·7 변압기에서는 영상 전류가 어떻게 흐를까?

전력 계통에서 발전기는 반드시 변압기와 조합해서 사용된다. 예를 들어 그림 11·30과 같다. 여기에서 발전기 임피던스 $\dot{Z}_{g0}$, $\dot{Z}_{g1}$, $\dot{Z}_{g2}$ 및 변압기의 $\dot{Z}_T$ 는 모두 **1차측이나 2차측의 어디로 환산한 값**으로 한다. 또 다루는 전압·전 류도 마찬가지로 1차·2차 어디로 환산한 것이다. 이와 같이 하면 변압기는 **선간 전압이 1:1인 변압기**로서 다룰 수 있다.

또 단위법(p.u법)에 의하면 완전히 같은 형태로 다룰 수 있다.

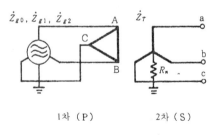

〔그림 11·30〕 발전기와 변압기

그리고 그림 11·30 회로의 대칭분 회로는 그림 11·31과 같이 된다.

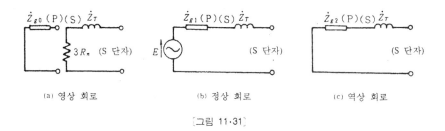

(a) 영상 회로 　　　　　 (b) 정상 회로 　　　　　 (c) 역상 회로

〔그림 11·31〕

정상 회로는 그림 (b)같이 된다. 정상 회로는 보통 3상 부하의 회로와 동일하므로, 2차 (S) 단자에서 보아 발전기의 $\dot{Z}_{g1}$과 변압기의 $\dot{Z}_T$ 등이 직렬로 되어 있다. 실제로는 전압 및 전류에 대하여 1차 2차 사이에 위상차가 있지만 예를 들어 2차측 전압·전류를 생각할 경우는 E의 위상을 2차측의 a상 전압 위상으로 하면 좋다.

역상 회로도 평형 3상에서 상의 순서가 반대 뿐이므로 정상 회로와 같고 기전력이 없고 임피던스가 역상의 $\dot{Z}_{g2}$이다.

영상 회로는 그림 (a)같이 되지만 그림 11·32같이 생각해야 한다. 즉 2차 (S) 단자에서 영상 전압을 가하여(그림 11·26 참조) 이 단자에서 본 임피던스를 생각한다.

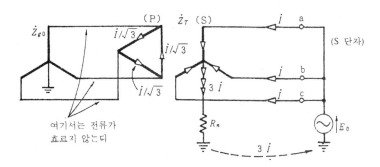

〔그림 11·32〕 영상 전류의 흐름

그림 11·32에서 abc 단자에서 흘러드는 전류는 같은 크기·같은 위상인 전류(영상 전류)이다. 따라서 1차 (P)측에는 변압기 △ 결선에 같은 크기·같은

위상인 전류가 환류하고, 발전기에는 영상 전류가 흐르지 않게 된다. 그래서 그림 (a)같이 (P)(S) 사이는 연결되지 않는 상태이다.

또 **영상 전류는** 그림 11·30과 같이 **중성점 접지가 없으면 흐르지 않는다.** 또 변압기의 임피던스는 이 경우에 영·정·역상 모두 같은 $\dot{Z}_T$이다.

다음에 그림 11·33(a)와 같이 **3권선 변압기가 있는 회로**의 대칭분 회로를 생각해 보자.

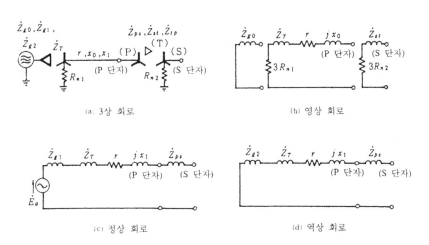

그림 11·33 3권선 변압기가 있는 회로

그림 (a) 왼쪽의 발전기·변압기는 바로 앞까지 설명한 것과 같다.

처음에 그림(c)의 **정상 회로**를 보자. 그림 (a)의 2차(S) 단자에 평형 3상 부하가 가해진 경우에 3권선 변압기에는 2차(S) 권선과 1차(P) 권선에 전류가 흐른다. 따라서 **정상 회로에 들어 오는 변압기의 임피던스는** $\dot{Z}_{ps}$가 된다. 그림 (c)에서 송전선의 리액턴스가 x_1이 되었지만 이것은 바로 앞까지의 x, $-x_m$을 x_1으로 둔 것이다. 그림 (d)의 **역상 회로**는 그림 (c)의 기전력을 없애고 $\dot{Z}_{g1}$을 $\dot{Z}_{g2}$로 바꾸어 놓은 것에 지나지 않는다.

다음은 그림(b)의 **영상 회로**이다. 그림 (a)에서, 3권선 변압기의 1차(P) 측에는 중성점 접지가 없다. 따라서 그림(P 단자)에서 오른쪽에는 영상 회로가 될 수 없다. (P 단자)에서 왼쪽은 바로 앞까지에서 생각한 것을 조합하면 좋다. 즉 그림 (b)에서 (P단자)에서 왼쪽같은 영상 회로가 된다. 여기에서 x_0는 $x_s + 2x_m$에 해당한다.

다음에 다시 그림 (a)를 돌아가서 (S 단자)에서 영상 전압을 가하여 영상 전류가 흘렀다고 생각한다. 즉 바로 앞의 그림 11·32와 마찬가지로 생각하는 것이다. 그러면 영상 전류는 2차(S) 권선에 흘러 이 전류의 자속을 부정하도록, 3차(T) 권선에 영상 전류가 환류한다. 말할 것도 없이 1차 (P) 권선에는 영상 전류는 흐르지 않는다. 따라서 영상 회로는 그림 (b)의 우측처럼 되고 **영상 회로에 들어오는 변압기의 임피던스는 $\dot{z}_{st}$가 된다.**

그림 11·33의 각 상수는 말할 것도 없이 바로 앞과 마찬가지로 1차, 혹은 2차 등 계통의 하나의 전압으로 환산한 [Ω]값 혹은 [p. u]값이다.

이상 설명한 것을 요약하면 다음과 같이 말할 수 있다.

[정리] [11·5] 변압기에 대한 영상 회로

① △ 권선과 쌍이 된 중성점 접지 Y 권선의 단자에서는, 영상 회로가 구성된다. 그 임피던스는 △와 Y 사이의 누설 임피던스이다.

② 이에 대하여 중성점을 접지하지 않은 권선의 단자에서 영상 회로는 개방이 된다.

[문제] 11·8 ▶ 그림 11·34에서 표시한 송전단의 중성점만을 접지한 66 [kV], 60[Hz], 거리 100[km]의 3상 3선식 1회선 송전 선로가 있다. 수전단에서 1선 지락이 발생한 경우에 지락 방향 계전기 DC에 흐르는 전류[A]를 구하시오. 단 각부의 상수는 다음과 같고 그 밖의 상수는 무시한다.

발전기 G:정격 전압 11[kV], 정격 용량 50000[kVA], 정상 및 역상 리액턴스 각 30%[1]

송전단 변압기 T_s:정격 전압 11／66[kV], 정격 용량 50000[kVA], 누설 리액턴스 10%[1]

중성점 접지 저항기 R:저항값 250〔Ω〕

지락:저항 0.239〔Ω／km〕, 작용(정상) 인덕턴스 1.29〔mH／km〕

　　　3선 일괄 대지 귀로의 1선당 인덕턴스 5.0〔mH／km〕

변류기:각상 직렬 영상 접속, 전류비 1／100*²

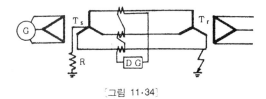

〔그림 11·34〕

〔注〕 *1 기준 임피던스 Z_B에 대한 임피던스이다.

$$Z_B = \frac{E_B}{I_B} = \frac{V_B／\sqrt{3}}{P_B／\sqrt{3} V_B} = \frac{V_B{}^2}{P_B}$$

　　이 식에 $V_B = 66 \times 10^3$〔V〕, $P_B = 50 \times 10^6$〔VA〕을 넣고 기준 용량 50000〔kVA〕, 기준 전압 66〔kV〕의 Z_B로 된다.

*2　DG에 흐르는 전류는 I_0의 1／100이다.

11·8 대칭 좌표법을 그림으로 푼다

(등가 회로)

　지금 어느 회로의 대칭분 회로가 그림 11·35의 **실선**이라 한다. 어느 회로라는 것은 지금까지 설명해 온 어떤 회로라도 좋다. 그림 11·35의 단자에서 고장이 일어난 경우를 생각하면 고장이 일어난 단자에서 보았을 때 **어떠한 회로라도 그림 11·35처럼 나타내어지기 때문이다.**

　그런데 앞에서 a상 1선 지락일 때의 계산을 하였다. 우선 3상 회로에서의 사고 조건,

$$\dot{I}_b = \dot{I}_c = 0 \qquad\qquad ((11 \cdot 10))$$
$$\dot{V}_a = 0 \qquad\qquad ((11 \cdot 11))$$

을 들고, 이것을 대칭분으로 변환하여 다음 식을 얻었다.

$$\dot{I}_0 = \dot{I}_1 = \dot{I}_2 \qquad\qquad ((11 \cdot 12))$$
$$\dot{V}_0 + \dot{V}_1 + \dot{V}_2 = 0 \qquad\qquad ((11 \cdot 13))$$

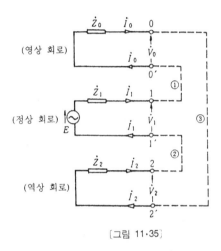

[그림 11·35]

여기까지 계산이 되면, 번거로운 식의 계산을 하지 않고 **그림으로 전압이나 전류의 대칭분이 구해진다.** 그것은 다음과 같이 $((11 \cdot 12))$, $((11 \cdot 13))$식 **(대칭분의 사고 조건의 식)을 만족하도록 대칭분 회로 단자를** 그림의 점선으로 **잇는 것이다.**

①처럼 단자 $0'$, $1'$를 이으면 $\dot{I}_0 = \dot{I}_1$ $((11 \cdot 12))$식을 만족한다.

②처럼 단자 $1'$, $2'$를 이으면 $\dot{I}_1 = \dot{I}_2$ $((11 \cdot 12))$식을 만족한다.

①②를 이으면 단자 $0 \sim 2'$ 사이의 전압은 $\dot{V}_0 + \dot{V}_1 + \dot{V}_2$가 된다, 따라서 ③처럼 단자 0, $2'$를 이으면 $\dot{V}_0 + \dot{V}_1 + \dot{V}_2 = 0$ $((11 \cdot 13))$을 만족한다.

이와 같이 하여 이루어진 점선을 포함한 회로에서, 계산하지 않아도 다음 식이 얻어진다.

$$\dot{I}_0 = \dot{I}_1 = I_2 = \frac{E}{\dot{Z}_0 + \dot{Z}_1 + \dot{Z}_2} \quad \left(\begin{array}{l}\dot{Z}_0,\ \dot{Z}_1,\ \dot{Z}_2\text{의 직렬회로에 기전력 } E \\ \text{가 가해졌을 때의 전류}\end{array}\right)$$

이것은 (11·17)식과 동일하다. 발전기의 기본식 등을 사용하지 않아도 답이 얻어졌다는 것은 사실 그림 11·35 속에는 발전기의 기본식이 포함되어 있기 때문이다. 그림 11·35의 실선 회로에서 기본식이 생겼다는 것이다.

여기에 생긴 그림 11·35 점선을 포함한 회로를 **대칭 좌표법의 등가 회로**라 한다.

2선 단락·2선 지락의 등가 회로가 어떻게 될 것인가는 문제 11·9, 문제 11·10에서 생각하기 바라며, 책끝부분의 해답에서 확인하기 바란다. 다음 같은 예 경우에도 편리한 것을 알 수 있다.

예 11·2 ▶ 문제 11·6을 등가 회로로 푸시오. (문제는 그림 11·36 부하점의 전압 불평형률을 구하는 문제이다)

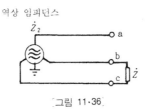

역상 임피던스

그림 11·36

풀이 부하점에서 $\dot{I}_a = 0$, $\dot{I}_b = -\dot{I}_c$, $\dot{V}_b - \dot{V}_c = \dot{Z}\dot{I}_b$
이것을 대칭분 조건으로 고치면,

$$\dot{I}_0 = 0\ \text{①}, \quad \dot{I}_1 = -\dot{I}_2\ \text{②}, \quad \dot{V}_1 - \dot{V}_2 = \dot{Z}\dot{I}_1\ \text{③}$$

①에 의해 영상 회로는 그릴 수 없다. 그림 11·37 (a)에서 ②③의 조건을 만족하도록 점선으로 잇는다.

답을 내는데에 필요한 부분만 그리면 그림 (b)처럼 된다. $\dot{V}_2$는 $\dot{V}_1$을 분압하여 구한다.

$$\dot{V}_2 = \frac{\dot{Z}_2}{\dot{Z} + \dot{Z}_2} \dot{V}_1$$

$$\therefore \text{불평형률} = \left| \frac{\dot{V}_2}{\dot{V}_1} \right| = \left| \frac{\dot{Z}_2}{\dot{Z} + \dot{Z}_2} \right|$$

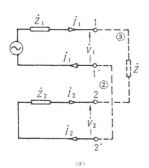 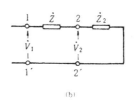

(a)

(b)

[그림 11·37]

문제 11·9 ▶ 상기전력 $E[V]$, 임피던스 $\dot{Z}_1$, $\dot{Z}_2[\Omega]$의 전원 단자에서 bc 상의 2선 단락이 일어났을 때 등가 회로에서 $\dot{I}_b$를 구하시오.

문제 11·10 ▶ 상기전력 $E[V]$, 임피던스 $\dot{Z}_0$, $\dot{Z}_1$, $\dot{Z}_2[\Omega]$의 전원 단자에서 bc상 2선 지락이 일어났을 때 등가 회로에서 $\dot{I}_0$, $\dot{I}_1$, $\dot{I}_2$를 구하시오.

11· 9 대칭 좌표법을 함부로 사용하지 말라

대칭 좌표법을 공부하면 불평형이라고 하면 곧 대칭 좌표법으로 계산하고 싶을 것이다. 그러나 대칭 좌표법을 사용하지 않고 해결하는 것은 사용하지 않는 편이 간단하다. 예를 들어 그림 11·38의 지락 전류 $\dot{I}_g$는 옴의 법칙에 따라 $\dot{I}_g = \dot{E}_a / R_n$이다. 이 지락 전류를 대칭 좌표법으로 계산하면, $\dot{Z}_0 = 3 R_n$, $\dot{Z}_1 = \dot{Z}_2 = 0$

$$\therefore \ \dot{I}_g = 3\dot{I}_0 = 3 \times \frac{\dot{E}_a}{\dot{Z}_0 + \dot{Z}_1 + \dot{Z}_2}$$

$$= 3 \times \frac{\dot{E}_a}{3R_n + 0 + 0}$$

$$= \frac{\dot{E}_a}{R_n}$$

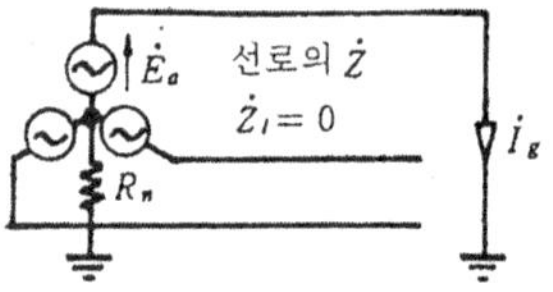

[그림 11·38]

로 되고 같은 답이 얻어진다. 왜 대칭 좌표법을 사용하지 않아도 같은 답이 얻어지는가 하면 선로의 임피던스를 $\dot{Z}_{10} = \dot{Z}_{11} = \dot{Z}_{12} (= \dot{Z}_t = 0)$로 하고 있기 때문이다. 일반적으로 말하면 다음과 같이 할 수 있다.

정리 [11·6] **3상 불평형의 계산에서 대칭 좌표법이 이용되지 않는 경우**

　영·정·역상의 각 전류가 모두 흐르는 부분의 임피던스가 $\dot{Z}_0 = \dot{Z}_1 = \dot{Z}_2$로 가정할 때는 대칭 좌표법을 이용하지 않고 옴의 법칙, 테브낭의 정리 등을 이용하여 계산할 수가 있다.

문제 11·11 ▶ 상기전력 E[V], 임피던스가 $\dot{Z}_1 = \dot{Z}_2 = \dot{Z}$[Ω]인 전류가 있다. 그 단자에서 2선 단락이 일어난 경우 및 3선 단락이 일어난 경우의 각 단락 전류 값 및 그 비율을 구하시오.

문제 11·12 ▶ 그림 11·39 회로의 F점에서 1선 지락이 일어났다. $\dot{I}_g$, $\dot{V}_a$, $\dot{V}_b$, $\dot{V}_c$를 구하시오. 단 전원 기전력 $\dot{Z}_0$, $\dot{Z}_1$, $\dot{Z}_2$는 0이라 한다.

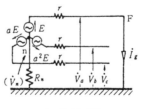

[그림 11·39]

문제 11·13 ▶ 그림 11·40과 같은 77kV, 50Hz, 거리 150km의 3상 1회선 송전선에서 1선 지락이 발생하였다. 지락 전류 및 중성점 접지 저항기 전류를 구하시오. 단 중성점 접지 저항값은 500Ω 및 250Ω이라 하고 1선 대지 정전 용량은 $0.005\mu F$/km라 한다. 그 밖의 모든 상수는 무시한다.

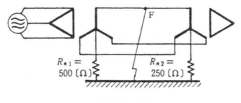

[그림 11·40]

제 12 장

과도 현상

12·1 과도 현상이란 무엇인가

전쟁이 끝난 직후 **과도기**에는 식량난이나 인플레에 괴로워 한다. 이와 같은 과도기라든가 **과도 상태**[*1]라는 것은 어느 안정된 상태에서 위급한 상태의 변화가 있었고 다음 안정된 상태로 정착될 때까지 사이의 상태를 말한다. 이에 대응하여 안정된 상태를 **정상 상태**[*2]라 한다.

그림 12·1 (a)와 같이 최초 전하를 갖지 않는 정전 용량 C에 직류 전압 E [V]를 가하면 그 단자 전압 v_c는 0V에서 E[V]로 변화하려 한다. 그러나 스위치를 닫은 순간에 0[V]에서 E[V]로 변화하지 않고 예를 들어 그림 (b)같은 과도 상태를 지나서 정상 상태인 $v_c = E$[V]로 된다.

그림 (b)의 과도 상태는 그림 (c)의 **정상 성분**과 그림 (d)의 **과도 성분**을 중첩하였다고 가정한다. 그림 (b)로 말하면 연한 흑색 부분이 정상 성분이다.

정상 상태라는 것은 안정된 상태이지만 반드시 그림 (b)처럼 전압이나 전류가 일정한 경우라고는 할 수 없다. 전류가 교류인 경우에는 교류의 안정 상태도 정상 상태라고 한다.

---

*1 과도 상태:transient state

*2 정상 상태:steady state

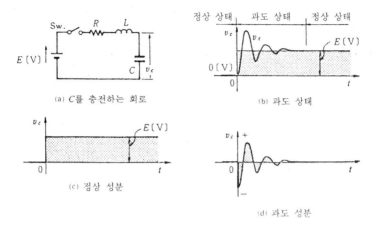

(a) C를 충전하는 회로

정상 상태 | 과도 상태 | 정상 상태

(b) 과도 상태

(c) 정상 성분

(d) 과도 성분

[그림 12·1] 과도 현상

12·2 $RL:E$ 회로에서 과도 현상을 생각한다

그림 12·2와 같은 RL 직렬 회로에 직류 전압을 가했을 때 어떠한 전류가 흐르게 될 것인가. 이 회로에서 과도 현상에 대하여 생각하여 보자.

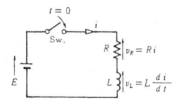

[그림 12·2] $RL:E$ 회로

'1·3 회로 계산의 뿌리는 순시값 계산'에서 설명한 대로 직류 회로나 교류 회로 모두 계산의 기본이 되는 것은 순시값 계산이다. 과도 현상의 계산은 그 순시값 계산이라고 말해도 좋다.

1·3절 **및** 계속하여 '· · 양방향을 정하지 않으면 회로 계산을 할 수 없다.' 등을 이 기회에 다시 보아 두면 좋을 것이다. 역시 그림 12·2처럼 i나 t같

은 **변수는 소문자로, R, L이나 E같은 상수나 일정값은 대문자로 나타낸다.**

(1) 키르히호프의 법칙으로 식을 세운다

순시값에 대하여 키르히호프의 법칙이 성립되는 것은 제1장의 앞부분에서 설명하였다. 그림 12·2의 회로에서는 다음과 같이 식이 성립될 수 있다.

$$R의\ 역기전력\ v_R + L의\ 역기전력\ v_L = 전원\ 기전력\ E$$

여기서, $v_R = Ri$, $v_L = L\dfrac{di}{dt}$ (정리 [1·3] 참조)이므로,

$$Ri + L\frac{di}{dt} = E \tag{12·1}$$

이 식은 그림 12·2처럼 정한 양방향을 토대로 성립되는 것이다. 그림 12·2의 E, i, v_R, v_L의 화살표(양방향) 관계를 확실히 하여 두기 바란다.

(2) 정상값을 생각한다

과도 현상에서 전류 i가 어떠한 값이 되는가를 생각하기 전에 우선 정상 상태에서는 어떠할까를 생각하여 보자. 그림 12·2의 스위치를 닫은 순간을 $t=0$으로 해서 시간을 측정한다. **스위치를 닫기 직전을 $t=-0$, 닫은 직후를 $t=+0$으로 나타낸다.**

직류 상태에서 전압이나 전류는 일정값(0도 포함)이다. $t=-0$ 이전에는 스위치가 닫혀 있지 않으므로 당연히 $i=0$이고 이것은 일종의 정상 상태이다.

$t=0$에서 충분한 시간이 경과하여 정상 상태가 되면 전류 i는 일정값 I가 된다. 이 때 I가 얼마가 되는가를 (12·1)식에서 생각해 보자. i가 일정값 I로 될 때는,

$$L\frac{di}{dt} = L\frac{dI}{dt} = 0 \quad (\because\ I:상수)$$

이므로 (12·1)식에서

$$Ri + 0 = E; \quad \therefore\ i = \frac{E}{R}(=I)$$

로 된다. 즉 **정상 상태에서는** 그림 12·2의 **L이 없는 것과 같다.** (단 직류인 경우)

이와 같이 해서 그림 12·3의 실선같이 두 개의 정상값을 안다. 문제는 이 사이의 과도 상태가 어떻게 될 것인가이다.

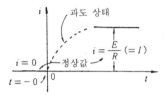

[그림 12·3] 두 개의 정상 상태

(3) $t = +0$의 i를 생각한다

다음에 $t = +0$일 때 i를 생각해 보자.

만약 그림 12·4와 같이 $t = +0$의 순간에 i가 어느 일정의 I_0라는 값이 되었다고 하면,

$$t = +0\text{에서, } \frac{di}{dt} = \infty, \quad \therefore \ L\frac{di}{dt} = \infty$$

즉 L의 역기전력이 무한대이므로 E도 무한대여야 한다. 따라서 이와 같이 **L이 있는 회로에서는** $t = +0$일 때 $i = 0$이다.

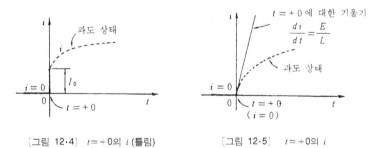

[그림 12·4] $t = +0$의 i (틀림) 　　[그림 12·5] $t = +0$의 i

그래서 (12·1)식에서 $i = 0$이라 해 보자.

$$R \times 0 + L\frac{di}{dt} = E, \quad \therefore \quad \frac{di}{dt} = \frac{E}{L}$$

즉 $t = +0$에 대한 $\frac{di}{dt}$, 즉 전류의 변화율 혹은 i의 그래프 경사는 E/L 라는 것이다. (그림 12·5)

(4) 미분 방정식을 푼다

그림 12·3~그림 12·5와 같이 정상값 및 $t = +0$에 대한 i 상태를 알았다. 문제는 과도 상태이다. 과도 상태를 알기 위해서는 아무래도 (12·1)식의 미분 방정식을 풀어야 한다.

미분 방정식의 풀이 방식에 대해서는 또 다른 기회에 설명하겠지만 여기 에서는 특히,

$$Ri + L\frac{di}{dt} = E \qquad\qquad ((12\cdot1))$$

라는 방정식을 풀이해 보자. **미분 방정식을 푼다는 것은** 위 식으로 말하면 요컨데 적분 등의 계산에 의해 **미분식을 포함하지 않는 t와 i의 관계식을 구 하는 것**이다.

(12·1)식을 다음과 같이 변형한다.

$$L\frac{di}{dt} = E - Ri, \quad \frac{L}{E-Ri} \times \frac{di}{dt} = 1, \quad \frac{L}{E-Ri}di = dt \quad (12\cdot2)$$

(12·2)식 양변을 적분(부정 적분)한다.

$$L\int \frac{1}{E-Ri}di = \int dt$$

$$L\int \frac{1}{E-Ri}d(E-Ri)\frac{1}{d(E-Ri)/di} = \int dt$$

$$\therefore \quad -\frac{L}{R}\log_\varepsilon(E-Ri) = t + K \quad (\varepsilon : \text{자연대수의 밑}) \qquad (12\cdot3)$$

여기에 K는 적분 상수이고, 임의의 상수이다. 부정 적분에는 이 K를 잊어서는 안 된다. 다음에 위 식 양변을 $-\dfrac{L}{R}$로 나눈다.

$$\log_{\varepsilon}(E-Ri) = -\frac{R}{L}t - \frac{R}{L}K, \quad \log_{\varepsilon}(E-Ri) = -\frac{R}{L}t + K'$$

위의 제1식 $-(R/L)K$의 K는 임의이므로 제2식처럼, 이것을 또 임의 상수 K'로 바꾸어 놓을 수 있다. 제2식을 지수 함수 형태로 하면,

$$\varepsilon^{-\frac{R}{L}t+K'} = E-Ri, \quad \varepsilon^{-\frac{R}{L}t}\varepsilon^{K'} = E-Ri, \quad K'\varepsilon^{-\frac{R}{L}t} = E-Ri$$

$$\therefore \ i = \frac{1}{R}(E - K''\varepsilon^{-\frac{R}{L}t}) = \frac{E}{R}(1 - K'''\varepsilon^{-\frac{R}{L}t}) \qquad (12 \cdot 4)$$

임의 상수는 K'에서 K'''로 변했지만 K'''는 임의 상수이다. 이와 같이 임의 상수가 들어 있어서는 아직 i와 t 관계가 분명히 되었다고 말할 수 없다. 다음 단계로서 **임의 상수를 결정할 필요가 있다.** 앞의 항에서 $t=+0$일 때, $i=0$이다는 것을 알았다. 이것을 **초기 조건**이라 한다. 이것을 $(12\cdot3)$식에 넣으면,

$$0 = \frac{E}{R}(1 - K'''\varepsilon^0), \quad 0 = \frac{E}{R}(1 - K'''), \quad \therefore \ K''' = 1 \ (12\cdot5)$$

이와 같이 **초기 조건에 의하여 임의 상수가 결정된다.** $(K''' = 1)$

$K''' = 1$을 $(12\cdot4)$식에 넣으면 다음 식이 얻어진다. 이것이 $(12\cdot1)$식의 **미분 방정식 풀이**이다.

$$i = \frac{E}{R}(1 - \varepsilon^{-\frac{R}{L}t}) \qquad (12 \cdot 6)$$

이것을 그래프로 하면 그림 $12 \cdot 6$처럼 된다.

여기에 $(12\cdot6)$식을 조사하여 보자. $t=0$이라 하면,

$$i = \frac{E}{R}(1 - \varepsilon^0)$$

$$= \frac{E}{R}(1 - 1) = 0$$

로 되고 임의 상수를 결정할 때 이용한 초기 조건대로이다.

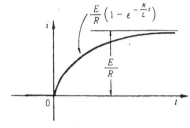

[그림 12·6] *RL* : *E* 회로의 전류

다음에 $t = \infty$로 해 보면,

$$i = \frac{E}{R}(1 - \varepsilon^{-\infty}) = \frac{E}{R}(1 - 0) = \frac{E}{R}$$

이고 정상 상태에 대한 i값이라는 것을 알 수 있다.

위 식에서 $t \to \infty$가 아니면 정상 상태가 되지 않는 느낌이 들므로 다음 계산을 해 보자. 지금 $R = 1[\Omega]$, $L = 100[\mathrm{mH}]$라 하면, (12·6)식에 의해

$$t = 0.1[\mathrm{s}] 일 때 \quad i = \frac{E}{R}(1 - \varepsilon^{-\frac{1}{0.1} \times 0.1}) = 0.6321\frac{E}{R}$$

마찬가지로 계산하여 $t = 0.5[\mathrm{s}]$일 때, $i = 0.9933(E/R)$로 되는 것을 알 수 있다.

이상 과도 현상을 구하는 중요한 방법 몇 가지만 정리해 보자.

[정리] 〔12·1〕 **과도 현상을 구하는 방법**

① 회로 그림 위에 전압·전류의 명칭을 결정(변수의 순시값은 소문자로 나타낸다)하고 양방향을 정한다.

② 위 설명을 토대로 키르히호프의 법칙에 따라 미분 방정식을 세운다.

③ 그 미분 방정식의 임의 상수를 포함한 풀이((12·4)식이 이에 해당하고, 수학에서는 일반해라고 한다)를 구한다.

④ 초기 조건에 의하여 임의 상수를 결정한다.

12·3 미분 방정식의 풀이 방법

(1) 미분 방정식과 그 종류

$RL:E$ 회로에서 성립되는 $Ri + L\dfrac{di}{dt} = E$처럼 변화하는 시간 t에 대한 함수

i (즉 $i(t)$)의 미분 $\dfrac{di}{dt}$를 포함한 방정식이 미분 방정식이다.

미분 방정식을 세우고, 초기 조건에 의하여 임의 상수를 결정하는 것은 전기의 문제이다. 이에 대하여 미분 방정식을 풀고 임의 상수를 포함한 이른바 **일반해를 구하는 것은 수학의 문제이다.** 수학에서는 변수 x에 있어서 함수 $y = f(x)$에 대한 미분 $\dfrac{dy}{dx}$를 포함한 방정식으로 다룬다. 그러나 여기에서는 알기 쉽게 전압이나 전류 등 전기량을 y로 나타내고, x는 시간 t로 나타내서, 미분식을 $\dfrac{dy}{dt}$ 형태로 나타낸다.

미분 방정식에는 여러 가지 종류가 있지만 꼭 필요한 것만을 들어보자.

① $a\dfrac{dy}{dt} + by = f(t)$ (상수 계수 선형 1계 미분 방정식)

② $a\dfrac{d^2y}{dt^2} + b\dfrac{dy}{dt} + cy = f(t)$ (상수 계수 선형 2계 미분 방정식)

위 식에서 a, b, c는 상수이다. $\dfrac{dy}{dt}$나 y의 계수가 상수이므로 **상수 계수** ……라 한다.

①②식에는 $y\dfrac{dy}{dt}$라든가 $\sin y$ 같은 항은 포함되어 있지 않고, y에 관한 항은 y, $\dfrac{dy}{dt}$, $\dfrac{d^2y}{dt^2}$ 뿐이다. 이와 같은 방정식을 **선형** 미분 방정식이라 한다. 또 ①식처럼 1차 미분 (dy/dt)만을 포함하는 것은 **1계**, ②식처럼 2차 미분 (d^2y/dt^2)을 포함하는 것을 **2계**라 한다.

①②식의 우변 $f(t)$는 교류 회로에서는 $E_m \sin\omega t$처럼 t를 포함하는 식도 있지만, 직류 회로에서는 상수 E 등이다. 또 우변 $f(t)$가 0일 경우도 있다. 이 경우는 **제차형(동차형)**이라 한다.

즉 다음과 같다.

③ $a\dfrac{d^2y}{dt^2} + b\dfrac{dy}{dt} + cy = 0$ (상수 계수 선형 2계 제차형 미분 방정식)

(2) 미분 방정식의 해란

다음 식의 아주 단순한 미분 방정식을 풀이하여 보자.

$$\frac{dy}{dt} = a \quad (a:상수) \qquad (12\cdot7)$$

위 식은 다음과 같이 쓸 수 있다.

$$dy = a\,dt \qquad (12\cdot8)$$

양변을 적분하면,

$$\int dy = a\int dt, \quad \therefore \; y = at + K \quad (12\cdot9)$$

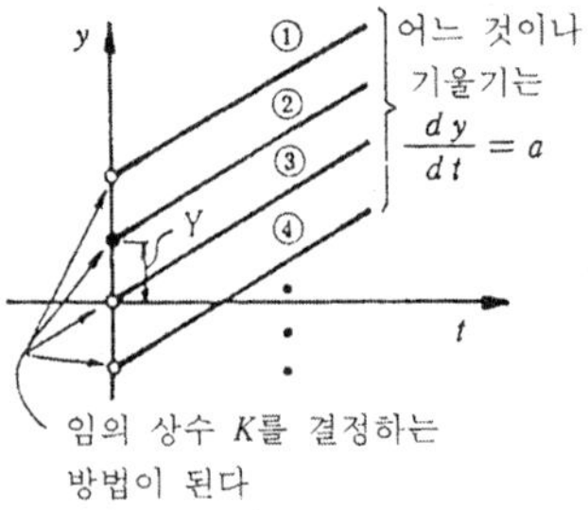

[그림 12·7] $\dfrac{dy}{dt} = a$ 의 일반해 y

K는 임의 상수이다. 이 $(12\cdot9)$식이 $(12\cdot7)$식의 해이다. 왜냐하면 $(12\cdot7)$식의 좌변에 $(12\cdot9)$식을 대입하여 보면

$$\frac{dy}{dt} = \frac{d}{dt}(at + K) = \frac{da\,t}{dt} + \frac{dK}{dt} = a + 0 = a \leftarrow (12\cdot7)식의 \; 우변$$

로 되고 $(12\cdot9)$식은 $(12\cdot7)$식을 만족시키는 식이다. 이와 같이 **미분 방정식을 만족시키는 식을 미분 방정식의 해**라고 한다.

$(12\cdot9)$식은 변수를 t로 하는 직선식이다. K는 임의 상수이므로 K를 결정하는 방법에 따라서 그림 12·7의 ①②③④…… 같이 몇 번이라도 직선 그래프를 그릴 수 있다. 그림 12·7의 그래프는 해를 그림으로 나타낸 것이다. 해의 직선이 아주 많으므로 어설프지만 이와 같은 것이 미분 방정식의 해

이고 일반해라고 부른다.

(12·7)식의 좌변 $\dfrac{dy}{dt}$ 는 그래프의 경사(기울기)이다. (12·7)식을 말로 하면 '그래프의 경사가 일정한 a로 되는 y(t의 함수)는 무엇인가'라는 방정식이다. 그 답은 그림 12·7과 같은 직선군으로 나타내지는 y라는 것은 맞다.

임의 상수를 포함하는 해는 이와 같은 해이고 이것을 **일반해**라고 한다.

그림 12·7에서 $t=0$일 때 y값을 정하면, 예를 들어 $t=0$이고 $y=Y$라 하면 해답은 ②의 직선이 된다. 이것을 식으로 나타내면,

$$y = at + Y \qquad\qquad (12\cdot10)$$

이 y도 (12·7)식을 만족시키는 식이고 일종의 해이다. 그리고 많은 일반해 중 하나의 특수한 해이므로 **특수해**라고 한다. 그리고 특수해는 $t=0$일 때 y의 값, 즉 **초기 조건**에 의하여 결정된다. 그림 12·7을 보면 특수 해를 결정하는 것은 초기 조건이 아니라도 좋으나 과도 현상인 경우에는 거의 초기 조건을 사용하고 있다. 다음에 또 하나의 미분 방정식을 풀이하여 보자. (앞 ②식의 특수한 경우)

$$\frac{d^2y}{dt^2} = a \quad (a:상수) \qquad\qquad (12\cdot11)$$

양변을 t로 적분하면

$$\int d\left(\frac{dy}{dt}\right) = \int a\,dt, \quad \frac{dy}{dt} = at + K_1$$

한번 더 적분하면,

$$\int dy = \int (at + K_1)\,dt, \quad \therefore\ y = \frac{1}{2}at^2 + K_1 t + K_2 \quad (12\cdot12)$$

이 (12·12)식은 (12·11)식의 일반해이다. 이와 같이 **2계 미분 방정식의 일반해**에는 두 개의 임의 상수가 포함된다.

정리 [12·2] **미분 방정식의 해**

① 미분 방정식을 항등적으로 만족시키는 미분식을 포함하지 않는 관계식을 그 미분 방정식의 **해**라고 한다.

② 임의 상수를 포함하는 해를 **일반해**라고 한다.

③ 일반적으로 n계 미분 방정식의 일반해에는 n 개의 임의 상수가 포함된다.

④ 일반해의 임의 상수에 특정값을 주어서 얻어진 해를 특수해라고 한다.

⑤ 임의 상수는 보통 경우에 초기 조건에 의하여 특정값으로 정해진다.

위 설명 ①에서 '미분 방정식을 "항등적"으로 만족시키는 식'이라 하고 있다. 이 "항등적"이라는 것은 예를 들어 위의 예제에서 (12·12)식은 (12·11) 식을 만족시키는 해이지만, (12·12)식의 t 값은 얼마가 되더라도 항상(항등적으로) (12·11)식을 만족시키는 것이다. 이와 같은 **항등적인 해를 구하기 위한 계산이므로** 위의 예제처럼 **양변을 적분하기도 하고 또, 미분하기도 하는 것이다.** 단순하게 방정식을 만족하는 어느 값을 구하는 대수 방정식인 경우에는 양변을 적분 또는 미분하면 터무니없는 답이 나와버린다.

(3) 상수 계수 선형 제차형 미분 방정식 해법

다음 미분 방정식을 풀어보자. 이것은 (12·1)식의 우변을 0으로 한 것이다. 즉 (12·1)식을 제차형으로 한 것이다.

$$L\frac{di}{dt} + Ri = 0 \tag{12·13}$$

해법 (1) **(변수 분리형)** : 이것은 지금까지 해 온 해법이다. 위 식을 변형하면,

$$\frac{di}{dt} = -\frac{R}{L}i, \quad \frac{1}{i}di = -\frac{R}{L}dt \tag{12·14}$$

이 (12·14)식을 **변수 분리형**이라 한다. $f(i)di = g(t)dt$ 형으로, 양변 각각이 한 종류만의 변수식으로 나누어져 있는 것이다. 이 형태로 되면 양변을 적분해서 다음 일반해가 얻어진다.

$$\log_\varepsilon i = -\frac{R}{L}t + K, \quad i = K'\varepsilon^{-\frac{R}{L}t} \tag{12·15}$$

해법 (2) (상수 계수 선형 제차형) : (12·13)식은 앞에서 설명하였듯이 상수 계수 선형(1계) 제차형 미분 방정식이다. 이 형태의 방정식 **해는 $K\varepsilon^{at}$ 형태로 되는 것을 알 수 있다.** 그래서 (12·13)식에 $i = K\varepsilon^{at}$ ①을 대입하여 보자.

$$L\frac{dK\varepsilon^{at}}{dt} + R \cdot K\varepsilon^{at} = 0, \quad LK \cdot a\varepsilon^{at} + RK\varepsilon^{at} = 0$$

$$La + R = 0 ②, \quad \therefore \ a = -\frac{R}{L} ③$$

③식을 ①식에 넣으면,

$$i = K\varepsilon^{-\frac{R}{L}t} \tag{12·16}$$

이것으로 완전히 일반해를 구했다. 이에 익숙해지면 변수 분리형으로 풀이하는 것보다 간단하다. 위의 해법에서 ②식을 **특성 방정식**이라 한다.

다음 식처럼 **2계 방정식도** 같은 방법으로 계산할 수 있는데, 번거롭다.

$$a\frac{d^2y}{dt^2} + b\frac{dy}{dt} + c = 0 \tag{12·17}$$

해를 $y = K\varepsilon^{pt}$라 가정하고 위 식에 대입하면 다음 특성 방정식이 얻어진다.

$$ap^2 + bp + c = 0$$

이 식의 해는 $p = \dfrac{-b \pm \sqrt{b^2 - 4ac}}{2a}$이지만 근호속 값에 의하여 그 해는 ① 다른 두 개의 상수해, ② 2중해, ③ 공역 복소해의 세 가지 유형이 있다.

정리 〔12·3〕 미분 방정식의 해법 (1)

① 변수 분리형

$f(y)dy = g(t)dt$와 같은 변수 분리형으로 변형되는 것은 양변을 적분하여 일반해를 구한다.

② 상수 계수 선형 1계 제차형

$a\dfrac{dy}{dt} + by = 0$에 $y = K\varepsilon^{\alpha t}$을 넣고 특성 방정식 $a\alpha + b = 0$을 얻어서

$\alpha = -\dfrac{b}{a}$ 에 따라 일반해 $y = K\varepsilon^{-\frac{b}{a}t}$ 가 얻어진다. (12·18)

③ 상수 계수 선형 2계 제차형

$a\dfrac{d^2y}{dt^2} + b\dfrac{dy}{dt} + cy = 0$에 $y = K\varepsilon^{pt}$을 넣으면,

특성 방정식 $ap^2 + bp + c = 0$이 얻어진다.

(a) $b^2 - 4ac > 0$인 경우에 특성 방정식의 해는 다른 두 개의 실수해이고, 이것을 α, β라 하면 일반해는 다음 식으로 주어진다.

$$y = A\varepsilon^{\alpha t} + B\varepsilon^{\beta t} \quad (A,\ B\text{:임의 상수}) \qquad (12·19)$$

(b) $b^2 - 4ac = 0$인 경우에 특성 방정식의 해는 한 개의 2중해이고 이것을 λ라 하면 일반해는 다음 식으로 주어진다.

$$y = (A + Bt)\varepsilon^{\lambda t} \qquad (12·20)$$

(c) $b^2 - 4ac < 0$인 경우에 특성 방정식의 해는 서로 공역인 2개의 복소수(공역 복소해)이고, 이것을 $\alpha + j\beta$, $\alpha - j\beta$라 하면, 일반해는 다음 식으로 주어진다.

$$y = A\varepsilon^{(\alpha + j\beta)t} + B\varepsilon^{(\alpha - j\beta)t} \qquad (12·21)$$

$$= (A'\cos\beta t + B'\sin\beta t)\varepsilon^{\alpha t} \qquad (12·22)$$

위 설명 안에서 ③ (b) 특성 방정식 해가 2중해(중근)인 경우는 약간 모양이 다르다. 특성 방정식의 해는 λ로 한다. 미분 방정식은 2계이므로 두 개의 임의 상수가 있어야 한다.

그래서 일반해를 $y = A\epsilon^{\lambda t} + B\epsilon^{\lambda t}$라 하면, 그것은 $y = C\epsilon^{\lambda t}$와 아무것도 변하지 않으므로 일반해로서는 불충분하고 일반해는 (12·20)식이 된다.

(4) 상수 계수 선형 "비제차형" 미분 방정식의 해법

다음 (12·1)식의 일반해를 구하는 방법을 적어보자.

$$L\frac{di}{dt} + Ri = E \qquad\qquad ((12\cdot1))$$

(a) 보조(제차) 방정식의 일반해 i_t를 구한다

((12·1))식의 우변을 0으로 한 제차형인 다음 방정식을 보조 방정식이라 한다.

$$L\frac{di}{dt} + Ri = 0 \qquad\qquad (12\cdot23)$$

이 방정식의 일반해는 앞에서 구한 대로이고, 그것을 i_t라 하면,

$$i_t = K\epsilon^{-\frac{R}{L}t} \qquad\qquad (12\cdot24)$$

(b) 원방정식의 임의 특수해 i_s를 구한다

원방정식, 즉 ((12·1))식의 임의 특수해를 구한다. 특수해이므로, 임의 상수를 포함하지 않는 해이고 더구나 임의의 어떠한 해라도 좋다.

((12·1))식과 같은 해는 $I = I$라는 상수인 것을 생각할 수 있다. 이것을 ((12·1))식에 대입하면,

$$L\frac{dI}{dt} + RI = E, \quad L \times 0 + RI = E, \quad \therefore\ I = \frac{E}{R} \qquad (12\cdot25)$$

(12·25)식은 원방정식을 만족시키는 특수해이다. 이것을 i_s로 하면,

$$i_s = \frac{E}{R} \qquad (12 \cdot 26)$$

(c) $i_t + i_s$가 원방법식의 일반해이다.

즉 구해야 할 ((12·1))식의 일반해는,

$$i = i_t + i_s = K\varepsilon^{-\frac{R}{L}t} + \frac{E}{R} \qquad (12 \cdot 27)$$

이 식은 형태는 조금 다르지만 앞에 구한 (12·4)식과 거의 같은 내용이다.
더욱이 $t=0$일 때 $i=0$으로 해서 K를 결정하면 다음 특수해가 얻어진다.

$$i = \frac{E}{R}(1 - \varepsilon^{-\frac{R}{L}t}) \qquad (12 \cdot 28)$$

정리 〔12·4〕 **미분 방정식의 해법 (2)**
　　　　 (상수 계수 선형 비제차형 미분 방정식)

① 상수 계수 선형 비제차 미분 방정식

$$a\frac{d^2y}{dt^2} + b\frac{dy}{dt} + cy = f(t), \text{ 또는 } a\frac{dy}{dt} + by = f(t)$$

의 일반해는 다음 식으로 주어진다.

$$y = y_t + y_s$$

단, y_t : 제차형 보조 방정식의 일반해 (과도항)

　　　 y_s : 원방정식의 임의 특수해 (정상항)

② y_s를 구하려면,

$f(t)$가 상수일 때는 y_s를 상수로 하면 된다.

$f(t) = E_m \sin \omega t$일 때는 $y_s = A \sin \omega t + B \cos \omega t$로 두고 A, B를 구하면
된다.

그런데 앞에서 다음 $RL:E$ 회로의 전류를 얻어진다.

$$i = \frac{E}{R}(1 - \varepsilon^{-\frac{R}{L}t}) \qquad ((12 \cdot 28))$$

이 식은 다음과 같이 쓸 수 있다.

$$i = \frac{E}{R} + \left(-\frac{E}{R}\varepsilon^{-\frac{R}{L}t}\right)$$

$$\downarrow \qquad \downarrow$$

$$i = i_s \ + \ i_t$$

이 관계를 그래프로 그리면 그림 12·8과 같다. i_s는 과도 전류 속의 정상 성분에, i_t는 과도 성분에 해당된다. 그래서 위 정리 [12·4] 속에서 y_t를 과도항, y_s를 정상항이라 한다. t는 transient, s는 steady의 약자이다.

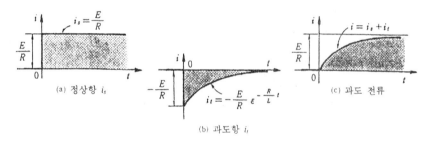

[그림 12·8] $RL:E$ 회로의 전류

12·4 또한번 $RL:E$ 회로에 대하여

미분 방정식 공부가 끝난 시점에서 새롭게 $RL:E$ 회로의 검토를 해 보자.

(1) 과도 전류를 구한다

그림 12·10 회로에서 키르히호프의 법칙에 의해,

$$L\frac{di}{dt} + Ri = E$$

우변=0으로 한 식의 일반해는

$$i_t = K\varepsilon^{-\frac{R}{L}t} \qquad \text{(과도항)}$$

원방정식의 특수해는

$$i_s = \frac{E}{R} \qquad \text{(정상항)}$$

$$\therefore \quad i = i_s + i_t = \frac{E}{R} + K\varepsilon^{-\frac{R}{L}t}$$

$t = +0$일 때 $i = 0$의 초기 조건에 의하여
임의 상수 K를 결정하면,

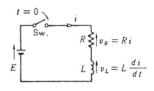

[그림 12·9] $RL:E$ 회로

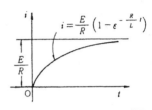

[그림 12·10] $RL:E$ 회로의 전류

$$i = \frac{E}{R} + \left(-\frac{E}{R}\right)\varepsilon^{-\frac{R}{L}t} = \frac{E}{R}(1-\varepsilon^{-\frac{R}{L}t}) \qquad (12\cdot29)$$

이것을 그림으로 나타내면 그림 12·10과 같은 전류가 된다.

위 설명의 계산에서 **정상항을 구하려면** 수학적으로 i를 상수라고 가정하고 구해도 좋으나 전기 분야에서는 **정상 상태의 전류라고 생각하는 편이 간단**할 것이다. 이것은 전원이 **교류인 경우에도** 마찬가지로 다음 계산이 된다.

$$i_s = \frac{E_m}{\sqrt{R^2 + (\omega L)^2}} \sin(\omega t - \phi), \quad \left(\phi = \tan^{-1}\frac{\omega L}{R}\right)$$

따라서 방정식 $L\dfrac{di}{dt} + Ri = E_m \sin\omega t$의 일반해는 다음과 같이 된다.

$$i = i_s + i_t = \frac{E_m}{\sqrt{R^2 + (\omega L)^2}} \sin(\omega t - \phi) + K\varepsilon^{-\frac{R}{L}t} \qquad (12\cdot30)$$

(2) **시상수**(time constant)
바로 앞에서 $RL:E$ 회로의 과도 전류는,

$$i = \frac{E}{R}(1 - \varepsilon^{-\frac{R}{L}t}) \qquad\qquad ((12\cdot29))$$

이고 이 전류의 그래프는 그림 12·11처럼 된다. 그림과 같이 $t=0$에 대한 그래프 i의 접선 OA을 그리고, 이것과 $i = \frac{E}{R}$의 직선과 만나는 점을 B라 한다. 이 B점에 해당하는 시간 τ(타우)를 구해 보자.

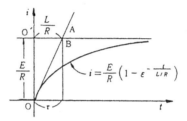

[그림 12·11] $RL : E$ 회로의 시상수

직선 OA의 기울기 m은 $((12\cdot29))$식의 i를 t로 미분하고, 그 미분한 식 t를 0으로 하면 구할 수 있다. 그러면 $m = E/L$로 된다. 이것은 제12장의 맨 처음에 생각한 것과 같은 결과이다. 수학에서 직선 방정식 $y = mx + b$에서 직선 OA의 방정식은 $b = 0$으로 해서,

$$i = mt = \frac{E}{L}t \quad \text{(직선 OA의 방정식)} \qquad (12\cdot31)$$

로 된다. 시간 τ는 이 i가 E/R가 될 때의 t이므로 다음과 같이 구한다.

$$\frac{E}{L}t = \frac{E}{R}$$

$$\therefore\ t = \tau = \frac{L}{R}[s] \qquad\qquad (12\cdot32)$$

그림 12·11에서 τ는 $L/R[s]$, 즉 그림의 $\overline{O'B}$가 L/R이다는 것이다. 이 $L/R[s]$을 시상수라 부른다.

정리 [12·5] **시상수**

① 과도 전압·전류 식에는 $\varepsilon^{-t/\tau}$ 또는 $(1-\varepsilon^{-t/\tau})$라는 항을 포함하는 일이 많다. 이 τ를 시상수라 한다.

② **시상수 τ가 클수록 과도 상태가 계속되는 시간이 길다**(그림 12·11 참조)

③ $RL:E$ 회로에서는 $\tau = L/R$이고, 단위는 L이 [H], R가 [Ω]일 때 τ는 [s]이다.

④ $RC:E$ 회로에서는 $\tau = RC$이고, 단위는 R가 [Ω], C가 [F]일 때 τ는 [s]이다.

문제 12·1 ▶ $R=1$[Ω], $L=100$[mH]인 직렬 회로에 $t=0$으로 직류 전압 10[V]를 가했다.

(1) 정상 전류는 몇 [A]인가? (2) 시상수 τ는 몇 [s]인가?
(3) $t=\tau$일 때 전류는 몇 [A]인가? (4) 전류가 정상값의 90%로 되는 시간 t를 구하시오.

---

(3) $RL:E$ 회로의. 전력과 에너지(Energie)

$RL:E$ 회로의 전력에 대하여 검토해 보자. 전력의 순시값은 항상 i^2R 또는 vi에 의하여 계산한다. (정리[1·4])

그림 12·12 (a)에서 전원에서 공급하는 전력은,

$$p_s = Ei \ [\text{W}] \tag{12·33}$$

여기에서 E[V]는 기전력으로 일정하고, i[A]는 그림 (b)의 그래프처럼 변화한다. 따라서 p_s는 i에 비례하고, 그래프는 i와 닮은꼴이다. i의 정상값을 I[A]로 하면 p_s의 정상값은 다음의 P_s이다.

$$P_s = EI \ [\text{W}] \tag{12·34}$$

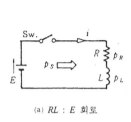

(a) RL : E 회로

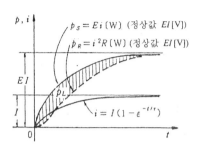

(b) 전력 p_s, p_R 및 p_L

[그림 12·12] RL : E 회로의 전력

다음에 저항 $R[\Omega]$에 열로서 소비하는 전력의 순시값은,

$$p_R = i^2 R$$
$$= i^2 \cdot \frac{E}{I} = \left(\frac{i}{I}\right)^2 EI[\text{W}] \qquad (12\cdot35)$$

또 p_R의 정상값은,

$$P_R = EI = I^2 R[\text{W}] \ (=P_s) \qquad (12\cdot36)$$

이고 정상 상태에서 공급 전력 EI는 모두 저항의 소비 전력 I^2R이 된다.

그런데 과도 상태에 있어서 저항의 소비 전력 p_R의 순시값은 (12·35)식에서 생각하고, 그림 12·12 (b)의 p_R과 같은 그래프가 된다. 따라서 과도 현상에서 $p_s > p_R$이다. 이 전력 차 $p_s - p_R$(그림 (b)의 빗금친 부분)은 인덕턴스 L의 전력 p_L이다. 식으로 쓰면 다음과 같이 된다.

$$p_L = p_s - p_R, \quad \therefore \ p_s(\text{공급 전력}) = p_R + p_L \qquad (12\cdot37)$$

이 전력 p_L은 전력 i에 의하여 생긴 L의 자기장에 전자기 에너지로서 축적된다.

요컨데 p_L은 L의 에너지로서 축적된다. 이것을 계산하여 보자.

$$W_L = \int_0^\infty p_L dt = \int_0^\infty e_L i \, dt = \int_0^\infty L \frac{di}{dt} \cdot i \, dt [\text{Ws}] \ (=[\text{J}])$$

$t=0$에서는 $i=0$, $t=\infty$에서는 $i=I$이므로,

$$W_L = \int_0^I L \cdot i\, di = L \int_0^I i\, di = L \cdot \frac{1}{2}\Big[i^2\Big]_0^I = \frac{1}{2}LI^2 [\text{J}] \qquad (12\cdot38)$$

이 L의 보유 에너지 W_L은 바로 앞그림의 빗금친 부분의 면적에 해당된다. **L이 있는 회로에 전류가 흐를 때는 반드시 L에 대한 에너지 보유(축적)를 수반한다.**

12·5 $RC:E$ 회로의 과도 현상

(1) 과도 전류

그림 12·13과 같이 $R[\Omega]$과 $C[\text{F}]$이 직렬인 회로에, 직류 전압 $E[\text{V}]$를 가했을 때 과도 전류 i를 구한다. 단 스위치를 넣은 $t=0$ 이전에는 C에 전하가 없는 것으로 한다.

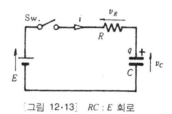

[그림 12·13] $RC : E$ 회로

전압이나 전류의 양방향을 그림과 같이 결정한다. 또 C에 붙은 +는 **전하 q의 양의 기준이다.** +라고 쓰여진 쪽의 전하가 +일 때 q는 +이고, 반대일 때 q는 -로 나타낸다. 키르히호프의 법칙에 의하여,

$$v_R + v_C = E \qquad (12\cdot39)$$

이고, $v_R = Ri = R\dfrac{dq}{dt}$, $v_C = \dfrac{q}{C}$ 이므로, 다음 방정식이 성립된다.

$$R\frac{dq}{dt} + \frac{q}{C} = E \qquad (12\cdot40)$$

이 식은 앞의 $RL:E$ 회로 식과 완전히 같은 형태이다. $L \to R$, $R \to 1/C$, $i \to q$로 바꾸어 놓은 것이다. 따라서 일반해는 다음과 같다.

$$q = CE + K\varepsilon^{-\frac{t}{RC}} \qquad (12 \cdot 41)$$

$t = 0$에 스위치를 닫음으로써 $t = +0$으로 갑자기 q가 0에서 어떤 값이 되는 것은 아니므로, $t = +0$일 때 $q = 0$이다. 이것을 (12·41)식에 넣으면,

$$K = -CE, \quad \therefore \ q = CE - CE\varepsilon^{-\frac{t}{RC}} \qquad (12 \cdot 42)$$

로 된다. 여기에서 i는 다음과 같이 구한다.

$$i = \frac{dq}{dt} = -CE\frac{d}{dt}\varepsilon^{-\frac{t}{RC}}$$

$$= -CE \cdot \left(-\frac{1}{RC}\right)\varepsilon^{-\frac{t}{RC}}$$

$$\therefore \ i = \frac{E}{R}\varepsilon^{-\frac{t}{RC}} \qquad (12 \cdot 43)$$

이 식에서 $t = +0$이고 $i = \dfrac{E}{R}$[A]이고, $t = \infty$일 때 $i = 0$으로 되는 것을 알 수 있다. 또 시상수는 RC[s]이고 , i의 그래프는 그림 12·14처럼 된다.

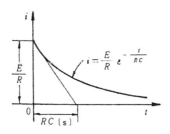

[그림 12·14] $RC : E$ 회로의 전류

또 그림 12·13 회로에서 생각해도 $t = +0$일 때 $v_c = 0$이고, 전압 E는 모

두 R에 가해지므로 $i = E / R[A]$이다. 또 $t = \infty$일 때는 C가 완전히 충전되어 $v_c = E[V]$로 되므로 $i = 0$으로 되는 것을 알 수 있다.

(2) C에 축적된 에너지

그림 12·13의 전원에서 $p_s = Ei[W]$인 전력이 공급된다. p_s 일부는 저항 R에서 열로서 소비되지만 남은 전력은 C에 축적된다. C의 전력은,

$$p_c = v_c i = \frac{q}{C} i = \frac{q}{C} \times \frac{dq}{dt} \ [W] \tag{12·44}$$

따라서 어느 시각 t에 있어서 전하를 $q[C]$라 하면 $t = 0$에서 그 시각까지 C에 축적되는 에너지는 다음과 같다.

$$W_c = \int_0^t p_c dt = \int_0^t \left(\frac{q}{C} \times \frac{dq}{dt} \right) dt = \frac{1}{C} \int_0^q q \, dq = \frac{1}{C} \left[\frac{q^2}{2} \right]_0^q = \frac{1}{2} \times \frac{q^2}{C} [J]$$
$$\tag{12·45}$$

즉 C의 전하가 q로 되기 위해서는 반드시 $\dfrac{1}{2} \times \dfrac{q^2}{C} \left(= \dfrac{1}{2} C v_c^2 \right)$의 에너지를 축적할 필요가 있다.

또 $RC:E$ 회로의 방정식은 (12·40)식만이 아니라 다음 식으로도 좋다.

$$Ri + \frac{1}{C} \int i \, dt = E \quad \left(\because q = \int i \, dt \right) \tag{12·46}$$

양변을 미분하면 미분 방정식이 얻어진다. 이에 대해서는 문제 12·3에서 생각하기 바란다. 이 식보다도 (12·40)식과 같은 q식이 다루기 쉽다.

문제 12·2 ▶ (1) $C[F]$의 정전 용량에 저항을 거쳐서 전원 전압의 $E[V]$까지 충전시켰을 때 C에 축적되는 에너지는 몇 $[J]$인가?

(2) 이 때 저항에서 열이 되는 에너지를 (1) C의 에너지와 비교하면 어떠한가?

(이 답은 매우 흥미 있는 것이므로 기억하면 좋을 것이다)

12·6 초기 조건은 중요하다

과도 현상의 미분 방정식을 풀면 임의 상수를 포함한 일반적인 답이 얻어진다. 그 임의 상수를 결정해야 답이 된다. 임의 상수는 초기 조건에서 결정해야 한다.

지금까지 설명에서 $RL:E$ 회로에서 $t=+0$일 때, $i=0$이고, $RC:E$ 회로에서 $t=+0$일 때 $q=0$이었지만, 언제나 그러한 것이 아니다.

L에 i가 흐르고 있을 때에 L은 $Li^2/2$ [J]의 에너지를 갖고, C에 전하 q가 축적되어 있을 때에 C는 $q^2/2C$[J]의 에너지를 갖는다. 지금 가정해서 L[H] 인덕턴스에 I_1[A]의 전류가 흐르고 있다고 해보자. $t=0$으로 회로 상태가 변하여 (예를 들어 전원 전압 급상승), 전류가 증가하려 할 때 $t=+0$의 순간에 I_1과 다른 I_2[A]라는 전류로 급변하지는 않는다. 그것은 $t=-0$인 L 에너지 $LI_1^2/2$[J]이 $t=+0$의 순간에 $LI_1^2/2$[J]로 급변하지 않기 때문이다. 이와 같이 **보유 에너지의 변화에는 반드시 어떤 시간이 필요하다.**

따라서 회로 상태가 급변해도 L로 흐르는 전류는 급변하지 않는다. 그러나 L의 에너지는 자기장에 축적되어 있으므로 L에 쇄교하는 자속은 급변하지 않는다고 하는 편이 더욱 중요하다. 상호 인덕턴스 M을 포함하는 회로에서는 그렇게 생각해야 한다.

마찬가지로 정전 용량 C 경우는 회로 상태에 급변이 있어도 C 전하는 급변하지 않는다고 하는 데에서 초기 조건을 생각할 수 있다.

[정리] [12·6] 초기 조건 법칙

　　스위치의 개폐, 회로 상수 급변 등 회로 상태의 변화가 있었던 시각을 $t=0$으로 해서 $t=+0$에 대한 모든 전기량 상태, 즉 초기 조건은 다음과 같이 결정된다.

① **쇄교 자속 불변** : L이나 M과 쇄교하는 자속 $t=+0$ 값은, $t=-0$ 값으로 변하지 않는다. (M인 경우에 이 원리가 필요하다)

(a) 따라서 자기적으로 다른 L과 관계가 없는 하나의 L에 대해서는 $t=+0$의 **전류값은** $t=-0$ **값으로 변하지 않는다.** (쇄교 자속 불변의 편이 본질적이지만 이 원리의 편이 편리한 일이 많다)

(b) (a)와 마찬가지로 L의 경우에 $t=-0$에서 $i=0$이라면, $t=+0$에서도 $i=0$이다. 여기에서 $t=-0$에 $i=0$의 L이 있을 때, $t=+0$ 시점에서 회로 속의 이 **L 부분이 개방되었다고** 본다.

② **전하 불변:**C가 축적하고 있는 **전하** $t=+0$ **값은,** $t=-0$일 때의 값 **으로 변하지 않는다.** 두 개의 정전 용량을 병렬로 하는 경우는 **전하 의 모든 양이 급변하지 않는다.** 하나의 C에 대하여 $t=-0$으로 $q=0$ **으로 되면,** $t=+0$에서도 $q=0$**이다.** 여기에서 $t=-0$에 $q=0$의 C가 있을 때는, $t=+0$ 시점에서 회로 속의 C **부분이 단락되었다고 본다.**

문제 12·3 ▶ (1) $R[\Omega]$, $C[F]$의 직렬 회로에 $E[V]$를 가했을 때 $t=+$ 0의 전류는 얼마인가? ($t=-0$일 때, $q=0$으로 한다)

(2) 앞의 (12·46)식에 의하여 i를 구하시오.

문제 12·4 ▶ 그림 12·15에서 (1) Sw. B를 닫은 상태에서 $t=0$에 Sw. A 를 닫았을 때 $t=+0$에 대한 i_L, i_C는 얼마인가?

(2) Sw. B를 개방하고 Sw. A를 닫아서 정상 상태로 되었을 때 $t=0$에 Sw. B를 닫았을 때 $t=+0$에 대한 i_C는 얼마인가? 단 $t=-0$이고 $q_C=$ 0이라 한다.

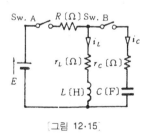

[그림 12·15]

문제 12·5 ▶ 그림 12·16 회로에서 Sw를 닫았을 때 전류 i의 변화를 나타내는 식을 구하시오. 또 i가 처음 전류의 1/2로 되는 시간을 계산하시오. 단 $E=100[\mathrm{V}]$, $R=1[\mathrm{M}\Omega]$, $C≒1[\mu\mathrm{F}]$로 하고 C는 처음 40 V로 충전되어 있다.

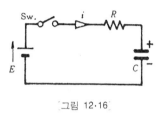

그림 12·16

12·7 C의 방전과 양방향

전하 Q_0가 쌓여 있는 정전 용량 C에 저항 R을 연결하면 C의 전하는 방전(중화)한다. 이 원리는 다음 두 가지가 있지만 (2)의 편이 간편하다.

(1) 방전 상태는 그림 12·16에서 $E=0$인 경우에 해당된다. 그래서

$$R\frac{dq}{dt}+\frac{q}{C}=E \quad ((12·40)) \quad \left(\begin{array}{l}C\text{에 처음 전하가 있거나 없거나}\\ \text{식은 같은 것이다.}\end{array}\right)$$

의 식에서 $E=0$으로 해서,

$$R\frac{dq}{dt}+\frac{q}{C}=0 \tag{12·47}$$

일반해는 $q=K\varepsilon^{-\frac{t}{RC}}$

$t=+0$, $q=Q_0$로 하면,

$$q=Q_0\varepsilon^{-\frac{t}{RC}} \tag{12·48}$$

$$\therefore \ i = \frac{dq}{dt} = -\frac{Q_0}{RC}\varepsilon^{-\frac{t}{RC}} \tag{12·49}$$

이와 같이 전류 식에 −가 붙은 것은 그림 12·16에서 $E=0$으로 **방전할 때 전류는 그림의 전류 i 화살표(정방향)와 반대** 방향으로 흐르는 것을 뜻한다.

(2) 그림 12·17과 같이 방전 전문인 그림에서,

$$v_C = v_R$$

$$\therefore \ \frac{q}{C} = Ri \tag{12·50}$$

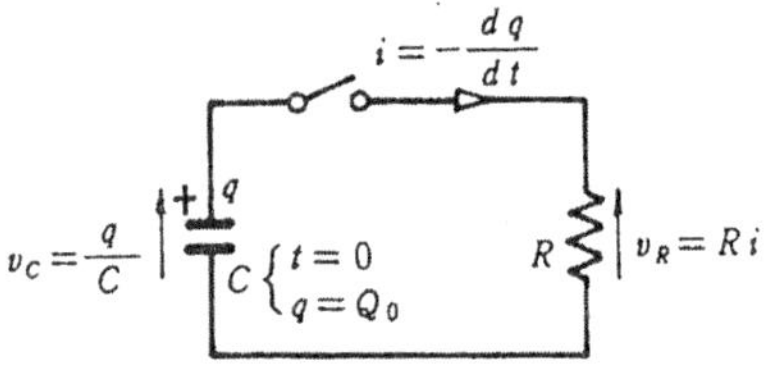

[그림 12·17]

그림 C의 왼쪽 +는 전하 q인 기준인 양 표시이다(정리 [1·1] ④). 이와 같이 q의 +를 결정했을 때 $v_C = +q/C$로 된다. 다음에 i의 양방향을 그림 같이 정하면 q의 +기준에서 **전류 i는 C 전하 q의 감소 비율이다.**

그러므로,

$$i = -\frac{dq}{dt} \tag{12·51}$$

로 된다. 이것을 (12·50)식에 넣으면,

$$\frac{q}{C} = -R\frac{dq}{dt}, \quad \therefore \ R\frac{dq}{dt} + \frac{q}{C} = 0 \tag{12·52}$$

이 식은 (12·47)식과 동일하다. 따라서 q도 (12·48)식과 동일하다. 다음에 전류 i는 (12·51)식에서 생각하였으므로 다음 삭으로 계산한다.

$$i = -\frac{dq}{dt} = -\frac{d}{dt}\left(Q_0\varepsilon^{-\frac{t}{RC}}\right) = \frac{Q_0}{RC}\varepsilon^{-\frac{t}{RC}} \tag{12·53}$$

이와 같이 (1)에서 생각한 것처럼 −부호가 붙지 않으므로 간결하다. 이상에서 다음과 같이 말할 수 있다.

정리 [12·7] C의 방전에 관련하여

① 그림 12·18과 같이 양방향을 결정
했을 때 식은 다음과 같이 된다.

그림(a) $i = dq/dt$

그림(b) $i = -dq/dt$

    (i는 q 감소의 시간적 비율)

② 충전시의 식 $R\dfrac{dq}{dt} + \dfrac{q}{C} = E$ ①

  방전시의 식 $R\dfrac{dq}{dt} + \dfrac{q}{C} = 0$ ②

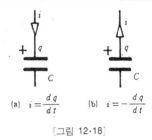

(a) $i = \dfrac{dq}{dt}$ (b) $i = -\dfrac{dq}{dt}$

[그림 12·18]

위 두 개 식을 비교하면 ②식은 ①식의 제차형이다. ①식의 답에 포함
되는 시상수는 제차형인 ②식의 일반해(과도항)에 의하여 결정된다.(정
리[12·4] 미분 방정식 해법) 따라서 충전시에도 시상수는 RC이고 동일
하다.

③ 일반적으로 **회로 소자** R, L, C**의 크기와 구성이 동일하면** 기전력
의 대·소, 유·무, C의 초기 유·무, L의 초기 전류 유·무에 관계없이
시상수는 동일하다.

문제 12·6 ▶ 용량 5μF 콘덴서를 1000V로 충전하고 이것을 $10^6\,\Omega$ 저항
을 통하여 방전한 경우에 콘덴서 전압이 $1/e$로 되는 시간을 구하시
오. 단 e는 자연 대수의 밑을 나타낸다.

문제 12·7 ▶ 간격이 좁은 평행 평판 콘덴서의 양 전극판 사이가 유전율
ε, 도전율 σ인 방향도 같고 성질도 같은 매체로서 채워져 있다. 양
전극판 사이에 전압 V_0가 가해지고, 정상 상태로 이르고 있다. 가해
진 전압을 자르고서부터 전압이 $V (< V_0)$로 내려가기까지 시간을 구
하시오.

12·8 병렬 회로나 상태 변화를 생각한다

(1) 단순한 직·병렬 회로

그림 12·19에서 S_w를 닫았을 때 i_1과 i_2를 구해 보자. **키르히호프의 법칙**에 따라

$$i = i_1 + i_2$$

$$\therefore \quad r(i_1 + i_2) + R_1 i_1 = E \quad (12 \cdot 54)$$

$$R_1 i_1 = L \frac{di_2}{dt} + R_2 i_2 \quad (12 \cdot 55)$$

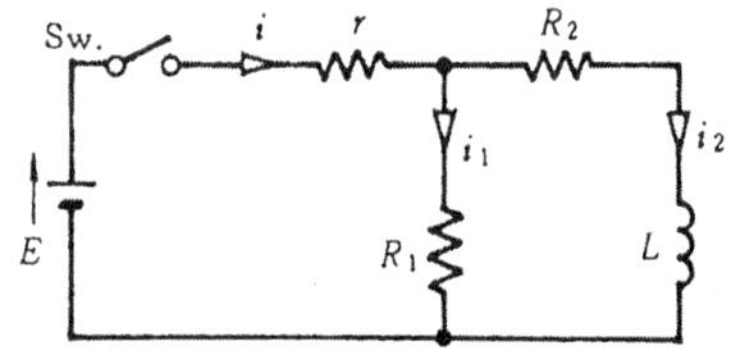

[그림 12·19]

위 두 식에서 i_1과 i_2가 뒤섞여 있으므로 (12·55)식에서 i_1을 구하고 이것을 (12·54)식에 넣어(요컨대 i_1을 제거하고) 정리하면 다음 식이 얻어진다.

$$(r + R_1) L \frac{di_2}{dt} + A i_2 = R_1 E \quad (12 \cdot 56)$$

단, $A = rR_1 + rR_2 + R_1 R_2$

이 식의 일반해는

$$i_2 = \frac{R_1 E}{A} + K \varepsilon^{-\frac{A}{(r+R_1)L} t} \quad (12 \cdot 57)$$

$t = +0$일 때 $i_2 = 0$에서 K를 결정하면 다음과 같다.

$$i_2 = \frac{R_1 E}{A} \left(1 - \varepsilon^{-\frac{A}{(r+R_1)L} t} \right) \quad (12 \cdot 58)$$

또, i_1은 (12·55)식 양변을 R_1으로 나누고 $i_1 = \cdots$식에 (12·58)식을 넣으면 쉽게 구한다.

(2) 스위치의 위치를 바꾼 직·병렬 회로(회로 상태 변화)

그림 12·20과 같이 그림 12·19와 스위치의 위치를 바꾼 회로를 생각해 보자.

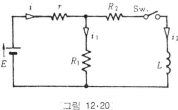

그림 12·20

회로 방정식은 스위치를 닫은 $t = +0$ **이후 상태에 대하여 식을 세우면 좋 으므로,** 그 방정식은 앞의 (12·54), (12·5)식과 동일하다.

따라서 i_2의 일반해는 (12·57)식이다. 또 초기 조건도 그림 12·19와 같으 므로 i_2의 해는 (12·58)식과 동일하다. 또한 i_1도 같은 (12·55)식으로 구하 므로 바로 앞 항의 경우와 같다.

즉 앞 항의 그림 12·19와 위의 그림 12·20 회로에서 $t = -0$ 이전에는 r 이나 R_1에 흐르는 전류는 다르지만, $t = +0$ **이후 각 부분의 전압·전류의 과 도 현상은 동일하다.** 여기에서 $t = -0$으로 저항에 흐르는 전류는 과도 현상 과 관계 없다고 한다. 저항은 에너지 축적이나 방출을 하지 않기 때문이다.

(3) 등가 전원으로 계산해 보자

$t = -0$으로 저항에 흐르는 전류는 과도 현상과 관계없는 것이므로 위 그 림 12·20 S_w에서 전원측같이 저항만으로 구성되어 있는 회로는 그림 12·21 과 같이 등가 전원 E_0, r_0로 바꾸어 놓았다.

그림 12·20 S_w에서 선원측 합성 저항은 다음 식으로 된다.

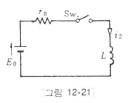

그림 12·21

$$r_0 = R_2 + \frac{rR_1}{r + R_1} = \frac{rR_1 + rR_2 + R_1R_2}{r + R_1}$$

$$= \frac{A}{r + R_1} \qquad (12 \cdot 59)$$

그림 12·20에서 Sw 양끝의 전압은 분압에 따라

$$E_0 = \frac{R_1}{r + R_1} E \tag{12·60}$$

그림 12·21에서 i_2를 구하고 위 두 식을 대입하면 다음 (12·58)식과 같다.

$$i_2 = \frac{E_0}{r_0}\left(1 - \varepsilon^{-\frac{r_0}{L}t}\right) = \frac{R_1 E}{A}\left(1 - \varepsilon^{-\frac{A}{(r+R_1)L}t}\right) \tag{12·61}$$

(4) 제3의 변화

바로 앞 항에서는 그림 12·22의 P, Q점에 Sw가 있었지만, 이번에는 그림 12·22의 위치에 있는 경우를 생각해 보자. Sw가 닫힌 상태에서는 이전과 아무것도 다르지 않으므로 회로 방정식은 다음 식이 된다.

$$r(i_1 + i_2) + R_1 i_1 = E \quad ((12·54))$$

$$R_1 i_1 = L\frac{di_2}{dt} + R_2 i_2 \quad ((12·55))$$

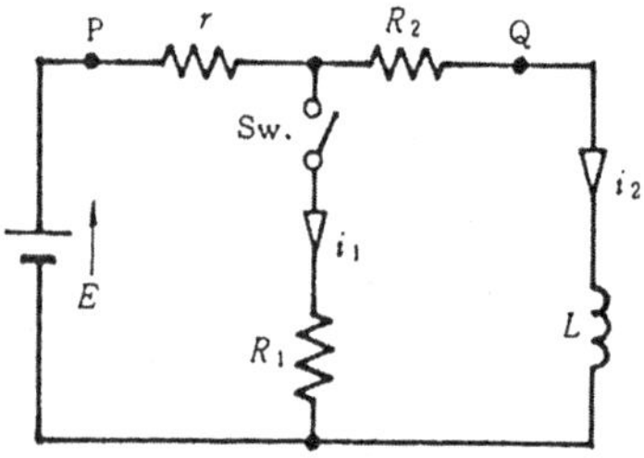

미분 방정식이 앞과 같으므로 이것의 일반해도 (12·58)식과 같은 식이다.

$$i_2 = \frac{R_1 E}{A} + K\varepsilon^{-\frac{A}{(r+R_1)L}t} \quad ((12·58))$$

$$(단, \quad A = rR_1 + rR_2 + R_1 R_2)$$

[그림 12·22]

그런데, 이번 경우는 $t = -0$에 있어서 L로 전류가 흐르고 있기 때문에 **초기조건이 달라진다.** 그림 12·22에서 정상 상태 i_2는,

$$i_2\Big|_{t=0} = \frac{E}{r + R_2} \tag{12·62}$$

이것을 ((12·58))식으로 대입시키고 K를 구하면,

$$\frac{E}{r+R_2} = \frac{R_1 E}{A} + K \, (\times \varepsilon^0 = 1), \quad K = \frac{E}{r+R_2} - \frac{R_1 E}{A}$$

따라서 i_2는 다음과 같이 된다.

$$i_2 = \frac{R_1 E}{A} + \left(\frac{1}{r+R_2} - \frac{R_1}{A} \right) E \varepsilon^{-\frac{A}{(r+R_1)L}t}$$

$$= \frac{E}{A} \left(R_1 + \frac{r R_2}{r+R_2} \varepsilon^{-\frac{A}{(r+R_1)L}t} \right) \tag{12·63}$$

또 $t = +0$에 대한 i_1을 구할 필요가 있을 때에는 다음과 같이 조금 번거로운 계산이 된다. $t = +0$의 i_1을 i_{10}으로 한다. $t = +0$일 때 i_2는 $i_{20} = E/(r+R_2)$이고 r에 흐르는 전류는 $i_{10} + i_{20}$이므로 $r(i_{10} + i_{20}) + R_1 i_{10} = E$

$$\therefore \; i_{10} = \frac{E - r i_{20}}{r + R_1} = \frac{R_2}{(r+R_1)(r+R_2)} E \tag{12·64}$$

이상 그림 12·22 회로에 대하여 여러 가지 변화를 생각해 왔는데, 다음과 같이 말할 수 있다.

[정리][12·8] 직·병렬 회로와 회로 구성 상태가 변화할 때의 과도 현상

$t = 0$으로 스위치를 개폐할 때의 과도 현상에 대하여 다음과 같이 말할 수 있다.

① $t = -0$ 이전 회로와 관계없이 $t = +0$ 이후 회로만에 대해서 키르히호프의 법칙으로 미분 방정식을 세우면 좋다.

② 따라서 $t = +0$ 이후 회로 구성이 같으면 S_w 위치가 달라도 회로 방정식은 동일하다.

③ 또 $t = +0$ 이후의 회로 구성이 같으면 S_w 위치가 달라도 과도항의 형태…… 시상수는 동일하다. 이것은 E의 유·무, 대·소, 초기 전류·전하의 유무·대소에는 관계없다.

④ $t = -0$ 이전에 저항에 흐르고 있는 전류는 과도 현상에 관계없다.

저항은 에너지를 축적·방출하지 않기 때문이다. 반대로 말하면 과도
현상은 L이나 C에 대한 에너지의 축적·방출의 시간이 필요하기 때
문에 일어나는 현상이다.

⑤ 일반적으로 R이면 R만, L이면 L만이라는 일종의 소자만으로 구성
되는 부분은 직·병렬 계산으로 합성한 하나의 소자로 바꿀 수 있다.
특히 기전력과 저항만으로 구성된 부분은 하나의 단일 등가 전원
으로 바꾸어 놓을 수 있다. 이것은 기전력이 복수여도 좋다.

문제 12·8 ▶ 그림 12·23 회로에서 S_w를 닫은 후부터 t초 후의 i_0를 구
하시오.

문제 12·9 ▶ 그림 12·24 회로에서 S_w를 닫았을 때 i_c를 구하시오.

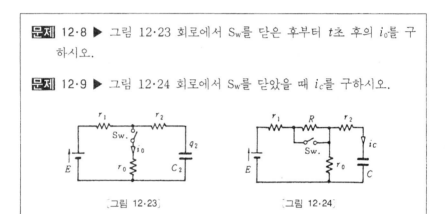

[그림 12·23]　　　　　　　[그림 12·24]

12·9 중첩의 정리, 테브낭의 원리도 사용한다

과도 현상에도 보통 R, L, C에 의해 구성되는 선형 회로라면 중첩의 정
리가 성립되고, 따라서 테브랑 원리도 사용한다. 단 C의 방전에도 확실하게
초기 전하를 가진 C는 기전력과 마찬가지로 과도 천류가 흐르는 작용이 있
으므로 기전력과 마찬가지로 다루어야 한다. 초기 전력이 흐르고 있는 L도
마찬가지이다.

정리 〔12·9〕 **과도 현상에 대한 중첩의 정리, 테브낭의 원리**

과도 현상에서도 중첩의 정리〔5·4〕, 테브낭의 원리〔5·6〕, 테브낭의 원리의 확장〔5·8〕이 교류 계산의 경우와 거의 같은 형태로 사용된다. 이러한 정리에 의하여 과도 전압·전류를 구할 수 있고, 초기 조건을 구할 수 있다. 교·직류 계산의 경우와 다른 것은 다음과 같다.

① $t = +0$으로 전류가 흐르는 L, 전하를 갖고 있는 C는 그만큼 초기 전류나 초기 전하를 갖는 L이나 C로서 기전력과 같이 다룬다.

② 정리를 사용할 때 회로에서 없앤 전원은, 전압원은 단락하고 전류원은 개방한다. 그러나 초기 전류나 초기 전하를 없앤 L이나 C는 본래 L이나 C대로 그 위치에 남겨 둔다.

단순한 다음 문제로 몇 가지 방법으로 계산 해 보자.

예 12·1 ▶ 그림 12·25와 같은 RC 직렬 회로에 E〔V〕를 가했을 때 전류 i를 구하시오. 단 C의 전압 v_C는 $t = -0$일 때 V〔V〕$(<E$〔V〕$)$로 한다.

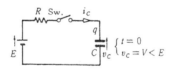

그림 12·25 $RC : E$ 회로

풀이 1. (종래 방식. 초기 조건만 테브낭의 원리)

$$R\frac{dq}{dt} + \frac{q}{C} = E \qquad (12\cdot65)$$

일반적 해는 $q = CE + K\varepsilon^{-\frac{t}{RC}}$ $\qquad (12\cdot66)$

$$\therefore \ i_C = \frac{dq}{dt} = -\frac{K}{RC}\varepsilon^{-\frac{t}{RC}} \qquad (12\cdot67)$$

테브낭의 원리에서 Sw를 닫았을 때, 거기에 흐르는 전류는 단자 사이에 있던 전압 $E - V$[V]를 반대 방향으로 잇고, 전압원을 단락하여 초기 전하는 없앤 그림 12·26으로 구한다. 전하가 없는 C는 단락과 같으므로,

$$t = +0에 \ 있어서, \ i_c = \frac{E-V}{R}, \quad \therefore \ i_c = \frac{E-V}{R}\varepsilon^{-\frac{t}{RC}} \quad (12 \cdot 68)$$

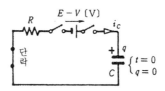

[그림 12·26] 테브낭의 정리

풀이 2. (순수한 중첩의 정리)

그림 12·27과 같이 기전력 E와 초기 전하 CV를 따로따로 생각하면 $i_c = i_c' + i_c''$로 i_c를 구한다.

$$(12 \cdot 43)식에서, \quad i_c' = \frac{E}{R}\varepsilon^{-\frac{t}{RC}} \qquad\qquad (12 \cdot 69)$$

$$(12 \cdot 49)식에서, \quad i_c'' = -\frac{V}{R}\varepsilon^{-\frac{t}{RC}} \qquad\qquad (12 \cdot 70)$$

$$\therefore \ i_c = i_c' + i_c'' = \frac{E-V}{R}\varepsilon^{-\frac{t}{RC}} \qquad\qquad (12 \cdot 71)$$

$(12 \cdot 68)$식과 같은 답을 얻는다.

[그림 12·27] 중첩의 정리(Ⅰ)

풀이 3. **(중첩의 정리 변형)**

그림 12·28처럼 기전력 E를 V와 $E-V$로 나누고, 초기 전하를 그림 (a)에서 $CV[C]$ $(v_C = V)$, 그림 (b)는 0으로 하고, 그림 (a)와 그림 (b)를 중첩하여 i_C를 구한다. 그림 (a)의 i_C'는 0이므로 그림 (b)의 i_C''가 i_C로 된다. 따라서 그림 12·27 (a), (12·69)식에서 E를 $E-V$로 바꾸어 놓는다.

$$i_C = i_C'' = \frac{E-V}{R}\varepsilon^{-\frac{t}{RC}} \tag{12·72}$$

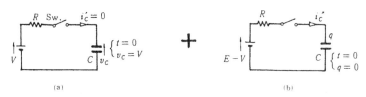

[그림 12·28] 중첩의 정리 (II)

풀이 4. **(테브낭의 원리)**

바로 앞의 그림 12·26에 의하면 테브낭의 원리에 따라 초기 조건뿐만 아니라 i_C 그것도 이 그림에서 구한다. 그림 12·25에서 각부의 전류는 0이므로 그림 12·26의 i_C가 $t = +0$ 이후 각부 전류로 된다. (그렇지 않을 때는 S_w 넣기 전의 전류와 중복된다. 테브낭의 확장 원리)

바로 앞 그림 12·26 회로의 i_C는 위 그림 12·28 (b)의 i_C''와 동일하다. 따라서 (12·72)식과 같은 풀이가 얻어진다.

문제 12·10 ▶ 그림 12·22에서 i_1의 $t = +0$에 대한 값을 테브낭의 원리로 구하시오.

문제 12·11 ▶ 문제 12·8(그림 12·23)에서 i_0의 $t = +0$에 대해 값을 테브낭의 원리로 구하시오.

문제 12·12 ▶ 그림 12·29의 경우에 스위치를 닫은 시각을 $t = 0$으로 해서 $t = -0$일 때 $v_1 = V_1$, $v_2 = V_2$이다.

(1) $t = -0$에 대한 모든 에너지 W_{-0}, $t = +0$에 대한 모든 에너지 W_{+0} 및 그 차 ΔW를 구하시오. (과도 현상 계산은 쓰이지 않는다)

(2) 그림 회로의 도선에 약간의 저항 r이 있고 r이 소비하는 열 에너지와 물음 (1)의 ΔW를 비교하시오.

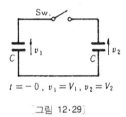

$$t = -0, \ v_1 = V_1, \ v_2 = V_2$$

[그림 12·29]

12·10 RLC 회로의 과도 현상

(1) $RLC : E$ 회로의 과도 전류

그림 12·30과 같이 R, L, C가 직렬인 회로에 직류 전압 E를 가했을 때 과도 전류를 구한다.

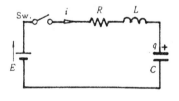

[그림 12·30] $RLC : E$ 회로

C의 전하를 q로 하면, $i = \dfrac{dq}{dt}$, $\dfrac{di}{dt} = \dfrac{d^2q}{dt^2}$

에서 이 회로 방정식은 다음 식이 된다.

$$L\frac{d^2q}{dt^2} + R\frac{dq}{dt} + \frac{q}{C} = E \qquad (12\cdot73)$$

이 방정식은 다음과 같이 풀지만 그 전에 정리[12·4]와 정리[12·5]를 다시 보아 주기 바란다. (12·73)식의 **정상해는** q를 상수로 생각하고 제1·2 항은 0이 되므로,

$$q_s/C = E, \qquad \therefore \ q_s = CE \qquad (12\cdot74)$$

다음에 **과도해는** $q_t = K\varepsilon^{pt}$로 가정하고 (12·73)식 우변을 0으로 한 식(제차형)에 대입하면,

$$LKq^2\varepsilon^{pt} + RKp\varepsilon^{pt} + (1/C)K\varepsilon^{pt} = 0$$
$$\therefore \ Lp^2 + Rp + (1/C) = 0 \qquad (12\cdot75)$$

이것이 특성 방정식이고 이 방정식 풀이는,

$$p = -\frac{R}{2L} \pm \sqrt{\left(\frac{R}{2L}\right)^2 - \frac{1}{LC}} \qquad (12\cdot76)$$

$$\left. \begin{aligned} p_1 &= -\frac{R}{2L} + \sqrt{\left(\frac{R}{2L}\right)^2 - \frac{1}{LC}} \\ p_2 &= -\frac{R}{2L} - \sqrt{\left(\frac{R}{2L}\right)^2 - \frac{1}{LC}} \end{aligned} \right\} \qquad (12\cdot77)$$

로 하면 과도해는 다음 식으로 나타낸다.

$$q_t = K_1\varepsilon^{p_1t} + K_2\varepsilon^{p_2t}, \qquad (K_1,\ K_2는\ 임의의\ 상수) \qquad (12\cdot78)$$

이들의 정상해·과도해에서 (12·73)식의 **일반해는** 다음 식이 된다.

$$q = q_s + q_t = CE + K_1\varepsilon^{p_1t} + K_2\varepsilon^{p_2t} \qquad (12\cdot79)$$

또 전류 i는 위 식을 미분하여 다음과 같이 된다.

$$i = K_1p_1\varepsilon^{p_1t} + K_2p_2\varepsilon^{p_2t} \qquad (12\cdot80)$$

일단 q와 i의 풀이를 위 두 식으로 썼지만 특성 방정식의 해에는 세 종류가 있고, 각각에 따라 다음과 같이 형태가 변한다. (정리[12·3] ③)

(a) p의 근호 안이 양일 경우

$$\left(\left(\frac{R}{2L}\right)^2 - \frac{1}{LC} > 0, \ \text{즉} \ R > 2\sqrt{\frac{L}{C}} \text{의 경우}\right)$$

이것은 특성 방정식의 해가 다른 두 개의 실수해인 경우이고 (12·77)식의 p_1, p_2를 다음과 같이 한다.

$$p_1 = -\alpha + \beta, \quad p_2 = -\alpha - \beta \tag{12·81}$$

$$\alpha = \frac{R}{2L}, \quad \beta = \sqrt{\left(\frac{R}{2L}\right)^2 - \frac{1}{LC}}$$

여기서 $\beta < \alpha$이므로 p_1, p_2 모두 $-$이고, q와 i의 과도항은 시간과 함께 점점 감소되는 것을 알 수 있다.

이하 계산은 생략하지만 $t = 0$일 때, $q = 0$, $i = 0$의 초기 조건에 의하여 (12·79), (12·80)식의 K_1과 K_2를 결정하면 i가 구해진다. 그 결과는 다음과 같고 그 그래프는 그림 12·31처럼 된다.

$$i = \frac{E}{\sqrt{\left(\frac{R}{2}\right)^2 - \frac{L}{C}}} \varepsilon^{-\alpha t} \frac{\varepsilon^{\beta t} - \varepsilon^{-\beta t}}{2} \tag{12·82}$$

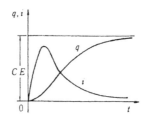

[그림 12·31] 비진동인 경우의 i, q

(b) p의 근호 안이 $-$일 경우

$$\left(\left(\frac{R}{2L}\right)^2 - \frac{1}{LC} < 0, \ \ \text{즉} \ \ R < 2\sqrt{\frac{L}{C}}\text{의 경우}\right)$$

이 경우에는 앞의 (12·76)식은 $p = -\dfrac{R}{2L} \pm j\sqrt{\dfrac{1}{LC} - \left(\dfrac{R}{2L}\right)^2}$로 되고 공역

복소해이고 다음과 같이 계산한다.

$$p_1 = -\alpha + jB, \quad p_2 = -\alpha - jB \tag{12·83}$$

이것을 (12·79)식에 넣으면,

$$q = CE + \varepsilon^{-\alpha t}\{K_1\varepsilon^{j\beta t} + K_2\varepsilon^{j\beta t}\}$$

$\varepsilon^{j\theta} = \cos\theta + j\sin\theta$ 식에서, 삼각함수로 고치면,

$$q = CE + \varepsilon^{-\alpha t}\{A_1\cos\beta t + A_2\sin\beta t\} \tag{12·84}$$

$$i = \frac{dq}{dt} = \varepsilon^{-\alpha t}\{(-\alpha A_1 + \beta A_2)\cos\beta t - (\alpha A_2 + \beta A_1)\sin\beta t\} \tag{12·85}$$

초기 조건으로 $t=0$, $q=0$, $i=0$이라 하면 다음과 같이 A_1, A_2가 결정된다.

$$A_1 = -CE, \quad A_2 = -\frac{\alpha}{\beta}CE$$

이것을 (12·58)식에 넣고 정리하면 다음 식이 얻어진다.

$$i = \frac{e}{\sqrt{\dfrac{L}{C} - \left(\dfrac{R}{2}\right)^2}}\varepsilon^{-\alpha t}\sin\beta t \tag{12·86}$$

여기에서 β는 위에서 2~4행의 식에서,

$$\beta = 2\pi f = \sqrt{\frac{1}{LC} - \left(\frac{R}{2L}\right)^2}$$

$$\therefore f = \frac{1}{2\pi}\sqrt{\frac{1}{LC} - \left(\frac{R}{2L}\right)^2} \qquad (12\cdot87)$$

로 된다. 즉 (12·86)식에 의해 전류 i는 이 주파수로 진동하고 $\varepsilon^{-\alpha t}$에 의하여 감쇠하는 전류이고 그림 12·32와 같은 파형이 된다.

이 주파수를 **고유 주파수**라 한다. 또 교류 회로의 공진 주파수는 R의 크기에 관계없이 $\frac{1}{2\pi}\sqrt{\frac{1}{LC}}$[Hz]이고, R가 적을 때는 고유 주파수는 공진 주파수에 가까운 값이 된다.

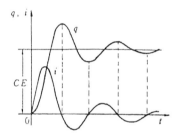

[그림 12·32] 진동인 경우의 i, q

(c) p의 근호 안이 0일 경우에

$$\left(\left(\frac{R}{2L}\right)^2 - \frac{1}{LC} = 0, \ \ \text{즉 } R = 2\sqrt{\frac{L}{C}} \text{의 경우}\right)$$

이 경우에 특성 방정식의 해는(12·76)식에서 다음 식의 2중해가 된다.

$$p = -\frac{R}{2L} \pm 0 = -\frac{R}{2L} = -\alpha \qquad (12\cdot88)$$

따라서 q의 과도해는 정리 [12·3] ③ (b)에 의하여 다음 식으로 주어진다.

$$q_t = (K_1 + K_2 t)\varepsilon^{-\alpha t}$$
$$\therefore \ q = q_s + q_t = CE + (K_1 + K_2 t)\varepsilon^{-\alpha t} \qquad (12\cdot89)$$
$$i = \frac{dq}{dt} = \{K_2 - \alpha(K_1 + K_2 t)\}\varepsilon^{-\alpha t} \qquad (12\cdot90)$$

초기 조건 $t=0$에서 $q=0$, $i=0$에 의해 위 두 식의 K_1, K_2를 결정하면 전류 i는 다음 식처럼 된다.

$$i = \frac{E}{L} t \varepsilon^{-at} \qquad (12 \cdot 91)$$

RLC 회로에서 R이 크고 $R > 2\sqrt{L/C}$일 때는 그림 $12 \cdot 31$처럼 q나 i는 진동하지 않는다. R이 작아지고 $R < 2\sqrt{L/C}$가 되면, 그림 $12 \cdot 32$처럼 진동한다.

$(12 \cdot 91)$식의 전류는 큰 R이 점점 작아지고 q나 i가 진동하는 상태로 되기 직전의 파형이 된다. 대략 그림 $12 \cdot 31$ 파형에 가깝다고 생각하면 좋다. 이와 같은 경우를 **임계적 케이스**(critical case)라 한다.

(2) RLC 회로의 C 방전

RLC 직렬 회로에서 그림 $12 \cdot 33$ (a)같이 V_0[V]에 충전된 C 전하를 방전할 때 전류 i는 다음과 같이 생각한다. 테브낭의 정리에 의하면 그림 (a)의 i는 그림 (b)와 같이 C전하를 없애고, S_w 단자 사이에 $t=-0$으로 된 전압 V_0를 반대 방향으로 연결되었을 때의 전류와 같다. 따라서 앞절의 $RLC:E$ 회로의 전류와 동일하다. 단 q나 v_C는 앞절의 경우와 정상항이 다르고 정상상태에서는 0으로 감쇠한다.

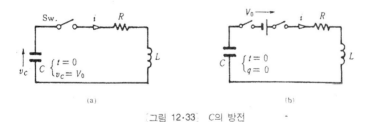

(a)　　　　　　　　　(b)

그림 $12 \cdot 33$　C의 방전

$12 \cdot 11$　R이 작을 때의 근사값 (LC 회로)

$RLC:E$ 회로에서 R이 극히 작을 때 전류 i는 $(12 \cdot 86)$식에 있어서,

$$\alpha = \frac{R}{2L} \fallingdotseq 0, \quad \beta = \sqrt{\frac{1}{LC} - \left(\frac{R}{2L}\right)^2} \fallingdotseq \frac{1}{\sqrt{LC}}$$

로서,

$$i = \frac{E}{\sqrt{L/C}} \sin \frac{1}{\sqrt{LC}} t \qquad (12\cdot92)$$

이것으로 전하 q를 반대로 계산하면 다음과 같이 된다.

$$q = \int_0^t i\,dt = CE\left(-\cos\frac{1}{\sqrt{LC}}t\right) \qquad (12\cdot93)$$

이러한 i나 q는 그림 12·34에서 회로 방정식을 세워서 풀어도 물론 구할 수 있다.

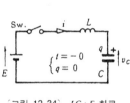

[그림 12·34] $LC : E$ 회로

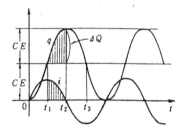

[그림 12·35] $LC : E$의 q와 i

이 i와 q 그래프는 그림 12·35와 같다.

이 그림에서 다음과 같이 생각할 수 있다. $t = 0$에서 i가 흐르기 시작하고 따라서 전하 q도 점차로 증가한다. $t = t_1$에서는 $q = CE$가 된다. 이 때 $v_C = q/C = E$에 있어 전원 전압과 같다. 이것만을 생각하면 전류 i는 0이 되는 것이지만 그 시점에서는 $i = I_m$이고 L은 $LI_m^2/2$인 에너지를 가지고 있다. $t = t_1$에서 i_2 사이에 이 에너지는 방출되어 그 몫만큼 C로 에너지가 축적된다. 즉 그림의 빗금친 부분 i와 q와의 변화에 의하여 L이 가진 에너지가 C로 이전되고 다음 계산으로 확인할 수 있다.

$t = t_1$에 L이 가진 에너지

$$W_L = \frac{1}{2}LI_m^2 = \frac{1}{2}L\left(\frac{E}{\sqrt{L/C}}\right)^2 = \frac{1}{2}CE^2$$

$t = t_1 \sim i_2$ 사이의 W_C 증가(단, 과도성분만을 생각한다)

$$\Delta W_C = \frac{1}{2} \times \frac{(\Delta Q)^2}{C} = \frac{1}{2} \times \frac{(CE)^2}{C} = \frac{1}{2}CE^2 = W_L$$

또 $t = t_2$에 C가 가진 과도 성분의 에너지 ΔW_C는 $t = t_2 \sim t_3$ 사이에 C에서 방출되고 L에 축적되어 이하 같은 형태로 L과 C 사이에 에너지 교환을 되풀이한다.

정리 [12·10] LC 직렬 회로의 과도 현상

① $LC:E$ 회로

  (a) LC 사이의 에너지 교환에 의해 과도 성분의 진동을 일으킨다.

  (b) q, i의 고유 주파수는 $1/2\pi\sqrt{LC}$[Hz]이다. [*1]

  (c) q의 정상값은 CE지만 최대값은 $2CE$가 된다.

  (d) 따라서 v_c 최대값은 $2CE/C = 2E$이고 **전원 전압의 2배**가 된다.

  (e) 전류의 최대값은 $E/\sqrt{L/C}$이다. [*2]

② LC 회로에서 C 방전

  이 경우는 위 설명의 과도 성분만을 생각하면 좋다.

  (a) $\dfrac{1}{2}LI_m^2 = \dfrac{1}{2} \times \dfrac{Q_m^2}{C}\left(=\dfrac{1}{2}CV_{cm}^2\right)$

  (b) 고유 주파수는 위 설명 ①과 동일하다.

  (c) q의 정상값은 0이고, 최대값은 $CV_0 = CV_{cm}$(V_0:초기값)이다.

  (d) 전류의 최대값은 $V_0/\sqrt{L/C}$이다.

[*1] $q = Q_m\sin\omega t$라고 가정하면 이것을 미분하여 $i = \omega Q_m\cos\omega t$이다. 위 정리 ②(a)에 의해 $Q_m^2 = LCI_m^2$ $\therefore$ $Q_m^2 = LC(\omega Q_m)^2$. 이 식에서, $\omega = 1/\sqrt{LC}$, $f = 1/2\pi\sqrt{LC}$이다.

[*2] $\sqrt{L/C} = \sqrt{\omega L/\omega C}$로 생각하면 차원은 Z이다. 이 식은 진행파의 서지(surge) 임피던스와 동일하다.

문제 12·13 ▶ (다음 문제를 미분 방정식에 의한 방법과 위 정리 [12·10] 을 이용한 방법으로 푸시오)

그림 12·36 회로에서 스위치를 닫고 정상 상태로 되어 있는 상태에서 스위치를 개방하였을 때 a, b 사이에 발생하는 전압의 최대값은 얼마인가? 단 인덕턴스 L의 저항은 무시한다.

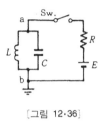

[그림 12·36]

12·12 교류에서도 계산 순서는 같다

전원이 교류인 경우의 과도 현상도 계산 순서는 직류인 경우와 같다.

예 12·2 ▶ 그림 12·37 회로에서 $t=0$에 $e=100\sqrt{2}\sin 2\pi f t$[V]의 전압 을 가했을 때 흐르는 전류 i를 구하시오. 단 $f=50$[Hz].

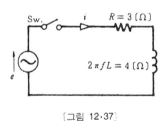

[그림 12·37]

풀이 이 회로에서 다음 미분 방정식이 성립된다.

$$L\frac{di}{dt}+Ri=E_m\sin\omega t \qquad ①$$

i의 과도항은 우변＝0으로 한 방정식의 일반해이고

$$i_t = K\varepsilon^{-\frac{R}{L}t} \qquad ②$$

정상항은 정리[12·4]와 같이 수학적으로 구해도 좋으나 12·4절의 (1)항에서 설명한 것같이 교류 계산에 의한 정상 전류이기 때문에 교류 계산에 의한 편이 빠르다. 즉,

$$i_s = \frac{E_m}{\sqrt{R^2+\omega^2 L^2}} \sin(\omega t - \phi), \quad 단, \ \phi = \tan^{-1}\frac{\omega L}{R} \qquad ③$$

따라서 ①식의 일반해는

$$i = i_s + i_t = \frac{E_m}{\sqrt{R^2+\omega^2 L^2}} \sin(\omega t - \phi) + K\varepsilon^{-\frac{R}{L}t} \qquad ④$$

④식에 $t=0$, $i=0$을 넣으면, $K = \frac{E_m}{\sqrt{R^2+\omega^2 L^2}} \sin\phi$

$$\therefore i = \frac{E_m}{\sqrt{R^2+\omega^2 L^2}} \left\{ \sin(\omega t - \phi) + \sin\phi\, \varepsilon^{-\frac{R}{L}t} \right\} \qquad ⑤$$

문제의 수값을 넣으면,

$$i = 20\sqrt{2}\{\sin(100\pi t - 53.1°) + 0.8\varepsilon^{-t/0.0042}\} \qquad ⑥$$

이것을 그림으로 나타내면 그림 12·38과 같이 된다.

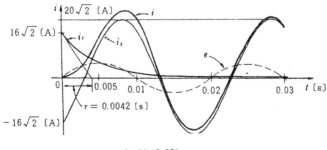

[그림 12·38]

□□□□□□□□□ 제 **13** 장 □□□□□□□□□

진 행 파

(분포 상수 회로의 과도 현상)

13·1 분포 상수 회로와 진행파

송배전선이 대표적이지만 송배전선에 국한하지 않고, 예를 들어 코드같은 도선에서도 극히 작은 R이나 L이 길이 방향으로 분포하고 아주 작은 C나 G(콘덕턴스)가 도선과 대지 사이(혹은 두 도선 사이)에 분포되어 있다고 생각된다. L과 C만을 생각하면 그림 13·1과 같다. 이와 같이 생각한 회로를 **분포 상수 회로**라 한다.

[그림 13·1] LC 분포 상수 회로

분포 상수 회로에서 아주 짧은 시간의 전압·전류 상태 즉 과도 상태는 **진행파**로 생각한다.

지금 그림 13·2 (a)와 같이 LC 분포 상수 회로의 왼쪽 끝 S점에서 도선으로 전압 e_0를 가한다면 그 e_0가 그림 (b)와 같다면 시각이 $t = t_1$, $2t_1$, $3t_1$ ……로 지남에 따라 도선의 대지 전압 v가 그림 (c), (d), (e)와 같이 변화한다.

　대지 전압 v는 그림 (a)와 같이 대지에서 도선으로 향한 방향을 **양방향으로** 하고 도선 위의 모든 점의 전압을 생각한다. 그림 (c)는 **도선의 각점 대지 전압 v 크기를 그래프**로 나타낸 것이다.

　그림 (c) ~ (e)를 보면 **도선상 v 분포는 그 형태가 변하지 않고 일정 속도 w[m／s]로 파도처럼 나가는** 것을 표시하고 있다.

　실제로 LC 분포 상수 회로에서는 이와 같은 현상이 발생한다. 이것을 **진행파**라고 한다.

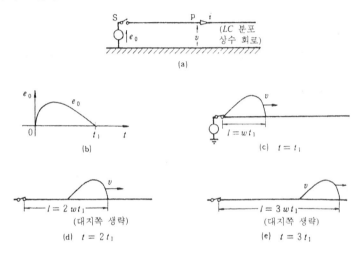

[그림 13·2] 진행파

13·2 진행파의 성질

　앞에서 진행파는 **형태가 변하지 않고 일정 속도로 나아간다**고 했다. 이것은 진행파의 기본적인 성질이지만 그 밖의 성질에 대하여 설명해 보자. 또 LC 분포 상수 회로는 아니고 R이나 G도 **포함하는 회로에서는 진행함에 따라서 파형이 변형되는** 등으로 이야기가 번거롭다. 이하는 LC 분포 상수 회로 이야기이다.

그림 13·3 (a)는 대지 전압 v와 도체상의 전류 i의 양방향이다. 또 x는 길이의 양방향이고 i의 양방향은 x와 같은 방향으로 결정된다.

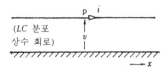

(a) v, i의 양방향

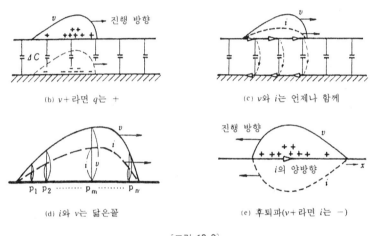

(b) $v+$ 라면 q는 $+$

(c) v와 i는 언제나 함께

(d) i와 v는 닮은꼴

(e) 후퇴파($v+$ 라면 i는 $-$)

[그림 13·3]

그림 (b)에서 전압 v의 진행파가 $+$일 경우를 생각한다. 대지 용량 $\varDelta C$를 생각하면 v가 $+$라는 것은 도체에 $+$ 전하, 대지측에 $-$ 전하가 분포되어 그 전하가 진행되고 있다고 생각된다.

·전하가 진행한다, 즉 전하가 움직인다는 것은 전류가 흐른다는 것이다. 따라서 그림 (c)같이 '전압 진행파 v가 나아간다'는 것은 '전류 진행파 i가 나아간다'는 것이다. 진행파 v와 i는 항상 하나로 나아간다.

그림 (b), 그림 (c)를 보면 쉽게 알 수 있다고 생각되지만, i의 파형은 그림 (d)같이 v와 닮은꼴이다. 닮은꼴이란 것은 그림 p_1, p_2, ……p_m, ……p_n이라는 어느 점에 있어서도 v와 i의 비율이 일정하고 v/i =일정하다는 것이다.

v/i는 그 차원으로 말해서 일종의 임피던스라 생각하고 이것을 **서지(파동) 임피던스**라 하고 $Z[\Omega]$으로 나타낸다.

즉 식으로 나타내면 다음과 같이 된다. 여기에서 **전진파**라는 것은 거리 x 의 양방향과 같은 방향으로 진행하는 파이다.

$$Z=\frac{v}{i}, \quad \therefore i=\frac{v}{Z} \text{ 또는 } v=Zi, \text{ (전진파인 경우) } (13\cdot1)$$

바로 앞에도 같은 형태의 식이 나왔는데 그것은 v와 i는 시간 t만의 함수로 $v(t)$, $i(t)$라고 한 것이다. 그리고 예를 들어 도선의 길이가 길면 Z 크기는 크게 된다. 이에 대하여 진행파 v와 i는 시간 t와 거리 x와의 함수로 $v(t, x)$, $i(t, x)$로 나타낸다. 그리고 (13·1)**식은 같은 시각, 같은 위치에 대한 v와 i의 관계를 나타낸다.** 따라서 Z의 크기는 도선 길이에 관계없이 도선 성질에 따라서 일정하게 정해진다.

그런데 그림 13·3 (e)같이 길이 x인 양방향과 반대 방향으로 진행하는 진행파를 생각한다. 이것을 **후퇴파**라고 한다. 지금 후퇴파 v값은 +라고 하면 그림 (e)같이 + 전하가 왼쪽으로 향하여 나아가고 전류는 왼쪽으로 향하여 흐른다. 한쪽 전류의 양방향은 그림 (a)로 정하면 전류는 반대 방향으로 흐르므로 -값이 된다. 즉 식으로 나타내면 다음과 같이 된다.

$$i=-\frac{v}{Z}, \quad v=-Zi \text{ 또는 } Z=-\frac{v}{i} \text{ (후퇴파인 경우) } (13\cdot2)$$

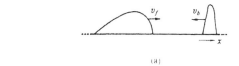

(a)

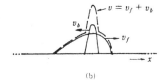

(b)

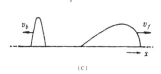

(c)

[그림 13·4] 파의 진행

다음에 그림 13·4와 같이 전진파 v_f와 후퇴파 v_b가 나아가는 경우를 생각한다. v_f, v_b 모두 그 파형이 변하지 않고 나아간다. 그림 (b)같이 같은 위치에 v_f와 v_b가 있을 때는 같은 시각·같은 위치의 v_f와 v_b에 의하여 다음 식이 성립된다.

$$v = v_f + v_b \qquad (13·3)$$

여기에서 v는 도체의 대지 전압이다. 마찬가지로,

$$i = i_f + i_b \qquad (13·4)$$

가 성립된다. 즉 **중첩의 원리**가 성립된다.

따라서 시간이 지나면 그림 (c)같이 v_f, v_b는 처음 형태로 나아간다. 역시 (13·14)식에 (13·1), (13·2)식을 넣으면,

$$i = \frac{v_f}{Z} - \frac{v_b}{Z} \qquad (13·5)$$

로 된다. 조금 보충하여 정리해 보자.

정리 [13·1] **진행파 성질** (단 LC 분포 회로 상수, 무손실 분포 상수 회로)

① 전압·전류 진행파는 파형이 변하지 않고 나아간다.

② 진행하는 속도 w[m／s]는 일정하고 다음 식에서 주어진다.

$$w = 1/\sqrt{CL} \, [\text{m}／\text{s}] \qquad (13·6)$$

단 L:단위 길이당 [H／m], C:단위 길이당 [F／m]

계산에 의하면 $w \fallingdotseq 3 \times 10^8/\sqrt{\mu_s \varepsilon_s} \, [m／s]$ (13·7)

따라서 가공선에서는 $w \fallingdotseq 300$[m／μs], 케이블에서는 $w \fallingdotseq 300/\sqrt{\varepsilon_s}$[m／$\mu$s]로 된다.

③ 전압과 전류 진행파 v와 i는 닮은꼴로 항상 하나로 되어 진행한다.

④ 같은 시각·같은 위치점의 v와 i의 관계는 다음과 같다.

전진파:$i = \dfrac{v}{Z}$, $((13 \cdot 1))$, 후퇴파:$i = -\dfrac{v}{Z}$ $((13 \cdot 2))$

⑤ 같은 시각·같은 위치점의 전진파 v_f, i_f와 후퇴파 v_b, i_b에 대하여 중첩의 원리가 성립된다.

$$v = v_f + v_b, \quad i = i_f + i_b \qquad\qquad ((13 \cdot 3)), \ ((13 \cdot 4))$$

$$\therefore \ i = \frac{v_f}{Z} - \frac{v_b}{Z} \qquad\qquad\qquad ((13 \cdot 5))$$

⑥ 서지(파동) 임피던스 Z는 다음 식에서 주어진다.

$$Z = \sqrt{L / C} \ [\Omega]$$

예를 들어 가공선 1조:수백Ω, 케이블 1조:수십Ω 정도이다.

㈜ $((13 \cdot 2))$식에서 $i = -v/Z$에 $-$가 붙은 것은 i의 양방향이 전진파의 나아가는 방향(x 양방향)과 같기 때문이다. 후퇴파인 경우만 i의 양방향을 후퇴파의 나아가는 방향과 같게(x 양방향과 반대)하면 위 설명의 모든 식은 다음 같이 된다.

전진파:$i = v/Z$, 후퇴파:$i = v/Z$, $v = v_f + v_b$, $i = i_f - i_b$
$$\therefore \ i = (v_f/Z) - (v_b/Z).$$

이러한 식을 사용한 책도 있고, 이들 식은 알기 쉬운 점도 있지만 이 책에서는 위 정리 [13·1]의 식을 사용한다. 이 편이 정통적이다.

13·3 반사파와 투과파

진행파는 파형을 변하지 않고 나아간다고 말하였는데 그것은 선로가 함께 연결되어 있는 경우이다. 그림 13·5와 같이 서지 임피던스가 Z_1과 Z_2(예를 들어 $Z_1 > Z_2$)와의 선로가 p접에서 접속된 경우는 모양이 변한다. 이와 같은 점을 **변형점**이라 한다.

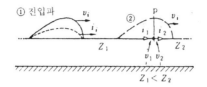

[그림 13·5] v_i 그대로 진행하면 불합리

만약 그림 13·5와 같이 ①의 진입해온 파 v_1이 그대로 크기가 변하지 않고 ②의 위치로 온다면 다음 모순이 생긴다. 전압도 전류도 **변이점 p 양측의 아주 가까이에서는 같아야 한다**(그림으로 말하면 $v_1 = v_2$, $i_1 = i_2$). 이 그림에 의하면 p점에서 $v_1 = v_2$라고 하면 p점에서 $i_1 = v_1 / Z_1$, $i_2 = v_2 / Z_2$이므로 $Z_1 > Z_2$라면, $i_1 < i_2$로 되어 $i_1 = i_2$로는 되지 않는다.

그래서 **p점 양측 전압·전류가 같게 되도록 진행파가 p점에서 발생한다고** 생각한다. 우선 그림 13·6 (a)에서 **전류파**를 생각한다. 이 경우($Z_2 < Z_1$)는 $i_2 > i_1$으로 되는 경향이 있으므로 진입파 i_i보다 큰 진행파 i_t가 p점의 오른쪽으로 나아간다고 한다. 이것을 **투과파**라고 한다.

이에 대하여 $i_1 = i_2$로 되기 위해서는 p점에서 왼쪽으로 나아가는 i_i과 같은 파를 생각해야만 된다. 이것을 **반사파**라고 한다. p점에서 왼쪽으로는 i_i와 i_r이 중첩되어 있고, 선로 전류는 $i = i_i + i_r$로 된다.

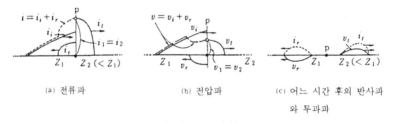

(a) 전류파　　　　(b) 전압파　　　　(c) 어느 시간 후의 반사파
와 투과파

[그림 13·6] 반사와 투과

이와 같이 생각하면 p점에서 $i_i + i_r = i_t$로 되어야 한다. p점에 있어서 **전압파**는 그림 13·6 (b)처럼 된다. 즉 p점에 있어서 진입·반사·투과 각파의 관계가 $v_i + v_r = v_t$로 되어야 한다. 여기에서 v_r, i_r은 후퇴파이기 때문에 i_r이 +로 되고 v_r은 -로 된다.

앞에서 설명한 것의 요점을 정리해 보자.

정리 [13·2] 변이점에 있어서의 반사와 투과.

① 그림 13·7과 같은 p에 있어서 전압·전류에 대하여 각각 p점의 양측 값은 같다.

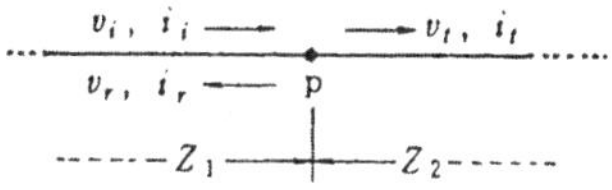

$$v_i,\ i_i \longrightarrow \qquad \longrightarrow v_t,\ i_t$$
$$v_r,\ i_r \longleftarrow \quad \text{p}$$
$$------ Z_1 \longmapsto Z_2 ------$$

[그림 13·7]

② ①을 만족하는 반사파·투과파가 p점에서 발생한다고 생각한다. 즉 식으로 나타내면,

p점에 있어서 $v_i + v_r = v_t,\ i_i + i_r = i_t$ (13·8)

③ 이 경우에 v_r, i_r(반사파)는 후퇴파인 것을 고려하여 넣고 ((13·2)) 식을 위 식에 넣으면 다음과 같이 된다.

$$\frac{v_i}{Z_1} - \frac{v_r}{Z_2} = \frac{v_t}{Z_2}$$ (13·9)

④ 변이점 이외에서는 진행파는 파형이 변하지 않고 나아가므로 변이점 만의 반사파·투과파를 구하면 모든 전압·전류의 상태를 알 수 있다. (앞의 그림 13·6 (c) 참조)

예 13·1▶ 그림 13·8과 같이 진입파는 직사각형파이고, 크기는 100kV이 다. 전압·전류의 반사파·투과파의 크기를 구하고 투과파가 p점에 도착 하여 짧은 시간 경과 후 선로 위의 전압·전류를 그림으로 표시하시오. 단 $Z_1 = 200[\Omega]$, $Z_2 = 50[\Omega]$으로 한다.

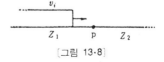

[그림 13·8]

[풀이] (13·8), (13·9)식에 수치를 넣으면,

$$v_t - v_r = v_i \text{에서}, \quad v_t - v_r = 100[kV] \qquad ①$$

$$\frac{v_t}{Z_2} + \frac{v_r}{Z_1} = \frac{v_i}{Z_1} \text{에서}, \quad \frac{v_t}{50} + \frac{v_r}{200} = \frac{100}{200}[kA] \qquad ②$$

위 식에서, $v_r = -60[kV]$, $v_t = 40[kV]$

$$i_i = \frac{v_t}{Z_1} = 0.5[kA], \quad i_r = -\frac{v_r}{Z_1} = 0.3[kA], \quad i_t = \frac{v_t}{Z_2} = 0.8[kA]$$

이러한 것을 그림으로 나타내면 그림 13·9와 같이 된다.

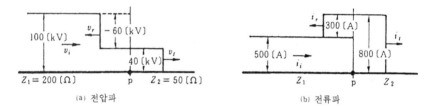

(a) 전압파   (b) 전류파

[그림 13·9] $Z_1 = 200[\Omega]$, $Z_2 = 50[\Omega]$일 때의 반사와 투과

13·4 반사 계수와 투과 계수

앞의 그림 13·8 회로에서 일반적인 v_r과 v_t를 구해 보자. 정리 [13·2]에서 p점에 있어서,

$$v_i + v_r = v_t \qquad ((13·8))$$

$i_i + i_r = i_t$이므로, $\dfrac{v_i}{Z_1} - \dfrac{v_r}{Z_1} = \dfrac{v_t}{Z_2}$ $((13·9))$

$((13·8))$식에서, $v_t - v_r = v_i$

$((13·9))$식에서 $Z_2 v_i - Z_2 v_r = Z_1 v_t$

$$\therefore Z_1 v_t + Z_2 v_r = Z_2 v_i$$

위의 식에서,

$$v_r = -\frac{Z_1 - Z_2}{Z_1 + Z_2}v_i, \quad v_t = \frac{2Z_2}{Z_1 + Z_2}v_i \tag{13·10}$$

위 식에서,

$-\dfrac{Z_1 - Z_2}{Z_1 + Z_2}$를 전압 반사 계수,

$\dfrac{2Z_2}{Z_1 + Z_2}$를 전압 투과 계수라고 한다.

이 식에서 Z_2가 Z_1보다 적으면 전압 반사 계수는 $-$, 즉 변이점의 전압은 진입파보다 적게 된다. 반대로 $Z_1 < Z_2$로 되면 전압 반사 계수는 $+$가 된다. **전류의 반사·투과 계수는 전압 계수와 다른 값이다.** 다음 문제에서 계산해 보기 바란다. 또 전류의 양방향을 반대로 취하면 전류의 반사 계수는 $i_r = -\dfrac{Z_1 - Z_2}{Z_1 + Z_2}i_i$로 되고, $Z_1 > Z_2$일 때 그림 13·9 (b)의 i_r과 극성이 반대로 된다.

문제 13·1 ▶ 그림 13·8 회로의 p점에서 전류 반사·투과 계수를 구하시오.

13·5 개방단과 접지단의 반사

(1) 개방단의 반사

그림 13·10과 같이 끝부분 R이 개방단으로 되어 있는 선로 R점에서 반사는 어떻게 될까? 앞의

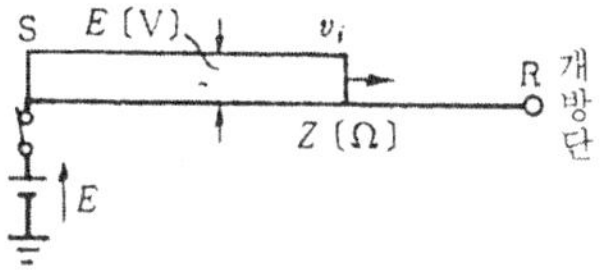

$$v_r = -\frac{Z_1 - Z_2}{Z_1 + Z_2}v_i \qquad ((13·10))$$

그림 13·10

식에서 분모 분자를 Z_2로 나누고, $Z_1 = Z$, $Z_2 = \infty$라고 하면

$$v_r = \frac{(Z/Z_2) - 1}{(Z/Z_2) + 1} v_i = -\frac{0 - 1}{0 + 1} v_i = v_i$$

즉 전압의 반사파는 진입파와 같고 그것을 중첩하면 R점 전압은 2배로 된다는 것을 알 수 있는데 다음과 같이 생각하는 것이 빠르다.

[정리] [13·3] **개방단과 전원단의 반사**

① 개방단에서 항상 전류가 0이다. 따라서 전류 진입파 i_i가 개방단에 도착하면 개방단 전류를 0으로 하는 반사파 $i_r = -i_i$가 발생한다. 이 때 전압의 반사파는 후퇴파이므로 $v_r = -Z(-i_i) = Zi_i = v_i$이고, 반사파 v_r은 진입파 v_i와 같다.

② 개방단에서 v_i와 v_r이 같으므로 개방단 전압은 $2v_i$가 된다.

③ 역시 이와 같은 반사파가 그림 13·10과 같은 일정한 전압 E의 전원으로 돌아 올 때는 전원단의 전압이 E로 유지되도록 반사파가 개방단으로 향하여 나아간다고 생각한다. (이 경우 반사파는 전진파이다)

다음 그림 13·11은 끝 부분이 개방단인 경우 진행파 상태의 시간적 경과

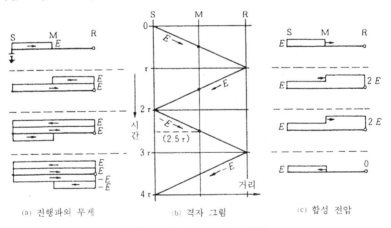

(a) 진행파의 무게 (b) 격자 그림 (c) 합성 전압

그림 13·11 끝단 개방의 진행파

를 나타낸다. 그림 (a)는 위 정리 [13·3] 원리에서 충실히 했다. 전원단 S 에서 끝 부분 R까지 진행파의 소요 시간을 τ[s]로 해서 τ[s] 마다의 변화를 나타내고 있다.

그림 (c)는 그림 (a)를 중첩한 것(합성 전압)이다. S단은 항상 E[V]로 유지된다. 이에 대하여 R단은 $2E$[V]로 되기도 하고 0V로 되기도 한다.

이 뒤에는 그림의 4τ[s]을 1주기로 해서 같은 것을 반복한다.

그리고 그림 (b)는 격자 그림이라 부른다. 가로축을 거리, 세로축을 시간으로 열차 바퀴 같이 진행파의 나아가는 방향을 나타낸다. 예를 들어 M점의 2.5τ 시각에 있어서 합성한 전압은 그림 13·11과 같이 M점에서 수직선과 그래프와의 교차점(검은 점)의 전압을 더하면 좋다. 이 경우는 $E + E + (-E) = E$[V]이다.

(2) 접지단에서의 반사

개방단에서의 반사가 이해되면 접지단에서의 반사도 쉽게 이해할 수 있다.

정리 [13·4] **접지단에서의 반사**

① 접지단에서의 대지 전압은 항상 0이다. 따라서 전압 진입파 v_i가 접지단에 도착하면 그 점의 전위를 0으로 하는 반사파 $v_r = -v_i$가 발생한다.

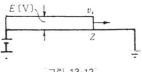

그림 13·12

② 반사파 $-v_i$에 따르는 전류 반사파는 후퇴파인 것을 고려하여 넣으면 $-(-v_i) / Z = v_i / Z = i_i$로 된다. 따라서 접지단의 전류는 진입 전류파의 2배가 된다.

> **문제** 13·2 ▶ 끝 부분이 개방단 및 접지단인 경우에 대하여 전원에서 E [V]를 가한 경우 선로위 전류(진행파 합계)의 시간 경과를 앞의 그림 13·11(c) 형태로 그린다. 단 서지 임피던스를 Z[Ω]으로 한다.
>
> **문제** 13·3 ▶ 그림 13·13과 같은 단일 송전선 A, B 사이가 $+E$ 전압으로 충전되었을 때 송전단 A에서 $-E$ 전압을 인가했다고 한다. 갭 G 를 방전하지 않기 위해서는 갭의 길이는 몇 [cm] 이상으로 해야 될까? 단 E는 30 kV, 갭 1cm당 30kV로 방전 한다고 한다. 또 선로의 손실은 무시한 다.
> (해답의 [별해]는 방법이 좋은 풀이 법 이라고 생각한다. 참조하기 바란다.)

[그림 13·13]

13·6 각종 변이점의 문제

지금까지 Z_1과 Z_2와의 접속점인 경우 끝 부분이 개방단일 때 및 접지단인 경우에 대하여 설명해 왔다. 이 밖에 여러 가지 변이점인 경우가 있다. 그러나 그 경우 풀이법 원리는 정리[13·1], 정리[13·2]에서 설명한 것으로 대략 말을 다했다.

> **예** 13·2 ▶ 그림 13·14와 같이 서지 임피던스 Z_1, Z_2 양측이 무한 길이 인 선이 p점에서 접속되고 또, p점을 저항 R[Ω]으로 접지하였다. 파 고값 E[V]인 직사각형파의 진행파가 진입해올 때 p점 전위는 얼마가 되는가?

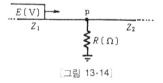

[그림 13·14]

[풀이] 진입·반사·투과의 각 진행파를 그림 13·15와 같이 v_i, i_i, v_r, i_r, v_t, i_t로 한다. 또 p점 전위를 v_p, R에 흐르는 전류를 i_R로 한다(이들은 진행파는 아니다). p점에 대한 전압·전류의 관계는 다음 식같이 된다.

$$v_i + v_r = v_t \qquad ①$$

$$v_p = v_t \qquad ②$$

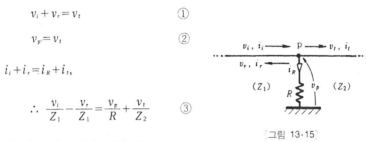

$$i_i + i_r = i_R + i_t,$$

$$\therefore \frac{v_i}{Z_1} - \frac{v_r}{Z_1} = \frac{v_p}{R} + \frac{v_t}{Z_2} \qquad ③$$

[그림 13·15]

①, ③식에 ②식을 넣으면,

$$v_i + v_r = v_p \qquad ④$$

$$v_i - v_r = Z_1 \left(\frac{R + Z_2}{R Z_2} \right) v_p \qquad ⑤$$

④, ⑤식에서 다음 답이 얻어진다.

$$v_p = \frac{2 R Z_2 \big/ (R + Z_2)}{Z_1 + R Z_2 \big/ (R + Z_2)} v_i \ [\text{V}] \qquad (13 \cdot 11)$$

이 답을 일반적 투과 전압의 식 $v_t = \dfrac{2 Z_2}{Z_1 + Z_2} v_i$ (13·10)식과 비교하면 일반

식 Z_2 대신에 R과 Z_2의 병렬과 같은 $\dfrac{R Z_2}{R + Z_2}$를 넣은 것에 해당된다.

그림 13·14의 p점에서 오른쪽을 R과 Z_2의 병렬 저항으로 가정하면 좋다. 그러니 R은 한 섬으로 집중하여 존재하는 저항이고 Z_2는 무한으로 긴 선로의 서지 임피던스이다. 이 부분을 이해하면 **등가적인 병렬 저항으로 볼 수 있다**고 알 수 있다.

[예] **13·3** ▶ 그림 13·16과 같이 서지 임피던스가 $Z_1[\Omega]$ 및 $Z_2[\Omega]$인 무손실 반무한 길이인 선로 중간에 $R[\Omega]$인 저항을 삽입하였다. $Z_1[\Omega]$인

선로에서 파고값 $E[V]$인 연속 직사각형파가 진입하였을 때 $Z_2[\Omega]$인 선로에 투과하는 진행파의 파고값(B점 전위와 같다)을 구하시오.

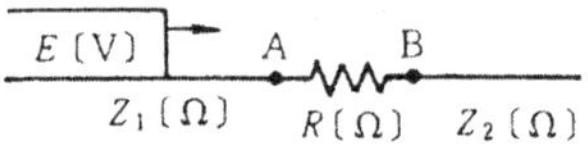

그림 13·16

[풀이] 그림 13·17과 같이 전압·전류 기호를 결정한다. A점 전류는 $i_i + i_r$이다. 저항은 단 한 점의 집중 상수이므로 A점 및 B점을 흐르는 전류는 각각 같다. 따라서 B점 전류는 $i_i + i_r$이고 이것이 i_t와 같다. 즉,

$$i_i + i_r = i_t$$

$$\therefore \frac{v_i}{Z_1} - \frac{v_r}{Z_1} = \frac{v_t}{Z_2}$$

그림 13·17

$$v_i - v_r = \frac{Z_1}{Z_2} v_t \qquad \text{①}$$

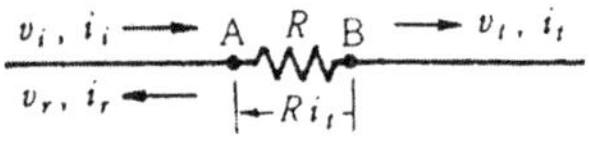

A점 전위는 $v_A = v_i + v_r$, B점 전위는 $v_B = v_t$이고, A점 전위는 B점 전위보다 $Ri_t[V]$만큼 높다. 따라서,

$$v_i + v_r = v_t + Ri_t, \qquad \therefore \ v_i + v_r = (1 + R/Z_2)v_t \qquad \text{②}$$

위의 ①, ②식에서 v_r을 없애고 v_t를 구하면,

$$v_t = \frac{2Z_2 v_i}{Z_1 + Z_2 + R} = \frac{2Z_2 E}{Z_1 + Z_2 + R} [V]$$

이 문제에서 R이 흐르는 i_t는 진행파에서는 없다. B점 즉 A점에 대한 단순한 시간 함수로서의 전류이다. 이 부분의 이해가 중요하다.

문제 13·4 ▶ (1) 그림 13·18과 같이 서지 임피던스 $Z[\Omega]$인 선로 끝
부분을 저항으로 접지했을 때 반사파가 발생하지 않기 위해서는 저
항을 몇 $[\Omega]$으로 해야 할까? (이것을 정합 저항이라 한다)
(2) 그 저항을 접속한 상태로 파고값 $E[V]$인 직사각형파가 진입했
을 때 저항이 소비하는 전력은 얼마인가? (진행파는 그 전력에 해당
하는 에너지를 운반한다.)

문제 13·5 ▶ 그림 13·19 회로에서 파고값 $E[V]$인 직사각형파가 진입
했을 때 진입파가 p점에 도착한 때를 $t=0$으로 해서 p점 전압 v_p를
구하시오. 단 $t=0$일 때, $v_p=0$으로 한다.

그림 13·18   그림 13·19

문제 13·6 ▶ 그림 13·20에서, a선에서 진행파가 진입할 때 p점에 대한
전압·전류의 반사파 계수를 구하시오. 단 bc 선간에는 전자기적 결
합은 없다.

문제 13·7 ▶ 파동 임피던스 각 $Z[\Omega]$인 송전선 세 줄의 한쪽 끝을 그림
13·21과 같이 한데 묶고 다른 방향에서 파고값 $E[V]$인 충격파를 가
한다. 다음 경우 p점에 발생하는 파고값을 구하시오. 단 송전선은
반 무한 길이로 한다.
(1) 1선만, (2) 2선을 동시에, (3) 3선 농시에 각각 충격을 가한 경
우

문제 13·8 ▶ 그림 13·22와 같이 서지 임피던스 $Z_1[\Omega]$인 가공선과 Z_2
$[\Omega]$인 케이블 끝 부분에 변압기가 설치되어 있다. 진행파가 케이블
중앙을 나아가는데 필요한 시간을 편도 $\tau[s]$라 한다. 가공선에서 E
$[V]$의 무한 길이 직사각형 진행파가 진입했을 때 진행파가 p점에 도

착했을 때부터 다음 시간 T점의 전압 v_r는 얼마인가? 단 변압기의 서지 임피던스는 무한대라고 한다.

(1) $t[s]$ 후, (2) $2\tau[s]$ 후, (3) $3\tau[s]$ 후, (4) 무한 시간 후

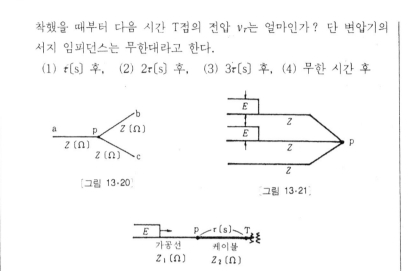

[그림 13·20]

[그림 13·21]

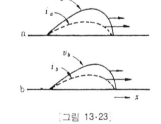

[그림 13·22]

13·7 상호 서지 임피던스

그림 13·23과 같이 서로 가까운 곳에 가선한 두 도체 a, b가 있고, a선을 v_a, i_a, b선을 v_b, i_b의 진행파가 진행하고 있을 때 이들의 전압·전류에서는 다음 관계가 있다.

$$\begin{cases} v_a = Z_{aa}i_a + Z_{ab}i_b \\ v_b = Z_{ba}i_a + Z_{bb}i_b \end{cases} \quad (13 \cdot 12)$$

여기에서 Z_{aa}, Z_{bb}를 **자체 서지 임피던스**, Z_{ab}, Z_{ba}를 **상호 서지 임피던스**라 한다.

[그림 13·23]

이 식을 사용할 때는 경계 조건(주로 선로 끝의 조건)을 맞게 해야 한다. 예를 들어 그림 13·24와 같이 b선의 왼쪽 끝이 개방되어 있을 때 a선에 E [V]를 가하면 $i_b = 0$이므로 (13·12)식은 다음과 같이 된다.

$$\begin{cases} v_a = E = Z_{aa} i_a \\ v_b = Z_{ba} i_a \end{cases} \qquad \therefore \quad v_a = E, \quad i_a = \frac{E}{Z_{aa}}, \quad v_b = \frac{Z_{ba} E}{Z_{aa}}, \quad i_b = 0$$

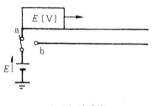

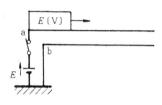

[그림 13·24]   [그림 13·25]

또 그림 13·25와 같이 b선의 왼쪽 끝이 접지되어 있을 때 a선에 $E[V]$를 가하면 $v_b = 0$이므로 (13·12)식에서 다음 같이 된다.

$$\begin{cases} v_a = E = Z_{aa} i_a + Z_{ab} i_b \\ 0 = Z_{ba} i_a + Z_{bb} i_b \end{cases}$$

따라서 위 식에서 다음 식이 얻어진다.

$$v_a = E, \quad i_a = \frac{Z_{bb} E}{Z_{aa} Z_{bb} - Z_{ab} Z_{ba}}$$

$$v_b = 0, \quad i_b = \frac{-Z_{ba} E}{Z_{aa} Z_{bb} - Z_{ab} Z_{ba}}$$

또 (13·12)식은 진진파인 경우이고, 후퇴파인 경우는 단일 선로인 경우와 마찬가지로 전압·전류 관계에 $-$가 붙고 다음과 같다. (또 첨자는 반사파 r이 붙어 있지만 이것은 편의상 후퇴파 기호 b 대신에 r로 한 것이다. 정리[13· 3] ③에서 설명한 대로 반사파가 반드시 후퇴파라고 제한하지 않는다.

$$\begin{cases} v_{ar} = - (Z_{aa} i_{ar} + Z_{ab} i_{br}) \\ v_{br} = - (Z_{ba} i_{ar} + Z_{bb} i_{br}) \end{cases} \tag{13·13}$$

문제 13·9 ▶ 3상 1회선의 송전선이 있고 각 선에 대하여 자체 서지 임피던스는 $500\,\Omega$, 상호 서지 임피던스는 $125\,\Omega$이다. 그림 13·26과 같이 세 선을 일괄해서 전압을 가한 경우 정합 저항 R을 구하시오. (정합 저항에 대해서는 문제 13·4 문장을 참조하시오)

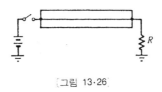

[그림 13·26]

□□□□□□□□ 제 **14** 장 □□□□□□□□

회로 계산에 필요한 수학 계산법

14·1 행렬식

(1) 2원 연립 방정식을 행렬식으로 푼다

예제 1. 다음 연립 방정식을 행렬식으로 푸시오.

$$2I_1 + 5I_2 = 13$$
$$3I_1 + I_2 = 26$$

풀이

$$I_1 = \frac{\begin{vmatrix} 13 & 5 \\ 26 & 1 \end{vmatrix}}{\begin{vmatrix} 2 & 5 \\ 3 & 1 \end{vmatrix}} = \frac{13 \times 1 - 5 \times 26}{2 \times 1 - 5 \times 3} = \frac{13 - 130}{2 - 15} = 9$$

$$I_2 = \frac{\begin{vmatrix} 2 & 13 \\ 3 & 26 \end{vmatrix}}{\begin{vmatrix} 2 & 5 \\ 3 & 1 \end{vmatrix}} = \frac{2 \times 26 - 13 \times 3}{-13} = \frac{52 - 39}{-13} = -1$$

답 $(I_1, I_2) = (9, -1)$

해설 $(a_1 a_4 - a_2 a_3)$형을 $\begin{vmatrix} a_1 & a_2 \\ a_3 & a_4 \end{vmatrix}$형으로 나타내는 일이 있다. 이와 같이 가로·세로로 두 개씩 숫자를 나열하고, 그 좌우에 세로선을 그은 것을 **2차 행렬식**이라고 한다. 이 경우에 a_1, a_2나 a_3, a_4와 같이 가로열을 **행**, a_1, a_3나 a_2, a_4와 같이 세로행을 **열**이라고 한다.

이 2차 행렬식을 이용해서 다음 연립 방정식의 해를 구해 보자.

$$\begin{cases} a_1 x + a_2 y = b_1 \\ a_3 x + a_4 y = b_2 \end{cases}$$ (1)
(2)

$(1) \times a_4$

$$a_1 a_4 x + a_2 a_4 y = a_4 b_1$$ (3)

$(2) \times a_2$

$$a_2 a_3 x + a_2 a_4 y = a_2 b_2$$ (4)

$(3) - (4)$

$$a_1 a_4 x - a_2 a_3 x = a_4 b_1 - a_2 b_2$$

$$\therefore x = \frac{a_4 b_1 - a_2 b_2}{a_1 a_4 - a_2 a_3}$$ (5)

$$\therefore x = \frac{\begin{vmatrix} b_1 & a_2 \\ b_2 & a_4 \end{vmatrix}}{\begin{vmatrix} a_1 & a_2 \\ a_3 & a_4 \end{vmatrix}}$$ (6)

또 y에 대해서는

$$y = \frac{\begin{vmatrix} a_1 & b_1 \\ a_3 & b_2 \end{vmatrix}}{\begin{vmatrix} a_1 & a_2 \\ a_3 & a_4 \end{vmatrix}}$$ (7)

로 된다. 즉 다음 2원 1차 연립 방정식을 풀려면

$$\begin{cases} ax + by = c \\ dx + ey = f \end{cases}$$ (8)

$$x = \frac{\begin{vmatrix} c & b \\ f & e \end{vmatrix}}{\begin{vmatrix} a & b \\ d & e \end{vmatrix}} = \frac{ce - bf}{ae - bd}$$ (9)

$$y = \frac{\begin{vmatrix} a & c \\ d & f \end{vmatrix}}{\Delta} = \frac{af - cd}{\Delta}$$ (10)

단, Δ는 x의 분모 $\begin{vmatrix} a & b \\ d & e \end{vmatrix} = ae - bd$와 같으므로 식을 간단히 표현하기 위해 이용했다((6), (7)식 분모를 보시오). (8)식을 풀 경우에 x를 구하려면 x의 계수 $\begin{vmatrix} a \\ d \end{vmatrix}$에 $\begin{vmatrix} c \\ f \end{vmatrix}$를 넣어 행렬식 $\begin{vmatrix} c & b \\ f & e \end{vmatrix}$로 하고, 이것을 $\begin{vmatrix} a & b \\ d & e \end{vmatrix}$로 나눈다. 또 y를 구하려면 y의 계수 $\begin{vmatrix} b \\ e \end{vmatrix}$에 $\begin{vmatrix} c \\ f \end{vmatrix}$를 넣어서 행렬식 $\begin{vmatrix} a & c \\ d & f \end{vmatrix}$로 하고, 이것을 $\begin{vmatrix} a & b \\ d & e \end{vmatrix} = \Delta$로 나누면 된다.

여기서 (9), (10)식에 나타낸 것처럼 행렬식 계산을 할 경우 큰 화살표 오른쪽 아래의 곱셈 부호는 (+)이고, 왼쪽 아래의 곱셈 부호는 (−)이다. 분모는 공통이므로 한번 계산해서 이것을 Δ로 바꾸면 좋다.

(2) 3원 연립 방정식을 행렬식으로 푼다

연제 2. 다음 연립 방정식을 행렬식으로 푸시오.

$$\begin{cases} 2I_1 + I_2 + 4I_3 = 16 \\ I_1 + 3I_2 - 2I_3 = 1 \\ 7I_1 - 6I_2 + I_3 = -2 \end{cases}$$

풀이

$$I_1 = \frac{\begin{vmatrix} 16 & 1 & 4 \\ 1 & 3 & -2 \\ -2 & -6 & 1 \end{vmatrix}}{\begin{vmatrix} 2 & 1 & 4 \\ 1 & 3 & -2 \\ 7 & -6 & 1 \end{vmatrix}} = \frac{48 + 4 - 24 + 24 - 1 - 192}{6 - 14 - 24 - 84 - 1 - 24} = \frac{-141}{-141} = 1$$

$$I_2 = \frac{\begin{vmatrix} 2 & 16 & 4 \\ 1 & 1 & -2 \\ 7 & -2 & 1 \end{vmatrix}}{\begin{vmatrix} 2 & 1 & 4 \\ 1 & 3 & -2 \\ 7 & -6 & 1 \end{vmatrix}} = \frac{2 - 224 - 8 - 28 - 8 - 16}{6 - 14 - 24 - 84 - 1 - 24} = \frac{-282}{-141} = 2$$

$$I_3 = \frac{\begin{vmatrix} 2 & 1 & 16 \\ 1 & 3 & 1 \\ 7 & -6 & -2 \end{vmatrix}}{\begin{vmatrix} 2 & 1 & 4 \\ 1 & 3 & -2 \\ 7 & -6 & 1 \end{vmatrix}} = \frac{-12 - 96 + 7 - 336 + 2 + 12}{6 - 14 - 24 - 84 - 1 - 24} = \frac{-423}{-141} = 3$$

답 $(I_1, I_2, I_3) = (1, 2, 3)$

단, I_1, I_2, I_3의 분모는 공통이므로 한번 계산해서 -141을 이용하면 좋다.

해설 $(a_1 a_5 a_9 + a_2 a_6 a_7 + a_3 a_4 a_8 - a_3 a_5 a_7 - a_2 a_4 a_9 - a_1 a_6 a_8)$을 표현하는 데에 2차 행렬식과

마찬가지로 $\begin{vmatrix} a_1 & a_2 & a_3 \\ a_4 & a_5 & a_6 \\ a_7 & a_8 & a_9 \end{vmatrix}$ 라고 쓸 수 있다. 이것을 **3차 행렬식**이라고 한다.

연립 방정식을 행렬식으로 푸는 일은 전기 회로, 전자 회로 계산에 폭넓게 응용되므로 충분히 습득해 두기 바란다.

이 3차 행렬식을 이용해서 다음 연립 방정식을 구해 보자.

$$\begin{cases} a_1 x + a_2 y + a_3 z = d_1 & \qquad (1) \\ a_4 x + a_5 y + a_6 z = d_2 & \qquad (2) \\ a_7 x + a_8 y + a_9 z = d_3 & \qquad (3) \end{cases}$$

$(1) \times a_6 - (2) \times a_3$

$$a_1 a_6 x + a_2 a_6 y - a_4 a_3 x - a_5 a_3 y = a_6 d_1 - a_3 d_2$$

$$(a_1 a_6 - a_4 a_3) x + (a_2 a_6 - a_5 a_3) y = a_6 d_1 - a_3 d_2 \qquad (4)$$

$(2) \times a_9 - (3) \times a_6$

$$a_4 a_9 x + a_5 a_9 y - a_6 a_7 x - a_6 a_8 y = a_9 d_2 - a_6 d_3$$

$$(a_4 a_9 - a_6 a_7) x + (a_5 a_9 - a_6 a_8) y = a_9 d_2 - a_6 d_3 \qquad (5)$$

$(4) \times (a_5 a_9 - a_6 a_8) - (5) \times (a_2 a_6 - a_3 a_5)$

$$(a_1 a_6 - a_4 a_3)(a_5 a_9 - a_6 a_8) x - (a_4 a_9 - a_6 a_7)(a_2 a_6 - a_3 a_5) x$$

$$= (a_6 d_1 - a_3 d_2)(a_5 a_9 - a_6 a_8) - (a_9 d_2 - a_6 d_3)(a_2 a_6 - a_3 a_5)$$

$$x \{(a_1 a_6 - a_4 a_3)(a_5 a_9 - a_6 a_8) - (a_4 a_9 - a_6 a_7)(a_2 a_6 - a_3 a_5)\}$$

$$= (a_6 d_1 - a_3 d_2)(a_5 a_9 - a_6 a_8) - (a_9 d_2 - a_6 d_3)(a_2 a_6 - a_3 a_5)$$

$$x = \frac{(a_6 d_1 - a_3 d_2)(a_5 a_9 - a_6 a_8) - (a_9 d_2 - a_6 d_3)(a_2 a_6 - a_5 a_3)}{(a_1 a_6 - a_4 a_3)(a_5 a_9 - a_6 a_8) - (a_4 a_9 - a_6 a_7)(a_2 a_6 - a_3 a_5)}$$

괄호를 벗기고 x를 구하면

$$x = \frac{a_5 a_9 d_1 + a_2 a_6 d_3 + a_3 a_8 d_2 - a_3 a_5 d_3 - a_2 a_9 d_2 - a_6 a_8 d_1}{a_1 a_5 a_9 + a_2 a_6 a_7 + a_3 a_4 a_8 - a_3 a_5 a_7 - a_2 a_4 a_9 - a_1 a_6 a_8}$$

$$x = \frac{\begin{vmatrix} d_1 & a_2 & a_3 \\ d_2 & a_5 & a_6 \\ d_3 & a_8 & a_9 \end{vmatrix}}{\begin{vmatrix} a_1 & a_2 & a_3 \\ a_4 & a_5 & a_6 \\ a_7 & a_8 & a_9 \end{vmatrix}}$$

마찬가지로 해서 y, z를 구하면

$$y = \frac{\begin{vmatrix} a_1 & d_1 & a_3 \\ a_4 & d_2 & a_6 \\ a_7 & d_3 & a_9 \end{vmatrix}}{\Delta} \quad , \quad z = \frac{\begin{vmatrix} a_1 & a_2 & d_1 \\ a_4 & a_5 & d_2 \\ a_7 & a_8 & d_3 \end{vmatrix}}{\Delta}$$

로 된다. 단, Δ는

$$\Delta = \begin{vmatrix} a_1 & a_2 & a_3 \\ a_4 & a_5 & a_6 \\ a_7 & a_8 & a_9 \end{vmatrix}$$

로 된다.

따라서 다음 3원 1차 연립 방정식을 풀려면

$$\begin{cases} ax + by + cz = d \\ ex + fy + gz = h \\ ix + jy + kz = l \end{cases}$$

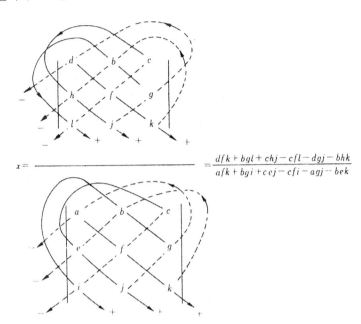

$$x = \frac{}{} = \frac{dfk + bgl + chj - cfl - dgj - bhk}{afk + bgi + cej - cfi - agj - bek}$$

y, z도 마찬가지로 해서 구할 수 있다. x를 구하는 경우에는 x의 계수 $\begin{vmatrix} a \\ e \\ i \end{vmatrix}$ 대신

$\begin{vmatrix} d \\ h \\ l \end{vmatrix}$ 를 넣은 행렬식을 만들고, 이것을 $\Delta\,(= afk + bgi + cej - cfi - agj - bek)$로 나누

면 된다. 또 y를 구하려면 y의 계수 $\begin{vmatrix} b \\ f \\ j \end{vmatrix}$ 대신 $\begin{vmatrix} d \\ h \\ l \end{vmatrix}$ 를 넣은 행렬식을 만들고 이것

을 Δ로 나눈다. 마찬가지로 z를 구하려면 z의 계수 $\begin{vmatrix} c \\ g \\ k \end{vmatrix}$ 대신 $\begin{vmatrix} d \\ h \\ l \end{vmatrix}$ 를 넣은 행렬

식을 만들고 이것을 Δ로 나눈다.

14·2 지수 계산

예제 1. 다음 식을 간단히 하시오.

$$\frac{1}{\sqrt{2\times10^3\times10^{-12}\times5\times10^{-4}}}$$

풀이

$$\frac{1}{\sqrt{2\times10^3\times10^{-12}\times5\times10^{-4}}}=\frac{1}{\sqrt{2\times5\times10^{3-12-4}}}=\frac{1}{\sqrt{10\times10^{-13}}}$$

$$=\frac{1}{(10^{-12})^{\frac{1}{2}}}=\frac{1}{10^{-6}}=10^6$$

해설 m, n을 양의 정수라고 할 때 다음 관계가 있다.

(1)
$$a^m a^n = a^{m+n}$$

이것을 **지수 함수**라고 한다. 이것으로 다음 식이 유도된다.

(2)
$$(a^m)^n = a^{mn}$$

(3) $m>n$일 때, $\dfrac{a^m}{a^n}=a^{m-n}$ $(a\neq0)$

(4) $m<n$일 때, $\dfrac{a^m}{a^n}=\dfrac{1}{a^{n-m}}$ $(a\neq0)$

(1) 식에서 $m=1$, $n=0$으로 하면

$$a^1\times a^0=a^{1+0}=a^1$$

$$\therefore\ a^0=\frac{a^1}{a^1}=1\qquad(a\neq0)$$

그래서 $a\neq0$일 때 다음과 같이 결정된다.

$$a^0=1$$

n이 양의 정수일 때 방정식

$$x^n=a$$

의 근 (해) x를 a의 n제곱근이라고 한다.

제곱근, 세제곱근 ……을 합쳐서 **거듭 제곱근**이라고 한다. 예를 들어 8의 세제곱근
은 $\sqrt[3]{8} = 8^{\frac{1}{3}} = 2$, 32의 5제곱근은 $\sqrt[5]{32} = 32^{\frac{1}{5}} = 2$ 로 된다.

일반적으로 p, q를 양의 정수라고 할 때 다음 관계가 있다.

$$a^{\frac{p}{q}} = \sqrt[q]{a^p} = (\sqrt[q]{a})^p \qquad (a > 0)$$

$$a^{\frac{1}{q}} = \sqrt[q]{a} \qquad (a > 0)$$

이러한 계산은 전자 회로의 R, L, C를 포함하는 계산이나 발진 주파수를
구하는 계산 등 많이 나오므로 충분히 습득해 두기 바란다.

14·3 대수

> **예제** **1.** 다음 대수를 계산하시오.
>
> $\log_{10} 150$

풀이 $\log_{10} 150 = \log_{10}(3 \times 5 \times 10) = \log_{10} 3 + \log_{10} 5 + \log_{10} 10$
$= 0.4771 + 0.6990 + 1 = 2.1761$ ▣

[해설] 지금 n제곱근인 다음 식을 생각해 보자.

$$x^n = a$$

이 식은 "어떤 수 x를 n제곱하면 a로 된다."라는 것을 나타낸 것이다. 따라서 반대
로 a에 대해서 생각해 보면 "a**를** $\dfrac{1}{n}$ **제곱하면** x**로 된다.**"는 것을 알 수 있다.

위 식의 반대는

$$x = \sqrt[n]{a}$$

로 되고, 이 식을 또 다음과 같이 나타낸다.

$$n = \log_x a$$

이 식이 대수를 정의하는 식이다. 다음의 대수 표시형으로 해서 정의를 하면, a가 1 이 아닌 양의 수로 $N=a^x$인 관계가 있을 때 x는 a를 **밑**(베이스 ; base)으로 하는 N 의 **대수**라고 하고 다음 식으로 나타낸다.

$$x=\log_a N$$

N을 대수 x의 **참수**라고 한다. 밑 a의 값은 자유롭게 선택하면 되고 보통의 계산 이나 전자 회로의 이득 계산 등에서는 10을 선택한다. 10을 밑으로 하는 대수계를 **상 용 대수**라고 한다. 전자 회로의 과도 현상에서는 밑을 $e(=2.71828)$로 하고, 이것을 **자연 대수**라고 한다.

예를 들어 $10^2=100$에서 $\log_{10}100=2$, $0.001=10^{-3}$에서 $\log_{10}0.001=-3$ 대수에는 다음 법칙이 있다.

(1)　　$\log_a XY = \log_a X + \log_a Y$

(2)　　$\log_a \dfrac{X}{Y} = \log_a X - \log_a Y$

(3)　　$\log_a X^p = p \log_a X$

(4)　　$\log_a M = \dfrac{\log M}{\log a}$

14·4 삼각 함수

(1) 60분법 각도와 라디안법 각도

> **연제 1.** 60분법으로 나타낸 각 30°, 100°, 270°를 라디안법으로 나타내시 오. 또 라디안법으로 나타낸 $\dfrac{\pi}{3}$, $\dfrac{\pi}{2}$, 1을 60분법으로 나타내시오.

풀이 $\pi(\text{radian})=180°$, $\therefore\ 1°=\dfrac{\pi}{180}(\text{radian})$을 이용해서

$$30° = \frac{\pi}{180} \times 30 = \frac{\pi}{6}[\text{rad}]$$

$$100° = \frac{\pi}{180} \times 100 = \frac{5}{9}\pi[\text{rad}]$$

$$270° = \frac{\pi}{180} \times 270 = \frac{3}{2}\pi[\text{rad}]$$

π(radian)$=180°$, $\therefore$ 1(radian)$=\dfrac{180°}{\pi}$를 이용해서

$$\dfrac{\pi}{3}=\dfrac{180}{\pi}\times\dfrac{\pi}{3}=60° \quad \text{답}$$

$$\dfrac{\pi}{2}=\dfrac{180}{\pi}\times\dfrac{\pi}{2}=90° \quad \text{답}$$

$$1=\dfrac{180}{\pi}\times 1\fallingdotseq\dfrac{180}{3.14}=57.32°=57°20'24'' \quad \text{답}$$

해설 각의 크기를 나타내는 방법으로는 60분법과 라디안법이 있다. 분도기로 측정할 때는 30°, 45°, 60°, 180°, 270°로 나타내고, 이것을 **60분법**이라고 한다. 그 단위는 1 회전을 360 등분한 각이 1°, 1°를 60 등분한 각이 1′, 1′을 60 등분한 각이 1″이다.

라디안법은 반지름 R인 원에서, 길이 R인 호 AB에 대한 중심각 AOB를 각의 단위로 하고, 1 라디안(radian) (rad)이라고 한다.

1 라디안의 각은 원의 크기에 관계 없는 양이다. 이 일정한 각을 단위로 하고, 각을 측정하는 방법을 **라디안법**이라고 한다.

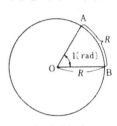

[그림 14·1]

그림 14·1에서 원의 길이는 $2\pi R$이므로, $\dfrac{2\pi R}{R}=2\pi=$ 360°로 된다. 따라서 180°는 π(rad), 1°는 $\dfrac{\pi}{180}$(rad)으로 된다. 삼각 함수에서는 60분법 외에 이 라디안법을 많이 이용한다. 충분히 연습해 두기 바란다.

교류 회로의 기초 학습에서는 이 라디안과 60분법의 관계가 매우 중요하다. 다른 전기 공학 분야에서도 꽤 많이 나오므로 꼭 학습해 두기 바란다.

(2) 삼각 함수의 값을 구한다

예제 2. 다음 삼각 함수의 값을 구하시오.

$$\sin 30°, \quad \sin\dfrac{\pi}{2}, \quad \cos 60°, \quad \cos^{-1}\dfrac{1}{\sqrt{2}}, \quad \tan 60°, \quad \tan^{-1}\dfrac{1}{\sqrt{3}}$$

풀이 그림 14·2에서 $\sin 30°=\dfrac{1}{2}$ 　 답

$$\sin\dfrac{\pi}{2}=\sin 90°=1 \quad \text{답}$$

그림 14·3에서 $\cos 60° = \dfrac{1}{2}$ 🖩

그림 14·4에서 $\cos^{-1} \dfrac{1}{\sqrt{2}} = 45°$ 🖩

그림 14·3에서 $\tan 60° = \sqrt{3}$ 🖩

그림 14·2에서 $\tan^{-1} \dfrac{1}{\sqrt{3}} = 30°$ 🖩

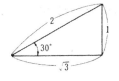

[그림 14·2]

해설 (그림 14·5 참조) 원점 O를 중심으로 하는 반지름 OP인 원주 위에서 한 점을 P로 하고, $\angle POQ = \theta$로 한다. P점의 좌표를 (x, y)로 하면 θ의 삼각 함수는 다음과 같이 정의된다.

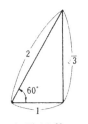

[그림 14·3]

$$\sin \theta = \frac{\text{수직선}}{\text{빗변}} = \frac{y}{r} \qquad \operatorname{cosec} \theta = \frac{\text{빗변}}{\text{수직선}} = \frac{r}{y}$$

$$\cos \theta = \frac{\text{밑변}}{\text{빗변}} = \frac{x}{r} \qquad \sec \theta = \frac{\text{빗변}}{\text{밑변}} = \frac{r}{x}$$

$$\tan \theta = \frac{\text{수직선}}{\text{밑변}} = \frac{y}{x} \qquad \cot \theta = \frac{\text{밑변}}{\text{수직선}} = \frac{x}{y}$$

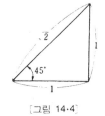

[그림 14·4]

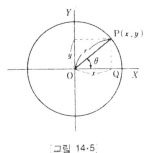

[그림 14·5]

$\sin \theta$, $\cos \theta$, $\tan \theta$의 정의를 다음 그림과 같이 생각하자.

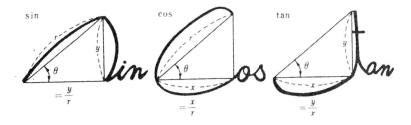

(3) 삼각 함수의 공식

삼각 함수 사이에는 다음과 같은 관계가 있다.

① 역수 관계

$$\sin \theta \cdot \operatorname{cosec} \theta = 1, \quad \cos \theta \cdot \sec \theta = 1$$
$$\tan \theta \cdot \cot \theta = 1$$

② 상제 관계

$$\tan \theta = \frac{\sin \theta}{\cos \theta}, \quad \cot \theta = \frac{\cos \theta}{\sin \theta}$$

③ 제곱 관계

$$\sin^2 \theta + \cos^2 \theta = 1, \quad 1 + \tan^2 \theta = \sec^2 \theta,$$
$$1 + \cot^2 \theta = \operatorname{cosec}^2 \theta$$

그림 14·2, 3, 4의 각도(직각 삼각형)와 각 변의 비는 꼭 외워두기 바란다. 계산 문제에서 많이 출제되고 있다.

삼각 함수의 공식으로서 중요한 것을 아래에 정리해 둔다.

① (−)각인 삼각 함수에 관한 공식

① $\sin(-\theta) = -\sin \theta$

② $\cos(-\theta) = \cos \theta$

③ $\tan(-\theta) = -\tan \theta$

④ $\sin(360° - \theta) = -\sin \theta$

⑤ $\cos(360° - \theta) = \cos \theta$

⑥ $\tan(360° - \theta) = -\tan \theta$

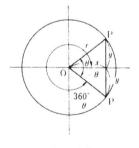

[그림 14·6]

위의 공식을 세우거나 외우는 방법은 그림 14·6을 머리에 넣어두면 쉽게 생각할 수 있다.

② 여각인 삼각 함수에 관한 공식

① $\sin(90° - \theta) = \cos \theta$

② $\cos(90° - \theta) = \sin \theta$

③ $\tan(90° - \theta) = \cot \theta$

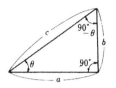

[그림 14·7]

이 식도 그림 14·7을 이용하여 쉽게 세울 수 있다.

③ 보각인 삼각 함수에 관한 공식

① $\sin(180° - \theta) = \sin \theta$

② $\cos(180° - \theta) = -\cos \theta$

③ $\tan(180° - \theta) = -\tan \theta$

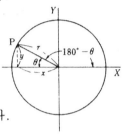

[그림 14·8]

이 식도 그림 14·8을 이용하여 쉽게 세울 수 있다.

14·5 미분

(1) 함수의 평균 변화율을 구한다

> **예제 1.** 다음 함수의 구간(4, 3)에 대한 평균 변화율을 구하시오.
>
> $y = 3x + 2, \quad y = 2x^2 - 3$

$$\frac{\Delta y}{\Delta x} = \frac{f(4) - f(3)}{\Delta x}$$

$$= \frac{(3 \times 4 + 2) - (3 \times 3 + 2)}{4 - 3}$$

$$= 14 - 11 = 3 \quad \text{답}$$

$$\frac{\Delta y}{\Delta x} = \frac{f(4) - f(3)}{\Delta x}$$

$$= \frac{(2 \times 4^2 - 3) - (2 \times 3^2 - 3)}{4 - 3}$$

$$= 29 - 15 = 14 \quad \text{답}$$

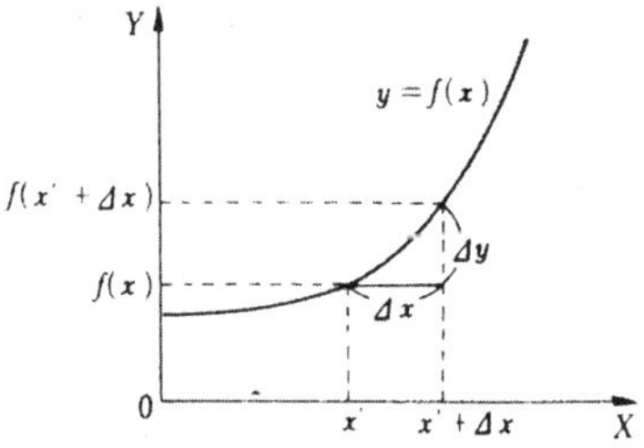

[그림 14·9]

해설 x의 함수 $y = f(x)$가 그 변화 구역에서 연속일 때, x가 x'에서 Δx 만큼 증가(또는 감소)했을 때, y가 y'에서 Δy 만큼 증가(또는 감소)했을 때

y의 증가 Δy는 $\Delta y = f(x' + \Delta x) - f(x')$

$$\therefore \quad \frac{\Delta y}{\Delta x} = \frac{f(x' + \Delta x) - f(x')}{\Delta x}$$

이 $\dfrac{\Delta y}{\Delta x}$를 **평균 변화율**이라고 한다.

(2) 함수의 미분 계수를 구한다

예제 **2.** 함수 $y = 2x^2 - 3x$의 $x = 3$에 대한 미분 계수를 구하시오.

풀이
$$f'(3) = \lim_{\Delta x \to 0} \frac{\Delta y}{\Delta x} = \lim_{\Delta x \to 0} \frac{f(3 + \Delta x) - f(3)}{\Delta x}$$

$x = 3$에 대한 미분 계수를 나타내는 기호

$$= \lim_{\Delta x \to 0} \frac{\{2(3 + \Delta x)^2 - 3(3 + \Delta x)\} - (2 \times 3^2 - 3 \times 3)}{\Delta x}$$

$$= \lim_{\Delta x \to 0} \frac{\Delta x (9 + 2\Delta x)}{\Delta x} = \lim_{\Delta x \to 0} (9 + 2\Delta x) = 9 \qquad \text{답}$$

[해설] 평균 변화율 $\dfrac{\Delta y}{\Delta x} = \dfrac{f(x' + \Delta x) - f(x')}{\Delta x}$

의 Δx가 한없이 0에 가까울 때의 극한값을 $f(x)$
의 x'에 대한 **미분 계수**라고 한다.

$$f'(x') = \lim_{\Delta x \to 0} \frac{\Delta y}{\Delta x} = \lim_{\Delta x \to 0} \frac{f(x' + \Delta x) - f(x')}{\Delta x}$$

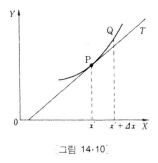

[그림 14·10]

이것을 그림 14·10과 같이 그래프로 생각하면,
$\Delta x \to 0$일 때 점 $Q\{x' + \Delta x, \ f(x' + \Delta x)\}$가 곡
선 위를 한없이 P점에 가깝게 되어서 점 P에 대
한 접선 PT로 되고, 점 P에 대한 접선의 기울기를 의미한다.

(3) 함수의 도함수를 구한다

예제 **3.** 다음의 도함수를 구하시오.

$$y = x^2, \quad y = ax^5, \quad y = \frac{1}{x}, \quad y = \sqrt{x}, \quad y = 3x^2 + 2x + 3$$

(풀이) $y = x^2, \quad y' = 2x$

$y = ax^5, \quad y' = 5ax^4$

$y = \dfrac{1}{x}, \quad y' = -x^{-2} = -\dfrac{1}{x^2}$

$y = \sqrt{x} = x^{\frac{1}{2}}, \quad y' = \dfrac{1}{2} x^{-\frac{1}{2}} = \dfrac{1}{2\sqrt{x}}$

$y = 3x^2 + 2x + 3, \quad y' = 6x + 2$

(해설) $y = f(x)$의 x에 대한 미분 계수 $f'(x)$를 함수 $f(x)$의 **도함수**라고 한다.

또 $f(x)$의 도함수는 기호로써 $f'(x), \ y', \ \dfrac{d}{dx} f(x), \ \dfrac{dy}{dx}$ 등을 이용한다.

함수의 도함수를 구하는 것을 그 함수를 **미분한다**고 한다.

미분 공식을 다음에 나타냈다.

(1) $y = c$ 라면 $\quad y' = 0$ $\qquad$ (2) $y = x^n$ 이라면 $\quad y' = nx^{n-1}$

(3) $y = cf(x)$ 라면 $\quad y' = cf'(x)$

(4) $y = f(x) + g(x)$ 라면 $\quad y' = f'(x) + g'(x)$

(4) 함수를 미분한다

(예제) 4. 다음 함수를 미분하시오.

$$y = \frac{x}{x^2 + 1} \ , \qquad y = \frac{1}{\sqrt{1 + x^2}} \ , \qquad y = \frac{x - 1}{x^2 + x + 1}$$

(풀이) $y = \dfrac{x}{x^2+1}, \quad y' = \dfrac{x'(x^2+1) - x(x^2+1)'}{(x^2+1)^2} = \dfrac{x^2+1 - x \cdot 2x}{(x^2+1)^2} = \dfrac{1 - x^2}{(x^2+1)^2}$

$y = \dfrac{1}{\sqrt{1+x^2}} = \dfrac{1}{(1+x^2)^{\frac{1}{2}}} = -\dfrac{\{(1+x^2)^{\frac{1}{2}}\}'}{1+x^2} = -\dfrac{\dfrac{1}{2}(1+x^2)^{-\frac{1}{2}} \cdot (1+x^2)'}{1+x^2}$

$= -\dfrac{2x}{2(1+x^2)^{\frac{3}{2}}} = -\dfrac{x}{(1+x^2)^{\frac{3}{2}}} = -\dfrac{x}{\sqrt{(1+x^2)^3}}$

$y = \dfrac{x-1}{x^2+x+1} = \dfrac{(x-1)'(x^2+x+1) - (x-1)(x^2+x+1)'}{(x^2+x+1)^2}$

$$= \frac{x^2+x+1-(x-1)(2x+1)}{(x^2+x+1)^2} = \frac{-x^2+2x+2}{(x^2+x+1)^2} \qquad \text{답}$$

[해설] 미분 공식을 추가로 나타낸다.

(5) $y=f(x)g(x)$ 라면 $y'=f'(x)g(x)+f(x)g'(x)$

(6) $y=\dfrac{f(x)}{g(x)}$ 라면 $y'=\dfrac{f'(x)g(x)-f(x)g'(x)}{\{g(x)\}^2}$

$$= \frac{(분자)'(분모)-(분자)(분모)'}{(분모)^2}$$

(7) $y=f(u)$, $u=f(x)$ 라면 $y'=\dfrac{dy}{du}\cdot\dfrac{du}{dx}$ 〔몫의 미분법이라고도 한다〕

$y=\dfrac{1}{\sqrt{1+x^2}}$ 인 경우에는 제곱근의 알맹이를 다른 기호로 바꾸고, 공식 (6), (7)을 ⑥, ⑦을 이용해서 푼다.

$$y=\frac{1}{\sqrt{1+x^2}}=\frac{1}{\sqrt{z}}=z^{-\frac{1}{2}} \text{ 로 해서}$$

$$y'=-\frac{1}{2}z^{-\frac{3}{2}}\cdot\frac{dz}{dx}=-\frac{1}{2}z^{-\frac{3}{2}}\cdot 2x=-\frac{x}{\sqrt{(1+x^2)^3}} \text{ 로 된다.}$$

[예제] 5. 다음 삼각 함수를 미분하시오.

$y=\sec x$, $y=\tan x$

[풀이] $y=\sec x=\dfrac{1}{\cos x}$, $y'=-\dfrac{1}{(\cos x)^2}(\cos x)'=-\dfrac{1}{(\cos x)^2}\cdot(-\sin x)$

$$= \frac{\sin x}{\cos x}\cdot\frac{1}{\cos x}=\tan x\cdot\sec x \qquad \text{답}$$

$y=\tan x=\dfrac{\sin x}{\cos x}$, $y'=\dfrac{(\sin x)'(\cos x)-(\sin x)(\cos x)'}{(\cos x)^2}$

$$= \frac{\cos x\cdot\cos x-\sin x(-\sin x)}{(\cos x)^2}$$

$$= \frac{\cos^2 x+\sin^2 x}{\cos^2 x}=\frac{1}{\cos^2 x}=\sec^2 x \qquad \text{답}$$

[해설] 삼각 함수의 미분 공식을 나타낸다.

(1) $y=\cos x$ 라면 $y'=-\sin x$

(2) $y=\sin x$ 라면 $y'=\cos x$

(3) $y=\tan x$ 라면 $y'=\sec^2 x$

(4) $y=\csc x$ 라면 $y'=-\csc x \cot x$

(5) $y=\sec x$ 라면 $y'=\sec x \tan x$

(6) $y=\cot x$ 라면 $y'=-\csc^2 x$

예제 5의 두 삼각 함수는 모두 분수로 나타낼 수 있다. 그래서 $\sin x$, $\cos x$의 함수로 되기 때문에 $(\sin x)'$ 및 $(\cos x)'$의 값을 아는 것만으로 풀 수 있다. 위의 여섯 가지 공식을 기억할 필요는 없다.

$(\sin x)'=\cos x$, $(\cos x)'=-\sin x$를 외우면 다른 것은 쉽게 알 수 있다.

14·6 적분

(1) 함수를 적분한다

예제 **1.** 다음 적분을 하시오.

$$\int 6x^2 dx, \quad \int \frac{3}{4}x^3 dx, \quad \int(1+x)^3 dx, \quad \int(ax+b)^n dx$$

풀이

$$\int 6x^2 dx = \frac{6}{2+1}x^{2+1}+C = 2x^3+C$$ 💾

$$\int \frac{3}{4}x^3 dx = \frac{3}{4}\times\frac{1}{3+1}x^{3+1}+C = \frac{3}{4}\times\frac{1}{4}x^4+C = \frac{3}{16}x^4+C$$ 💾

$$\int(1+x)^3 dx, \quad 1+x=t \text{ 로 놓으면 } dx=dt$$

$$\int(1+x)^3 dx = \int t^3 dt = \frac{1}{3+1}t^{3+1}+C = \frac{1}{4}t^4+C = \frac{1}{4}(1+x)^4+C$$ 💾

$$\int(ax+b)^n dx, \quad ax+b=t \text{ 로 놓으면 } dx=\frac{1}{a}dt$$

$$\int(ax+b)^n dx = \int t^n \frac{1}{a}dt = \frac{1}{a}\cdot\frac{1}{n+1}t^{n+1}+C = \frac{1}{a(n+1)}(ax+b)^{n+1}+C$$ 💾

[해설] x^3의 도함수는 $3x^2$이다. 도함수가 $3x^2$으로 되는 것 같은, 원래의 함수 x^3을 구하는 것을, $3x^2$을 x에 대해서 **적분한다**고 한다. 교류의 평균값이나 실효값을 구하는 경우, 안테나의 실효 높이 계산에는 이 적분 계산이 꼭 필요하다.

주어진 함수를 적분한다는 문제는 부정 적분이므로 적분 상수 C를 기입하는 것을 잊지 말도록 주의해야 한다. 다음에 적분 공식을 나타낸다.

(1) $\displaystyle\int x^n dx = \frac{1}{n+1} x^{n+1} + C$

(2) $\displaystyle\int K \cdot f(x) dx = K \int f(x) dx$

(3) $\displaystyle\int \{f(x) \pm g(x)\} dx = \int f(x) dx \pm \int g(x) dx$

(4) 치환 적분법 $\displaystyle\int f(x) dx = \int f\{g(t)\} g'(t) dt$

$\displaystyle\int (1+x)^3 dx$ 와 $\displaystyle\int (ax+b)^n dx$ 는 치환 적분법으로 풀 수 있다. 즉 $1+x$ 또는 $ax+b$ 를 t로 두고, dx를 dt로 바꿔 두어 t로 적분하는 것이다.

(2) 부분 적분법

예제 2. 다음의 부정 적분(不定積分)을 구하시오.

$$\int (1+x) \sqrt{1-x}\, dx$$

풀이 부정 적분법 $\displaystyle\int f'(x) g(x) dx = f(x) g(x) - \int f(x) g'(x) dx$ 를 이용해서 푼다.

$f'(x) = \sqrt{1-x}$, $g(x) = 1+x$ 로 두면 $f(x) = \displaystyle\int \sqrt{1-x}\, dx$, $1-x = t$ 로 두어서

$-dx = dt$

$\therefore\ dx = -dt$

$$f(x) = \int t^{\frac{1}{2}} (-dt) = -\int t^{\frac{1}{2}} dt = -\frac{2}{3} t^{\frac{3}{2}} = -\frac{2}{3} \sqrt{(1-x)^3}$$

$g'(x) = 1$

$$\therefore\ \int (1+x) \sqrt{1-x}\, dx = -\frac{2}{3} \sqrt{(1-x)^3} (1+x) - \int -\frac{2}{3} \sqrt{(1-x)^3} \cdot 1\, dx$$

$$= -\frac{2}{3} \sqrt{(1-x)^3} (1+x) + \frac{2}{3} \int (1-x)^{\frac{3}{2}} dx$$

$1-x = t$ 로 두면 $dx = -dt$

$$\int (1-x)^{\frac{3}{2}} dx = -\int t^{\frac{3}{2}} dt = -\frac{t^{\frac{3}{2}+1}}{\frac{3}{2}+1} = -\frac{2}{5} t^{\frac{5}{2}} = -\frac{2}{5} \sqrt{(1-x)^5}$$

$$\therefore \ \text{원래의 식} = -\frac{2}{3}(1+x)\sqrt{(1-x)^3} - \frac{4}{15}\sqrt{(1-x)^5} + C$$

$$= -\frac{2}{3}(1+x)\sqrt{(1-x)^3} - \frac{4}{15}(1-x)\sqrt{(1-x)^3} + C$$

$$= -\frac{2}{15}(3x+7)\sqrt{(1-x)^3} + C$$

(해설) 우선 부분 적분법의 공식을 유도해 보자. $f(x)g(x)$라는 함수를 미분한다.

$$\{f(x)g(x)\}' = f'(x)g(x) + f(x)g'(x)$$

$$\therefore \ f'(x)g(x) = \{f(x)g(x)\}' - f(x)g'(x)$$

$$\therefore \ \int f'(x)g(x) = \int \{f(x)g(x)\}' - \int f(x)g'(x)$$

$$\int f'(x)g(x) = f(x)g(x) - \int f(x)g'(x)$$

이 식을 사용해서 함수를 적분하려면 $f'(x) = A$, $g(x) = B$로 생각해서

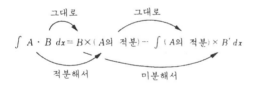

로 하든가 $g(x) = A$, $f'(x) = B$로 생각해서

로 한다. A, B 중 하나는 적분되고 다른 하나는 미분된다. 여기서 어떻게 결정하는가 문제이다. 오른쪽변의 새로운 적분이 처음의 적분보다 적분하기 쉽도록 결정하는 것이 중요하다.

(3) 지수 함수를 적분한다

예제 3. 다음 함수를 적분하시오.

$$e^{3x} \ , \qquad a^x$$

풀이 $\int e^{3x}dx$, $3x=t$ 로 놓으면 $3dx=dt$ $\quad \therefore \quad dx=\dfrac{1}{3}dt$

$\int e^{3x}dx = \int e^t \cdot \dfrac{dt}{3} = \dfrac{1}{3}e^t + C = \dfrac{1}{3}e^{3x} + C$

$\int a^x dx$, $(a^x)' = a^x \log a$, $\quad \therefore \quad \int a^x \log a\, dx = \log a \int a^x dx = a^x$

$\therefore \quad \int a^x dx = \dfrac{a^x}{\log a} + C$

해설 미분에서는 생략했지만 $\log x$, e^x의 미분은 다음과 같이 된다.

$$(\log x)' = \dfrac{1}{x} \quad , \quad (e^x)' = e^x$$

따라서 $\int \dfrac{1}{x}dx = \log x,\ \int e^x dx = e^x$ 로 된다.

또 a^x의 적분도 '지수 함수를 미분한다'항의 예제처럼 유도할 수 있는데 공식으로서 외워두면 편리하다. 예를 들어 $\int b\, a^{3x}dx$ 의 계산을 나타내면

$$3x=t \text{ 로 놓고 } 3dx=dt \quad \therefore \quad dx=\dfrac{dt}{3}$$

$$\int b\, a^{3x}dx = b\int a^{3x}dx = b\int a^t \dfrac{dt}{3} = \dfrac{b}{3}\int a^t dt = \dfrac{b}{3}\,\dfrac{a^t}{\log a} + C = \dfrac{ba^{3x}}{3\log a} + C$$

로 된다. 다음에 $\int \dfrac{1}{x}dx = \log x$ 를 이용하는 계산을 나타내면

$$\int \dfrac{dx}{x+a} \quad , \quad x+a=t \text{ 로 놓으면} \quad dx=dt$$

$$\int \dfrac{dx}{x+a} = \int \dfrac{dt}{t} = \log t + C = \log(x+a) + C$$

이 계산은 수없이 다룸으로써 몸에 익혀지는 것이다.

(4) 삼각 함수를 적분한다

예제 4. 다음 함수를 적분하시오.

$$\cos(3x-1) \quad , \quad \sin^2 x$$

풀이 $\int \sin$

$= t$ 로 놓으면 $dx = \dfrac{dt}{2}$

$$\therefore \text{ 원래의 식} = -\frac{2}{3}(1+x)\sqrt{(1-x)^3} - \frac{4}{15}\sqrt{(1-x)^5} + C$$

$$= -\frac{2}{3}(1+x)\sqrt{(1-x)^3} - \frac{4}{15}(1-x)\sqrt{(1-x)^3} + C$$

$$= -\frac{2}{15}(3x+7)\sqrt{(1-x)^3} + C$$

[해설] 우선 부분 적분법의 공식을 유도해 보자. $f(x)g(x)$ 라는 함수를 미분한다.

$$\{f(x)g(x)\}' = f'(x)g(x) + f(x)g'(x)$$

$$\therefore \ f'(x)g(x) = \{f(x)g(x)\}' - f(x)g'(x)$$

$$\therefore \ \int f'(x)g(x) = \int\{f(x)g(x)\}' - \int f(x)g'(x)$$

$$\int f'(x)g(x) = f(x)g(x) - \int f(x)g'(x)$$

이 식을 사용해서 함수를 적분하려면 $f'(x) = A$, $g(x) = B$ 로 생각해서

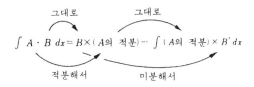

로 하든가 $g(x) = A$, $f'(x) = B$ 로 생각해서

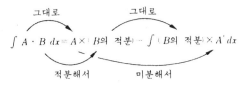

로 한다. A, B 중 하나는 적분되고 다른 하나는 미분된다. 여기서 그것을 어떻게 결정하는가 문제이다. 오른쪽변의 새로운 적분이 처음의 적분보다 간단하게 적분하기 쉽도록 결정하는 것이 중요하다.

(3) 지수 함수를 적분한다

[예제] 3. 다음 함수를 적분하시오.

$$e^{3x} \qquad , \qquad a^x$$

◆풀이◆ $\int e^{3x}dx$, $3x=t$ 로 놓으면 $3dx=dt$ $\therefore$ $dx=\frac{1}{3}dt$

$$\int e^{3x}dx=\int e^t\cdot\frac{dt}{3}=\frac{1}{3}e^t+C=\frac{1}{3}e^{3x}+C$$

$\int a^x dx$, $(a^x)'=a^x\log a$, $\therefore$ $\int a^x\log a\,dx=\log a\int a^x dx=a^x$

$\therefore$ $\int a^x dx=\frac{a^x}{\log a}+C$

[해설] 미분에서는 생략했지만 $\log x$, e^x의 미분은 다음과 같이 된다.

$$(\log x)'=\frac{1}{x} \quad , \quad (e^x)'=e^x$$

따라서 $\int\frac{1}{x}dx=\log x,\ \int e^x dx=e^x$ 로 된다.

또 a^x의 적분도 '지수 함수를 미분한다'항의 예제처럼 유도할 수 있는데 공식으로서 외워두면 편리하다. 예를 들어 $\int b\,a^{3x}dx$ 의 계산을 나타내면

$$3x=t\ \text{로 놓고}\ 3dx=dt\ \therefore\ dx=\frac{dt}{3}$$

$$\int b\,a^{3x}dx=b\int a^{3x}dx=b\int a^t\cdot\frac{dt}{3}=\frac{b}{3}\int a^t dt=\frac{b}{3}\ \frac{a^t}{\log a}+C=\frac{ba^{3x}}{3\log a}+C$$

로 된다. 다음에 $\int\frac{1}{x}dx=\log x$ 를 이용하는 계산을 나타내면

$$\int\frac{dx}{x+a} \quad , \quad x+a=t\ \text{로 놓으면} \quad dx=dt$$

$$\int\frac{dx}{x+a}=\int\frac{dt}{t}=\log t+C=\log(x+a)+C$$

이처럼 계산은 수없이 다룸으로써 몸에 익혀지는 것이다.

(4) 삼각 함수를 적분한다

예제 4. 다음 함수를 적분하시오.

$$\sin 2x \quad , \quad \cos(3x-1) \quad , \quad \sin^2 x$$

◆풀이◆ $\int\sin 2x\,dx$, $2x=t$ 로 놓으면 $dx=\frac{dt}{2}$

$$\int \sin 2x \, dx = \int \sin t \frac{dt}{2} = \frac{1}{2}\int \sin t \, dt = \frac{1}{2}(-\cos t)+C$$

$$= -\frac{1}{2}\cos 2x + C \quad \boxed{\text{답}}$$

$$\int \cos(3x-1)dx, \quad 3x-1=t \text{ 로 놓으면 } dx=\frac{dt}{3}$$

$$\int \cos(3x-1)dx = \int \cos t \cdot \frac{dt}{3} = \frac{1}{3}\int \cos t \, dt$$

$$= \frac{1}{3}\sin t + C = \frac{1}{3}\sin(3x-1)+C \quad \boxed{\text{답}}$$

$$\int \sin^2 x \, dx = \int \frac{1-\cos 2x}{2}dx = \frac{1}{2}\int dx - \frac{1}{2}\int \cos 2x \, dx$$

$$= \frac{1}{2}x - \frac{1}{4}\sin 2x + C \quad \boxed{\text{답}}$$

[해설] 삼각 함수의 적분은 미분의 반대로 되기 때문에 다음과 같이 구할 수 있다.

$$(\sin x)' = \cos x \qquad \therefore \int \cos x = \sin x$$

$$(\cos x)' = -\sin x \qquad \therefore \int \sin x = -\cos x$$

2차 삼각 함수의 적분은 삼각 함수의 공식을 이용해서 1차로 고치고 나서 적분할 필요가 있다.

(5) 정적분에 따라 넓이를 구한다

[예제] **5.** 포물선 $y = x^2$이 있을 때 다음 넓이를 구하시오.

(1) 이 곡선과 x축, 두 직선 $x=1$, $x=3$으로 둘러싸인 부분

(2) 이 곡선과 x축 및 직선 $x=1$로 둘러싸인 부분

[풀이] 구하는 넓이를 S로 한다.

(1) $S = \int_1^3 x^2 dx = \left[\frac{x^3}{3}\right]_1^3 = \frac{27}{3} - \frac{1}{3} = \frac{26}{3}$ $\boxed{\text{답}}$

(2) $S = \int_0^1 x^2 dx = \left[\frac{x^3}{3}\right]_0^1 = \frac{1}{3} - 0 = \frac{1}{3}$ $\boxed{\text{답}}$

[해설] **정적분에 대해서**

$f(x)$를 구역 (a, b) 안에서 연속하는 x의 함수로 한다. 지금 그림 14·12와 같이 a-

b 사이를 $(n-1)$ 등분한다. 그 길이를 h로 하면 $h=a_1-a=a_2-a_1=\cdots=a_n-a_{n-1}$ 로 된다. 거기서 j번째 구역 속에 임의의 값 a_j를 취하고 다음의 합을 구한다.

$$S_n=f(a_1)h+f(a_2)h+\cdots+f(a_n)h$$
$$=\sum_{j=1}^{n}f(a_j)h$$

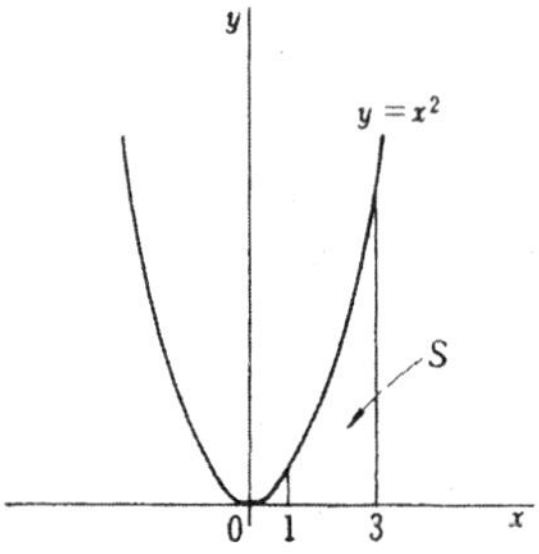

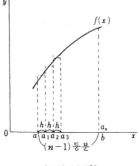

[그림 14·11]

이 식에서 $f(a_1)h$, $f(a_2)h$, $\cdots$, $f(a_n)h$는 그림 속의 각 직사각형을 나타낸다. 그림 14·12는 $a-b$ 사이를 $(n-1)$ 등분했는데, 이 n을 약간씩 다른 크기로 해 가면(h가 0에 가까우면) S_n의 값은 어느 일정값 S에 한없이 가까워진다. 이것을

$$\lim_{h\to 0}S_n=S$$

로 나타낸다. 이 극한값 S를 a에서 b까지 취한 함수 $f(x)$의 **정적분**이라고 하고, $\int_a^b f(x)dx$ 라는 기호로 나타낸다. a를 정적분의 하한, b를 정적분의 상한이라고 한다.

그리고 예제 1의 (1)항은 그림 14·12에서 알 수 있듯이 $y=x^2$의 아랫 부분의 면적 중 x가 1에서 3인 범위의 넓이를 구하는 문제이다. 즉 하한이 1, 상한이 3인 함수 x^2의 정적분이므로 $\int_1^3 x^2 dx$ 라고

[그림 14·12]

쓸 수 있다. (2)항은 y축과 $x=1$의 범위이므로 하한이 0, 상한이 1인 정적분 $\int_0^1 x^2 dx$ 로 되는 것이다.

예제 6. 다음 식을 구하시오.

(1) $\int_3^4 (1+x^2)dx$

(2) $\int_0^6 (x+x^2+x^3)dx$

(3) $\int_1^2 (7+3x)^2 dx$

◆◇ (1) $\int_3^4 (1+x^2)dx = \left[x+\dfrac{x^3}{3}\right]_3^4 = \left(4+\dfrac{64}{3}\right) - \left(3+\dfrac{27}{3}\right)$

$$= 1 + \dfrac{37}{3} = 13\dfrac{1}{3}$$ ▣.

(2) $\int_0^6 (x+x^2+x^3)dx = \left[\dfrac{x^2}{2}+\dfrac{x^3}{3}+\dfrac{x^4}{4}\right]_0^6 = \dfrac{36}{2}+\dfrac{216}{3}+\dfrac{1296}{4}$

$$= 18+72+324 = 414$$ ▣

(3) $\int_1^2 (7+3x)^2 dx$, $7+3x=t$ 로 놓아서 $dx=\dfrac{dt}{3}$

$$\int_1^2 (7+3x)^2 dx = \int_1^2 t^2 \dfrac{dt}{3} = \dfrac{1}{3}\int_1^2 t^2 dt = \dfrac{1}{3}\cdot\dfrac{t^3}{3} = \dfrac{1}{9}\left[(7+3x)^3\right]_1^2$$

$$= \dfrac{1}{9}(2197-1000) = \dfrac{1197}{9} = 133$$ ▣

예제 7. $\int_0^\pi I_m \sin \omega t \, d(\omega t)$ 를 구하시오.

◆◇ $\int_0^\pi I_m \sin \omega t \, d(\omega t) = I_m \int_0^\pi \sin \omega t \, d(\omega t) = I_m \left[-\cos \omega t\right]_0^\pi$

$$= I_m [-\cos \pi - (-\cos 0)] = I_m (1-\cos \pi) = 2 I_m$$ ▣

14·7 미분 방정식

(1) 변수 분리에 따라 미분 방정식을 푼다

예제 1. 다음 미분 방정식을 푸시오.

(1) $\dfrac{dy}{dx} = \dfrac{1}{2}x$ (3) $\dfrac{dy}{dx} = \dfrac{x+1}{2y-1}$

(2) $\dfrac{dy}{dx} = 2y$ (4) $(1-x^2)\dfrac{dy}{dx} + xy = ax$

◆◇ (1) $\dfrac{dy}{dx} = \dfrac{1}{2}x$, $\quad dy = \dfrac{1}{2}x\,dx$, $\quad \int dy = \int \dfrac{1}{2}x\,dx$,

$$\therefore \quad y=\frac{x^2}{4}+C \qquad \blacksquare$$

(2) $\dfrac{dy}{dx}=2y$, $\dfrac{dy}{y}=2dx$, $\displaystyle\int\dfrac{dy}{y}=\int 2dx$ $\therefore \log y=2x+C_1$

$\log y=2x+\log C_2$, $\log\dfrac{y}{C_2}=2x$, $\dfrac{y}{C_2}=\varepsilon^{2x}$

$$\therefore \quad y=C_2\varepsilon^{2x} \qquad \blacksquare$$

(3) $\dfrac{dy}{dx}=\dfrac{x+1}{2y-1}$, $(2y-1)dy=(x+1)dx$, $\displaystyle\int(2y-1)dy=\int(x+1)dx$

$$y^2-y=\frac{x^2}{2}+x+C \qquad \blacksquare$$

(4) $(1-x^2)\dfrac{dy}{dx}+xy=ax$, 이것을 바꿔써서 $(1-x^2)\dfrac{dy}{dx}=x(a-y)$

변수 분리해서 $\dfrac{dy}{a-y}=\dfrac{x}{1-x^2}dx$

$$\int\frac{dy}{a-y}=\int\frac{x}{1-x^2}dx \ , \qquad -\log(a-y)=-\frac{1}{2}\log(1-x^2)+C_1$$

$$\therefore \quad (a-y)=C_2(1-x^2)^{\frac{1}{2}} \qquad \therefore \quad (a-y)^2=C_2(1-x^2) \qquad \blacksquare$$

[해설] 과도 현상을 조사할 때 미분 방정식을 이용하는 일이 많다. 미분 방정식에는 여러 가지 종류가 있는데, 여기서는 간단한 변수 분리형을 학습한다.

지금 함수 $y=x+Ce^{-x}$ \hfill (1)

을 미분하면 $\dfrac{dy}{dx}=1-Ce^{-x}$ \hfill (2)

로 된다. (1)+(2) 하면

$$y+\frac{dy}{dx}=x+1 \hfill (3)$$

로 된다. 이와 같이 변수 x, 함수 y 및 그 도함수 $\dfrac{dy}{dx}\left(\dfrac{d^2y}{dx^2}, \cdots\right)$ 사이에 성립하는 관계식을 **미분 방정식**이라고 한다.

지금 x의 함수를 $f(x)$, y의 함수를 $\phi(y)$로 해서

$$\frac{dy}{dx}=f(x)\phi(y)$$

의 미분 방정식에서 y를 포함하는 식을 왼쪽변에, x를 포함하는 식을 오른쪽변에 모아

$$\frac{dy}{\phi(y)} = f(x)dx$$

양변을 적분해서

$$\int \frac{dy}{\phi(y)} = \int f(x)dx + C \qquad (C \text{ 는 임의 상수})$$

이것이 일반해로서 **변수 분리형**이라고 한다.

주어진 미분 방정식을 성립시키는 함수를 구하는 것을 **미분 방정식을 푼다**고 한다. 그래서 풀어서 얻은 함수를 그 미분 방정식의 해라고 한다.

예제 **2.** 미분 방정식 $iR + L\dfrac{di}{dt} = 0$을 푸시오.

풀이 $\quad iR + L\dfrac{di}{dt} = 0$

i를 포함하는 식을 왼쪽변에, t를 포함하는 식과 계수 L을 오른쪽변에 옮겨서

$$\frac{di}{i} = -\frac{R}{L}dt$$

양변을 적분해서

$$\int \frac{di}{i} = \int -\frac{R}{L}dt$$

$$\log i = -\frac{R}{L}t + C$$

$$i = \varepsilon^{-\frac{R}{L}t + C}$$

$$\therefore \quad i = K \cdot \varepsilon^{-\frac{R}{L}t} \qquad \blacksquare$$

14·8 편미분법

(1) 함수를 x 및 y에 대해서 편미분한다

예제 1. 다음 함수를 x 및 y에 대해서 편미분하시오.

$$(1)\quad z = x^3 + y^3 - 3xy\quad,\qquad (2)\quad z = \frac{xy(x+y)}{x-y}$$

풀이 (1) $\dfrac{\partial z}{\partial x} = 3x^2 - 3y$ 🖪

(y를 상수로 생각해서 x로 미분했다)

$\dfrac{\partial z}{\partial y} = 3y^2 - 3x$ 🖪

(x를 상수로 생각해서 y로 미분했다)

(2) $\dfrac{\partial z}{\partial x} = \dfrac{(2xy+y^2)(x-y) - xy(x+y)}{(x-y)^2}$

$\qquad = \dfrac{y(x^2 - 2xy - y^2)}{(x-y)^2}$ 🖪

$\dfrac{\partial z}{\partial y} = \dfrac{(x^2+2xy)(x-y) + xy(x+y)}{(x-y)^2} = \dfrac{x(x^2 + 2xy - y^2)}{(x-y)^2}$ 🖪

해설 지금 $f(x, y)$라는 함수를 생각해 보자. 이 함수에서 y는 일정값 β이고, x만이 여러 가지 값을 갖는 것으로 한다. 따라서 $f(x, \beta)$가 얻어진다.

여기서 $f(x, \beta)$에서 $x = \alpha$에 대한 미분 계수를 구하면

$$\lim_{\Delta x \to 0} \frac{f(\alpha + \Delta x, \beta) - f(\alpha, \beta)}{\Delta x}$$

로 된다. 이것을 $x = \alpha$, $y = \beta$일 때의 함수 $f(x, y)$의 x에 대해서의 **편미분 계수**라고 하고 $f_x(\alpha, \beta)$로 쓴다.

또 $f(x, y)$에서 x는 일정값 α이고, y만이 여러 가지 값을 갖는 것으로 한다. 따라서 $f(\alpha, y)$가 얻어진다. 여기서 $f(\alpha, y)$에서 $y = \beta$에 대한 미분 계수를 구하면

$$\lim_{\Delta y \to 0} \frac{f(\alpha, \beta + \Delta y) - f(\alpha, \beta)}{\Delta y}$$

로 되고 이것을 $x=\alpha$, $y=\beta$일 때의 함수 $f(x, y)$의 y에 대해서의 **편미분 계수**라고 하고, $f_y(\alpha, \beta)$로 써서 나타낸다.

즉 $f_x(\alpha, \beta)$는 함수 $f(x, y)$에 대해서 y를 상수로 생각해서 x로 미분하고, $x=\alpha$, $y=\beta$로 두어서 얻어진다. 또 $f_y(\alpha, \beta)$는 함수 $f(x, y)$에 대해서 x를 상수로 생각해서 y로 미분하고 $x=\alpha$, $y=\beta$로 두어서 얻어진다.

여기서

● y를 상수로 해서 x로 미분한 값

　⇨ $f_x(x, y)$: x에 관한 편도함수라고 한다.

● x를 상수로 해서 y로 미분한 값

　⇨ $f_y(x, y)$: y에 관한 편도함수라고 한다.

$f_x(x, y)$는 $\dfrac{\partial f(x, y)}{\partial x}$ 또는 $\dfrac{\partial f}{\partial x}$로 쓰고, $f_y(x, y)$는 $\dfrac{\partial f(x, y)}{\partial y}$ 또는 $\dfrac{\partial f}{\partial y}$ 로 쓴다.

편미분법이란 편도함수를 구하는 계산법이고, 편도함수를 구하는 것을 **편미분한다**고 한다.

(2) 함수를 x, y, z에 대해서 편미분한다

예제 2. 다음 함수를 x, y, z에 대해서 편미분하시오.

$$u=\log(x^3+y^3+z^3-3xyz)$$

풀이 $\dfrac{\partial u}{\partial x}=\dfrac{3x^2-3yz}{x^3+y^3+z^3-3xyz}$　　(y, z을 상수로 생각해서 x로 미분한다)

∵ $x^3+y^3+z^3-3xyz=t$ 로 놓고

$$3x^2-3yz=\frac{\partial t}{\partial x}$$

$$\frac{\partial u}{\partial x}=\frac{\partial u}{\partial t}\cdot\frac{\partial t}{\partial x}=\frac{\partial(\log t)}{\partial t}(3x^2-3yz)=\frac{1}{t}(3x^2-3yz)=\frac{3x^2-3yz}{x^3+y^3+z^3-3xyz}\rfloor$$

$$\frac{\partial u}{\partial y}=\frac{3y^2-3xz}{x^3+y^3+z^3-3xyz}$$　　(x, z을 상수로 생각해서 y로 미분한다)

$$\frac{\partial u}{\partial z}=\frac{3z^2-3xy}{x^3+y^3+z^3-3xyz}$$　　(y, z을 상수로 생각해서 z로 미분한다)

해설 전자 회로에서 회로의 안정 지수는 컬렉터 차단 전류 I_{CBO}, 전원 전압 E_{cc}, 전류 전송률 α의 변화에 대한 바이어스 컬렉터 전류 I_c의 변화 비율을 다음과 같은 편미분 형으로 계산한다.

$$S = \frac{\partial I_c}{\partial I_{CBO}} \quad , \quad S_v = \frac{\partial I_c}{\partial E_{CC}} \quad , \quad S_d = \frac{\partial I_c}{\partial \alpha}.$$

14·9 푸리에 급수(Fourier series)

(1) 여러 가지 파형을 푸리에 급수로 전개한다

예제 1. 그림 14·13에 나타내는 파형의 푸리에 급수를 구하시오. 또 실효 값 100[V], 50 사이클인 사인파 교류 전압을 전파 정류한 그림 14·14의 파형을 푸리에 급수로 전개하시오.

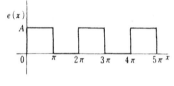

[그림 14·13]

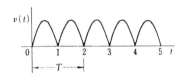

[그림 14·14]

풀이 주기 함수 $e(x)$, $f(t)$는 다음의 급수로 나타낼 수 있다.

$$e(x) = \frac{e_0}{2} + \sum_{n=1}^{\infty} (a_n \cos nx + b_n \sin nx)$$

그림 14·13에서 $e(x) = A$는 $0 < x < \pi$ 범위이고, $e(x) = 0$은 $\pi < x < 2\pi$ 범위이다. 따라서

$$e_0 = \frac{1}{\pi}\int_0^{2\pi} e(x)dx = \frac{1}{\pi}\left\{\int_0^{\pi} e(x)dx + \int_{\pi}^{2\pi} e(x)dx\right\} = \frac{1}{\pi}\int_0^{\pi} A\,dx = A$$

$$a_n = \frac{1}{\pi}\int_0^{2\pi} e(x)\cos nx\,dx = \frac{1}{\pi}\int_0^{\pi} A\cos nx\,dx = \frac{A}{\pi}\left[\frac{\sin nx}{n}\right]_0^{\pi} = 0$$

$$b_n = \frac{1}{\pi}\int_0^{2\pi} e(x)\sin nx\,dx = \frac{1}{\pi}\int_0^{\pi} A\sin nx\,dx = \frac{A}{\pi}\left[\frac{-\cos nx}{n}\right]_0^{\pi} = \frac{2A}{n\pi}$$

$$(n : 홀수, \ 짝수에서 \ b_n = 0)$$

$$\therefore \ e_x = \frac{A}{2} + \frac{2A}{\pi}\left(\sin x + \frac{1}{3}\sin 3x + \frac{1}{5}\sin 5x + \cdots\right)$$

그림 14·14를 참조해 보자.

정류하기 전의 사인파 전압을 $e(t) = E_m \sin \omega t$로 하면

$$v(t) = E_m \sin \omega t \qquad \left(0 < t < \frac{T}{2}\right)$$

$$v(t) = -E_m \sin \omega t \qquad \left(\frac{T}{2} < t < T\right)$$

$$e_0 = \frac{2}{T}\int_0^T v(t)dt = \frac{2}{T}\left\{\int_0^{\frac{T}{2}} E_m \sin \omega t \, dt - \int_{\frac{T}{2}}^T E_m \sin \omega t \, dt\right\}$$

$$= \frac{4}{T}\int_0^{\frac{T}{2}} E_m \sin \omega t \, dt = \frac{4}{T}\left[-\frac{E_m \cos \omega t}{\omega}\right]_0^{\frac{T}{2}} = \frac{8E_m}{T\omega} = \frac{4E_m}{\pi}$$

$$(\because \quad T\omega = 2\pi)$$

$$a_n = \frac{2}{T}\int_0^T v(t)\cos n\,\omega t \, dt$$

$$= \frac{2}{T}\left\{\int_0^{\frac{T}{2}} E_m \sin \omega t \cos n\,\omega t \, dt - \int_{\frac{T}{2}}^T E_m \sin \omega t \cos n\,\omega t \, dt\right\}$$

여기서 n이 홀수인 경우

$$\int_{\frac{T}{2}}^T \sin \omega t \cos n\,\omega t = \int_0^{\frac{T}{2}} \sin(\omega t + \pi)\cos(n\,\omega t + n\,\pi)dt$$

$$= \int_0^{\frac{T}{2}} \sin \omega t \cos n\,\omega t \, dt$$

n이 짝수인 경우

$$\int_{\frac{T}{2}}^T \sin \omega t \cos n\,\omega t \, dt = -\int_0^{\frac{T}{2}} \sin \omega t \cos n\,\omega t \, dt$$

로 되기 때문에 a_n은 n이 홀수일 때는 모두 0이고, n이 짝수일 때는 $n = 2m$으로 두어서

$$a_n = \frac{4}{T}\int_0^{\frac{T}{2}} E_m \sin \omega t \cos 2m\,\omega t \, dt$$

$$= \frac{2E_m}{T}\int_0^{\frac{T}{2}} \{\sin(1+2m)\omega t + \sin(1-2m)\omega t\} \, dt$$

$$= \frac{2E_m}{T\omega}\left\{\frac{2}{1+2m} + \frac{2}{1-2m}\right\} = \frac{4E_m}{\pi} \cdot \frac{1}{1-4m^2}$$

로 된다.

$$b_n = \frac{2}{T}\int_0^T v(t)\sin n\,\omega t\,dt$$

$$= \frac{2}{T}\left\{\int_0^{\frac{T}{2}} E_m \sin \omega t \sin n\,\omega t\,dt - \int_{\frac{T}{2}}^T E_m \sin \omega t \sin n\,\omega t\,dt\right\}$$

$$b_n = \frac{4}{T}\int_0^{\frac{T}{2}} E_m \sin \omega t \sin n\,\omega t\,dt$$

$$= \frac{4E_m}{T\omega}\left[\frac{\sin(1-n)\omega t}{1-n} - \frac{\sin(1+n)\omega t}{1+n}\right]_0^{\frac{T}{2}} = 0$$

$$\therefore\ e(t) = \frac{2E_m}{\pi}\left(1 + \sum_{m=1}^\infty \frac{2}{1-4m^2}\cos 2m\,\omega t\right)$$

위 식에 각각 값을 대입해서

$$e(t) = \frac{200\sqrt{2}}{\pi}\left\{1 + \sum_{m=1}^\infty \frac{2}{1-4m^2}\cos 200m\,\pi t\right\}$$ 🖭

[해설] 주기 함수 $e(x)$, $f(t)$는 다음의 급수로 나타낼 수 있다.

$$e(x) = \frac{e_0}{2} + a_1 \cos x + a_2 \cos 2x + \cdots$$
$$+ b_1 \sin x + b_2 \sin 2x + \cdots$$
$$= \frac{e_0}{2} + \sum_{n=1}^\infty (a_n \cos n\,x + b_n \sin n\,x)$$

시간의 함수로서

$$f(t) = e(\omega t) = \frac{e_0}{2} + \sum_{n=1}^\infty (a_n \cos n\,\omega t + b_n \sin n\,\omega t)$$

가 얻어진다. 또 a_n, b_n은

$$a_n = \frac{1}{\pi}\int_0^{2\pi} e(x)\cos n\,x\,dx$$

$$b_n = \frac{1}{\pi}\int_0^{2\pi} e(x)\sin n\,x\,dx$$

$x = \omega t = \frac{2\pi}{T}t$이므로 $dx = \frac{2\pi}{T}dt$로 된다.

$\dfrac{T_c}{2\pi} = \alpha$로 두면

$$e_0 = \frac{1}{\pi}\int_c^{c+2\pi} e(x)dx = \frac{1}{\pi}\int_a^{a+T} f(t)\frac{2\pi}{T}dt = \frac{2}{T}\int_a^{a+T} f(t)dt$$

$$= \frac{2}{T}\int_0^T f(t)dt$$

로 된다. 또 a_n, b_n은

$$a_n = \frac{2}{T}\int_a^{a+T} f(t)\cos n\,\omega t\,dt = \frac{2}{T}\int_0^T f(t)\cos n\,\omega t\,dt$$

$$b_n = \frac{2}{T}\int_a^{a+T} f(t)\sin n\,\omega t\,dt = \frac{2}{T}\int_0^T f(t)\sin n\,\omega t\,dt$$

◆ 문제 풀이 및 해답 ◆

1. 회로 계산의 기초

1·3 (a) 직사각형파, y^2의 값은 π의 좌우로 대칭.

$$\therefore\ Y = \sqrt{\frac{1}{\pi}\int_0^\pi Y_m{}^2 d\theta} = Y_m \lhd$$

(b) 사인파, y^2의 값은 $\pi/2$의 좌우로 대칭.

$$\therefore\ Y = \sqrt{\frac{1}{\frac{\pi}{2}}\int_0^{\pi/2}(Y_m\sin\theta)^2 d\theta} = \frac{Y_m}{\sqrt{2}} \lhd$$

(c) 삼각파

$$Y = \sqrt{\frac{1}{\frac{\pi}{2}}\int_0^{\pi/2}\left(\frac{Y_m}{\frac{\pi}{2}}\theta\right)^2 d\theta} = \frac{Y_m}{\sqrt{3}} \lhd$$

(d) 사다리꼴파

$$Y = \sqrt{\frac{2}{\pi}\left\{\int_0^\alpha\left(\frac{Y_m}{\alpha}\theta\right)^2 d\theta + \int_\alpha^{\pi/2}Y_m{}^2 d\theta\right\}}$$

$$= Y_m\sqrt{1 - \frac{4\alpha}{3\pi}} \lhd$$

1·4 (a) 직사각형파

$$Y_{meen} = \frac{1}{\pi}\times(Y_m\times\pi) = Y_m \lhd$$

$$\text{파고율} = \frac{Y_m}{Y} = \frac{Y_m}{Y_m} = 1 \lhd$$

$$\text{파형률} = \frac{Y}{Y_{meen}} = \frac{Y_m}{Y_m} = 1 \lhd$$

(b) 사인파

$$Y_{meen} = \frac{1}{\pi}\int_0^\pi Y_m\sin\theta\, d\theta$$

$$= \frac{2Y_m}{\pi} \lhd$$

$$\text{파고율} = \sqrt{2} \lhd$$

$$\text{파형률} = \frac{\pi}{2\sqrt{2}} = 1.11 \lhd$$

(c) 삼각파

$$Y_{meen} = \frac{1}{\pi}\times\left(\frac{1}{2}Y_m\pi\right) = \frac{Y_m}{2} \lhd$$

$$\text{파고율} = \sqrt{3} \lhd$$

$$\text{파형률} = \frac{2}{\sqrt{3}} = 1.15 \lhd$$

(d) 사다리꼴파

$$Y_{meen} = \frac{Y_m}{\pi}(\pi-\alpha) \lhd$$

$$\text{파고율} = \frac{1}{\sqrt{1-4\alpha/3\pi}} \lhd$$

$$\text{파형율} = \frac{\sqrt{1-\dfrac{4\alpha}{3\pi}}}{1-\dfrac{\alpha}{\pi}} \lhd$$

1·5 문제의 괄호 안의 주석에 따라

(지시값)－(측정하는 전류의 평균값)

$$\times \frac{-(\text{사인파의실효값})}{(\text{사인파의평균값})}$$

$$= 11.1\ (\text{A}) \lhd$$

1·6
$$R_t = R_0(1+\alpha_0 t) \qquad ①$$
$$R_T = R_0(1+\alpha_0 T) \qquad ②$$
$$R_t = R_T\{1+\alpha_T(t-T)\} \qquad ③$$

세 식에서 문제의 답이 일단 얻어지는데, 문제에 주어져 있지 않은 R_i나 R_r를 포함하고 있어서 적당한 답이 없다. 그래서 ①, ②식을 넣고 적당한 답은 $\dfrac{\alpha_0}{1+\alpha_0 T}$ ◁

1·7 $P = VI = V \times \dfrac{E_0 - V}{r}$ 에 따라

$V^2 - E_0 V + rP = 0$ 을 풀어서

$$V = \frac{E_0 \pm \sqrt{E_0{}^2 - 4rP}}{2}$$

$r=0$ 또는 $P=0$일 때 $\pm$의 $-$를 취하면 $V=0$이 되므로 부적당하다. $-$를 삭제해서

$$V = \frac{E_0 + \sqrt{E_0{}^2 - 4rP}}{2} \quad ◁$$

2. 직류 회로의 계산

2·1 (1) 키르히호프의 법칙에 따른 방법

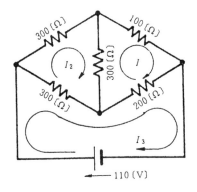

위 그림의 회로망 전류 I의 폐회로에 따라

$(100 + 200 + 300)I - 300 I_2 - 200 I_3 = 0$

$\therefore \ 6I - 3I_2 - 2I_3 = 0$ ①

마찬가지로

$-3I + 9I_2 - 3I_3 = 0$ ②

$-2I - 3I_2 + 5I_3 = 1.1$ ③

①, ②, ③식을 풀면 $I = 0.3$ [A] ◁

---

(2) 각변 300Ω인 △를 Y로 바꾸면

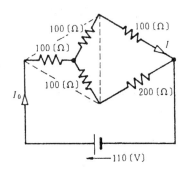

전원에서 본 합성 저항은

$$R_0 = 100 + \frac{(100 + 100) \times (100 + 200)}{(100 + 100) + (100 + 200)}$$

$$= 220 \ (\Omega)$$

$$I_0 = \frac{110}{220} = 0.5 \ (A)$$

분류 계산에 따라

$$I = 0.5 \times \frac{(100 + 200)}{(100 + 100) + (100 + 200)}$$

$$= 0.3 \ (A) \quad ◁$$

2·3 그림과 같이 전류를 결정해서

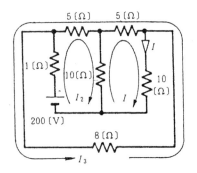

$(10 + 5 + 10)I - 10 I_2 - 5 I_3 = 0$

$-10I + (1+5+10)I_2 - 5I_3 = 200$

$-5I - 5I_2 + (8+5+5)I_3 = 0$

이 연립방정식을 풀어 10.6 〔A〕 ◁

2·4 그림처럼 1.7A와 1.5A, I의 회로망 전류를 정한다. 이 회로에서 미지수는 R과 I이고, 두 방정식이 필요하다. 1.7A의 회로망에서

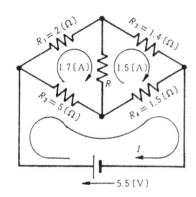

$(1.7-1.5)R + (1.7-I)R_2 + 1.7R_1 = 0$

$0.2R + (1.7-I) \times 5 + 1.7 \times 2 = 0$

$0.2R - 5I = -11.9$ ①

마찬가지로 I의 회로망에서

$6.5I - 1.7 \times 5 - 1.5 \times 1.5 = 5.5$ ②

②식에서 $I = 2.5$ 〔A〕

이것을 ①식에 넣어 $R = 3$ 〔Ω〕 ◁

2·5 (1) 문제에 의해 식을 세우면

$\begin{cases} 8I_1 + 2I_2 = 10 & ① \\ 2I_1 + 10I_2 = 0 & ② \end{cases}$

위 식에서 $I_1 = \dfrac{25}{19}$ 〔A〕,

$I_2 = -\dfrac{5}{19}$ 〔A〕 ◁

(2) 그림과 같이 각 지로의 전류 명칭을 붙이면

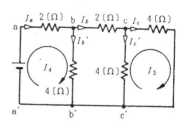

$I_c = I_1 = \dfrac{25}{19}$ 〔A〕

$I_c' = I_2 = -\dfrac{5}{19}$ 〔A〕

cc′ 간의 전위차는 $4I_c = 4I_c'$가 되어야 하나, 위의 I_c, I_c'는 이것을 만족하지 않아서 틀리다.(①, ②식은 문제 그림과 다른 회로의 식이다.)

(3) 회로의 회로망 수는 3이므로 위 그림의 I_3 또는 I_4가 필요하다. I_3를 사용하면

$\begin{cases} 8I_1 + 2I_2 + 4I_3 = 10 \\ 2I_1 + 10I_2 - 4I_3 = 0 \\ 4I_1 - 4I_2 + 8I_3 = 0 \end{cases}$

해는

$I_1 = \dfrac{5}{2}$ 〔A〕, $I_2 = -\dfrac{5}{4}$ 〔A〕

$I_3 = -\dfrac{15}{8}$ 〔A〕

각 지로의 전류는

$I_a = \dfrac{5}{2}$ 〔A〕, $I_b = \dfrac{5}{4}$ 〔A〕, $I_b' = \dfrac{5}{4}$ 〔A〕, $I_c = \dfrac{5}{8}$ 〔A〕, $I_c' = \dfrac{5}{8}$ 〔A〕 ◁

3. 사인파 교류 전압·전류의 계산

3·1 (1) $\dot{A} = 5\sqrt{2} \angle 45° = 5 + j5$

$= 5\sqrt{2} \, (\cos 45° + j \sin 45°)$

$$= 5\sqrt{2}\ \varepsilon^{j45°}$$

(2) $\dot{B} = 10\angle-120° = 10\{\cos(-120°)$
$+ j\sin(-120°) = 10(\cos 120° - j\sin$
$120°) = -5 - j\,8.66 = 10\,\varepsilon^{-j120°}$

(3) $\dot{C} = 20\angle 150° = 20\{\cos 150° + j$
$\sin 150°\} = -10\sqrt{3} + j\,10 = 20\,\varepsilon^{j150°}$

3·2 (1) $2\sqrt{3} + j\,2 = 3.46 + j\,2$

(2) $-4 + j\,4\sqrt{3} = -4 + j\,6.93$

(3) $-\dfrac{1}{2} + j\,\dfrac{\sqrt{3}}{2} = -0.5 + j\,0.866$

3·3 (1) $a\angle 90°$, (2) $A\angle\alpha+90°$,

(3) $1\angle-120° = 1\angle 240°$

(4) $b\angle-90° = b\angle 270°$

(5) $\dfrac{A\angle\alpha}{1\angle 90°} = A\angle\alpha-90°$

3·4 (1) $j^3 = j^2\cdot j = -j\,1$

(2) $\dfrac{1}{j^5} = \dfrac{1}{j} = -j\,1$

(3) $18 + j\,1$

(4) $AB\angle\alpha+\beta = AB\cos(\alpha+\beta)$
$+ j\,AB\sin(\alpha+\beta)$

(5) $-j\,2$

(6) $\dfrac{A}{B}\varepsilon^{j(\alpha+\beta)}$

$$= \dfrac{A}{B}\cos(\alpha+\beta) + j\,\dfrac{A}{B}\sin(\alpha+\beta)$$

3·5 (1) $7 + j\,1$, (2) $-j\,25$

(3) 1, (4) 25

3·6

$$\dfrac{|a-jb|\cdot|c-jd|}{|e+jf|\cdot|g+jh|\cdot|k+jl|}$$

$$= \sqrt{\dfrac{(a^2+b^2)(c^2+d^2)}{(e^2+f^2)(g^2+h^2)(k^2+l^2)}}$$

3·7 $\dot{Z}_s = (3+j\,4) + (4-j\,3)$
$= 7 + j\,1$ ◁
$= 5\sqrt{2}\angle 8.13°$

$\dot{Y}_s = \dfrac{1}{5\sqrt{2}\angle 8.13°} = 0.141\angle-8.13°$
$= 0.140 - j\,0.020$ ◁

$\dot{Z}_p = \dfrac{5\angle 53.13° \times 5\angle-36.87°}{5\sqrt{2}\angle 8.13°}$

$= \dfrac{5}{\sqrt{2}}\angle 8.13° = 3.50 + j\,0.50$ ◁

$\dot{Y}_p = \dfrac{1}{\dfrac{5}{\sqrt{2}}\angle 8.13°} = \dfrac{\sqrt{2}}{5}\angle-8.13°$

$= 0.28 - j\,0.04$ ◁

3·8

$$\dfrac{1-j\,18}{(1+j\,20)+(1-j\,18)} \times 100$$
$$= -425 - j\,475\ \text{(V)}\quad ◁$$

3·9

$\dot{I}_1 = \dfrac{1-j\,18}{(1+j\,20)+(1-j\,18)} \times 10$
$= -42.5 - j\,47.5\ \text{(A)}$ ◁

$\dot{I}_2 = 10 - \dot{I}_1 = 52.5 + j\,47.5\ \text{(A)}$ ◁

3·10 키르히호프의 법칙에 따라 $-$
$j10\text{(A)}$

3·11

$\dot{V}_{ab} = \dot{E} - jx\dot{I} = 90 - j\,17.32$
$= 91.7\angle-10.9°\ \text{(V)}$ ◁

3·12

$\dot{I}_a = \dfrac{\dot{E}_a - \dot{E}_b}{10} = 10\sqrt{3} + j\,10$

$= 20\angle 30°\ \text{(A)}$ ◁

$\dot{I}_b = -\dot{I}_a = -10\sqrt{3} - j\,10$
$= 20\angle 210°\ \text{(A)}$ ◁

3·13

$\dot{I} = \dfrac{\dot{E}_1 - \dot{E}_2}{1+j\,10} = 1.704 + j\,0.3224$

$= 1.73\angle 10.7°\ \text{(A)}$ ◁

3·14 b점을 기준으로 해서 e, c점
의 전위는

$$\dot{V}_e = \frac{200}{200 - j\,300 + 200} \times 100$$

$$= 32 + j\,24$$

$$\dot{V}_c = \frac{-j\,300 + 200}{200 - j\,300 + 200} \times 100$$

$$= 68 - j\,24$$

f, d점의 전위도 마찬가지로

$$\dot{V}_{ef} = \dot{V}_e - \dot{V}_f = 20 + j\,40\;(V)$$

$$|\dot{V}_{ef}| = 44.7\;(V)\;\lhd$$

$$\dot{V}_{cd} = \dot{V}_c - \dot{V}_d = -8 - j\,56\;(V)$$

$$|\dot{V}_{cd}| = 56.6\;(V)\;\lhd$$

3·15 Q점을 B에서 A로 향해서 흐르는 전류 I를 기준 벡터로 해서 각부의 전압을 지도 벡터법으로 그리면 아래 그림과 같이 된다.

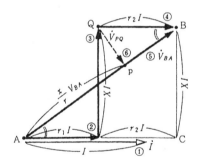

위 그림에서 ∠QpB=90°이므로 △ABC와 △pQB가 닮으면 된다.

$$\therefore \frac{AC}{AB} = \frac{pB}{QB}$$

$$\frac{(r_1 + r_2)I}{V_{BA}} = \frac{\left(1 - \dfrac{x}{r}\right)V_{BA}}{r_2 I}$$

여기서, $V_{BA}{}^2 = \{(r_1 + r_2)^2 + X^2\}\,I^2$ 을 넣어 정리하면

$$\frac{x}{r} = 1 - \frac{r_2(r_1 + r_2)}{(r_1 + r_2)^2 + X^2}\;\lhd$$

3·16 그림에서

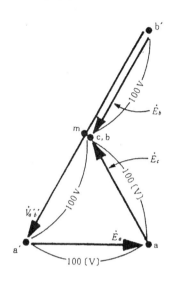

$$V_{a'b'} = 200\;(V)\;\lhd$$

$$V_{bm} = 0\;(V)\;\lhd$$

3·17 $\theta_E - \theta_I = 30°,\quad \tan 30° = 1/\sqrt{3}$

$$\dot{E}\,\bar{I} = E_1 I_1 - E_2 I_2 + j(E_1 I_2 + E_2 I_1)$$

$$\therefore \frac{E_1 I_1 - E_2 I_2}{E_1 I_2 + E_2 I_1} = \frac{1}{\sqrt{3}}\;\lhd$$

4. 교류 전력의 계산

4·1 직렬인 경우

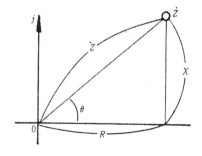

$\dot{Z} = 3 + j\,4$

$\cos\theta = \dfrac{R}{Z} = \dfrac{3}{5} = 0.6$ ◁

병렬인 경우

$\dot{Z} = \dfrac{j\,4 \times 3}{3 + j\,4} = \dfrac{48}{25} + j\,\dfrac{36}{25}$

$\cos\theta = \cos\left(\tan^{-1}\dfrac{36/25}{48/25}\right) = 0.8$ ◁

4·2

$\dot{Y} = \dfrac{1}{3 + j\,4} = \dfrac{3}{25} - j\,\dfrac{4}{25} = g - j\,b$

$X_c = \dfrac{1}{b} = 6.25\ (\Omega)$ ◁

4·3

$I = 10\,(A),\qquad Z = 10\,(\Omega)$

$\cos\theta = \dfrac{R}{Z} = 0.8\quad \therefore\ R = 8\,(\Omega)$ ◁

$X = \sqrt{Z^2 - R^2} = 6\,(\Omega)$ ◁

4·4 전원의 역률 $\dot{E} = 100\angle 0°$, $\dot{I} = 10\angle - 30°$에 따라 $\cos 30° = 0.866$ ◁
부하의 단자 전압 $\dot{V}$는

$\dot{V} = \dot{E} - (r + jx)\dot{I} = 94.49\angle - 4.954°$

$\dot{I}$와의 위상차는

$\theta_v - \theta_i = (-4.954°) - (-30°)$

$\qquad\qquad = 25.046°$

$\therefore\ \cos(\theta_v - \theta_i) = 0.906$ ◁

4·5

$P_a = 100 \times 10 \times \cos 20° = 939.7\,(W)$ ◁

$-\dot{E}_b = 100\angle 60°$와 $\dot{I} = 10\angle 20°$에서,

$P_b = 100 \times 10 \times \cos(60° - 20°)$

$\qquad = 766.0\,(W)$ ◁

$P_a + P_b = 1\,706\,(W)$ ◁

$\dot{V} = 100\sqrt{3}\angle 30°$와 $\dot{I} = 10\angle 20°$ 이므로

$P = 100\sqrt{3} \times 10 \times \cos(30° - 20°)$

$\qquad = 1\,706\,(W)$ ◁

4·6 B→A 방향으로 계산하면

$\dot{I} = 20\angle 210°\,(A),\quad \theta_i - \theta_v = 150°$

$P = 100 \times 20 \times \cos 150° = -1\,732$

$Q = 100 \times 20 \times \sin 150° = 1\,000$ (앞섬)

따라서 A→B 방향으로

$P = 1\,732\,(W)$

$Q = 1\,000\,(\mathrm{var})$ (뒤짐) ◁

4·7 ⑴ B→A를 양방향으로 하면 $\dot{I}$는

$\dot{I} = \dfrac{(\dot{V}_b - \dot{V}_a)}{\dot{Z}} = 8.68 - j\,0.76$

$\quad = 8.71\angle - 5°$

$\dot{V}_{mm}{}' = \dot{V}_b - j\,1 \times \dot{I} = 99.62\angle - 5°$

B→A 방향

$V_{mm}{}'\,I\cos 0° = 868\,(W)$ ◁

$Q = V_{mm}{}'\,I\sin 0° = 0$ ◁

⑵ A→B를 양방향으로 하면 $\dot{I}$는

$\dot{I} = -j\,5,\qquad V_m = 105\angle 0°$

A→B 방향으로 $P = 0$ ◁

$Q = 525\,(\mathrm{var})$ 뒤짐 ◁

4·8 $P_L = 866\,(W)$

$P_s = P_L + I^2 R = 876\,(W)$ ◁

4·9

$\overline{V}\dot{I} = (\overline{100\angle 0°})\dfrac{100}{3 + j\,4}$

$\quad = 1\,200 - j\,1\,600$

$P = 1.2\,(kW),\quad Q = 1.6\,(\mathrm{kvar})$ 뒤짐 ◁

4·10

$\overline{V}\dot{I} = (98 - j\,18) \times (4 + j\,3)$

$\quad = 446 + j\,222$

$P = 446\,(W),\quad Q = 222\,(\mathrm{var})$ 앞섬 ◁

4·11

$P_s + jQ_s = \overline{\dot{E}_s}\dot{I} = E_s\angle - \theta \cdot \dfrac{E_s\angle\theta - E_r}{Z\angle\phi}$

$\quad = \dfrac{E_s^2}{Z}\angle - \phi - \dfrac{E_s E_r}{Z}\angle - (\theta + \phi)$

$\therefore\ P_s = \dfrac{E_s^2}{Z}\cos\phi$

$$-\frac{E_s E_r}{Z}\cos(\theta+\phi) \quad \triangleleft$$

$$\left. Q_s = -\frac{E_s{}^2}{Z}\sin\phi + \frac{E_s E_r}{Z}\sin(\theta+\phi) \right\} \quad \triangleleft$$

(+일 때 앞섬)

$$P_r + jQ_r = \overline{E_r}\dot{I} = E_r \cdot \frac{E_s \angle\theta - E_r}{Z\angle\phi}$$

$$= \frac{E_s E_r}{Z}\angle(\theta-\phi) - \frac{E_r{}^2}{Z}\angle-\phi$$

$$\therefore P_r = \frac{E_s E_r}{Z}\cos(\theta-\phi)$$

$$-\frac{E_r{}^2}{Z}\cos\phi \quad \triangleleft$$

$$\left. Q_r = \frac{E_s E_r}{Z}\sin(\theta-\phi) + \frac{E_r{}^2}{Z}\sin\phi \right\} \quad \triangleleft$$

(+일 때 앞섬)

4·12

$$P = 240 + 120 = 360 \text{ (kW)} \quad \triangleleft$$

$$Q = -(240/0.8)\times\sqrt{1-0.8^2}$$

$$+ \{-(120/0.6)\times\sqrt{1-0.6^2}\} + 200$$

$$= -140 \ (140 \text{ kvar 뒤짐}) \quad \triangleleft$$

$$\cos\theta = \frac{P}{P_a} = \frac{P}{\sqrt{P^2+Q^2}}$$

$$= 0.932 \ (\text{뒤짐}) \quad \triangleleft$$

4·13

$$p_3 = P - p_1 - p_2 = 10 \text{ (kW)} \quad \triangleleft$$

$$q_3 = Q - q_1 - q_2$$

$$= (-20)-(-20)-(-10)$$

$$= +10, \ \text{앞섬 } 10 \text{ kvar} \quad \triangleleft$$

4·14

$$P = 600 \text{ (kW)}, \quad Q = -800 \text{ (kvar)}$$

역률 개선 후

$$P' = 600 \text{ (kW)}$$

$$Q' = 600 \times \frac{-\sin\theta}{\cos\theta}$$

$$= -600\times\tan\theta = -600\times\tan(\cos^{-1}0.9)$$

$$= -290.6 \text{ (kvar)}$$

$$Q' = Q + Q_C$$

$$\therefore \ Q_C = Q' - Q$$

$$= 509.4 \simeq 509 \text{ (kVA)} \quad \triangleleft$$

$$\frac{P_a{}'}{P_a} = \frac{\sqrt{P'^2+Q'^2}}{P_a}$$

$$= 0.6666 \rightarrow 66.7 \text{ (%)} \quad \triangleleft$$

5. 교류 계산의 여러 방법

5·1

$$\dot{V}_{ab} = \dot{E} - \dot{V}_{bb'} = \dot{E} - j\omega M \dot{I}_1$$

$$= \dot{E} - j\omega M\frac{\dot{E}}{R+j\omega L_1}$$

$$= \left(1 - \frac{j\omega M}{R+j\omega L_1}\right)\dot{E} \quad \triangleleft$$

5·2 R_1, R_2 전류의 양방향을 아래로 하고 $\dot{I}_1$, $\dot{I}_2$로 하면

$$\left.\begin{array}{l}(R_1+j\omega L_1)\dot{I}_1 - j\omega M\dot{I}_2 = \dot{E}\\ -j\omega M\dot{I}_1 + (R_2+j\omega L_2)\dot{I}_2 = \dot{E}\end{array}\right\}$$

위 식에서 $\dot{I}_1$, $\dot{I}_2$를 구하고 $\dot{I} = \dot{I}_1 + \dot{I}_2$로 해서

$$\dot{I} = \frac{\{(R_1+R_2)+j\omega(L_1{}^*}{(R_1R_2-\omega^2 L_1 L_2+\omega^2 M^2)^*}$$

$$\frac{{}^*+L_2+2M)\}\dot{E}}{{}^*+j\omega(L_1 R_2+L_2 R_1)}$$

$$|\dot{I}| = \sqrt{\frac{(R_1+R_2)^2+\omega^2(L_1{}^*}{\{R_1R_2-\omega^2(L_1L_2-M^2)\}^{2**}}}$$

$$\frac{{}^{**}+L_2+2M)^2}{{}^{**}+\omega^2(L_1R_2+L_2R_1)^2}} \cdot E$$

5·3 그림과 같이 극성을 가정해서 방정식을 세워서 $\dot{I}$를 구한다.

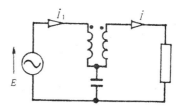

$$\dot{I} = \frac{j\left(\omega M - \dfrac{1}{\omega C}\right)E}{j\left(\omega L_1 - \dfrac{1}{\omega C}\right)\left\{\dot{Z} + j\left(\omega L_2 - \dfrac{1}{\omega C}\right)\right\} + \left(\omega M - \dfrac{1}{\omega C}\right)^2}$$

Z에 관계 없이 $\dot{I} = 0$으로 하려면

$$\omega M - \frac{1}{\omega C} = 0$$

$$\therefore\ f = \frac{1}{2\pi\sqrt{MC}}\ \lhd$$

극성은 가정한 대로. ◁

(그렇지 않으면 $\dot{I} = 0$이 아니다)

5·4 $\dot{E}_1$에 따른 R_3의 전류 $\dot{I}'$

$$\dot{I}' = \frac{R_2 E_1}{R_1 R_2 + R_2 R_3 + R_3 R_1}$$

$\dot{E}_2$에 따른 R_3의 전류 $\dot{I}''$

$$\dot{I}'' = \frac{R_1 E_2 \angle\theta}{R_1 R_2 + R_2 R_3 + R_3 R_1}$$

$$= \frac{R_1 E_2 \cos\theta + j R_1 E_2 \sin\theta}{R_1 R_2 + R_2 R_3 + R_3 R_1}$$

$$\dot{I} = \dot{I}' - \dot{I}'', \qquad P = R_3 |\dot{I}|^2$$

$$P = R_3 \times \frac{(R_2 E_1 - R_1 E_2 \cos\theta)^2 + (R_1 E_2 \sin\theta)^2}{(R_1 R_2 + R_2 R_3 + R_3 R_1)^2}\ [\text{W}]\ \lhd$$

5·5 $\dot{E}_1$만에 따른 ab간 전압 $\dot{V}_1$은 분압 계산에 따라

$$\dot{V}_1 = \frac{\dot{Z}_2 \dot{Z}_3 \dot{E}_1}{\dot{Z}_1 \dot{Z}_2 + \dot{Z}_2 \dot{Z}_3 + \dot{Z}_3 \dot{Z}_1}$$

$\dot{E}_2$, $\dot{E}_3$에 따른 $\dot{V}_2$, $\dot{V}_3$는 첨자를 바꿔

$$\dot{V} = \dot{V}_1 + \dot{V}_2 + \dot{V}_3$$

$$= \frac{\dot{Z}_2 \dot{Z}_3 \dot{E}_1 + \dot{Z}_3 \dot{Z}_1 \dot{E}_2 + \dot{Z}_1 \dot{Z}_2 \dot{E}_3}{\dot{Z}_1 \dot{Z}_2 + \dot{Z}_2 \dot{Z}_3 + \dot{Z}_3 \dot{Z}_1}\ \lhd$$

5·6 직류 전류는 $i_{dc} = 10$ [A]

e에 따른 전류는 벡터계산에 따라

$$\dot{I} = 20\sqrt{5}\ \angle -63.4°\ [\text{A}]$$

$$\therefore\ i = 10 + \sqrt{2} \times (20\sqrt{5})$$

$$\sin(2\pi ft - 63.4°)[\text{A}]\ \lhd$$

5·7 ⑴ 전류원 $\dot{I}$를 삽입, $\dot{I}$만에 따른 전압·전류를 $\dot{V}'$, $\dot{I}_1'$, $\dot{I}_2'$로 한다.('양방향=문제그림'이라 한다)

$$\dot{I}_1' = \dot{I}_2' = 4.330 - j\,2.5\ [\text{A}]$$

$$\dot{V}' = -2.5 - j\,4.330\ [\text{V}]$$

전류원 삽입 개소를 개방하고 $\dot{E}_1$, $\dot{E}_2$만에 따른 전압·전류를 $\dot{V}''$, $\dot{V}''$, I''로 한다.

$$\dot{I}_1'' = -20 - j\,15.36\ [\text{A}]$$

$$\dot{I}_2'' = 20 + j\,15.36\ [\text{A}]$$

$$\dot{V}'' = 84.64 + j\,20$$

$$\dot{V} = \dot{V}'' - \dot{V}' = 82.14 + j\,15.67\ [\text{V}]\ \lhd$$

$$\dot{I}_1 = \dot{I}_1' + \dot{I}_1'' = -15.67 - j\,17.86\ [\text{A}]\ \lhd$$

$$\dot{I}_2 = \dot{I}_2' + \dot{I}_2'' = 24.33 + j\,12.86\ [\text{A}]\ \lhd$$

⑵

$$\overline{\dot{E}_1}\dot{I}_1 = -1\,567 - j\,1\,786\ [\text{W}]\ [\text{var}]$$
$$(뒤짐)\ \lhd$$

$$\overline{\dot{E}_2}\dot{I}_2 = 2\,200 - j\,82\ [\text{W}]\ [\text{var}]$$
$$(뒤짐)\ \lhd$$

$$\overline{\dot{V}}\dot{I} = 633 - j\,546\ [\text{W}]\ [\text{var}]\quad (뒤짐)\ \lhd$$

($\dot{E}_1$이 발생하는 전력이 ⊖인 것은 전동기로서 $\dot{E}_2$에서 전력을 다루고 있는 것을 의미한다.)

5·8 P점에 역방향으로 전류원 $\dot{I}$를 삽입한 회로는 그림과 같이 된다.

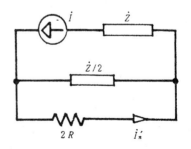

이 그림에서

$$\dot{I_n}' = \frac{\dot{Z}}{4R + \dot{Z}} \dot{I} \quad \triangleleft$$

(단선 전에는 $\dot{I_n}=0$이므로 위의 $\dot{I_n}'$가 답이다.)

5·9 $\quad \dot{I} = \frac{\dot{V} - \dot{E}}{\dot{Z_0} + R} = 2 \angle -90°$

크기 2A, V보다 $90°$ 뒤짐 ◁

5·10

$$\dot{V}_{ab} = \frac{\dot{Z_2}}{\dot{Z_1} + \dot{Z_2}} \dot{E} - \frac{\dot{Z_4}}{\dot{Z_3} + \dot{Z_4}} \dot{E}$$

$$\dot{Z}_{ab} = \frac{\dot{Z_1}\dot{Z_2}}{\dot{Z_1} + \dot{Z_2}} + \frac{\dot{Z_3}\dot{Z_4}}{\dot{Z_3} + \dot{Z_4}}$$

$$\dot{I} = \frac{\dot{V}_{ab}}{\dot{Z}_{ab} + \dot{Z}}$$

$$= \frac{(\dot{Z_2}\dot{Z_3} - \dot{Z_4}\dot{Z_1})\dot{E}}{\dot{Z_1}\dot{Z_2}(\dot{Z_3} + \dot{Z_4}) + \dot{Z_3}\dot{Z_4}(\dot{Z_1} + \dot{Z_2})}$$

$$\overline{ + \dot{Z}(\dot{Z_1} + \dot{Z_2})(\dot{Z_3} + \dot{Z_4})}$$

5·11

$$\dot{I} = \frac{\dot{V}_{ab}}{j2 + j1} = \frac{-16.08 + j60}{j3}$$

$$= 20 + j5.36 \,[\text{A}] \quad \triangleleft$$

$$\dot{V}_{aa'} = \dot{E}_a - j2\dot{I} = 114.6 + j20 \,[\text{V}]$$

$$P + jQ = \dot{V}_{aa'}\dot{I} = 2399 + j214$$

$$P = 2399 \,[\text{W}], \quad Q = 214 \,[\text{var}] \text{ 앞섬} \triangleleft$$

5·12 키르히호프의 법칙에 따라 $j6$ Ω에 흐르는 전류, $j6$Ω의 단자 전압을 구하고 기전력 6V를 가해서

$$\dot{V} = \dot{V}_{ab} = 8 + j4 \,[\text{V}] \quad \triangleleft$$

$$\dot{Z_0} = j5 \,[\Omega] \quad \triangleleft$$

【별해】 전류원 2A와 $j4$Ω을 전압원으로 바꾸어 회로를 단순화한다.

5·13 그림 5·16의 R_3 위에서 회로를 끊었을 때 거기에 표시되는 전압 $\dot{V}$ 및 거기에서 본 저항 R를

구해서 $\dot{I} = \dot{V}/R$, $P = |\dot{I}|^2 R_3$에 의해 같은 답을 얻는다.

5·14 ab간을 끊으면 평형 조건은

$$\dot{V}_{ab} = 0, \quad \therefore \dot{V}_a = \dot{V}_b \quad ①$$

전원에서 흐르는 전류를 $\dot{I}$로 하면

$$\dot{V}_a =$$

$$R_3 \times \frac{R_2 + R_4 + j\omega L}{R_1 + R_2 + R_3 + R_4 + j\omega L} \dot{I} \quad ②$$

$$\dot{V}_b = R_4$$

$$\times \frac{R_1 + R_3}{R_1 + R_2 + R_3 + R_4 + j\omega L} \dot{I} \pm j\omega M \dot{I} \quad ③$$

①에 ②③을 넣고 양변의 실부·허부를 각각 같다고 놓고 L을 구함.

$$L = \frac{1}{\omega} \sqrt{\frac{(R_1 R_4 - R_2 R_3)(R_1}{R_3}}$$

$$\overline{ + R_2 + R_3 + R_4)} \quad \triangleleft$$

5·15 ⑴ ab를 끊고 $\dot{V}_{ab}$를 구한다. ab간을 연결했을 때의 전류는

$$\dot{I} = \frac{-jx_C\dot{E}}{x_L x_C + j\dot{Z}(x_L - x_C)}$$

$\dot{I}$가 $\dot{Z}$에 관계 없기 위해서는

$$x_L - x_C = 0$$

$$\therefore x_L = x_C$$

$$\omega L = \frac{1}{\omega C} \quad \triangleleft$$

이때 $\left| \dot{I} \right| = \left| \dfrac{-jx_C\dot{E}}{x_L x_C} \right| = \dfrac{E}{\omega L} \quad \triangleleft$

⑵ 전압원을 전류원으로 바꾸면 아래 그림이 된다. $\dot{I}$가 $\dot{Z}$에 관계없기 위해서 $L - C$가 병렬공진이면 된다.

$$\therefore \omega L = 1/\omega C \quad \triangleleft$$

$$\dot{I} = \frac{\dot{E}}{j\omega L}$$

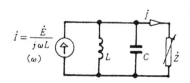

이때 $|\dot{i}| = E/\omega L$ ◁

5·16 ab에서 본 저항은 $37.5\,\Omega$, 제2분포의 ab에 흐르는 전류는 $\dfrac{90}{37.5}$

$= 2.4\,(A)$

제2분포의 전류는

$I_1'' = 1.8\,(A)$, $I_2'' = -0.6\,(A)$

$I_1 = I_1' + I_1'' = 1 + 1.8 = 2.8\,(A)$ ◁

$I_2 = I_2' + I_2'' = 1 + (-0.6) = 0.4\,(A)$ ◁

5·17 K단자에 그곳에 있던 전압을 연결한 제2분포로, Ⓖ에 전류가 흐르지 않으면 검류계 지시는 변하지 않는다. 브리지 평형 조건과 같다.

$\therefore\ r_x = \dfrac{R_s\,R_b}{R_a}$ ◁

5·18 제2분포는 아래 그림과 같다.

$\dot{i}_a = \dot{i}_a' + \dot{i}_a''$

$= j\omega C \dot{E}_a + \dot{I}_{n1}' + \dfrac{2}{3}\,\dot{i}_{n2}'' + 2\,\dot{i}_c$

$= \dfrac{5\dot{E}_a}{3R} + j\,3\omega C \dot{E}_a$ ◁

$\dot{I}_b = 0 + (-\dot{I}_{n2}''/3) = -\dot{E}_a/3R$ ◁

$\dot{I}_{n1} = 0 + \dot{I}_{n1}'' = \dot{E}_a/R$ ◁

$\dot{I}_{n2} = 0 + \dot{I}_{n2}'' = \dot{E}_a/R$ ◁

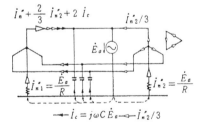

5·19 리만의 정리에서 $\dot{E}_2 = 0$으로서

$\dot{V} = \dfrac{\dfrac{200}{50} + 0 + \dfrac{100}{(-j\,20)}}{\dfrac{1}{50} + \dfrac{1}{j\,40} + \dfrac{1}{(-j\,20)}} = 200\,(V)$ ◁

5·20 $\dot{i}_1 + \dot{i}_2 + \dot{i}_3 = 0$ 에 $\dot{i}_1 = (\dot{E}_1 + \dot{V}_{oo'})\,\dot{Y}_1$ (여기서 $+$에 주의) 등을 대입해서

$\dot{V}_{oo'} = \dfrac{-(\dot{Y}_1\dot{E}_1 + \dot{Y}_2\dot{E}_2 + \dot{Y}_3\dot{E}_3)}{\dot{Y}_1 + \dot{Y}_2 + \dot{Y}_3}$ ◁

5·21 ab간을 개방했을 때 그곳에 나타나는 전압은, 전원에 흐르는 전류를 $\dot{I}_0$로 해서

$\dot{V}_{ab} = \left(j\omega M - j\,\dfrac{1}{\omega C} \right) \dot{I}_0$

$\dot{V}_{ab} = 0$ 이므로

$\omega M = \dfrac{1}{\omega C}, \qquad \left(\omega = \dfrac{1}{\sqrt{MC}} \right)$ ◁

($|\dot{Z}_{ab}| \to \infty$ 일 때 $|\dot{V}_{ab}| \to \infty$ 가 된다)

5·22 ab간을 끊고 변형하면 아래 그림과 같이 된다. 그림 2에서 $\dot{V}_{ab} = 0$이기 위해서는 $\omega(M+L)/2 = 0$으로서 맞지 않는다. 그림 1에서 a c d의 회로를 △-Y변환하면 각 변의 $\dot{Z}$의 분모는 $j2\{(L-M) - 1/\omega C\}$. 이것을 0으로 하면 $\dot{Z}_{ab} \to \infty$가 된다.

$\therefore\ \omega(L-M) = 1/\omega C$ ◁

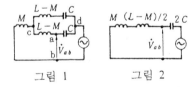

그림 1 　　　　　　 그림 2

5·23

$\dot{Z}_0 = \dfrac{\dfrac{R}{\omega^2 C^2}}{R^2 + \dfrac{1}{\omega^2 C^2}} + j\left(\omega L - \dfrac{\dfrac{R^2}{\omega C}}{R^2 + \dfrac{1}{\omega^2 C^2}} \right)$

$\dot{Z}_0$의 허부 $= 0$으로 해서 R를 구하면

$$R = \sqrt{\frac{L}{C(1 - \omega^2 LC)}} \quad \triangleleft$$

5·24 $\dot{V}_{AB} = E$로 해서 $\dot{V}_{Qp}$를 구하면

$$\dot{V}_{Qp} = \left\{ \frac{r_2(r_1 + r_2)}{(r_1 + r_2)^2 + x_1^2} - k \right.$$

$$\left. - j\frac{r_2 x_1}{(r_1 + r_2)^2 + x_1^2} \right\} E$$

실부를 0으로 해서

$$k = \frac{r_2(r_1 + r_2)}{(r_1 + r_2)^2 + x_1^2} \quad \triangleleft$$

5·25 E를 기준 벡터로 해서 $\dot{I}_r$를 구하고 $\dot{I}_r = A/(a - jb)$형으로 한다.

$\tan \theta = \tan 45° = 1 = \dfrac{b}{a}$ 에 따라

$$r = \frac{(R - X_L)X_C}{R + X_L - X_C} \quad \triangleleft$$

5·26

$$\frac{\dot{V}}{\dot{E}} = \frac{R + jX}{r_0 + R + j(X - x_0)}$$

$$= \frac{1}{\sqrt{2}} + j\frac{1}{\sqrt{2}} \quad (= 1 \angle 45°)$$

분모를 없애고, 양변의 실부·허부를 같다고 해서 두 식을 얻는다. 그것을 연립방정식으로 해서

$$r_0 = \frac{R + X}{\sqrt{2}} - R, \quad x_0 = \frac{R - X}{\sqrt{2}} + X \quad \triangleleft$$

5·27

$$j\omega L_1 \dot{I}_1 + j\omega M \dot{I}_2$$

$$= (R + j\omega L_2)\dot{I}_2 + j\omega M \dot{I}_1$$

여기에 $\dot{i}_2 = \pm j\dot{i}_1$을 넣고 양변의 실부·허부를 각각 같다고 해서

$L_2 = M$ 또한 $L_1 = M \pm \dfrac{R}{\omega}$

$L_1 L_2 > M^2$ 인 관계에서 $-$ 는 없앤다.

$$\therefore L_1 = M + \frac{R}{\omega}, \quad L_2 = M \quad \triangleleft$$

5·28 $\dot{V} = R\dot{I}_1$ 를 구하면

$$\dot{V} = \frac{(L_2 - M)E}{\dfrac{L_2 + j\omega(L_1 L_2 - M^2)}{R}}$$

분모의 허부가 0이면 문제를 만족한다. 그러므로

$$M^2 = L_1 L_2 \quad \triangleleft$$

5·29 부하 저항＝전원 임피던스일 때 전력이 최대.

∴ 부하 저항은 r ◁

이때

$$P = I^2 r = \frac{E^2}{4r} \quad \triangleleft$$

5·30 등가 단일 전압원의 임피던스 $\dot{Z}_0$를 구하면 $r = |\dot{Z}_0|$일 때 r의 소비 전력이 최대.

$$\therefore r = |\dot{Z}_0| = \frac{X_2\sqrt{R^2 + X_1^2}}{\sqrt{R^2 + (X_1 + X_2)^2}} \quad \triangleleft$$

5·31

r의 소비 전력 $P = \dfrac{I^2}{\dfrac{1}{r} + \omega^2 C^2 r}$

$$\frac{1}{r} \times \omega^2 C^2 r = \omega^2 C^2 \quad (일정)$$

$\therefore \dfrac{1}{r} = \omega^2 C^2 r$ 일 때 분모가 최소

(P 최대)

$$\therefore r = \frac{1}{\omega C} \quad \swarrow$$

이때 $P = \dfrac{I^2}{2\omega C} \quad \triangleleft$

5·32

$$Z = \sqrt{\left(r + \frac{\omega^2 R L^2}{R^2 + (\omega L)^2}\right)^2}$$

$$+ \left(\frac{R^2 L}{R^2 + (\omega L)^2} - \frac{1}{\omega C}\right)^2$$

Z 최소일 때 I 최대. 근호안 제1항은 상수. Z 최소 조건은 제2항＝0

$$\therefore \quad C = \frac{R^2 + (\omega L)^2}{\omega R^2 L} \quad \vartriangleleft$$

5·33

$$|\dot{V}| = \frac{RE}{\sqrt{(r - \omega C x R)^2 + (x + \omega C r R)^2}}$$

미분에 따라 분모를 극소로 하면
$$C = L/(r^2 + \omega^2 L^2) \quad \vartriangleleft$$

5·34 $\dot{i}_1 = I_1(\cos\theta + j\sin\theta)$ 로 한다.

$$|\dot{i}_2| = |I - \dot{i}_1| = \sqrt{I^2 + I_1^2 - 2 I_1 I \cos\theta}$$

분모 근호속을 C로 미분, 0으로 두면

$$C = \frac{x}{\omega(x^2 + r^2)} \quad \vartriangleleft$$

또한번 미분해서 알아보면 이 C는
분모를 극소, $|\dot{V}|$를 최대로 한다.
이 C를 위 식에 넣어 정리하면

$$V_m = \frac{R\sqrt{r^2 + x^2}}{r^2 + rR + x^2} E \quad \vartriangleleft$$

5·35

$$|\dot{I}| = \frac{E}{\sqrt{(R + r - \omega^2 L C R)^2 + (\omega L + \omega C R r)^2}}$$

$$P = I_1^2 R_1 + I_2^2 R_2$$
$$= I_1^2 R_1 + (I^2 + I_1^2 - 2 I_1 I \cos\theta) R_2$$

I_1을 일정하다고 생각하면 $\cos\theta = 1(\sin\theta = 0)$일 때 P는 최소, $\cos\theta = 1$
를 위 식에 넣어서

$$P = I_1^2(R_1 + R_2) + I^2 R_2 - 2 I_1 I_2 R_2$$

이것을 I_1으로 미분하고 0으로 두
어서 P가 최소로 되는 $\dot{i}_1$은

$$\dot{i}_1 = \frac{R_2 I}{R_1 + R_2}, \quad \dot{i}_2 = I - \dot{i}_1 = \frac{R_1 I}{R_1 + R_2} \quad \vartriangleleft$$

5·36

$$\dot{I} = \frac{E\varepsilon^{j\theta} - E}{Z\varepsilon^{j\phi}} = \frac{E}{Z}\varepsilon^{j(\theta - \phi)} - \frac{E}{Z}\varepsilon^{-j\phi}$$

$$P = \dot{I}\,\overline{E}_r \text{ 의 허부}$$
$$= \frac{E^2}{Z}\cos(\theta - \phi) - \frac{E^2}{Z}\cos\phi$$

$\cos(\theta - \phi) = 1$ 일 때 P가 최대

$$\therefore \quad P_m = \frac{E^2}{Z} - \frac{E^2}{Z}\frac{r}{Z}$$
$$= \left(\frac{1}{\sqrt{r^2 + x^2}} - \frac{r}{r^2 + x^2}\right) E \quad \vartriangleleft$$

5·37

$$I = \frac{E}{(1 - \omega^2 C L) r + j\omega L}$$

r의 계수 $= 0$이므로
$$\omega^2 C L = 1 \quad \vartriangleleft$$

5·38

$$\frac{\dot{i}_1}{\dot{i}} = \frac{R_2 + j\omega L_2}{(R_1 + R_2) + j\omega(L_1 + L_2)}$$

분모·분자의 ω의 각 차의 계수가
같으므로

$$\frac{R_2}{R_1 + R_2} = \frac{L_2}{L_1 + L_2} \rightarrow \frac{R_1}{L_1} = \frac{R_2}{L_2} \quad \vartriangleleft$$

5·39

$$\dot{Z} = \frac{R(1 - \omega^2 C L) + 2 j\omega L}{R(1 - \omega^2 C L) + j\omega(L + C R^2)} R$$

분모·분자의 실부가 같으니 허부가
같으면 ω에 관계없이 $\dot{Z} = R$가 된다.

$$2\omega L = \omega(L + C R^2) \rightarrow R = \sqrt{\frac{L}{C}} \quad \vartriangleleft$$

5·40 $\dot{i}_g = 0$은 평형 조건.

$$\therefore \quad R_1 R_2 = \frac{L}{C} \qquad \qquad ①$$

전원에서 본 $\dot{Y}$가 일정하면 된다.
①식을 넣고 정리하면

$$\dot{Y} = \frac{R_1 + R_2 + j L\omega - \dfrac{1}{C\omega}}{2 R_1 R_2 + j R_1 L\omega - \dfrac{j R_2}{C\omega}}$$

분모·분자의 ω의 각 차의 계수 비
율이 같다고 하면

$$\frac{R_1 + R_2}{2 R_1 R_2} = \frac{1}{R_1} = \frac{1}{R_2} \rightarrow R_1 = R_2$$

$$\therefore \ R_1 R_2 = \frac{L}{C} \qquad R_1 = R_2 \ \lhd$$

---

6. 평형 3상 회로

6·1

$$\dot{I}_a = \frac{\dfrac{200}{\sqrt{3}}}{3 - j4} = \frac{40}{\sqrt{3}} \angle 53.13°$$

$|\dot{I}_a| = 23.1 \ (A) \ \lhd$

$\dot{E}_a$ 에 대해 53.13° 앞섬 ◁

$\dot{V}_{ab}$ 에 대해 53.13° − 30°

$\qquad = 23.13°$ 앞섬 ◁

$V_{a'b'} = \sqrt{3} \, I_a \, x = 160 \ (V) \ \lhd$

6·2 Y−Y 회로로 변환하고 a상만
인 단상회로를 생각했을 때 그 회
로의 기전력과 임피던스는

$$E = \frac{200}{\sqrt{3}} \ (V)$$

$$\dot{Z} = \frac{j9}{3} + j1 + \frac{9}{3}$$

$$\qquad = 3 + j4 \ (\Omega)$$

$$|\dot{I}_a| = \left| \frac{E}{\dot{Z}} \right| = \left| \frac{\dfrac{200}{\sqrt{3}}}{3 + j4} \right| = \frac{40}{\sqrt{3}}$$

$$\qquad = 23.1 \ (A) \ \lhd$$

$$|\dot{I}_{ab}| = |\dot{I}_{a'b'}| = \frac{|\dot{I}_a|}{\sqrt{3}} = \frac{40}{3}$$

$$\qquad = 13.3 \ (A) \ \lhd$$

6·3 Y 접속 부하의 전류는

$$\dot{I}_{\curlyvee} = \frac{\dfrac{220}{\sqrt{3}}}{3 - j4} = 15.24 + j20.32 \ (A)$$

△접속 부하에 따른 선전류는

$$\dot{I}_{\triangle - Y} = \frac{\dfrac{220}{\sqrt{3}}}{\dfrac{(8 + j6)}{3}} = 30.48 - j22.86 \ (A)$$

$$\therefore \ \dot{I}_a = \dot{I}_Y + \dot{I}_Y = 45.72 - j2.54$$

$$\qquad = 45.8 \angle -3.18° \ (A) \ \lhd$$

6·4 Y로 변환한 1상분은 그림과
같고 $\dot{I}$ 를 계산하면

$$\dot{I} = \frac{E}{\dot{Z}(1 - 3\omega^2 LC) + j\omega L}$$

$\dot{I}$ 가 $\dot{Z}$ 에 무관계일 조건은

$$1 - 3\omega^2 LC = 0$$

$$\therefore \ LC = \frac{1}{12\pi^2 f^2} \ \lhd$$

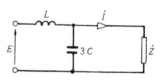

6·5

$$\dot{V}_{a0} = j\omega L \dot{I}_a + j\omega M \dot{I}_b + j\omega M \dot{I}_c$$

$$\qquad = j\omega (L\dot{I}_a + a^2 M \dot{I}_a + a M \dot{I}_a)$$

$$\qquad = j\omega (L - M) \dot{I}_a$$

$$\dot{Z} = \frac{\dot{V}_{a0}}{\dot{I}_a} = j\omega (L - M) \ \lhd$$

6·6

$$3E_p I_p \cos\theta = 3 \times 200 \times \frac{200}{20} \times \cos 45°$$

$$\qquad = 4\,243 \ (W)$$

6·7

$$\frac{P_\triangle}{P_Y} = \frac{3V(V/Z)\cos\theta}{\sqrt{3}\,V\left(\dfrac{V}{\sqrt{3}\,Z}\right)\cos\theta} = 3 \ \lhd$$

6·8

$$\dot{E}_r = \frac{63}{\sqrt{3}}(\cos 5° - j\sin 5°) \ (kV)$$

$$\dot{E}_s = \frac{66}{\sqrt{3}} \ (kV)로 \ 해서 \ \dot{I}_r = \frac{\dot{E}_s - \dot{E}_r}{j1}$$

에 따라

$\dot{I}_r = 3.17 - j1.87$ 〔kA〕 ◁

$P + jQ = 3\dot{E}_r\dot{I}_r = 362.4 - j173.2$

∴ $P = 362$ 〔MW〕

$Q = 173$ 〔Mvar〕 뒤짐 ◁

6·9 C를 넣지 않을 때

$$I_0 = \frac{P_a}{\sqrt{3}\,V} = \frac{\dfrac{6}{0.6} \times 10^3}{\sqrt{3} \times 200} \simeq 28.9\,\text{〔A〕} \lhd$$

C를 넣을 때

$$I_0' = \frac{P_a'}{\sqrt{3}\,V} = \frac{\sqrt{P^2 + Q^2}}{\sqrt{3}\,V}$$

$$= \frac{\sqrt{6^2 + (6 \times 0.8/0.6 - 6)^2} \times 10^3}{\sqrt{3} \times 200}$$

$$\simeq 18.3\,\text{〔A〕} \lhd$$

6·10 $I_\curlyvee = \dfrac{\dfrac{100}{\sqrt{3}}}{\sqrt{3^2 + 4^2}} = \dfrac{20}{\sqrt{3}}$

$P_\curlyvee = 3I_\curlyvee{}^2 R_\curlyvee = 1\,200$

$I_\triangle = \dfrac{100}{\sqrt{4^2 + 4^2}} = \dfrac{25}{\sqrt{2}}$

$P_\triangle = 3I_\triangle{}^2 R_\triangle = 3\,750$

$P_\curlyvee + P_\triangle = 4\,950$ 〔W〕 ◁

6·11 각각 벡터 그림을 그려서 $\dot{V}_M$
과 $\dot{I}_M$의 위상차 θ_M을 구한다. 여기
서는 θ를 뒤진 역률각으로 한다.

(a) $\dot{V}_{M1} = \dot{V}_{ab}$, $\dot{I}_{M1} = \dot{I}_a$, $\theta_{M1} = 30° + \theta$

∴ $W_1 = VI\cos(30° + \theta)$ ◁

$\dot{V}_{M2} = \dot{V}_{cb}$, $\dot{I}_{M2} = \dot{I}_c$, $\theta_{M2} = 30° - \theta$

∴ $W_2 = VI\cos(30° - \theta)$ ◁

$W_1 + W_2 = \sqrt{3}\,VI\cos\theta$ ◁

(b) $\dot{V}_{M1} = \dot{V}_{ba}$, $\dot{I}_{M1} = \dot{I}_b$, $\theta_{M1} = 30° - \theta$

∴ $W_1 = VI\cos(30° - \theta)$ ◁

$\dot{V}_{M2} = \dot{V}_{ca}$, $\dot{I}_{M2} = \dot{I}_c$, $\theta_{M2} = 30° + \theta$

∴ $W_2 = VI\cos(30° + \theta)$ ◁

$W_1 + W_2 = \sqrt{3}\,VI\cos\theta$ ◁

(c) $\dot{V}_{M1} = \dot{V}_{ab}$, $\dot{I}_{M1} = \dot{I}_a$, $\theta_{M1} = 30° + \theta$

∴ $W_1 = VI\cos(30° + \theta)$ ◁

$\dot{V}_{M2} = \dot{V}_{bc}$, $\dot{I}_{M2} = \dot{I}_b$, $\theta_{M2} = 30° + \theta$

∴ $W_2 = VI\cos(30° + \theta)$ ◁

$W_1 + W_2 = \sqrt{3}\,VI\cos\theta - VI\sin\theta$ ◁

(이 접속에서는 3상 전력을 측정할
수 없다.)

6·12 앞 문제에 따라 θ를 뒤진 역
률각으로 해서

(1) $W_1 = VI\cos(30° + \theta)$

$W_2 = VI\cos(30° - \theta)$

W_2가 0이기 위해 $\theta = 120°$ 또는 $-60°$. W_1이 양이기 위해 $\theta = -60°$

∴ 역률 = $\cos(-60°) = 0.5$ 앞섬 ◁

(2) 마찬가지로 역률 = 0.5 뒤짐

6·13

$\dot{V}_M = \dot{V}_{bc}$, $\dot{I}_M = \dot{I}_a$, $\theta_M = 90° - \theta$

(θ는 뒤진 역률각)

$W = VI\cos(90° - \theta) = VI\sin\theta$

$Q = \sqrt{3}\,VI\sin\theta = \sqrt{3}\,W$ 〔var〕 ◁

6·14 b_0 쪽일 때 $\dot{V}_M = \dot{V}_{ab}$, $\dot{I}_M = \dot{I}_a$

$\theta_M = 30° + \theta$, (θ는 뒤진 역률각)

$P_1 = VI\cos(30° + \theta)$

또한 $P_2 = VI\cos(30° - \theta)$

3상전력 $= P_1 + P_2 \,(= \sqrt{3}\,VI\cos\theta)$ ◁

$P_2 - P_1 = VI\sin\theta$

이것과 위 식에서

$$\cos\theta = \frac{P_1 + P_2}{2\sqrt{P_1{}^2 - P_1 P_2 + P_2{}^2}} \quad \lhd$$

7. 불평형 3상 회로

7·1 $\dot{V}_{ab} = 100$, $\dot{V}_{bc} = 100\,a^2$, $\dot{V}_{ca} = 100\,a$ 로 하면

$|\dot{I}_a| = \left| \dfrac{100}{10} - \dfrac{100\,a}{10} \right| \simeq 17.3$ 〔A〕 ◁

$|\dot{I}_b| = \left| \dfrac{100\,a^2}{20} - \dfrac{100}{10} \right| \simeq 13.2$ 〔A〕 ◁

$|\dot{I}_c| = \left| \dfrac{100\,a}{10} - \dfrac{100\,a^2}{20} \right| \simeq 13.2$ 〔A〕 ◁

7·2 $\dot{V}_{ac} = 200$ (기준)으로 해서

$\dot{V}_{bc} = 200 \angle (-60°)$

$\dot{I}_a = \dfrac{\dot{V}_{ac}}{j10} = -j20$

$|\dot{I}_a| = 20 \,(A)$ ◁

$\dot{I}_b = \dfrac{\dot{V}_{bc}}{10} = 20 \angle (-60°) = 10 - j17.32$

$|\dot{I}_b| = 20 \,(A)$ ◁

$\dot{I}_c = -(\dot{I}_a + \dot{I}_b) = -10 + j37.32$

$|\dot{I}_c| = 38.6 \,(A)$ ◁

7·3

$\dot{V}_n = \dfrac{\dot{Y}_a \dot{E}_a + \dot{Y}_b \dot{E}_b + \dot{Y}_c \dot{E}_c}{\dot{Y}_a + \dot{Y}_b + \dot{Y}_c + \dot{Y}_n} = -j100$

$\dot{I}_a = (\dot{E}_a - \dot{V}_n)\dot{Y}_a = 10 - j20 \,(A)$ ◁

$\dot{I}_b = (\dot{E}_b - \dot{V}_n)\dot{Y}_b = -10 - j7.32 \,(A)$ ◁

$\dot{I}_c = (\dot{E}_c - \dot{V}_n)\dot{Y}_c = -10 + j27.32 \,(A)$ ◁

$\dot{I}_n = -\dot{V}_n \dot{Y}_n = 10 \,(A)$ ◁

7·4

$\dot{V}_n = \dfrac{\dot{Y}_a \dot{E}_a + \dot{Y}_b \dot{E}_b + \dot{Y}_c \dot{E}_c}{\dot{Y}_a + \dot{Y}_b + \dot{Y}_c} = \dfrac{(10-r)E}{10+2r}$

$\dot{I}_b = \dfrac{E}{10}\left\{ a^2 - \dfrac{10-r}{10+2r} \right\}$

$\dot{I}_c = \dfrac{E}{10}\left\{ a - \dfrac{10-r}{10+2r} \right\}$

$\dfrac{\dot{I}_b}{\dot{I}_c} = \dfrac{-15 - j\sqrt{3}\,(5+r)}{-15 + j\sqrt{3}\,(5+r)}$

위상차를 90°로 하려면 이것의 실부를 0으로 하면 된다. $15^2 - 3(5+r)^2 = 0$이므로 $r = 3.66 \,(\Omega)$ ◁

7·5 그림 7·10의 ①②와 같은 회로망의 전류를 $\dot{I}_a, \dot{I}'$로 하면

$\{R + j2(x-x_m)\}\dot{I}_a$
$\quad -\{R + j(x-x_m)\}\dot{I}' = V$
$-\{R + j(x-x_m)\}\dot{I}_a$
$\quad + 2\{R + j(x-x_m)\}\dot{I}' = a^2 V$

이것을 풀어서

$|\dot{I}_a| = \left| \dfrac{(2+a^2)V}{R + j3(x-x_m)} \right|$

$\qquad = \dfrac{\sqrt{3}\,V}{\sqrt{R^2 + 9(x-x_m)^2}}$ ◁

(이외 밀만의 정리, 테브낭의 정리, a상에 일단 R를 넣어 보상의 원리를 사용하는 방법도 쓰인다)

7·6 (7·10)식에 따라 $\cos\theta = 0.6250$, $\sin\theta = 0.7806$

(7·9)식에 따라

$\dot{V}_{ab} = 120$

$\dot{V}_{bc} = -51.25 - j85.87$

$\dot{V}_{ca} = -68.75 + j85.87$

$|\dot{I}_a| = \left| \dfrac{\dot{V}_{ab}}{R} - \dfrac{\dot{V}_{ca}}{R} \right| = 10.37 \,(A)$ ◁

$|\dot{I}_b| = \left| \dfrac{\dot{V}_{bc}}{R} - \dfrac{\dot{V}_{ab}}{R} \right| = 9.58 \,(A)$ ◁

$|\dot{I}_c| = \left| \dfrac{\dot{V}_{ca}}{R} - \dfrac{\dot{V}_{bc}}{R} \right| = 8.63 \,(A)$ ◁

7·7 $\dot{I}_a, \dot{I}_b, \dot{I}_c$의 벡터는 직각삼각형. $\dot{I}_a$ 기준으로 $\dot{I}_a = 30 \angle 0°$, $\dot{I}_b = 50 \angle 233.13°$, $\dot{I}_c = 40 \angle 90°$ (A). 역률계 0.5에서 $\dot{V}_{ab}$는 $\dot{I}_a$보다 60°, Y상전압 $\dot{E}_a$는 $\dot{I}_a$보다 30° 앞선다. 즉 $\dot{I}_a$를 기준으로 $\dot{E}_a = 200/\sqrt{3} \angle 30°$, $\dot{E}_b = 200/\sqrt{3} \angle 270°$, $\dot{E}_c = 200/\sqrt{3} \angle 150°$ (V). 부하 전력은

$\dfrac{200}{\sqrt{3}} \times 30 \cos 30° + \dfrac{200}{\sqrt{3}} \times 50$

$\times \cos(270° - 233.13°) + \dfrac{200}{\sqrt{3}} \times 40$

$\times \cos(150° - 90°) \simeq 9930 \,(W)$ ◁

8. 벡터 궤적

8·1 $\dot{I} = \dfrac{E}{R} + j\dfrac{E}{x_c}$

(E/R는 일정, E/x_C가 $\infty \to 0$ 변환을 한다. 즉 i의 궤적은 그림과 같다.

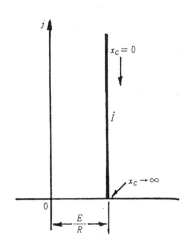

8·2 $i = \dfrac{E}{r + jX_L} = x + jy$

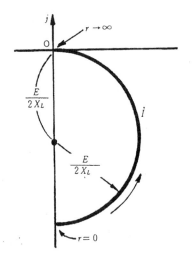

정리 〔8·1〕의 방법에 따라 r를 소거, 정리해서

$$\dot{x}^2 + \left(y + \frac{E}{2X_L} \right)^2 = \left(\frac{E}{2X_L} \right)^2$$

중심 $\left(0, -\dfrac{E}{2X_L} \right)$, 반지름 $\dfrac{E}{2X_L}$ 인 원 ◁

8·3

$$\dot{V} = \frac{r + jx_L}{r + j(x_L + 2x_L)} E = \frac{r + jx_L}{r - jx_L} E$$

$$= \frac{\sqrt{r^2 + x_L{}^2}\ \varepsilon^{j\theta}}{\sqrt{r^2 + x_L{}^2}\ \varepsilon^{-j\theta}} E = E\varepsilon^{j2\theta}$$

$$\theta = \tan^{-1} \frac{x_L}{r}$$

$r = 0 \to \infty$ 일 때 $2\theta = \pi \to 0$

궤적은 원점 중심, 반지름 E인 제 1·2 상한의 반원

8·4 $P + jQ = 3\dot{E}_r\overline{I}$

$$= 3E_r \left(\overline{\frac{E_s\varepsilon^{j\theta} - E_r}{Z\varepsilon^{j\phi}}} \right)$$

$$= \frac{3E_rE_s}{Z} \varepsilon^{j(\phi - \theta)} - \frac{3E_r{}^2}{Z} \varepsilon^{j\phi}$$

위 식에서 아래 그림이 얻어진다.

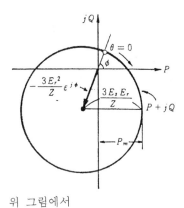

위 그림에서

$$P_m = \frac{3\,E_r\,E_s}{Z} - \frac{3\,E_r{}^2}{Z}\cos\phi \quad \lhd$$

8·5 $\dot{V}$를 구하고 정리하면

$$\dot{V} = \cfrac{1}{\cfrac{L_2}{(L_2-M)E} + j\,\cfrac{\omega(L_1 L_2 - M^2)}{(L_2-M)Er}}$$

$$= \cfrac{1}{\cfrac{L_2}{(L_2-M)E} + j\lambda}$$

단, $r=0{\to}\infty$일 때 $\lambda=\infty{\to}0$, 위 식의 분모에 따라 직선인 궤적이 얻어지고 V는 그 역도형이다.

중심 $\left(\cfrac{(L_2-M)E}{2L_2}\quad 0\right)$

반지름 $\cfrac{(L_2-M)E}{2L_2}$ 〔V〕 $\Big\}$ $\lhd$

인 제4상한만인 반원

8·6

$$\dot{V}_{ab} = \dot{V}_a - \dot{V}_b = \frac{E}{2} - \frac{E}{1 - j\,\cfrac{1}{\omega RC}}$$

$$= \frac{E}{2} + \frac{E}{-1+j\lambda}, \quad \left(\lambda = \frac{1}{\omega RC}\right)$$

$-1+j\lambda$의 직선, 그 역도형을 그리고 그것을 E배해서 $E/2$만큼 평행 이동한다. 중심이 원점, 반지름 $E/2$인 허부가 항상 $-$인 반원 $\lhd$

8·7

$$\dot{Z} = jX + \cfrac{\cfrac{-jR}{\omega C}}{R - \cfrac{j}{\omega C}} = jX + \cfrac{1}{\cfrac{1}{R} + j\omega C}$$

이 식에서 $\dot{Z}$의 벡터 궤적은 그림과 같이 구한다. a, b점에서 임피던스각은 0이 되고 i는 $\dot{E}$와 동상이 된다. 그 교점 a, b를 만드는데 필요한 조건은

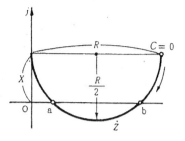

$$X < \frac{R}{2} \quad \lhd$$

9. 4단자 회로와 4단자 상수

9·1 (a) $\dot{E}_2$, $\dot{i}_2$로부터 $\dot{E}_1$, $\dot{i}_1$을 구하면

$$\begin{cases} \dot{E}_1 = \dot{E}_2 + \dot{Z}\dot{i}_2 \\ \dot{i}_1 = (\dot{E}_2 \times 0) + \dot{i}_2 \end{cases}$$

$$\therefore \begin{bmatrix} \dot{A} & \dot{B} \\ \dot{C} & \dot{D} \end{bmatrix} = \begin{bmatrix} 1 & \dot{Z} \\ 0 & 1 \end{bmatrix} \quad \lhd$$

(b) $$\begin{bmatrix} 1 + \cfrac{\dot{Z}_1}{\dot{Z}_3}, & \cfrac{\dot{Z}_1\dot{Z}_2 + \dot{Z}_2\dot{Z}_3 + \dot{Z}_3\dot{Z}_1}{\dot{Z}_3} \\ \cfrac{1}{\dot{Z}_3}, & 1 + \cfrac{\dot{Z}_2}{\dot{Z}_3} \end{bmatrix} \quad \lhd$$

(c) $$\begin{bmatrix} 1 + \cfrac{\dot{Z}_2}{\dot{Z}_3}, & \dot{Z}_2 \\ \cfrac{\dot{Z}_1 + \dot{Z}_2 + \dot{Z}_3}{\dot{Z}_1\dot{Z}_3}, & 1 + \cfrac{\dot{Z}_2}{\dot{Z}_1} \end{bmatrix} \quad \lhd$$

9·2 모든 선이 균일하므로 좌우대칭.

$$\therefore \quad \dot{A} = \dot{D}$$
$$\dot{A}\dot{D} - \dot{B}\dot{C} = \dot{A}^2 - \dot{B}\dot{C} = 1$$
$$\dot{C} = \frac{\dot{A}^2 - 1}{\dot{B}} = j\,1.4 \times 10^{-3} \text{ (S)}$$
$$\dot{D} = 0.96 \quad \lhd$$

9·3

(a) $$\begin{bmatrix} 1 & jx_L \\ 0 & 1 \end{bmatrix} \begin{bmatrix} 1 & 0 \\ \cfrac{j1}{x_C} & 1 \end{bmatrix} \begin{bmatrix} 1 & jx_L \\ 0 & 1 \end{bmatrix}$$

$$= \begin{bmatrix} 1 - \dfrac{x_L}{x_C} & jx\left(2 - \dfrac{x_L}{x_C}\right) \\[3mm] \dfrac{j1}{x_C} & 1 - \dfrac{x_L}{x_C} \end{bmatrix} \lhd$$

(b) $\begin{bmatrix} 1 & \dot{Z} \\ 0 & 1 \end{bmatrix} \begin{bmatrix} 1 & 0 \\ \dot{Y} & 1 \end{bmatrix} \begin{bmatrix} 1 & \dot{Z} \\ 0 & 1 \end{bmatrix} \begin{bmatrix} 1 & 0 \\ \dot{Y} & 1 \end{bmatrix} \begin{bmatrix} 1 & \dot{Z} \\ 0 & 1 \end{bmatrix}$

$$= \begin{bmatrix} 1 + 3\dot{Z}\dot{Y} + (\dot{Z}\dot{Y})^2 & (3 + 4\dot{Z}\dot{Y} + (\dot{Z}\dot{Y})^2)\,\dot{Z} \\[2mm] (2 + \dot{Z}\dot{Y})\,\dot{Y} & 1 + 3\dot{Z}\dot{Y} + (\dot{Z}\dot{Y})^2 \end{bmatrix} \lhd$$

9·4 단자 2 2′ 개방시

$$\dot{E}_2 = \frac{\dot{Z}_2 - \dot{Z}_1}{\dot{Z}_1 + \dot{Z}_2}\,\dot{E}_1$$

$$\dot{A} = \left(\frac{\dot{E}_1}{\dot{E}_2}\right)_{i_2=0} = \frac{\dot{Z}_1 + \dot{Z}_2}{\dot{Z}_2 - \dot{Z}_1} \quad \lhd$$

$$\dot{C} = \left(\frac{\dot{I}_1}{\dot{E}_2}\right)_{i_2=0} = \frac{2}{\dot{Z}_2 - \dot{Z}_1} \quad \lhd$$

단자 2 2′ 단락시, 테브낭의 정리로

$$\dot{I}_2 = \frac{\dot{Z}_2 - \dot{Z}_1}{2\dot{Z}_1\dot{Z}_2}\,E_1$$

$$\dot{B} = \left(\frac{\dot{E}_1}{\dot{I}_2}\right)_{\dot{E}_2=0} = \frac{2\dot{Z}_1\dot{Z}_2}{\dot{Z}_2 - \dot{Z}_1} \quad \lhd$$

$$\dot{D} = \left(\frac{\dot{I}_1}{\dot{I}_2}\right)_{\dot{E}_2=0} = \frac{\dot{Z}_1 + \dot{Z}_2}{\dot{Z}_2 - \dot{Z}_1} \quad \lhd$$

9·5 2 2′ 개방시

$$\dot{I}_1 = \frac{-j\dot{E}_1}{\omega L_1}$$

$$\dot{E}_2 = j\omega M \dot{I}_1 = \frac{M\dot{E}_1}{L_1}$$

$$\dot{A} = \left(\frac{\dot{E}_1}{\dot{E}_2}\right)_{i_2=0} = \frac{L_1}{M} \quad \lhd$$

$$\dot{C} = \left(\frac{\dot{I}_1}{\dot{E}_2}\right)_{i_2=0} = \frac{1}{j\omega M} \quad \lhd$$

2 2′ 단락시 $\begin{cases} j\omega L_1 \dot{I}_1 - j\omega M \dot{I}_2 = \dot{E}_1 \\ -j\omega M \dot{I}_1 + j\omega L_2 \dot{I}_2 = 0 \end{cases}$

$$\dot{B} = \left(\frac{\dot{F}_1}{\dot{I}_2}\right)_{\dot{E}_2=0} = \frac{j\omega(L_1 L_2 - M^2)}{M} \quad \lhd$$

$$\dot{D} = \left(\frac{\dot{I}_1}{\dot{I}_2}\right)_{\dot{E}_2=0} = \frac{L_2}{M} \quad \lhd$$

9·6 문제 9·3(a)에 따라

$$\begin{bmatrix} 1 - \dfrac{x_L}{x_C} & jx\left(2 - \dfrac{x_L}{x_C}\right) \\[3mm] \dfrac{j1}{x_C} & 1 - \dfrac{x_L}{x_C} \end{bmatrix}$$

$$= \begin{bmatrix} 0.96 & j\,56 \\ j\,1.4 \times 10^{-3} & 0.96 \end{bmatrix}$$

의 식에서

$x_C \simeq 714\ [\Omega], \quad x_L \simeq 28.6\ [\Omega] \quad \lhd$

9·7 $\dot{E}_1 = 0.96\dot{E}_2 + j\,56\,\dot{I}_2$ 에

$$\dot{E}_2 = \frac{140}{\sqrt{3}} \times 10^3\ [V]\ \ (기준)$$

$$\dot{I}_2 = \frac{200 \times 10^6}{\sqrt{3} \times 140 \times 10^3}$$

을 넣고 $\dot{E}_1$을 구한다.

$V_1 = \sqrt{3}\,|\dot{E}_1| = 156.4\ [kV] \quad \lhd$

9·8 $\dot{Z}_{1s}$는 (9·4)식에서 $\dot{E}_2 = 0$일 때의 $\dot{E}_1/\dot{I}_1$이다. 또 $\dot{A} = \dot{D}$이다

$$\therefore\ \dot{Z}_{1s} = \frac{\dot{B}}{\dot{D}} = \frac{\dot{B}}{\dot{A}} = j\,96$$

마찬가지로

$$\dot{Z}_{10} = \frac{\dot{A}}{\dot{C}} = -j\,1380$$

또

$$\dot{A}\dot{D} - \dot{B}\dot{C} = \dot{A}^2 - \dot{B}\dot{C} = 1$$

이상으로부터

$\dot{A} = \dot{D} = 0.9669, \quad \dot{B} = j\,92.83$

$\dot{C} = j\,7.007 \times 10^{-4} \quad \lhd$

그림의 T 회로에서

$$\begin{bmatrix} \dot{A} & \dot{B} \\ \dot{C} & \dot{D} \end{bmatrix} = \begin{bmatrix} 1 + \dot{Z}\dot{Y} & \dot{Z}(2 + \dot{Z}\dot{Y}) \\ \dot{Y} & 1 + \dot{Z}\dot{Y} \end{bmatrix}$$

$\therefore\ \dot{Y} = \dot{A} = j\,7.007 \times 10^{-4}\ [S] \quad \lhd$

위 식에서

$1 + \dot{Z}\dot{Y} = \dot{A}$, $\dot{Z} = \dfrac{\dot{A}-1}{\dot{Y}}$ により,

$\dot{Z} \simeq j\,47.2\,(\Omega)$ ◁

10. 변형파 교류

10·1 e가 +일 때는 정류 소자 S는 단락과 같게 된다. Ⓐ에 흐르는 전류, Ⓥ에 가해지는 전압은 그림 1, 그림 2가 된다.

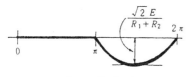

그림 1 Ⓐ의 전류

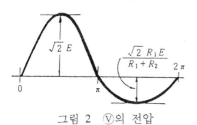

그림 2 Ⓥ의 전압

사인파 반파의 넓이는

$\displaystyle\int_0^\pi Y_m \sin\theta\, d\theta = 2Y_m$

Ⓐ 지시 $= \dfrac{1}{2\pi} \times 2Y_m = \dfrac{\sqrt{2}\,E}{\pi(R_1+R_2)}$ ◁

$\displaystyle\int_0^\pi (Y_m \sin\theta)^2 d\theta$

$\displaystyle = \int_0^\pi Y_m^2 \cdot \dfrac{1}{2}(1-\cos 2\theta)\, d\theta$

$= \dfrac{\pi Y_m^2}{2}$

Ⓥ 지시

$= \sqrt{\dfrac{1}{2\pi}\left\{\dfrac{\pi(\sqrt{2}\,E)^2}{2} + \dfrac{\pi}{2}\left(\dfrac{\sqrt{2}\,RE}{R_1+R_2}\right)^2\right\}}$

$= \dfrac{\sqrt{2R_1^2 + 2R_1R_2 + R_2^2}}{\sqrt{2}(R_1+R_2)}\,E$ ◁

10·2 $v = R_2 i_2$, $i_1 - i_2 = i_l$

$R_1 i_1 + R_2 i_2 = e$

이 세 식에서

$v = \dfrac{R_2}{R_1+R_2}(e - R_1 i_l) = 89.1 \sin\omega t$

$-7.92 \sin 3\omega t - 3.96 \sin 5\omega t$ (V) ◁

10·3

$I_L = \sqrt{\left(\dfrac{10}{\sqrt{2}}\right)^2 + \left(\dfrac{8}{\sqrt{2}}\right)^2 + \left(\dfrac{4}{\sqrt{2}}\right)^2}$

$\simeq 9.49$ (A) ◁

10·4

$P = \dfrac{100}{\sqrt{2}} \times \dfrac{40}{\sqrt{2}} \times \cos 30° + \dfrac{20}{\sqrt{2}} \times \dfrac{5}{\sqrt{2}}$

$\qquad \times \cos\{15° - (-30°)\}$

$= 1\,767$ (W) ◁

역률 $= \dfrac{1\,767}{\sqrt{100^2+20^2}\,\sqrt{40^2+5^2}} \simeq 0.43$ ◁

10·5

$|\dot{I_1}| = \left| E_1\left(\dfrac{1}{j\omega L} + j\omega C\right)\right|$

$\qquad = E_1\left(\omega C - \dfrac{1}{\omega L}\right)$

마찬가지로 $|\dot{I_3}|$를 계산하고

$I = \sqrt{I_1^2 + I_3^2}$

$= \sqrt{E_1^2\left(\omega C - \dfrac{1}{\omega L}\right)^2 + E_3^2\left(3\omega C - \dfrac{1}{3\omega L}\right)^2}$ ◁

10·6

$I_{R1} = \left| \dfrac{\dfrac{1}{R}}{\dfrac{1}{R} + j\omega C} I_1 \right| = \dfrac{I_1}{\sqrt{1+(\omega CR)^2}}$

$I_R^2 R = (\sqrt{I_{R1}^2 + I_{R5}^2}\,)^2 R$

$= \left\{\dfrac{I_1^2}{1+(\omega CR)^2} + \dfrac{I_5^2}{1+(5\omega CR)^2}\right\} R$ ◁

10·7

$$\dot{V}_{C1} = \frac{-j10}{5+j\,1-j\,10} \times \frac{100}{\sqrt{2}} \angle 30°$$

$$= \frac{97.13}{\sqrt{2}} \angle 0.95°$$

마찬가지로

$$\dot{V}_{C5} = \frac{17.15}{\sqrt{2}} \angle -150.96°$$

$$v_C = 97.13 \sin(\omega t + 0.95°)$$
$$-17.15 \sin(5\omega t - 150.96°)\,(\mathrm{V}) \quad \triangleleft$$

10·8

$$i = i_{dc} + i_{ac}$$

$$= \frac{E}{R+r} + \frac{E_0}{Z_0} \sin\left(\omega t - \tan^{-1}\frac{X_0}{R_0}\right) \quad \triangleleft$$

$$단, \quad Z_0 = \sqrt{R_0{}^2 + X_0{}^2}$$

$$R_0 = R + \frac{r}{(\omega Cr)^2 + (\omega^2 lC - 1)^2}$$

$$X_0 = \omega\left\{ L - \frac{Cr^2 + l\,(\omega^2 lC - 1)}{(\omega Cr)^2 + (\omega^2 lC - 1)^2} \right\}$$

10·9 (1) $\quad \dot{V}_1 = \dot{E}_1 - (r + j\omega L)\dot{I}_1$

$$= 90.6 \angle -6.34°$$

$$\dot{V}_5 = \dot{E}_5 - (r + j\,5\omega L)\dot{I}_5$$

$$= 10.2 \angle -101.3°$$

$$v = 90.6\sqrt{2} \sin(\omega t - 6.34°) + 10.2\sqrt{2}$$
$$\sin(5\omega t - 101°) \quad \triangleleft$$

(2) $\quad P = E_1 I_1 \cos\theta_1 = 1\,000\,(\mathrm{W}) \quad \triangleleft$

(3) $\quad P_L = 90.55 \times 10 \times \cos 6.34°$

$$+10.2 \times 2 \times \cos 101.3° = 896\,(\mathrm{W}) \quad \triangleleft$$

$$\mathrm{p.f.} = \frac{P_L}{VI}$$

$$= \frac{896}{\sqrt{90.55^2 + 10.2^2}\,\sqrt{10^2 + 2^2}}$$

$$= 0.964 \cdots 96.4\,(\%) \quad \triangleleft$$

10·10 각 상의 전류는 $i_1 + i_3$, A_0에
는 $3i_3$가 흐른다.

$$\therefore \quad I_3 = \frac{I_0}{3} \quad \triangleleft$$

$$\sqrt{I_1{}^2 + I_3{}^2} = I$$

$$\therefore \quad I_1 = \sqrt{I^2 - \left(\frac{I_0}{3}\right)^2} \quad \triangleleft$$

10·11 선간전압 $V_1 = \dfrac{\sqrt{3}\,E_{1m}}{\sqrt{2}}$, $\quad V_3 = 0$

$$V_5 = \frac{\sqrt{3}\,E_{5m}}{\sqrt{2}}$$

$$\frac{\sqrt{V_3{}^2 + V_5{}^2}}{V_1} = \frac{E_{5m}}{E_{1m}} \quad \triangleleft$$

10·12 대칭파로 홀수 함수파. 홀수
차인 sine의 항 뿐이다.

$$B_n = \frac{4}{\pi} \int_0^{\pi/2} I_m \sin n\theta\, d\theta$$

$$= \frac{2I_m}{n\pi}(1 - \cos n\pi)$$

$$i(\theta) = \frac{4I_m}{\pi}\Big(\sin\omega t$$

$$+\frac{1}{3}\sin 3\omega t + \cdots\cdots\Big) \quad \triangleleft$$

10·13 홀수차인 sine의 항 뿐으로,
$0 \sim \pi/2$의 적분으로 족하다.

$$B_n = \frac{4}{\pi} \int_0^{\pi/2} \frac{E_m}{\pi/2}\theta \sin n\theta\, d\theta$$

$$e(\theta) = \frac{8E_m}{\pi^2}\Big(\sin\theta - \frac{1}{3^2}\sin 3\theta$$

$$+\frac{1}{5^2}\sin 5\theta - \cdots\cdots\Big) \quad \triangleleft$$

10·14 문제 10·13과 같은 원리.

$$B_n = \frac{4}{\pi}\left\{ \int_0^{\alpha} \frac{E_m}{\alpha}\theta \sin n\theta\, d\theta \right.$$

$$\left. +\int_{\alpha}^{\pi/2} E_m \sin n\theta\, d\theta \right\}$$

$$e(\theta) = \frac{4E_m}{\alpha\pi}\Big(\sin\alpha \sin\theta + \frac{\sin 3\alpha}{3^2}$$

$$\sin 3\theta + \frac{\sin 5\alpha}{5^2}\sin 5\theta + \cdots\cdots\Big) \quad \triangleleft$$

10·15 짝수함수 : 직류분과 cosine항

$$A_0 = \frac{1}{\dfrac{\pi}{2}} \int_0^{\pi/2} E_m \sin\theta\, d\theta$$

$$A_n = \frac{E_m}{\pi}\left\{ \int_0^\pi \sin\theta\,\cos n\theta\, d\theta \right.$$
$$\left. + \int_\pi^{2\pi}(-\sin\theta)\cos n\theta\, d\theta \right\}$$

$$e(\theta) = \frac{2E_m}{\pi}\left(1 - \frac{2\cos 2\theta}{1.3} - \frac{2\cos 4\theta}{3.5}\right.$$
$$\left. - \frac{2\cos 6\theta}{5.7} - \cdots\cdots \right) \lhd$$

---

11. 대칭 좌표법

11·1

$$\begin{bmatrix} \dot{I}_0 \\ \dot{I}_1 \\ \dot{I}_2 \end{bmatrix} = \frac{1}{3}\begin{bmatrix} 1 & 1 & 1 \\ 1 & a & a^2 \\ 1 & a^2 & a \end{bmatrix}\begin{bmatrix} 120 \\ 0 \\ 0 \end{bmatrix} = \begin{bmatrix} 40 \\ 40 \\ 40 \end{bmatrix}$$

$\dot{I}_0 = 40\,(A),\ \dot{I}_1 = 40\,(A),\ \dot{I}_2 = 40\,(A) \lhd$

11·2

$$\begin{bmatrix} \dot{I}_0 \\ \dot{I}_1 \\ \dot{I}_2 \end{bmatrix} = \frac{1}{3}\begin{bmatrix} 1 & 1 & 1 \\ 1 & a & a^2 \\ 1 & a^2 & a \end{bmatrix}\begin{bmatrix} 0 \\ 3\,000 \\ -3\,000 \end{bmatrix}$$

$$= \begin{bmatrix} 0 \\ j\,1\,000\sqrt{3} \\ -j\,1\,000\sqrt{3} \end{bmatrix}$$

$\dot{I}_0 = 0,\ \dot{I}_1 = j\,1\,000\sqrt{3}$
$\dot{I}_2 = -j\,1\,000\sqrt{3} \lhd$

11·3 3상 회로의 사고 조건은
$\dot{i}_a = 0,\ \dot{i}_b = -\dot{i}_c,\ \dot{V}_b = \dot{V}_c$
이것을 대칭분으로 변환하면
$\dot{I}_0 = 0,\ \dot{I}_1 = -\dot{I}_2,\ \dot{V}_1 = \dot{V}_2$
위 식과 발전기의 기본식에서

$$\dot{I}_1 = \frac{E}{\dot{Z}_1 + \dot{Z}_2}, \qquad \dot{I}_2 = -\frac{E}{\dot{Z}_1 + \dot{Z}_2}$$

$$\therefore\ \dot{I}_b = \frac{(a^2-a)E}{\dot{Z}_1 + \dot{Z}_2}\ (A)\left(= \frac{\dot{V}_{bc}}{\dot{Z}_1 + \dot{Z}_2}\right) \lhd$$

$$\dot{V}_a = \dot{V}_0 + \dot{V}_1 + \dot{V}_2 = 2\dot{V}_1 = 2(E - \dot{Z}_1\dot{I}_1)$$
$$= \frac{2Z_2 E}{Z_1 + Z_2} \lhd$$

11·4

(1) $\ \dot{I}_g = \dfrac{|3E|}{|\dot{Z}_0 + \dot{Z}_1 + \dot{Z}_2|} = \dfrac{\dfrac{3\times11\,000}{\sqrt{3}}}{0.2+2+0.6}$
$\simeq 6\,800\,(A) \lhd$

(2) $\ \dot{I}_g = \dfrac{|-3\dot{Z}_2 E|}{|\dot{Z}_0\dot{Z}_1 + \dot{Z}_1\dot{Z}_2 + \dot{Z}_2\dot{Z}_0|}$
$\simeq 6\,650\,(A) \lhd$

(3) $\ \dot{I}_b = \dfrac{|(a^2-a)E|}{|\dot{Z}_1 + \dot{Z}_2|} \simeq 4\,230\,(A) \lhd$

11·5 F점에서 본 임피던스는
$$\left.\begin{aligned} \dot{Z}_0 &= 3R_n + \dot{Z}_{g0} + r + j(x_s + 2x_m) \\ \dot{Z}_1 &= \dot{Z}_{g1} + r + j(x_s - x_m) \\ \dot{Z}_2 &= \dot{Z}_{g2} + r + j(x_s - x_m) \end{aligned}\right\} ①$$
F점에서 $\dot{V}_a = R_g\dot{I}_a,\ \dot{I}_b = \dot{I}_c = 0$

이에 따라 $\dot{I}_0 = \dfrac{E}{\dot{Z}_0 + \dot{Z}_1 + \dot{Z}_2 + 3R_g}$

①식을 넣어서

(1) $\dot{I}_g = 3\dot{I}_0$
$$= \frac{3E}{\overset{3R_n + \dot{Z}_{g0} + \dot{Z}_{g1} + \dot{Z}_{g2}}{}^{*}}$$
$$\overline{^{*} + 3(r + R_g + jx_s)}\ (A) \lhd$$

(2) $\dot{V}_0 = -\dot{Z}_0\dot{I}_0$
$$= \frac{-\{3R_n + \dot{Z}_{g0} + r}{\overset{3R_n + \dot{Z}_{g0} + \dot{Z}_{g1} + \dot{Z}_{g2}}{}^{*}}$$
$$\overline{^{*} + 3(r + R_g + jx_s)}\ \overset{+ j(x_s + 2x_m)\}E}{}\ (V) \lhd$$

11·6 $\dot{Z}$가 bc간에 연결되었다 한다.
$\dot{i}_a = 0,\ \dot{i}_l = -\dot{i}_c,\ \dot{V}_b - \dot{V}_c = \dot{Z}\dot{i}_b$, 대칭분으로 하면 $\dot{I}_0 = 0,\ \dot{I}_1 = -\dot{I}_2\ (= j\,I_b/\sqrt{3}),\ \dot{V}_1 - \dot{V}_2 = \dot{Z}\dot{I}_1$, 이것과 발전기의 기본식 $\dot{V}_2 = -\dot{Z}_2\dot{i}_2$에서

$$\left| \frac{\dot{V}_2}{\dot{V}_1} \right| = \left| \frac{\dot{Z}_2}{\dot{Z} + \dot{Z}_2} \right| \quad \triangleleft$$

11·7 2선 지락시의 $\dot{I}_0$로 해서 식 11·19를 이용한다.

$$\dot{V}_0 = -\dot{z}_0 \dot{I}_0 = \frac{\dot{Z}_0 \dot{Z}_2 E}{\dot{Z}_0 \dot{Z}_1 + \dot{Z}_1 \dot{Z}_2 + \dot{Z}_2 \dot{Z}_0}$$

$\dot{Z}_0 \to \infty$, $\dot{Z}_1 = \dot{Z}_2$ 로 하면

$$\dot{V}_0 = \frac{E}{2} \quad \triangleleft$$

11·8 수전단은 영·정·역상 다 개방.

$Z_B = 87.12 \,(\Omega)$, $x_{g1} = x_{g2} = 26.14\,(\Omega)$
$x_{TS} = 8.71\,(\Omega)$, $r_l = 23.90\,(\Omega)$
$x_{l0} = 188.50(\Omega)$, $x_{l1} = x_{l2} = 48.63\,(\Omega)$
$\dot{Z}_0 + \dot{Z}_1 + \dot{Z}_2 = \{3R + r + j(x_{TS} + x_{l0})\}$
$\qquad + \{r + j(x_{g1} + x_{TS} + x_{l1})\}$
$\qquad + \{r + j(x_{g2} + x_{TS} + x_{l2})\}$

$$\frac{I_0}{100} = \frac{E}{|\dot{Z}_0 + \dot{Z}_1 + \dot{Z}_2|} \times \frac{1}{100}$$

$$= \frac{\dfrac{66\,000}{\sqrt{3}}}{898.78} \times \frac{1}{100} = 0.424 \,(A) \quad \triangleleft$$

11·9 bc 2선 단락일 때 $\dot{i}_a = 0$, $\dot{i}_b = -\dot{i}_c$, $\dot{V}_b = \dot{V}_c$ 에서 $\dot{i}_0 = 0$, $\dot{i}_1 = -\dot{i}_2$, $\dot{V}_1 = \dot{V}_2$, 이것을 만족하는 등가 회로는

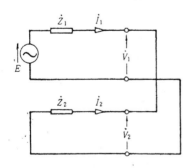

이 그림에서 $\dot{i}_1 = -\dot{i}_2 = \dfrac{E}{\dot{Z}_1 + \dot{Z}_2}$

$$\dot{i}_b = \dot{i}_0 + a^2 \dot{i}_1 + a \dot{i}_2 = 0 + (a^2 - a)\dot{i}_1$$

$$= -j\sqrt{3}\,\dot{i}_1 = \frac{-j\sqrt{3}\,E}{\dot{Z}_1 + \dot{Z}_2} \,(A) \quad \triangleleft$$

$$\left(= \frac{\dot{V}_{bc}}{\dot{Z}_1 + \dot{Z}_2} \right)$$

11·10 bc 2선 지락일 때 $\dot{i}_a = 0$, $\dot{V}_b = \dot{V}_c = 0$ 에서 $\dot{V}_0 = \dot{V}_1 = \dot{V}_2$, $\dot{i}_0 + \dot{i}_1 + \dot{i}_2 = 0$, 이것을 만족하는 등가 회로는

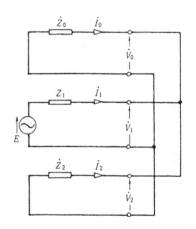

그림에서

$$\dot{i}_1 = \frac{E}{\dot{Z}_1 + \dfrac{\dot{Z}_0 \dot{Z}_2}{\dot{Z}_0 + \dot{Z}_2}}$$

$$= \frac{(\dot{Z}_0 + \dot{Z}_2)E}{\dot{Z}_0 \dot{Z}_1 + \dot{Z}_1 \dot{Z}_2 + \dot{Z}_2 \dot{Z}_0} \,(A) \quad \triangleleft$$

$$\dot{i}_0 = -\frac{\dot{Z}_2}{\dot{Z}_0 + \dot{Z}_2}\,\dot{i}_1$$

$$= \frac{-\dot{Z}_2 E}{\dot{Z}_0 \dot{Z}_1 + \dot{Z}_1 \dot{Z}_2 + \dot{Z}_2 \dot{Z}_0} \,(A) \quad \triangleleft$$

$$\dot{I}_2 = -\frac{\dot{Z}_0}{\dot{Z}_0 + \dot{Z}_2}\dot{I}_1$$

$$= \frac{-\dot{Z}_0 E}{\dot{Z}_0\dot{Z}_1 + \dot{Z}_1\dot{Z}_2 + \dot{Z}_2\dot{Z}_0}\;\text{(A)}\;\lhd$$

11·11 2선 단락(2LS)일 때 $\dot{Z}$ 두 개 직렬로 선간전압 $\sqrt{3}E$가 가해진다.

$$I_{2LS} = \frac{\sqrt{3}\,E}{2Z}\;\text{(A)}\;\lhd$$

3선 단락(3LS)일 때는 $\dot{Z}$에 상전압 E가 가해지므로

$$I_{3LS} = \frac{E}{Z}\;\text{(A)}\;\lhd$$

$$\frac{I_{2LS}}{I_{3LS}} = \frac{\sqrt{3}}{2}\;\lhd$$

11·12 폐회로 $R_n n E r F R_n$으로 옴의 법칙에 따라

$$\dot{I}_g = \frac{E}{r + R_n}\;\lhd$$

문제 그림의 $\dot{V}_n$은 양방향에 주의

$$\dot{V}_n = -R_n\dot{I}_g = \frac{-R_n E}{r + R_n}$$

$\dot{V}_a$는 그림으로부터 바로

$$\dot{V}_a = 0\;\lhd$$

$$\dot{V}_b = a^2 E + \dot{V}_n = \left(a^2 - \frac{R_n}{r + R_n}\right)E\;\lhd$$

$$\dot{V}_c = aE + \dot{V}_n = \left(a - \frac{R_n}{r + R_n}\right)E\;\lhd$$

11·13 테브낭의 정리를 이용하고, 3선 동전위이므로 일괄할 때의 회로가 된다.(주의 : 이것은 영상 회로가 아님)

$$I_{n1} = \frac{\dfrac{77\,000}{\sqrt{3}}}{500} = 88.91 \simeq 89\;\text{(A)}\;\lhd$$

$$I_{n2} = \frac{\dfrac{77\,000}{\sqrt{3}}}{250} = 177.8 \simeq 178\;\text{(A)}\;\lhd$$

$$I_c = 2\pi f\,(3C)E = 31.42\;\text{(A)}$$

$$I_g = |\,88.91 + 177.8 + j\,31.42\,|$$
$$\simeq 269\;\text{(A)}\;\lhd$$

---

12. 과도 현상

12·1 (1) $\dfrac{E}{R} = 10\;\text{(A)}\;\lhd$

(2) $\dfrac{L}{R} = 0.1\;\text{(s)}\;\lhd$

(3) $10 \times (1 - \varepsilon^{-1}) = 6.32\;\text{(A)}\;\lhd$

(4) $9 = 10 \times (1 - \varepsilon^{-\frac{t}{0.1}})$ 이므로

$$t = 0.230\;\text{(s)}\;\lhd$$

12·2 (1) $q = CE\;\text{(C)}$

$$W_C = \frac{1}{2}\frac{q^2}{C} = \frac{1}{2}CE^2\;\text{(J)}\;\lhd$$

(2) $W_R = \displaystyle\int_0^\infty i^2 R\,dt$

$$= \frac{E^2}{R}\int_0^\infty \varepsilon^{-\frac{2t}{RC}}\,dt$$

$$= \frac{1}{2}CE^2\;\text{(J)} = W_C\;\lhd$$

(충전된 C의 에너지와 같은 만큼 저항에서 열로 된다.)

12·3 (1) $t = +0$에서는 C 단락과 같으므로

$$i = \frac{E}{R}\;\text{(A)}\;\lhd$$

(2) (12·46)식을 미분하면

$$R\frac{di}{dt} + \frac{1}{C}i = 0, \quad 일반해\; i = K\varepsilon^{-\frac{1}{RC}t}$$

(1)에 따라

$$i = \frac{E}{R} \varepsilon^{-\frac{1}{RC}t} \quad \lhd$$

12·4 (1) L은 개방, C는 단락한다고 생각하면 $t = +0$에서

$$i_L = 0, \quad i_C = \frac{E}{R + r_C} \quad \lhd$$

(2) $t = +0$일 때는 $i_L = \dfrac{E}{R + r_L}$

$t = +0$에서 $q_C = 0, \quad \therefore \quad v_C = 0$

$\therefore \quad R(i_L + i_C) + r_C i_C = E$

이므로 $t = +0$에서

$$i_C = \frac{r_L}{(R + r_L)(R + r_C)} E \,[\mathrm{A}] \quad \lhd$$

12·5

$$R \frac{dq}{dt} + \frac{q}{C} = 100, \quad q = 100C + K\varepsilon^{-\frac{t}{RC}}$$

$t = +0$에서 $q = 40C$

$$q = 100C - 60C\varepsilon^{-\frac{t}{RC}}$$

$$i = \frac{dq}{dt} = \frac{60}{R}\varepsilon^{-\frac{t}{RC}} = 6 \times 10^{-5}\,\varepsilon^{-t} \quad \lhd$$

$$\varepsilon^{-t} = \frac{1}{2}, \quad t = \log_\varepsilon 2 = 0.693\,[\mathrm{s}] \quad \lhd$$

12·6 $\quad e^{-\frac{t}{RC}} = \dfrac{1}{e}, \quad e = e^{\frac{t}{RC}}$

$$\frac{t}{RC} = 1$$

$$\therefore \quad t = RC = 5\,[\mathrm{s}] \quad \lhd$$

12·7 문제의 콘덴서는 R와 C의 병렬이라고 생각한다.

$$RC = \frac{1}{\sigma} \cdot \frac{d}{S} \cdot \varepsilon \frac{S}{d} = \frac{\varepsilon}{\sigma}$$

$V = V_0\,\varepsilon^{-\frac{\sigma}{\varepsilon}t}$ 이므로

$$t = \frac{\varepsilon}{\sigma} \log_\varepsilon \frac{V_0}{V} \quad \lhd$$

12·8

$$r_1\left(i_0 + \frac{dq_2}{dt}\right) + r_0 i_0 = E$$

$$r_2 \frac{dq_2}{dt} + \frac{q_2}{C} = r_0 i_0$$

두 식에서

$$A \frac{di_0}{dt} + \frac{r_0 + r_1}{C} i_0 = \frac{E}{C}$$

단, $A = r_0 r_1 + r_1 r_2 + r_2 r_0$

위 식의 일반해는

$$i_0 = \frac{E}{r_0 + r_1} + K\varepsilon^{-\frac{r_0 + r_1}{CA}t}$$

$t = +0$ 일 때

$$i_0 = \frac{E(r_1 + r_2)}{r_0(r_1 + r_2) + r_1 r_2}$$

에 따라(문제 12·11 참조)

$$i_0 = \frac{E}{r_0 + r_1}\left\{1 + \frac{r_1^2}{A}\varepsilon^{-\frac{r_0 + r_1}{CA}t}\right\} \quad \lhd$$

12·9 회로 방정식은 앞문제와 같다.

$$A \frac{dq}{dt} + \frac{1}{C}(r_0 + r_1)q = r_0 E$$

일반해는

$$q = \frac{r_0 CE}{r_0 + r_1} + K\varepsilon^{-\frac{r_0 + r_1}{CA}t}$$

$t = 0$ 일 때는

$$\frac{q}{C} = \frac{r_0 E}{r_0 + r_1 + R}$$

에 따라 q를 구하고

$$i_C = \frac{dq}{dt} = \frac{r_0 RE}{A(r_0 + r_1 + R)}\varepsilon^{-\frac{r_0 + r_1}{CA}t} \quad \lhd$$

12·10 E를 단락, $i_2 = 0$으로 하고 스위치 단자 사이에 기전력 $ER_2/(r + R_2)$를 연결한다. $i_2 = 0$의 L은 $t = +0$에서 개방으로 보고 $t = +0$일 때

$$i_1 = \frac{1}{r + R_1} \times \frac{R_2}{r_1 + R_2} E \quad \lhd$$

12·11 $E = 0$, $q_2 = 0$으로 하고 스위치

단자 사이에 기전력 E를 연결한
다. $q_2 = 0$의 C_2는 $t = +0$에서 단락
으로 보고 $t = +0$일 때는

$$i_0 = \cfrac{E}{r_0 + \cfrac{r_1 r_2}{r_1 + r_2}}$$

$$= \frac{(r_1 + r_2) E}{r_0 (r_1 + r_2) + r_1 r_2} \quad \lhd$$

12·12

(1) $\quad W_{-0} = \frac{1}{2} C V_1{}^2 + \frac{1}{2} C V_2{}^2$

$$= \frac{1}{2} C (V_1{}^2 + V_2{}^2) \quad \lhd$$

전부하 $C V_1 + C V_2$는 양쪽 C에 똑
같이 분포한다.

$$\therefore \quad v_1 = v_2 = \frac{C (V_1 + V_2) \times \frac{1}{2}}{C} = \frac{V_1 + V_2}{2}$$

$$W_{+0} = 2 \times \frac{1}{2} C \left(\frac{V_1 + V_2}{2} \right)^2$$

$$= \frac{1}{4} C (V_1 + V_2)^2 \quad \lhd$$

$$\Delta W = W_{-0} - W_{+0} = \frac{C}{4} (V_1 - V_2)^2 \quad \lhd$$

(2) 테브낭의 정리 등에 따라

$$i = \frac{V_1 - V_2}{R} \varepsilon^{-\frac{t}{RC/2}}$$

$$\int_0^\infty i^2 R dt = \frac{C}{4} (V_1 - V_2)^2$$

ΔW 와 같다. $\lhd$

12·13 $\quad L \dfrac{d^2 q}{dt^2} + \dfrac{q}{C} = 0$

$q_s = 0$, $q_t = K \varepsilon^{pt}$로 해서,

$$L p^2 + \frac{1}{C} = 0, \quad p = \frac{\pm j 1}{\sqrt{LC}} = \pm j \beta$$

$$q = q_s + q_t = K_1 \varepsilon^{j\beta t} + K_2 \varepsilon^{-j\beta t}$$

$$= A_1 \cos \beta t + A_2 \sin \beta t$$

$$i = - \beta A_1 \sin \beta t + \beta A_2 \cos \beta t$$

$t = 0$, $i = \dfrac{E}{R}$, $q = 0$에 따라 A_2

를 구하고

$$q = \frac{E \sqrt{LC}}{R} \sin \beta t$$

$$V_{cm} = \frac{Q_m}{C} = \sqrt{\frac{L}{C}} \frac{E}{R} \quad \lhd$$

【별해】 $\dfrac{1}{2} L I_0{}^2 = \dfrac{1}{2} \dfrac{Q_m{}^2}{C}$

$$= \frac{1}{2} C V_m{}^2$$

$$\therefore \quad V_m = \sqrt{\frac{L}{C}} I_0 = \sqrt{\frac{L}{C}} \frac{E}{R} \quad \lhd$$

13. 진 행 파

13·1 p점에서는 $\quad v_i + v_r = v_t$

$$\therefore \quad Z_1 i_i - Z_1 i_r = Z_2 i_t$$

위 식과 $i_i + i_r = i_t$ 에서

$$i_r = \frac{Z_1 - Z_2}{Z_1 + Z_2} i_i, \quad i_t = \frac{2 Z_1}{Z_1 + Z_2} i_i \quad \lhd$$

13·2

(a) 개방단인 경우   (b) 접지단인 경우

13·3 갭이 방전하지 않을 때는 개
방단이다. 다음 그림 (a)는 진행파
를 순차로 쌓은 것이고 그림 (b)는
그림을 합성한 전압이다.

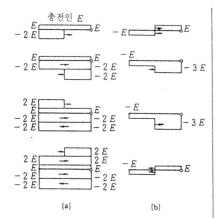

(a)   (b)

개방단 전압은 최대로 $3E$이다.

$$\therefore \frac{3 \times (30 \text{ (kV)})}{30 \text{ (kV/cm)}} = 3 \text{ (cm)} \quad \triangleleft$$

【별해】 문제 회로는 아래 그림 (a) (b)를 중첩한 것과 같다. (a)는 시간적 변화를 하지 않는다. (b)의 B점 최대 전압은 $(-2E) \times 2 = -4E$, 중첩하면 $E + (-4E) = -3E$이다.

A 충전인 E B   A   B

E $-2E$

(a)   (b)

13·4 (1) 선로 위의 입사파, 반사파를 v_i, i_i, v_r, i_r로 한다. 저항을 R로 가정한다. p점에서

$$v_i + v_r = R(i_i + i_r) = \frac{R}{Z}(v_i - v_r)$$

위 식에서

$$v_r = \frac{\dfrac{R}{Z} - 1}{\dfrac{R}{Z} + 1} v_r$$

반사파를 일으키지 않기 위해서는

$$v_r = 0, \quad \therefore \quad R = Z \text{ (Ω)} \quad \triangleleft$$

(2) $v_p = v_i + v_r = v_i = E$ (V)

$$i_R = \frac{E}{R} = \frac{E}{Z}$$

$$\therefore \quad p = v_p i_R = \frac{E^2}{Z} \text{ (W)} \quad \triangleleft$$

13·5 C의 전하를 q로 한다. p점에서

$$i_i + i_r = \frac{dq}{dt}$$

따라서

$$\frac{v_i}{Z} - \frac{v_r}{Z} = \frac{dq}{dt} \qquad ①$$

또

$$v_i + v_r = \frac{q}{C} \qquad ②$$

①②식에서

$$Z \frac{dq}{dt} + \frac{q}{C} = 2v_i = 2E \qquad ③$$

③식 및 $t=0$, $q=0$에 따라 q를 구하고

$$v_p = \frac{q}{C} = 2E\left(1 - \varepsilon^{-\frac{t}{cz}}\right) \text{ (V)} \quad \triangleleft$$

13·6 bc선으로의 투과파는 양쪽 모두 같으므로 각 선을 v_t, i_t로 한다.

$$v_i + v_r = v_t \qquad ①$$

$$i_i + i_r = 2i_t \qquad ②$$

②식은

$$\frac{v_i}{Z} - \frac{v_r}{Z} = 2\frac{v_t}{Z} \qquad ③$$

①③식에서

$$v_r = -\frac{v_i}{3}, \quad \text{또} \quad i_r = \frac{i_i}{3}$$

반사계수는 전압 : $-1/3$, 충전 : $1/3$

13·7 (1) 2선으로의 투과파를 각각 v_t, i_t로 한다. p점에서

$$v_i + v_r = v_t \qquad ①$$

$$i_i + i_r = 2 i_t$$

$$\therefore \quad \frac{v_i}{Z} - \frac{v_r}{Z} = \frac{2 v_t}{Z} \qquad ②$$

①②식에서

$$v_t = v_p = \frac{2 E}{3} \ (V) \quad ◁$$

(2)의 경우에는 (1)의 경우가 두 개 중첩된 것으로 생각된다.

$$v_p = \frac{4 E}{3} \ (V) \quad ◁$$

(3). (1)의 경우가 3개 중첩된 것으로 생각되고

$$v_p = 2 E \ (V) \quad ◁$$

13·8 그림의 v_t를 생각한 투과 계수는

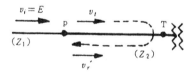

$$\lambda = \frac{2 Z_2}{Z_1 + Z_2} \qquad ①$$

v_t는 T점에서 반사 계수 1로 반사하고 p점으로 돌아와 반사파 v_r'를 낸다. 이 반사 계수는

$$\rho' = \frac{Z_1 - Z_2}{Z_1 + Z_2} \qquad ②$$

(1) τ(s)후. 격자 그림에 따라

$$v_T = 2 \lambda E = \frac{4 Z_2}{Z_1 + Z_2} E \ (V) \quad ◁$$

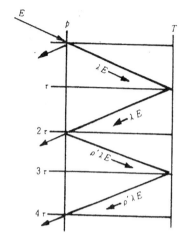

(2) 2τ(s)후. 앞 상태에서 새로운 T 점에 진입파가 없으니 앞과 같다.

$$v_T = \frac{4 Z_2}{Z_1 + Z_2} E \ (V) \quad ◁$$

(3) 3τ(s)후. 격자 그림에서

$$v_T = 2 \lambda E + 2 \rho' \lambda E = 2 (1 + \rho') \lambda E$$

$$= \frac{8 Z_1 Z_2}{(Z_1 + Z_2)^2} \ (V) \quad ◁$$

(4) 무한 시간 후에는

$$v_T = 2 (1 + \rho' + \rho'^2 + \rho'^3 + \cdots) \lambda E$$

$$= 2 \frac{1}{1 - \rho'} \lambda E = 2 E \ (V) \quad ◁$$

13·9 a, b, c 각 선은 대칭이므로 각 선의 전압, 전류는 같다. 진입·반사파는

$$v_{ai} = v_{bi} = v_{ci} = v_i$$

$$i_{ai} = i_{bi} = i_{ci} = i_i$$

$$v_{ar} = v_{br} = v_{cr} = v_r$$

$$i_{ar} = i_{br} = i_{cr} = i_r$$

a선의 진입파에 대해서

$$v_{ai} = Z i_{ai} + Z_m i_{bi} + Z_m i_{ci}$$

각 선마다

$$v_i = (Z + 2 Z_m) i_i \qquad ①$$

마찬가지로

$$v_r = - (Z + 2 Z_m) i_r \qquad ②$$

R에 흐르는 전류가 $3(i_i+i_r)$인 것을 고려해서 끝단의 대지 전위는

$$v_i + v_r = 3 (i_i + i_r) R \qquad ③$$

①②③식에서 i_i, i_r를 소거하고, v_r를 구하며, $v_r=0$으로 하면

$$R = \frac{Z + 2 Z_m}{3} = 250 \; [\Omega] \quad \triangleleft$$

전기회로공식 계산과 이해

1998년 4월 25일 1판 1쇄
2010년 4월 25일 2판 1쇄
2019년 1월 20일 2판 3쇄

엮은이 : 위형복
펴낸이 : 이정일

펴낸곳 : 도서출판 **일진사**
        www.iljinsa.com
(우) 04317 서울시 용산구 효창원로 64길 6
전화 : 704-1616 / 팩스 : 715-3536
등록 : 제1979-000009호 (1979.4.2)

값 15,000 원

ISBN : 978-89-429-1158-5